A
B

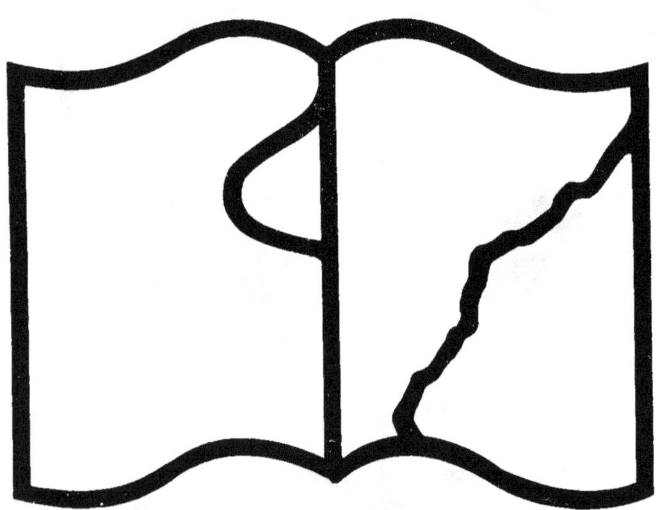

Texte détérioré — reliure défectueuse

NF Z 43-120-11

LA PLOMBERIE

AU POINT DE VUE DE

LA SALUBRITÉ DES MAISONS

HYGIÈNE PUBLIQUE ET PRIVÉE

LA PLOMBERIE

AU POINT DE VUE DE
LA SALUBRITÉ DES MAISONS
EAU, AIR, LUMIÈRE

PAR

S. STEVENS HELLYER

Traduit de l'Anglais sur la cinquième édition

PAR

G. POUPARD Fils

PARIS

LIBRAIRIE POLYTECHNIQUE CH. BÉRANGER, ÉDITEUR

Successeur de BAUDRY & Cie

15, RUE DES SAINTS-PÈRES, 15

MÊME MAISON A LIÈGE, 21, RUE DE LA RÉGENCE

1900

TABLE DES MATIÈRES

Pages.

Avant-propos 1

CHAPITRE PREMIER

Introduction 5

CHAPITRE II

Nécessité de l'emploi des siphons.

Tuyaux d'évacuation posés sans siphons. — Encrassement de ces tuyaux. — Circulation de l'air. — Divers exemples d'appareils non siphonnés....... 13

CHAPITRE III

Avantages des siphons.

Efficacité d'une bonne occlusion hydraulique contre le passage de l'air. — Siphons condamnés par ignorance. — Siphons encrassables. — Siphons sur tuyaux de chute. — Application générale et ancienne des siphons. — Expérience sur la résistance de l'occlusion hydraulique. — Siphons et gaz d'égout. — Expériences du docteur Carmichaël. — « Le Sanitary Engineer » 20

CHAPITRE IV

Siphons de plomberie.

Importance du choix des siphons. — Nature des matériaux. — Siphons indépendants de l'appareil. — Raccordement du siphon et de la décharge. — Siphons à chaque appareil. — Principe du nettoyage automatique des siphons. — Siphons en plomb, bouchon de dégorgement. — Siphon à cloche, dit bonde siphoïde. — Siphon « Antill ». — Siphon D, dit boîte d'interception. — Le même à faces rapprochées. — Siphons Helmet, Eclipse, etc. — Siphons en plomb pour tuyau de chute. — Siphons Anti-D, siphon Béard et Dent, siphons Dubois. — Siphons avec soupapes d'arrêt. — Siphon Bower. — Tableau comparatif des divers siphons au point de vue du nettoyage 25

CHAPITRE V

Siphons disconnecteurs pour descentes d'eaux ménagères, descentes d'eaux pluviales et tuyaux de chute.

Siphon à trois lames plongeantes. — Siphon de cour. — Siphon « Dean ». — Siphon de chasse automatique de Field. — Intercepteurs pour canalisations. — Sabot pour eau pluviales. — Siphons intercepteurs pour chutes. — Le même avec pièces de raccords diverses........................ 44

CHAPITRE VI

Siphons servant à disconnecter les canalisations des égouts ou des puisarts.

Siphon à tubulure centrale de visite. — Siphons de Croydon, de Buchon, de Weaver. — Siphon sentinelle ou siphon terminus. — Siphon ventilateur de drain et intercepteur d'égout.................................. 53

CHAPITRE VII

Siphons ramasse-graisse ou boîtes à graisse.

Graisse provenant des éviers de cuisine. — Inconvénients de la graisse dans les puisarts filtrants et dans les puisarts étanches. — Emplacement des laveries par rapport au puisart. — Engorgement des canalisations. — Joints défectueux. — Circonstance où le ramasse-graisse est inutile. — Quantité de sable et de graisse susceptible d'être retenue dans ces siphons. — Nettoyage journalier. — Encrassement. — Siphon ramasse-graisse automatique. — Boite à graisse pour cuisine.......................... 60

CHAPITRE VIII

Pertes de plongée des siphons. Ventilation des siphons.

Siphons dégarnis de leur plongée. — Siphons mécaniques ou obstructifs. — Importance d'une bonne plongée. — Siphons facilement impressionnables au siphonnage. — Première application de la ventilation à des siphons superposés. — Son efficacité contre le siphonnage. — Expériences faites en Amérique. — Ventilation piquée à la partie supérieure du siphon. — Siphonnage et momentum. — Refoulement des plongées. — Pertes d'eau sous l'influence du vent soufflant au-dessus des tuyaux................ 69

CHAPITRE IX

Principes généraux pour l'installation des appareils sanitaires.

Économie résultant du groupement des appareils sanitaires. — Emplacements mal appropriés. — Groupement des appareils. — Habitations de campagne avec long parcours de canalisation. — Nécessité d'une étude préalable de la canalisation. — Réservoirs et leur vidange. — Condition d'une habitation bien assainie. — Sectionnement du tracé de la canalisation. — Vices de l'ancien système.. 96

CHAPITRE X

Tuyaux de chute.

Coffres destinés à loger les tuyaux de chute. — Sections de ces tuyaux. — Sections en usage à Paris. — Tuyaux de chute de très grande hauteur. — Branchements de siphons non ventilés. — Expériences sur les siphons raccordés à des chutes de grande hauteur. — Indications relevées à l'anémomètre. — Différentes natures de tuyaux de chute. — Plomb et fonte. — Défauts des joints en ciment. — Durée du plomb. — Force de fonte à employer. — Joints au plomb maté. — Du fer, du grès, du zinc. — Positions des tuyaux de chute. — Epaisseur du plomb. — Nœuds de jonction et attaches soudées.. 100

CHAPITRE XI

Ventilation et disconnexion des tuyaux de chute.

Ventilation. — Prolongements de chute en ventilation avec même diamètre. — Tuyaux de chute ouverts aux deux bouts. — Effet salutaire de l'aération d'un tuyau. — Terminaisons vicieuses des tuyaux de chute. — Vilain aspect d'un tuyau de ventilation sur une façade. — Disconnexion des tuyaux de chute de la canalisation. — Siphon unique pour disconnecter plusieurs chutes. — Ventilation d'un w.-c. rendue inutile par sa disconnexion. — Avantages de la disconnexion. — Expériences sur des tuyaux ouverts aux deux bouts. — Précautions relatives à la pose des siphons disconnecteurs. Soupape-mica. — Tuyau de dégagement d'air à la base d'un tuyau d'évacuation. — Tuyaux de chute servant à ventiler la canalisation. — « Entrées d'air ».. 121

CHAPITRE XII

Cabinets d'aisances et sièges de water-closets.

Pièces réservées aux w.-c. — Air et lumière. — Hauteur de plafond. — Ventilation des cabinets. — Carrelages et revêtements céramiques. — Isolement de l'appareil des murs. — Cas d'un w.-c. malsain. — Soubassement de siège en faïence « Sanitas ». — Sièges de w. c................ 130

CHAPITRE XIII

Appareils de water-closets.

Mauvais appareils. — Façon d'essayer un w.-c. — Causes d'insalubrité inhérentes à l'appareil, ainsi qu'à ces accessoires. — Système à cuillère et système à clapet. — Vogue du système à cuillère dit pan-closet. — Description et gravure du pan-closet.. 134

CHAPITRE XIV

Appareils à clapet.

Supériorité du closet à clapet. — Closet à clapet « Optimus ». — Appareil à simple siphon et cuvette. — Description du closet à clapet. — Trop plein. — Trop-plein siphonné.— Supériorité de l'appareil à simple siphon comparé à un closet à clapet défectueux. — Closet à clapet considéré comme vidoir. — Adaptation de l' « Optimus » au service de vidoir. — Plaque en faïence ou tablette-vidoir indépendante. — Sièges fermés et leurs avantages. — Closet « Optimus » genre socle ou piédestal.................... 140

CHAPITRE XV

Water-closets (*suite*).

Closets appropriés au service de vidoir pour les étages de domestiques et aussi pour remplacer, par économie, les closets à clapet.

Cuvette « hygiénique » avec plaque en faïence d'une seule pièce. — Jonctions de l'appareil avec la chute. — Siphon en plomb et siphon en faïence. — Jonctions soudées.— Joints au ciment. — Joints matés. — Joints à brides. Joints faits avec une composition souple. — Alimentation des water-closets. 156

CHAPITRE XVI

Water-closets (*suite*).

Appareils bon marché en deux pièces, à effet d'eau direct ou plongeant.

Vieille forme de cuvette pointue. — Nécessité pour un w.-c. d'être salubre. — W.-C. sanitaire à bon marché. -- Cuvette conique. — Alimentation insuffisante. — Closet « hygiénique » avec siphon en faïence. — Le même avec siphon en plomb. — Réservoir de chasse.................... ... 160

CHAPITRE XVII

Water-closets (*suite*).

Closets piédestaux à effet plongeant, se posant sans siège fermé, et plus spécialement destinés à l'usage des messieurs et à celui de cabinet commun.

Variétés de closets piédestaux. — Difficulté de nettoyer les appareils décorés ou à reliefs. — L' « Hygiénique Piédestal ». — Raccordement des appareils avec les tuyaux de chute et les canalisations. — Réservoirs de chasse à siphon adaptés aux closets « Hygiénique ». — Supériorité au point de vue du nettoyage de l' « Hygiénique » à effet plongeant sur les autres appareils similaires à fond plat et garde d'eau. — Sièges appropriés aux closets piédestaux.. 163

CHAPITRE XVIII

Water-closets (*suite*).

Closets piédestaux en terre réfractaire émaillée pour usage commun et pour prisons.

« Hygiénique Piédestal » en terre réfractaire résistant à la gelée. — « La Jarre » en terre réfractaire pour usage commun et pour prisons, asiles, maisons ouvrières, etc. — Reservoir de chasse en bois garni en plomb... 168

CHAPITRE XIX

Closets isolés du plancher ainsi que des murs latéraux pour hôpitaux, etc.

Inconvénients des closets Piédestaux et contamination du sol des cabinets. — W.-C. isolés du plancher. — « Hygiénique » à consoles et à effet d'eau perfectionné. — Dallage du sol en marbre ou ardoise. — Closet « à scellement » en terre réfractaire.. 171

CHAPITRE XX

Types variés.

« Le Tourbillon ». — Le « Dececo ». — Closets à fond plat, dits à chasse brisée : leurs inconvénients. — Closet à tampon avec cuvette à compartiment. — Closet sans siphon. — Latrine. — Latrine à siphon automatique. 179

CHAPITRE XXI

Terrassons de water-closets et trop-pleins.

Terrassons inutiles pour les closets piédestaux, mais nécessaires pour les sièges fermés. — Terrassons en plomb, en faïence. — Modes d'écoulement. 189

CHAPITRE XXII

Vidoirs et leurs vidanges.

Vidanges des eaux usées dans les water-closets. — Water-closets appropriés comme vidoirs. — Différentes façons d'établir un vidoir. — Eviers pour nettoyages. — Eviers et vidoirs accouplés. — Siphons de vidoirs. — Tuyaux d'écoulement, leur disconnexion et leur ventilation. — Vidoirs pourvus de réservoirs de chasse. — Vidoir d'hôpital du Dr Mac Hardy. — Série de vidoirs superposés. — Vidanges d'éviers et leur disconnexion............ 191

CHAPITRE XXIII

Baignoires et leurs vidanges.

De la baignoire dans l'habitation anglaise. — Baignoire placée dans la cuisine, dans la chambre à coucher. — Baignoire avec ou sans entourage en menuiserie. — Profondeur, dimensions et formes. — Cuivre, fer étamé. fonte, porcelaine et marbre. — Baignoire hydrothérapique. — Vidange rapide servant au lavage de la canalisation. — Appareils de vidange. — Tuyaux d'évacuation. — Terrassons et trop-pleins. — Trop-plein de baignoire. — Modes d'alimentation.... 202

CHAPITRE XXIV

Lavabos et leurs vidanges.

Inconvénients possibles des lavabos. — Choix des emplacements. — Installations dans les cabinets de toilette. — Types variés. — Trop-pleins dérobés. — Trop-pleins accessibles. — Système de vidange rapide à levier. — Système de vidange à trop-plein apparent et noyé — Lavabo en terre réfractaire. — Tuyaux d'écoulement en fer. — Branchement se prêtant à la dilatation et à la contraction du métal. — Lavabos d'angle, ovale, de Newcastle. — Soupapes et grilles.— Cuvette à bascule. — Creusages pour le savon. — Siphons, tuyaux d'écoulement et de ventilation. — Disconnexion des tuyaux d'écoulement. — Lavabos multiples. — Vices d'installation des siphons et des branchements.... 218

CHAPITRE XXV

Bacs et éviers et leurs vidanges.

Bacs en plomb, en cuivre, en ardoise, pour rincer les légumes. — Evier pour savonnages. — Evier pour maître d'hôtel, trop-plein, grille et bonde. — Siphons et tuyaux de vidange.... 230

CHAPITRE XXVI

Laveries. — Eviers de cuisine et leurs vidanges

Laverie. — Exemple d'évier installé dans une maison du West-End. — Bac en ardoise. — Rince-légumes. — Evier ordinaire. — Evier ou timbre en cuivre. — Egouttoirs en bois. — Tuyaux d'évacuation et siphons. — Ramasse-graisse à chasse automatique et réservoir de chasse. — Boîte à ordures.... 236

CHAPITRE XXVII

Urinoirs. — Leur vidange et leur alimentation.

Urinoirs dans les maisons particulières. — Eclairage et aération de la pièce. — Dalles d'urinoirs avec stalles. — Dallage du sol. — Cuvettes ou bassins d'urinoir. — Rangée d'urinoirs. — Cuvette formant siphon. — Cuvette à larmier — Cuvette à face droite et très ouverte. — Tubulures d'écoulement démontables permettant leur décapage.— Alimentation des urinoirs. 241

CHAPITRE XXVIII

Disconnexion des descentes d'eaux ménagères, des tuyaux de chute de w.-c. et des canalisations.

Disconnexion extérieure. — Descentes d'eaux propres et trop-pleins. — Descentes d'eaux usées. — Erreurs commises dans la disconnexion des descentes d'évacuation. — Descentes ouvertes au-dessus de caniveaux et gargouilles, cuvettes d'eaux pluviales et chêneaux. — Disconnexion des tuyaux de chute. — Disconnexion des canalisations de l'égout public. — Clapets. — Regards. — Disconnexion de siphons placés à l'intérieur de l'habitation. — Siphons en fonte.. 249

CHAPITRE XXIX

Canalisations des habitations et leur ventilation.

Inconvénients des canalisations non siphonnées. — Parcours sous plancher. — Caniveaux. — Canalisation apparente. — Tracé extérieur pour maison isolée. — Règles pour l'établissement d'une canalisation. — Tuyaux en grès. — Joints en ciment. — Joints Stanford. — Tranchées. — Epreuve hydraulique. — Canalisation en fonte. — Sections et pentes à observer. — Tracés de canalisation appliqués à une maison de ville et à une maison de campagne. — Regards de visite. — Siphons pour les eaux superficielles. Ventilation des canalisations.................................... 266

CHAPITRE XXX

Puisards et leurs trop-pleins................ 277

CHAPITRE XXXI

De l'eau et de son emmagasinage.

Eau pure. — Eaux de rivière, d'étang, de puits, de pluie. — Choix de l'emplacement du réservoir. — Contamination de l'eau. — Absorption de l'air. — Infection de l'eau des réservoirs par certains tuyaux de distribution ou certains dispositifs vicieux de la plomberie. — Réservoirs de distribution. — Alimentation constante. — Nécessité de nettoyer les réservoirs. — Trop-pleins de décharge. — Réservoir pour eau potable. — Tuyaux en étain, en plomb doublé d'étain. — Maladies causées par l'impureté de l'eau. — Filtres. — Eau bouillie. — Action chimique de l'eau sur le plomb....... 283

CHAPITRE XXXII

Alimentation des water-closets.

Importance capitale de l'alimentation. — Eau distribuée par les Compagnies. — Appareils défectueux. — Nécessité du nettoyage et de l'entretien des w.-c. — Nettoyage du siphon. — Colonnes montantes et conduites de distribution. Congélation des tuyaux. — Alimentation des w.-c. par robinets de chasse et réservoirs de chasse. — Réservoirs à double effet. — Réservoirs à siphon. 297

CHAPITRE XXXIII

Eaux pluviales.

Citernes. — Réservoirs en élévation. — Filtres pour eaux pluviales. — Canalisations pour eaux pluviales. — Nécessité d'un tracé spécial aux eaux pluviales lorsque les eaux souillées servent à l'épandage. — Accès réservé au bas des descentes. — Descentes d'eaux pluviales placées à l'intérieur. — Cuvettes et descentes d'eaux pluviales 306

CHAPITRE XXXIV

Ventilation et essais comparatifs de divers ventilateurs 309

TABLE DES PLANCHES

Planche I 19
— II 31
— III 51
— IV 82
— V 84
— VI 87
— VII 89
— VIII 91
— IX 97
— X 98
— XI 104
— XII 123
— XIII 130
— XIV 131
— XV 172
— XV *bis* 199
— XVI 204
— XVII 206
— XVIII 223
— XIX 264
— XX 267
— XXI 310
— XXII 312

Tableaux des nombreuses expériences faites sur les ventilateurs de divers systèmes 314

AVANT-PROPOS

C'est en 1886 que fut publiée, sous le patronage de la Chambre syndicale (1), la traduction de cet ouvrage dont M. Poupard père avait pris l'initiative et la direction.

De notables et fréquents changements n'ayant cessé d'intervenir dans la fabrication des appareils et dans les travaux de plomberie avaient motivé, en 1893, une cinquième édition anglaise qui fut alors en partie remaniée [2].

Il était intéressant, pour ne pas rester en arrière, et aussi pour répondre au bon accueil qu'avait trouvé cette première traduction, d'aborder celle de la dernière édition anglaise et de la compléter par une mise à jour sommaire. Bon nombre de termes qui n'avaient pas à l'origine leur équivalent dans notre profession, l'ont conquis depuis à la suite d'applications correspondantes, et nous imposaient, en conséquence, de reprendre complètement cette traduction.

M. Stevens Hellyer s'est surtout attaché dans cet ouvrage à étudier la plomberie au point de vue spécial de l'assainissement, et a dû, pour ne pas sortir de son cadre, passer sous silence bien des questions d'un autre ordre, évidemment dignes d'intérêt, mais examinées d'ailleurs dans d'autres traités,

(1) Chambre syndicale de couverture, plomberie, assainissement et hygiène professionnels de Paris et du département de la Seine.

(2) Nota. La 1re édition.

ainsi qu'il le fait lui-même observer dans une de ses préfaces. Il s'est principalement limité à la description et à la critique des appareils qui lui sont propres ; d'abord parce qu'il n'eût pu parler des autres avec la même liberté, ensuite parce qu'il était plus à même de suivre les siens, et de vérifier à divers moments s'ils répondaient pratiquement à ce qu'il en attendait. — L'enseignement est loin d'en être diminué pour ce motif.

Il n'est peut-être pas inutile de faire remarquer que la disposition et le genre des habitations de Londres, comparées à nos maisons de Paris, et un peu aussi la différence des mœurs et des habitudes, ne permettront pas toujours de mettre en pratique les mêmes applications, sans toutefois les modifier ; par contre les châteaux, les maisons de campagne, certains bâtiments tels qu'hôpitaux, collèges, etc., pourront davantage emprunter et réaliser les mêmes garanties sanitaires que chez nos voisins.

Nous sommes heureux, en la circonstance, de pouvoir constater les progrès de toutes sortes accomplis chez nous depuis une douzaine d'années, c'est-à-dire depuis qu'on a commencé à s'occuper des questions d'assainissement.

Que de choses étaient alors à créer !

La fabrication céramique, si longue et si difficile, a réussi, après bien des tâtonnements, à nous donner sur le marché des produits et des modèles qui, sous le rapport de la dureté de la pâte, la solidité de l'émail et la variété des formes, ne nous rendent plus aujourd'hui tributaires de l'étranger. — Les fondeurs, de leur côté, ont bien voulu rompre avec la routine, et n'ont pas hésité à refaire de nouveaux stocks de tuyaux, dits *tuyaux sanitaires*, d'un modèle bien étudié et plus conforme aux nouvelles données. Quant aux autres genres de fabrication, chacun dans sa spécialité a fait ses efforts pour ne pas se laisser distancer. Il est quelquefois regrettable que là, comme partout ailleurs, la course au meilleur marché n'ait eu souvent son influence fâcheuse sur la qualité, trop souvent méconnue et inappréciée du public. — D'autre part, la création au début, par les Chambres syndicales patronale et ouvrière, de cours professionnels, pour enseigner aux ouvriers les méthodes et les soins à apporter dans ce genre de plomberie tout spécial, — et particulièrement les nouveaux procédés de cintrage à chaud des tuyaux en plomb pour écoulement, — a réussi à constituer un noyau de compagnons capables de nous donner l'exécution désirable. Nous ne saurions parler ici des progrès de l'assainissement sans reconnaître et rendre hommage à la part si active et si importante qu'ont bien voulu prendre M. Bechmann, ingénieur en chef des ponts et chaussées, chef du service technique de l'assainissement de Paris et M. Masson, inspecteur des travaux sanitaires de Paris, dont la bienveillance éprouvée et le zèle infatigable n'ont rien négligé pour encourager et vulgariser par tous les moyens possibles, conférences, musées, démonstrations pratiques, etc., les connaissances techniques indispensables à tous les intéressés.

Qu'il nous soit permis en terminant, de réclamer de nos lecteurs leur indulgence pour les imperfections auxquelles expose toute traduction de ce genre, et que rachèteront, nous l'espérons, les nombreuses figures et dessins qui y sont insérés.

Nos efforts n'auront pas été tout à fait inutiles si nous avons pu contribuer quelque peu à faire connaître davantage notre profession au public, et la faire apprécier à sa valeur.

Janvier 1900.

G. Poupard Fils

Ancien Directeur des Cours Professionnels
de la Chambre Syndicale.

HYGIÈNE PUBLIQUE ET PRIVÉE

LA PLOMBERIE

AU POINT DE VUE DE

LA SALUBRITÉ DES MAISONS

CHAPITRE PREMIER

INTRODUCTION

La *Harper's Monthly Magazine*, dans son compte rendu de mes conférences, « Art et science de la plomberie sanitaire », rapporte ces mots du Prince de Galles, se remettant alors lentement de la fièvre typhoïde qui faillit l'emporter : « Si je n'étais prince, je voudrais être plombier ».

La grave maladie de son Altesse Royale — due peut-être à une plomberie vicieuse — a plus contribué à la recherche des principes de la plomberie que ce qu'il eût pu faire en qualité de membre de la corporation.

A la suite de sa maladie, la plomberie devint, en effet, la mode du moment ; architectes, ingénieurs sanitaires (une nouvelle profession) et le public en général, tous largement encouragés par la presse, se mirent à l'étude, mais se heurtèrent de tous côtés, aussi bien dans la maison riche que dans la maison pauvre, à la plus complète ignorance des lois de l'hygiène.

Si Georges Smith eût pu revenir, il n'eût pas manqué de trouver là un nouvel argument en faveur de sa théorie : que la civilisation et la connaissance des arts reculent au lieu d'avancer, qu'Adam et Ève devaient exceller en toutes sciences, dans l'art comme dans la littérature, et que depuis eux nous n'avons fait qu'oublier rapidement. Assurément nous avons oublié, si nous avons connu toutefois le moyen de nous débarrasser des eaux usées et des déchets de toutes sortes de l'habitation, sans nuire à la santé des habitants.

Le trop de civilisation voulut que le simple cabinet au bout du jardin à l'usage de tout le monde ne fut plus trouvé assez confortable ni assez intime ; il fallut chercher la place d'un « *lieu de commodité* » pour les amis et la famille, non seulement à chaque étage, mais dans chaque appartement.

Un trou sombre, une encoignure, une armoire, un recoin quelconque placé près d'un salon ou d'une chambre à coucher, quelquefois même dans celle-ci, était jugé bon, à la condition d'être dissimulé à la vue, pour y mettre un cabinet.

Aussi, arrivait-il souvent que le seul emplacement disponible était situé au beau milieu de l'habitation éclairé peu ou prou, et aéré seulement par les pièces voisines. Le cabinet réservé aux domestiques était aussi placé (et il l'est encore quelquefois hélas !) à proximité de la cuisine ou du garde-manger dont les aliments étaient ainsi exposés à sa contamination directe.

Enfin les appareils étaient tellement défectueux que si les mauvaises odeurs sont aussi mortelles qu'on veut bien le dire, on est en droit de s'étonner qu'on ait pu survivre pour nous les décrire.

La plupart des nombreuses maisons passées en revue ces dix dernières années possédaient dans leur sous-sol de vastes cloaques ignorés : les canalisations, dépourvues de siphon, laissaient pénétrer l'air vicié de la fosse ou de l'égout ; leur raccordement défectueux à l'égout, leur pente en sens contraire de l'écoulement, leur section exagérée de 0 m. 35, 0 m. 30 et 0 m. 22 au lieu de 0 m. 15 et 0 m. 10, faisaient que les liquides et les matières s'y accumulaient sans cesse.

Les tuyaux de chute et des eaux ménagères étaient si peu ventilés que les gaz se faisaient jour à travers eux et infectaient la maison ; l'évier, le w. c. et son terrasson, la baignoire, la toilette, les siphons eux-mêmes n'étaient que réceptacles à ordures ; les réservoirs donnaient l'eau en quantité insuffisante ; ils n'étaient jamais nettoyés à cause de la difficulté d'y atteindre et leur emplacement mal choisi, dans une armoire, sous un escalier, à proximité d'un ventilateur ou d'un cabinet, exposait l'eau à une infection constante.

Le trop-plein mal établi était aussi une cause d'infection. L'eau de ce réservoir servait sans distinction au remplissage des carafes, à la circulation d'eau chaude comme au nettoyage des urinoirs.

La boîte à ordures et le coin affecté aux détritus de la maison était un véritable nid à fièvre ; toutes les horreurs y étaient rencontrées. Le fait de lever le couvercle suffisait à empester l'air à une grande distance. Les tapis, les tentures, les papiers finissaient par être imprégnés de ces émanations multiples. Tout moyen de ventilation permettant l'évacuation de l'air vicié et l'admission d'air neuf faisait absolument défaut.

A part certains points de détail, les principaux hygiénistes sont maintenant d'accord sur les principes généraux qui régissent l'assainissement des maisons.

Au début de la grande réforme sanitaire, on aborda ces questions avec un bagage de connaissances très restreint et, par conséquent, dangereux, qui fit commettre de graves erreurs au nom même de cette réforme.

Rome n'a pas été bâtie en un jour et les secrets de la plomberie sanitaire ne pouvaient s'acquérir en une heure.

Que s'est-il passé au sujet des siphons ? Les uns, les considérant comme efficaces contre le retour des gaz, poussèrent la naïveté jusqu'à en placer deux et même trois à la suite l'un de l'autre ; les autres, ne voyant au contraire dans les siphons en usage que des récipients à ordures, et peu confiants d'ailleurs dans cette plongée si fragile avec des tuyaux non ventilés, préférèrent les supprimer complètement, excepté près de l'égout, à l'origine de la canalisation.

Les premiers siphons, *facilement nettoyables* par des chasses d'eau *minimes,* réalisèrent un grand progrès ; la plupart étaient malheureusement posés sans la ventilation indispensable au maintien de leur plongée et ne servaient à rien.

La « disconnexion » de la canalisation près de l'égout, ainsi que la substitution du siphon à l'ancien clapet, marquèrent un autre progrès. Le principe de cette « *disconnexion* » étendu aux tuyaux d'évacuation et consistant à les ouvrir à la base,à leur *point de sortie* de la maison, peut être regardé comme la clef de la plomberie sanitaire.

On ne devrait pas toutefois compter exclusivement sur cette disconnexion des tuyaux de l'égout ou des tuyaux entre eux car ils peuvent, à leur tour, émaner des odeurs du fait d'appareils ou de dispositifs vicieux placés sur leur parcours.

Toute projection d'eau sale devrait être *accompagnée ou suivie* d'une bonne chasse d'eau, sans augmenter pour cela d'une façon sensible la consommation générale. Il suffit d'avoir des appareils appropriés qui ne laissent pas l'eau s'écouler lentement, mais qui la déversent d'un coup en un certain volume. Ainsi une chasse de 200 litres, fournie par un siphon automatique de Field, fera plus d'effet que plusieurs mètres cubes écoulés sous forme de filets d'eau.

Dans un pays aussi copieusement arrosé que le nôtre par la pluie, il ne devrait pas y avoir de canalisation mal entretenue car en tête de chacune d'elles, importante ou non, et aussi bien à la ville qu'à la campagne, on devrait placer un réservoir automatique de 200 litres ou davantage recueillant les eaux pluviales et les déversant à raison de 8 à 16 litres par seconde.

Et la ventilation des tuyaux d'évacuation ! combien mal comprise comme section et comme emplacement ; tantôt ce sont de grandes longueurs de conduites laissées sans aération, tantôt ce sont leurs extrémités qui s'arrêtent à proximité d'une fenêtre, d'un châssis ou d'un réservoir d'eau potable.

Il est surprenant de voir les nations civilisées épuiser leurs ressources financières à instruire des soldats et des marins pour se mettre à l'abri des ravages de la guerre et ne rien tenter pour se soustraire aux atteintes des maladies que la malpropreté engendre. Elles manquent à leur devoir sous ce rapport ; l'habitude finit par laisser passer inaperçues bien des inconséquences !

Quelles réflexions viendraient à l'esprit d'un voyageur descendu, par exemple, d'une autre planète ? Combien curieux serait de voir un pareil personnage, un type à la Carlyle, si tel il y en avait en d'autre monde, descendre sur nos rivages, passer successivement en revue les bureaux, les écoles de la guerre et de la marine, les chantiers, les docks, les magasins, etc., tout ce qui constitue en un mot, le grand appareil de défense de cette petite île resserrée qu'est l'Angleterre, et voir ensuite comment l'État entend protéger la santé de ses sujets contre les atteintes des maladies évitables. A la suite d'un après-midi passé à Hyde Park, un jour de saison, où il aurait vu défiler l'élite de la société, le monde élégant, les beaux équipages aux laquais poudrés, il irait donner un coup d'œil aux quartiers pauvres ; là, il trouverait les chambres habitées en commun, encombrées d'enfants, au milieu d'une saleté repoussante et dans une extrême pauvreté ; là, il verrait les bouges de St-Gilles, les ruelles de Lambeth et de Whitechapel, les réduits infects, les trous, les mansardes où parents et enfants, à moitié morts de faim, vivent et vieillissent en commun comme des lapins dans leur terrier. Notre voyageur serait, à bon droit, écœuré et profondément dégoûté de tous les tableaux qu'il aurait vus et serait à même d'écrire dans la « nineteenth century » un bel article sur les bienfaits du christianisme et de la civilisation et aussi sur la fraternité des hommes, dans la plus grande et la plus riche capitale du monde.

Faut-il que l'air atmosphérique soit assez merveilleux pour ne pas être mortel à respirer quand il est infecté de tant de façons différentes par la malpropreté sous toutes ses formes !

L'assainissement convenable des habitations supprimerait à lui seul les neuf dixièmes de cette infection.

Un navire anglais ne peut quitter un de nos ports quelconques sans avoir été reconnu, au préalable, apte à prendre la mer par un inspecteur officiel dûment autorisé, et le capitaine ainsi que ses officiers et mécaniciens doivent être pourvus de brevets respectifs.

Mais un terrain entouré de quatre murs surmontés d'un toit est bon à habiter, si insalubre qu'il soit pour l'habitant ! Tout individu, compétent ou non, peut y établir à sa guise la plomberie et la canalisation. Quelle que soit la pauvreté de l'homme, il devrait au moins pouvoir habiter une maison salubre : et comme ses ressources sont insuffisantes, le riche devrait lui venir en aide, assisté ou non à son tour par le gouvernement, dans son intérêt même sinon pour des raisons d'un ordre plus élevé.

Ce qui existe à ce sujet est déplorable et on s'étonne que des propriétaires osent tirer des revenus de pareilles bicoques. L'argent doit certainement leur brûler la main ! à ce prix, il vaut mieux se réjouir de ne pas être propriétaire.

Tout devient, aujourd'hui, une question d'argent, si ce n'est le bibelot, la toilette et la vie élégante. Que les constructeurs et les capitalistes sachent donc qu'il ne coûte pas davantage de combiner et d'établir la plomberie d'une maison pour l'assainir que de la rendre insalubre en suivant les vieux errements. Bon nombre de maisons que l'on construit aujourd'hui devraient au moins racheter leurs nombreux défauts et la laideur de leur façade par la garantie d'être saines à habiter.

D'ailleurs les neuf dixièmes de ces maisons, dans les faubourgs surtout,se font sans architecte ; il en est probablement de même des milliers de villas et de rangées de maisons serrées les unes contre les autres comme des pois dans leur cosse et tout aussi variées. On peut être sûr que si l'on y trouve, par hasard, quelque chose de bien, cela a dû être emprunté quelque part, car nous vivons à une époque où la moralité est si singulière, que les idées, qui émanent de l'esprit, peuvent être volées avec impunité, tandis qu'une rave dérobée dans un champ conduit le voleur en prison.

Très souvent le constructeur se contente de donner quelques guinées à un commis d'architecte pour lui dessiner quelques plans et une façade qui lui servent à bâtir toutes ses maisons semblables, moins quelques changements insignifiants par ci par là.

Dès qu'une maison est reconnue inhabitable — on en compterait par milliers dans la capitale seulement — la loi devrait intervenir, forcer le propriétaire à la rendre salubre, quitte à laisser les locataires s'en aller, libres de tout loyer, et mettre un cadenas, sous scellés, à la porte. Il vaut mieux se contenter de peu d'appareils, n'avoir qu'un évier et un w. c. et, à la rigueur, mettre ce dernier en dehors de la maison, mais dépenser le nécessaire pour qu'ils soient bien établis, plutôt que d'en avoir plusieurs mal conditionnés.

Il est encore moins coûteux de refaire la plomberie de sa maison que d'aller à Cannes rétablir sa santé ! Souvent la vente d'un vase de prix ou bien un tableau décroché de la galerie suffirait à en couvrir la dépense.

Cela me fait souvenir d'une personne qui s'était récriée à la vue d'un devis et qui offrait aussitôt après une somme énorme pour une très petite table à mettre dans son salon.

Je me suis vu refuser le crédit nécessaire à des travaux sanitaires indispensables dans des châteaux de premier ordre, construits avec des matériaux d'une grande richesse et un luxe inouï de décoration.

On parle beaucoup, dans certaines sphères, des droits de la femme, celui-ci est un de ses droits, de veiller à la propreté et à l'hygiène de la maison.

Elle devrait au moins une fois par semaine passer une inspection minutieuse de haut en bas et dans tous les coins, de façon à tenir les domestiques en haleine et les contraindre à nettoyer. L'air pourrait alors être aussi pur au dedans qu'au dehors.

Quelques mots encore sur l'essai des conduites d'évacuation, en général, pour vérifier leur double étanchéité à l'air et à l'eau.

La menthe poivrée offre un moyen simple et facile mais non toujours assez concluant, surtout quand il s'agit de convaincre les gens malgré eux. Me trouvant placé une fois, par exemple, entre un propriétaire qui ne voulait rien sentir et un locataire qui, lui, sentait réellement l'odeur de la menthe, je fus obligé de recourir au témoignage d'une autre personne, exempte de parti pris.

Il est donc préférable de faire cet essai avec la fumée ou avec l'eau, toutes deux capables d'attester de la solidité des joints d'une façon évidente.

Un bon appareil à fumée permet de remplir une conduite assez rapidement et de révéler la moindre défectuosité aussi facilement que de distinguer la fumée qui s'échappe d'une cheminée.

Si efficace que soit ce procédé en comparaison de la menthe poivrée il ne donne pas la même garantie que l'épreuve hydraulique.

Il est souvent nécessaire de recourir aux deux méthodes, principalement si les conduites sont intérieures. Toute la canalisation, au dedans comme au dehors, devra, en conséquence, pouvoir être remplie d'eau sans fuir davantage qu'une bouteille. Une parcelle de matière, de graisse ou d'un limon quelconque, venant à couvrir une fissure suffit pour arrêter momentanément le passage de la menthe ou de la fumée ; un pareil inconvénient n'est pas à redouter avec l'eau.

Ayant eu à examiner dernièrement une maison dont les conduites avaient été déclarées en parfait état, il m'advint de percevoir cependant une vague odeur dans une pièce où avait lieu le raccordement de la chute avec la canalisation.

Je tamponnai donc cette conduite et je versai, par deux fois, du haut de la chute, un broc d'eau bouillante additionnée de 30 grammes environ d'essence de menthe poivrée de Mitcham ; ce raccordement était si bien maçonné et bloqué de ciment que je ne pus rien sentir même au bout d'une heure. Je fis alors remplir d'eau le tuyau de chute qui ne tarda pas à suinter à la base et à perdre aussi vite qu'on versait.

La fumée m'a permis, une autre fois, de découvrir, en plus des joints défectueux, l'existence, sur la canalisation, d'un tuyau de ventilation branché directement sur le conduit de fumée d'une cheminée.

La fumée de notre appareil n'avait pas seulement rempli la pièce mais s'échappait à gros flocons par le mitron. Tout en l'ayant refoulée très rapidement, ce résultat était dû à l'absence de tirage dans la cheminée et au manque de feu. Pareille énormité dans une maison reconstruite depuis une douzaine d'années n'était pas à supposer !

Pour conclure, nous pouvons dire, par expérience, qu'un simple w. c. avec son siphon est susceptible de donner autant de dépôts et d'ordures que toute la plomberie d'une maison bien étudiée et convenablement établie.

CHAPITRE II

NÉCESSITÉ DE L'EMPLOI DES SIPHONS

Tuyaux d'évacuation posés sans siphons. — Encrassement de ces tuyaux. — Circulation de l'air. — Divers exemples d'appareils non siphonnés.

Comment peut-on rencontrer à moins de circonstances exceptionnelles, et après tout ce qui s'est publié sur la pomblerie sanitaire, des installations d'éviers, lavabos etc., *dépourvus de siphons*. — Si la chose tend à disparaître, elle est encore assez fréquente à Londres et dans la banlieue.

On se contentait alors de faire seulement déverser ces tuyaux à ciel ouvert, près d'une entrée d'eau, sans considération de section ou de longueur, autrement dit, de les « disconnecter » de la canalisation. On oubliait de remarquer que ces tuyaux, charriant des eaux sales, étaient appelés à s'encrasser au même titre que la canalisation dont ils étaient disconnectés, et que, pour empêcher l'air vicié au contact de ces tuyaux d'envahir la maison, il eût fallu placer un siphon à son orifice de départ. Sans cette condition, chacun de ces tuyaux était continuellement traversé par un *courant d'air*. — Un bon moyen de persuasion est de mettre le nez à l'orifice ou de sentir un morceau de chiffon ou d'éponge qu'on aurait frotté à l'intérieur.

En somme, lorsqu'on fait usage d'un lavabo, on fait couler dans le tuyau une eau plus ou moins noire et chargée de savon sans toujours la faire suivre d'une deuxième eau de rinçage ; les résidus de savon s'attachent alors aux parois des tuyaux, y sèchent, et donnent en se décomposant naissance à des émanations qui gagnent la chambre par la soupape ou le trop-plein de la cuvette.

Un tisonnier porté au rouge et introduit dans le raccord donnera à l'odeur une plus grande intensité. Et lorsqu'il advient que les domestiques y vident les vases de nuit — ainsi que je l'ai vu faire dans de grandes maisons — on peut juger de ce que cela doit être ! Les orifices des soupapes et raccords de départ se refusent, d'ailleurs, à tout nettoyage, car l'eau n'est pas évacuée avec assez d'abondance pour faire *chasse* sur les *parois* du tuyau. Les robinets sont aussi trop petits et donnent trop lentement pour qu'on ait la patience de remplir une deuxième fois la cuvette et faire un lavage.

Les tuyaux servant aux vidoirs, urinoirs et w. c. s'encrassent davantage encore que ceux d'un lavabo ou d'un timbre.

L'expérience est là pour nous enseigner à chaque moment que *tout conduit d'évacuation* d'eaux usées se couvre fatalement de dépôts ou d'un léger limon après un certain temps.

On ne peut admettre en effet que les appareils de chasse en service fonctionneront toujours à temps et suivront assez tôt l'évacuation pour que les résidus ne s'attachent pas aux parois.

Que le lecteur sceptique coupe un bout d'un tuyau de ce genre, qu'il frotte son doigt à l'intérieur et le porte à ses narines ; il dira ensuite ce qu'il en pense, et s'il voudrait avoir chez lui 20 mètres de tuyaux semblables avec pareille odeur.

Il est facile de comprendre à présent, qu'étant donnée l'absence de siphons, l'air circule librement dans ces tuyaux qui, en d'autres termes, *font ventilation.*

La raréfaction de l'air étant plus grande au sommet qu'à la base, il se produit dans ces tuyaux, ouverts aux deux bouts, un appel d'air comme dans une cheminée, mais qui varie suivant le tirage des cheminées de l'appartement, la température intérieure ou extérieure, suivant que c'est pendant la nuit, pendant l'hiver, la gelée etc., etc.

L'existence de ce courant d'air est aisément constatée en mettant au-dessus de l'orifice une bougie allumée ou simplement le revers de la main ; un anémomètre pourrait enregistrer le chemin de l'air parcouru, si on le voulait.

Mais cet air, infecté à son passage, est susceptible d'apporter des germes de maladies ; il est donc malsain à respirer surtout lorsque l'on dort ou qu'on est malade.

L'auteur possède à sa connaissance bien des cas de maladies survenues à la suites de plainte de mauvaises odeurs analogues ; et, pour convaincre les incrédules, dont quelques-uns se piquent d'être des hygiénistes, il a cru intéressant de donner quelques exemples d'installations qu'il dut corriger.

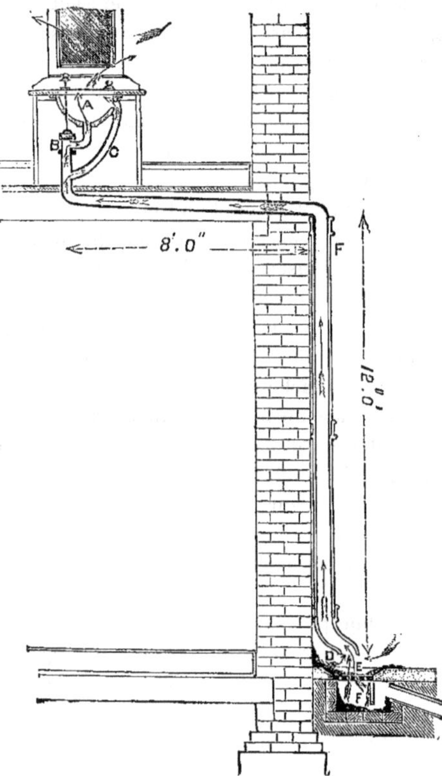

Fig. 1
Vidange de lavabo non siphonnée. — (Mauvais dispositif).

Dans la figure 1, c'est un lavabo posé sans siphon dans une chambre à coucher (d'une maison de campagne) et comportant un long tuyau de vidange allant cracher audessus d'une boîte siphoïde énorme.

Le diamètre de la soupape était de 0,015 (1) ; celui du tuyau horizontal de 0,05 et du tuyau vertical de 0,10. La capacité de la boîte siphoïde défiait tout nettoyage de la part du lavabo et son eau stagnante, en même temps que les écla-

(1) Et la plupart des lavabos et postes d'eau qui se posent chez nous ne sont pas mieux pourvus.

boussures et immondices accumulées en D, donnaient de fort mauvaises odeurs. Ces odeurs pénétraient par la vidange et s'échappaient en B et E ou par le trop-plein C.

La figure 2 représente une situation analogue. Là, c'est un évier commun à plusieurs personnes (dans une maison du quartier Ouest, West End) dont la vidange, passant sous plancher sur un parcours de 4 à 5 m. allait se jeter dans une cuvette d'eaux pluviales H, recueillant aussi les eaux d'une petite toiture.

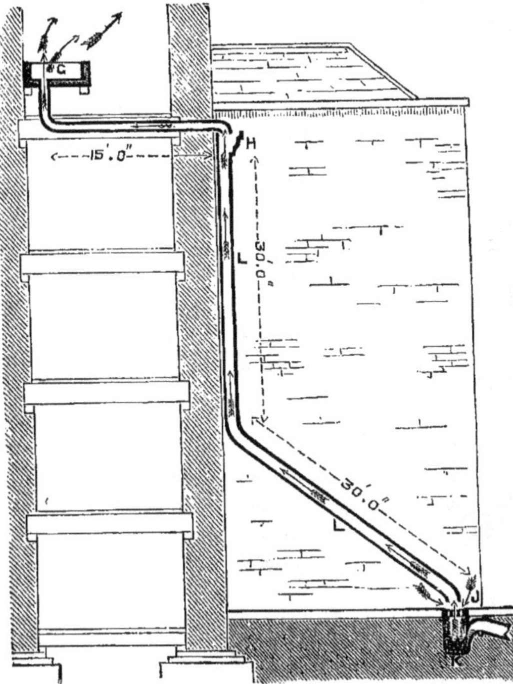

Fig. 2
Vidange d'évier non-siphonée. — (Mauvais dispositif).

La descente de $0^m,10$ de section avait 10 m. environ en partie verticale et autant en partie inclinée et se déversait finalement au-dessus d'un souillard, forme de siphon panier. Des seaux entiers d'ordures furent retirés de cette descente.

Les odeurs provenant de ce tuyau ne mesurant pas moins de 25 mètres de longueur en même temps que celles du souillard K infectaient donc la maison.

Il fut relevé dans les quartiers Est de Londres plus de 3 à 400 maisons dont les éviers n'avaient pas de siphon.

Ainsi la figure 3 est un exemple courant de ce qui existait ; une seule vidange commune à plusieurs éviers G, aux différents étages se jetait au-dessus d'un siphon T ; il en était de même de l'évier du rez-de-chaussée H et P, quoique indépendamment.

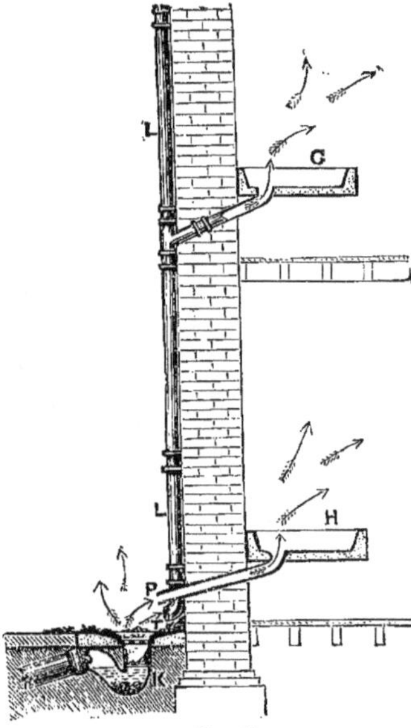

Fig. 3
Vidanges non siphonnées.
(Mauvais dispositif.)

Les locataires durent placer un torchon mouillé à l'orifice, avec une brique dessus, pour arrêter les odeurs devenues par trop violentes ; puis ils brisèrent la grille, mirent un bouchon à la place et vidèrent leurs eaux aux cabinets.

La surface du sol autour du siphon était dans un état de malpropreté indescriptible ; les flèches indiquent le trajet de l'air et des odeurs dans ces tuyaux.

Quand le siphon de pied se trouve être un siphon à cloche du genre de la figure 261, en D, d'une garde d'eau à peu près nulle, les émanations de la canalisation sont en outre à redouter. J'en fis récemment la démonstration en versant un broc d'eau bouillante additionnée de menthe poivrée.

La figure 4 est une baignoire ayant aussi une vidange d'un très long parcours, également sans siphon. La disproportion entre le diamètre de la soupape et celui des tuyaux B, C, D, était cause de leur encrassement. On sentait dans la maison une odeur de savon en décomposition. Il fallut néanmoins accentuer l'odeur en brûlant en C un morceau de chiffon, car le propriétaire était dur à convaincre.

La figure 5 (pl. I) est un arrangement imaginé par quelqu'un soucieux d'appliquer les prescriptions du « Bureau Sanitaire »

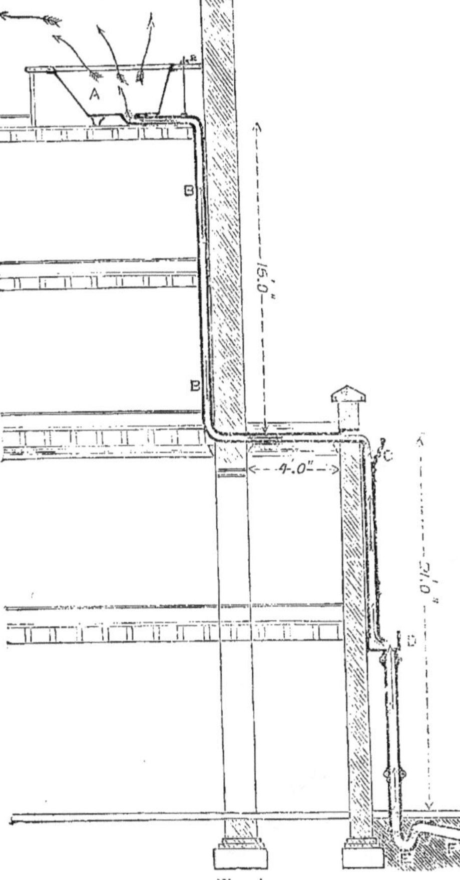

Fig. 4
Vidange de baignoire non siphonnée. (Mauvais dispositif.)

(Local Government Board) sur la « disconnexion » ; mais il fut rapidement déçu.

Toutes les vidanges des baignoires E, lavabo F, vidoir G, lavabo K, trop-plein D des réservoirs et du terrasson T, sans aucun siphon bien entendu, étaient réunies en P, N, T, V, S, au-dessus d'une gargouille A en pierre. La grille du siphon étant, à tous moments, obstruée par toutes sortes d'ordures, le sol adjacent était dans un état pitoyable.

Les flèches font voir comment ces odeurs pouvaient aller contaminer l'eau des réservoirs d'alimentation.

Quant aux appareils de w. c. dépourvus de siphons, c'est le tampon ou le clapet qui doit seul arrêter les odeurs venant de la chute ou de la canalisation, et comme souvent ces organes sont en défaut et ne retiennent plus l'eau de la cuvette, la maison est alors susceptible d'être infectée, surtout lorsque l'appel est augmenté par le tirage des cheminées.

PL. I

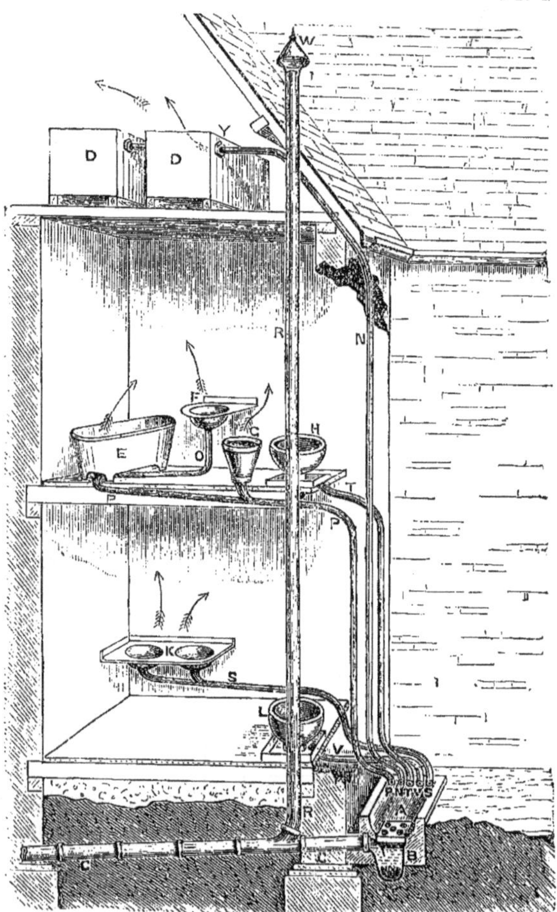

Fig. 5
Tuyaux de vidange non siphonnés.
(Mauvais travail.)

CHAPITRE III

AVANTAGES DES SIPHONS

Efficacité d'une bonne occlusion hydraulique contre le passage de l'air. — Siphons condamnés par ignorance. — Siphons encrassables. — Siphons sur tuyaux de chute. — Application générale et ancienne des siphons. — Expériences sur la résistance de l'occlusion hydraulique. — Siphons et gaz d'égout. — Expériences du docteur Carmichaël. — « Le Sanitary Engineer ».

Tout siphon placé au départ d'un appareil doit arrêter efficacement les gaz qui circulent dans le tuyau de vidange, même sous une certaine pression et malgré le tirage de cheminée le plus intense; par contre, ce siphon doit avoir une bonne plongée, se nettoyer facilement et être ventilé. Les siphons sont donc d'une grande utilité.

C'est par ignorance que leurs détracteurs leur ont souvent attribué des odeurs qui provenaient de la plomberie elle-même; Tel w. c. sentait-il mauvais, on prétendait que les odeurs passaient à travers le siphon, alors que la faute en était au manque de ventilation ou autre précaution assurant la permanence de la plongée. Il faut convenir aussi qu'ils avaient bien des défauts à leur charge : plongée trop faible ou mal protégée contre les effets du siphonnage, forme défectueuse et rebelle au nettoyage automatique, par suite causant des encrassements et des obstructions.

Cette utilité pourrait être démontrée par beaucoup d'exemples.

Ainsi, une canalisation, à la campagne, raccordée directement *sans siphon* à un puisard et possédant en tête, à l'autre bout, un tuyau de ventilation qui empestait à plus de 40 mètres à la ronde rendait la situation intolérable. — Le propriétaire n'ayant pas voulu « disconnecter » convenablement cette canalisation et pratiquer chaque 30 mètres une prise d'air ou ventouse, je fis placer près du puisard un siphon qui remédia au mal incontinent.

J'ai eu souvent l'occasion de faire déposer des appareils w. c. dont les siphons étaient *seuls* à préserver des odeurs de la chute, et sans lesquels la maison ou l'appartement n'eût pas tardé, en cette circonstance, à être empesté en moins d'une demi-heure.

Leur emploi ne s'est, d'ailleurs, généralisé dans tous les pays et depuis si longtemps que parce qu'on a été unanime à reconnaître leur utilité, et s'ils avaient toujours été bien compris et bien faits, c'est-à-dire *nettoyables* et capables de *résister aux pertes d'eau*, ils n'eussent jamais trouvé que des partisans.

Une plongée de 0 m. 04 peut être regardée comme très efficace ainsi que quelques-unes des expériences suivantes vont le démontrer.

Deux siphons de verre B et J (fig. 6), d'une section de 0 m. 025 ayant une plongée de 0 m. 038 furent chacun fixés à un tuyau de plomb de 0 m. 025 intérieur enroulé en serpentin au-dessus d'eux, pour augmenter la friction et par conséquent le vide ou le tirage sur les plongées.

L'orifice des siphons était fermé par un petit robinet d'air N sur lequel était fixé un petit sac en caoutchouc A' destiné à recueillir la moindre quantité de gaz qui aurait pu traverser la plongée. Un autre robinet L était fixé en tête du tuyau.

(*a*). La première expérience fut faite avec du gaz d'éclairage. Dès qu'on put allumer le gaz en L, on ferma ce robinet et toute la pression put agir sur les plongées. On la laissa ainsi en charge pendant 40 heures sans que la moindre trace se soit révélée de l'autre côté. L'eau du siphon, ainsi que dans un manomètre, s'était abaissée en C de 0 m. 031 et était remontée d'autant dans l'autre branche ; cette hauteur était naturellement variable suivant les pressions. Le niveau le plus haut fut de 0 m. 06 dans la branche B, au-dessus du niveau normal.

Dès que le robinet de gaz fut fermé, les niveaux se rétablirent ; on pressa les petits sacs pour refouler l'air, on referma les robinets N et A', on enleva les sacs ; on approcha alors, mais en vain, une

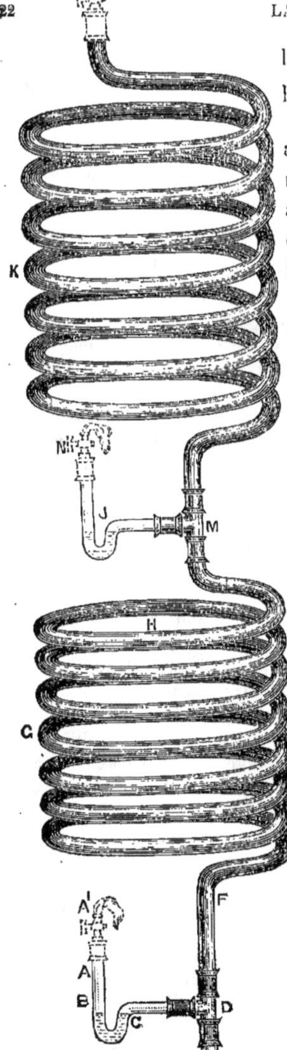

Fig. 6
Serpentins et siphons en verre établis pour expérimenter les plongées d'eau.

lumière près du robinet A : il n'y avait pas la moindre présence de gaz.

(*b*). Je répétai les mêmes expériences avec de la fumée, au moyen d'un appareil spécial appelé « asphyxiateur », puis avec de la menthe poivrée, de l'éther et de l'ammoniaque et les résultats furent invariables.

Un chimiste pourrait peut-être dire à quel point cette occlusion serait infranchissable aux gaz avec des tuyaux qui ne seraient nullement ventilés ? Pour ma part, la seule protection d'un siphon, en pareille circonstance, est insuffisante.

Mais lorsque les règles sanitaires sont observées, les conduites ne doivent être *closes* nulle part, elles doivent être « interceptées » et « disconnectées » de la canalisation comme celle-ci doit l'être elle-même de l'égout ; une libre ventilation doit régner d'un bout à l'autre du tracé et les siphons comme les tuyaux doivent être d'un type et d'une section raisonnée pour favoriser le nettoyage automatique, assuré, en outre, par des chasses d'eau régulières. La formation de dépôts est dans ces conditions bien minime, et la production des gaz méphitiques bien faible ! Le rôle d'un siphon, dans la pratique, ne devrait être que celui d'un écran ou coupe-air au lieu d'être considéré comme une barrière infranchissable aux gaz, surtout lorsque les conduites sont closes.

Je pourrais citer un autre argument en faveur de cette interception hydraulique : parmi les nombreux siphons ou boîtes siphoïdes, de date très ancienne, qui me sont passées sous les yeux, je n'ai jamais constaté le métal rongé ou altéré que du côté exposé aux gaz, et jamais même en contre-bas du plan d'eau.

Dans son étude présentée à la Société philosophique de Glascow, le 18 février 1880, et intitulée : « Recherche expérimentale sur le rôle et la valeur des siphons, ainsi que de l'occlusion hydraulique contre les gaz ou autres produits engendrés par le « sewage », eaux d'égouts, etc. », le docteur Carmichael s'exprime de la sorte :

« *Les siphons hydrauliques répondent par conséquent au but proposé et interdisent, d'une façon très efficace, l'accès dans la maison aux gaz* pouvant circuler dans le tuyau de chute. L'occlusion est tellement parfaite que ce qui pourrait s'en échapper à travers l'eau est tout à fait insignifiant, et purifié en quelque sorte par cette filtration, au point d'être complètement inoffensif ; il en est de même à l'égard de tous les germes en suspension, y compris, sans aucun doute, ceux des maladies transmissibles, qui ont, comme nous l'avons déjà vu, et autant qu'on en connaît, un caractère tout spécial ».

Le « Sanitary Engineer », un journal très apprécié du monde sanitaire et qui devrait être très répandu en Angleterre comme en Amérique, dans son numéro du 23 janvier 1883, dit :

« Les résultats obtenus par le Dr Carmichael sont confirmés par les expériences du Dr Wernich, de Berlin, rapportées dans un journal intitulé : « Die Luft als Trägerin Entroicklungs jähiger keine » (L'air considéré comme véhicule de germes susceptibles de développement), qui fut publié dans les archives de pathologie, anatomie, physiologie, à Berlin, 1880, vol. LXXIX, page 424 et également rapportées sous une forme différente, dans le n° 179 du « Sammlung klinischer Vorträge » (Recueil des conférences cliniques), édité par Volkman et publié à Leipzig en 1880 sous le titre de « Ueber verdorbene duft in krankenraumen » (de l'air vicié dans les hôpitaux).

« Un aperçu sommaire des résultats obtenus par le Dr Wernich est publié dans le numéro de ce journal, en date de mai 1880, page 210.

« Les résultats obtenus par Carmichael et Wernich furent encore confirmés par ceux fournis par les séries de recherches très soigneuses et très étendues faites pour le *National Board of Health* (Conseil national d'hygiène), sous la direction du professeur Raphael Pumpelly, de l'Inspection géologique des Etats-Unis et rapportées dans le supplément n° 15 du bulletin du *National Board of Health*, du 16 avril 1891. A la page 22 de ce supplément il est constaté, d'après le résultat d'une série d'expériences dont les détails sont donnés, « *qu'à la température normale de l'été, aucun germe ne s'échappe des liquides en décomposition toutes les fois que leurs surfaces ne sont pas troublées, bien que, au cours de certaines de ces expériences, l'air fût continuellement et lentement amené sur ces surfaces ; cependant quand les liquides étaient troublés par des bulles qui éclataient à la surface, des germes s'en dégageaient, et, en infectant les bouillons de culture, les stérilisaient* ».

Il reste encore à savoir si les germes ne se dégagent pas des liquides en putréfaction à des températures élevées.

« Miguel, dans l'*Annuaire météorologique de Montsouris*, de 1878, page 540, dit que : « Dans l'évaporation des liquides putrides aux températures de 40 à 45°, les germes se dégagent, mais c'est là un point encore douteux, et de tels résultats sont probablement dus au dessèchement d'une pellicule ou membrane située au bord du liquide et au détachement ultérieur des fragments de cette pellicule par le courant d'air. Des températures aussi élevées ne sont cependant jamais observées dans l'air d'égout ».

CHAPITRE IV

SIPHONS DE PLOMBERIE

Importance du choix des siphons. — Nature des matériaux. — Siphons indépendants de l'appareil. — Raccordement du siphon et de la décharge. — Siphon à chaque appareil. — Principe du nettoyage automatique des siphons. — Siphons en plomb, bouchon de dégorgement. — Siphon à cloche, dit bonde siphoïde. — Siphon « Antill ». — Siphon D, dit boîte d'interception. — Le même à faces rapprochées. — Siphons Helmet, Éclipse, etc. — Siphons en plomb pour tuyau de chute. — Siphons Anti-D, siphon Béard et Dent, siphons Dubois. — Siphons avec soupapes d'arrêt. — Siphon Bower. — Tableau comparatif des divers siphons au point de vue du nettoyage.

On ne saurait assez exagérer l'importance de placer, à l'intérieur des habitations, des siphons efficaces à tous les appareils sanitaires qui constituent autant de portes ouvertes à l'air vicié des tuyaux souillés.

Nous avons vu au chapitre précédent comment se formait l'encrassement des tuyaux, voyons maintenant les siphons qu'il y a lieu d'employer.

La « plongée » ou garde d'eau d'un siphon n'est autre chose qu'une porte, et si cette porte ne nous isole pas des tuyaux, elle est plutôt nuisible en ce sens qu'elle expose en outre la maison aux odeurs issues des dépôts retenues accidentellement dans le siphon.

C'est de tous les appareils sanitaires celui qui réclame le choix le plus sérieux, car nul autre ne peut s'encrasser plus rapidement suivant le type, la forme et le manque de soin dans la fabrication.

Prenons, par exemple, la bonde siphoïde et le siphon D appelé aussi boîte d'interception.

Est-il rien de plus vicieux à tous points de vue? La bonde siphoïde pourrait à la rigueur, faire occlusion lorsque la *calotte est baissée* et baignée dans l'eau ; mais, qui a jamais vu ces deux conditions réunies? En ce qui concerne la boîte d'interception, elle est sale et remplie de dépôts en moins de six mois de service. C'est par milliers cependant que ces siphons empoisonnent la plupart des maisons de Londres. On est trop sensé en Écosse et en Amérique pour ne pas l'avoir déjà abandonnée.

Il serait trop long de vouloir discuter ici les avantages et les inconvénients de chaque modèle et d'examiner en détail les différents matériaux à employer. Ces matériaux doivent surtout se prêter à un raccordement sérieux et certain avec la décharge à laquelle est fixé le siphon, car le moindre défaut à ce raccord serait une issue facile à l'air vicié du tuyau.

De même que le plomb convient très bien aux tuyaux de vidange et aux tuyaux de chute, il convient parfaitement aussi à la confection des siphons destinés à tous appareils sanitaires ; il est très durable, il est lisse et uni de surface, il résiste aux corrosifs et peut se *souder* avec la décharge qui est généralement en plomb.

Au dehors, dans les cours, courettes, passages, etc., où la moindre fuite d'odeur n'aurait pas le même danger — bien que toute bonne canalisation ne devrait pas en avoir — *le grès est préférable parce que les tuyaux de canalisation sont en grès* et parce que le grès est une matière propre, lisse, non-corrosive, mais ces siphons pêchent souvent, par exemple, par le *défaut de plongée*. Il faut donc les choisir avec soin.

C'est à cause de la difficulté du raccordement ou jonction avec la décharge que le grès et la fonte doivent être exclus de l'intérieur des habitations.

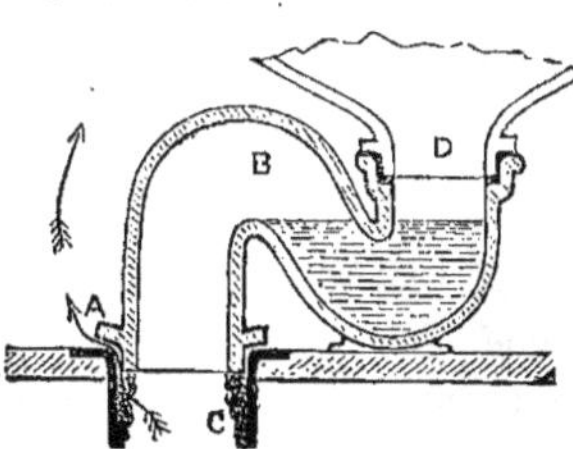

Fig. 7
Coupe d'un siphon montrant la défectuosité du joint avec la chute.

Pour cette raison et aussi afin que la *dépose de l'appareil pour besoin de réparation ou autre motif, n'intéresse en rien l'occlusion*, les siphons devraient toujours être *indépendants* de leurs appareils. Voir les flèches en A et F (figures 7 et 8), faisant

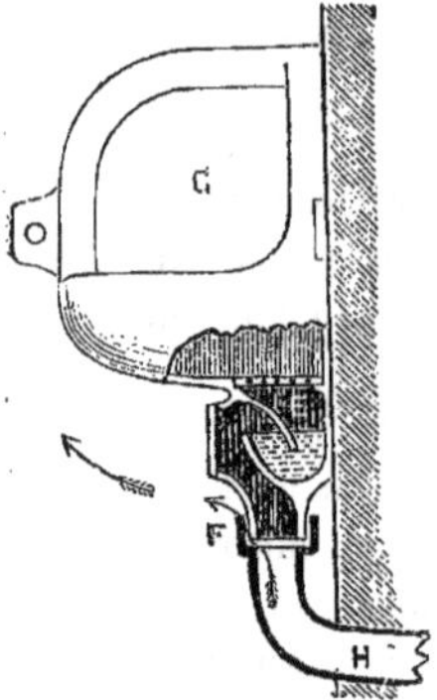

Fig. 8
Urinoir et siphon en une seule pièce montrant la défectuosité du joint avec la vidange.

comprendre l'importance des joints en aval des siphons.

Lorsque l'appareil, qu'il soit urinoir, vidoir ou w. c. est fabriqué d'une *seule pièce* avec son siphon, en faïence ou en fonte émaillée, on a à réunir deux matières *hétérogènes*, et le joint est douteux et ne peut être durable; le ciment, mastic minium ou céruse, etc., qui le compose, est toujours sujet à se fendre ou crevasser sous l'effet d'un choc, des trépidations du plancher, d'un tassement ou de secousses quelconques, etc., ou bien le ciment se dessèche à la longue et peut rester défectueux sans qu'on s'en aperçoive.

Une fuite d'eau se révèle d'elle-même, mais un gaz, une odeur ne se decouvre qu'à l'odorat, à la manière d'un chien qui flaire un lapin.

Des milliers d'appareils, établis dans les conditions ci-dessus, avec joints de ciment ou de mastic ont, à l'examen, presque toujours prouvé qu'ils étaient mauvais.

TOUT APPAREIL SANITAIRE DEVRAIT AVOIR SON SIPHON RESPECTIF.

A l'intérieur des habitations, ce siphon devra être, autant que possible, en plomb ou autre matière pouvant se souder à la vidange, et si cette dernière est en fonte à cordon, il devra être pourvu d'une doublure ou manchon en cuivre pénétrant dans l'emboîture pour y recevoir le plomb coulé à mater ; ce siphon devra être le plus *rapproché* possible de l'appareil afin de *réduire au minimum toute longueur de tuyau non siphonné*.

Une simple tubulure, débouchant à air libre pourrait peut être se passer de siphon si elle n'était pas toutefois à proximité d'une entrée de canalisation ou de tout autre point susceptible de dégager des odeurs.

On ne peut dire qu'il soit malsain d'entrer dans une pièce pleine encore de la fumée d'une douzaine de pipes et autant de cigares ;

cependant, personne ne se soucierait d'y rester, et encore moins d'y dormir?

Le genre de siphons à employer varie suivant les circonstances. Tel siphon, sujet à rester plusieurs mois de l'année sans servir, dans une maison de campagne, par exemple, exigera pour subvenir aux pertes d'eau par évaporation, une plus *grande plongée* qu'un autre siphon d'un service journalier.

Une des conditions les plus importantes à réaliser est celle du nettoyage du siphon par lui-même effectué par le *seul passage* de l'eau.

Voici reproduits, *in-extenso*, les principes de construction des siphons déjà publiés dans mes « Conférences sur la Plomberie ».

« PRINCIPES DU NETTOYAGE AUTOMATIQUE DES SIPHONS »

« (1). Tout siphon doit être exempt d'angles et recoins aidant à la formation de dépôts capables de donner des émanations.

« (2). La section du siphon doit assurer le passage de l'eau *sans déformation*, c'est-à-dire que sa forme doit se rapprocher de celle d'un tuyau, de section circulaire, recourbé de façon à former une plongée de 0 m. 04 à 0 m. 05.

« (3). Le corps d'un siphon destiné à un tuyau horizontal ou à une canalisation doit être plus resserré que l'orifice d'entrée, dans le but de retenir le moins d'eau possible suivant l'emplacement et le service à faire, pour que cette eau puisse être *renouvelée* au passage de la moindre chasse d'eau.

« (4). La section du siphon, toujours la plus *petite* possible, selon les circonstances, sera *proportionnée* à celle du tuyau et au volume de l'eau à écouler.

« (5). Les orifices de départ avec grilles dans les appareils à fond plat, tels qu'éviers ou autres, doivent être évasés et coniques, afin d'admettre un plus grand volume d'eau et une chasse plus forte sur le siphon et le tuyau de vidange (voir figures 36 et 37).

« Un siphon d'une section plus petite que son tuyau nuirait au nettoyage de ce dernier.

« (6). L'orifice d'entrée doit être disposé de telle sorte que l'eau tombe *verticalement* sur la plongée ; cette eau ayant ainsi une plus forte pression pourra mieux entraîner les corps étrangers et renouveler le contenu du siphon.

« (7). Tout siphon de canalisation placé extérieurement, doit être, en amont, *ouvert* à l'atmosphère afin que les gaz provenant accidentellement de la canalisation ou de l'appareil lui-même puissent se dégager à l'air libre »

Lorsque le froid ou la gelée sont à redouter, il n'y a qu'à tamponner l'orifice et prendre l'air par un embranchement, à une petite distance au-dessus du siphon, pour que le courant d'air n'ait pas d'influence.

Pendant l'hiver de 1880 et 81, je n'ai eu connaissance que d'un siphon disconnecteur maltraité par la gelée, bien que les autres, pour la plupart, n'eussent pas leurs plans d'eau à plus de 0 m. 40 en contre-bas du sol.

Toute sécurité peut être accordée à un siphon réalisant les conditions ci-dessus du nettoyage, et dont la plongée mise à l'abri du siphonnage serait encore suffisante pour parer à l'évaporation et aux refoulements du vent.

S'il est en plomb, son épaisseur sera au moins de 3 mm. à 3 mm. 1/2, selon les circonstances, et de 4 mm. lorsqu'il sera soumis aux écoulements d'eau chaude.

Les bouchons de dégorgement conviennent fort bien à des siphons placés sous des éviers, postes d'eau, etc..., mais n'ont aucune raison d'être avec des siphons de Water-Closet assez larges pour y introduire la main.

Ce bouchon doit être placé à la partie basse *et immergée* du coude inférieur et non en aval, en contre-haut de la plongée, car s'il était mal revissé ou pas du tout, il livrerait passage à l'air du tuyau.

Dans le cas contraire, ce défaut serait bientôt signalé par l'apparence d'une fuite d'eau.

Fig. 9
Bonde siphoïde ou siphon-cloche.

La « bonde syphoïde » (fig. 9) compte parmi les plus anciens siphons encore en usage. On la rencontre généralement aux éviers de cuisine et aux entrées d'eaux superficielles, cours, passages, mais elle est plus nuisible qu'utile.

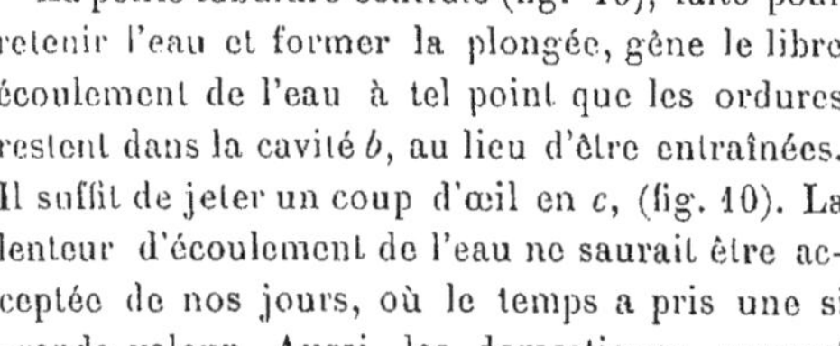

Fig. 10
Coupe de la fig. 9

La petite tubulure centrale (fig. 10), faite pour retenir l'eau et former la plongée, gêne le libre écoulement de l'eau à tel point que les ordures restent dans la cavité *b*, au lieu d'être entraînées. Il suffit de jeter un coup d'œil en *c*, (fig. 10). La lenteur d'écoulement de l'eau ne saurait être acceptée de nos jours, où le temps a pris une si grande valeur. Aussi, les domestiques, souvent impatientés, relèvent ou brisent la grille qui forme l'occlusion et son orifice est alors complètement découvert et béant.

La partie plongeante n'est souvent que d'un centimètre et ne peut ainsi résister aux conditions ordinaires de pertes d'eau, refoulement, évaporation, etc.

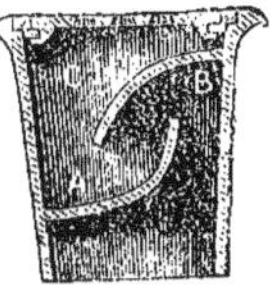

Fig. 11
Coupe du siphon Antill.

Le siphon Antill (fig. 11), est certes un perfectionnement, car la lame plongeante est indépendante de la grille mais il laisse bien encore à désirer : la plongée est aussi insuffisante et le nettoyage est mauvais ; tout corps étranger au dépôt formé en A ne peut en sortir ; les trous de la grille se bouchent fréquemment, et le débit de l'eau est trop lent.

Le siphon D ou boîte d'interception, très en faveur près de certains plombiers, est encore très répandu aujourd'hui malgré tout ce qu'on a pu dire sur son compte.

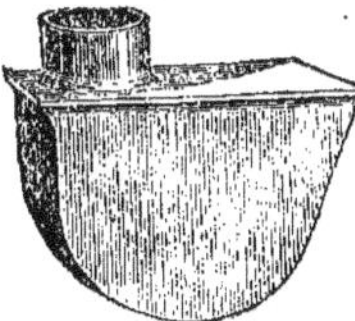
Fig. 12
Siphon D ou boîte d'interception.

Celui qui verrait l'intérieur de ce siphon après un service de 5 à 6 mois sous un appareil W. C. en serait dégoûté à tout jamais, et n'en voudrait chez lui à aucun prix. Ce qui n'empêche pas bien des plombiers, qui en ont certes vu des centaines dans ces conditions, de continuer à les poser par habitude.

Fig. 13
Coupe.

La tubulure intérieure, *a*, (fi. 13), plonge dans l'eau de 0 m.015 à 0 m.04 suivant l'ouvrier qui la façonne ; elle s'encrasse rapidement tout autour, sans qu'on puisse y accéder pour le nettoyage.

Il en est de même des nombreux angles vifs et recoins tel que *b* et *c* (fig. 14), que présente cette forme de siphon.

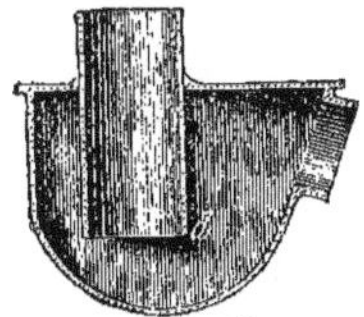
Fig. 14
Coupe.

L'auteur a vu défiler sous ses yeux plus de vieux siphons D que personne au monde, mais il n'en a jamais rencontré un seul bien approprié à la position qu'il occupait.

Il passe pour ne pas lui avoir ménagé ses critiques dans la première édition de ce livre, et pour les justifier il en a inséré (fig. 15, pl. II) une reproduction aussi fidèle que possible,

Pl. II

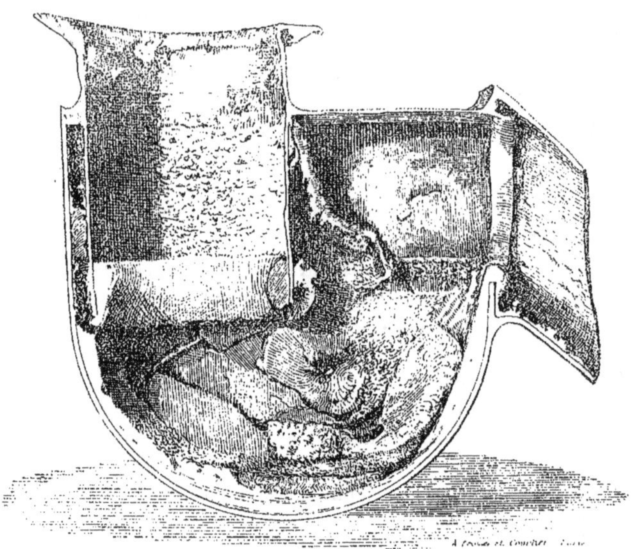

Fig. 15

Vue intérieure d'un vieux siphon D dit boite d'interception.

qui peut montrer facilement sans l'aide d'aucun coloris le degré de malpropreté susceptible d'être atteint.

Somme toute, le siphon D a vécu aujourd'hui, et il trouve place de plus en plus au casier des vieux métaux.

Cette tubulure plongeante (fig. 14) donnait souvent lieu à des erreurs graves ; c'est ainsi qu'au lieu d'être rapprochée du côté de la boîte comme dans la figure 13, elle laissait un isolement de 0 m. 025 et davantage (fig. 14), dont la conséquence était de diminuer le passage de l'eau *d*, vers la sortie et de faciliter l'encrassement autour de cette tubulure de même qu'en *e*.

Son immersion plus ou moins grande correspondait en outre à une occlusion insuffisante, ou bien à un étranglement du passage de l'eau. Ces défauts n'eussent pas existé si on n'avait eu affaire qu'à des ouvriers compétents ; malheureusement, tout le monde, sans en excepter les apprentis, voulait se mêler d'en fabriquer.

La mesure moyenne des boîtes d'interception pour w. c. est de 0 m. 22 en hauteur, mais on en trouve de toutes dimensions et parfois même de très exagérées.

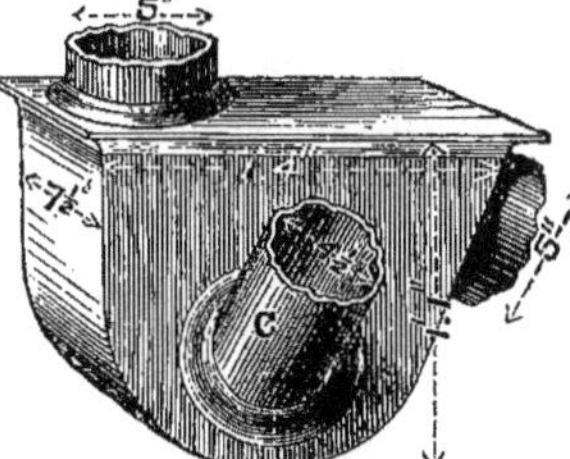

Fig. 16
Siphon D, de 0.33.

La figure 16 en donne un exemple : et porte 0 m. 40 de longueur, 0 m. 33 de hauteur et 0 m. 175 d'épaisseur. Un tuyau de 0 m. 115 destiné au trop-plein d'un réservoir de w. c., et recevant aussi les eaux pluviales était soudé sur une des faces. La contenance de ce siphon était d'une quinzaine de litres.

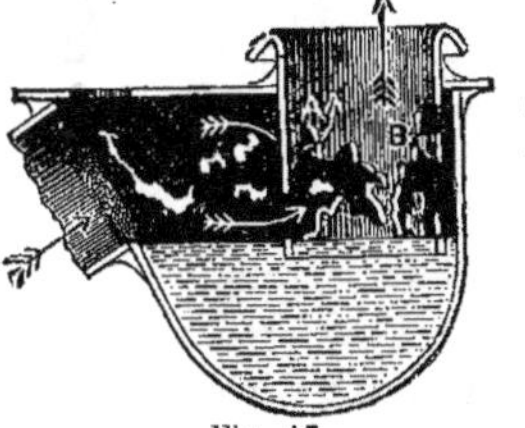

Fig. 17
Intérieur d'un vieux siphon D montrant la tubulure plongeante toute rongée.

Les petites dimensions de boîtes d'interception pour éviers, baignoires et lavabos sont de 0 m. 15, 0 m. 18 et 0 m. 20.

Une autre critique, très importante aussi, s'adresse à la position intérieure de la partie plongeante, qui, au cas de plomb rongé ou piqué laisserait pénétrer les gaz en amont sans trace apparente de fuite d'eau. Un exemple bien compréhensible de cet inconvénient est donné par la figure 17, prise d'après un très vieux siphon autrefois placé sous un w. c.

Fig. 18
Siphon D à faces rapprochées. — Plan.

Les boîtes d'interception à faces rapprochées, (fig. 18 et 19), constituent un perfectionnement sur l'ancien modèle, mais ne sont pas encore d'un bon nettoyage et comportent d'ailleurs tous les autres défauts.

Fig. 19
Siphon D à faces rapprochées.— Vue perspective.

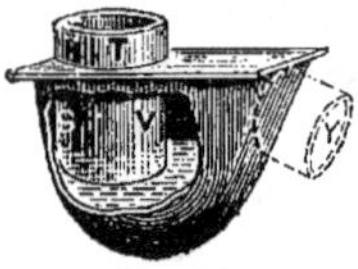

Fig. 20
Siphon D « Helmet »
Vue perspective.

Le siphon « Helmet », représenté figure 20, offrait cet avantage d'avoir la panse, ou partie inférieure, arrondie, et d'être fabriqué en plomb fondu, bien préférable en cela aux anciennes boîtes d'interception faites à la main ; on y retrouve encore le défaut de la tubulure plongeante intérieure.

La figure 21 donne une coupe longitudinale du siphon en plomb coulé « Eclipse », dont le titre ne semblerait être justifié qu'à la condition d'être dissimulé ou « éclipsé » sous un w. c. ou mieux dans l'épaisseur d'un plancher. Dans la deuxième édition de cet ouvrage j'insistai déjà sur le peu de plongée de ce siphon, bien que celle-ci ait été baissée de 0 m. 02 à 0 m. 025, autant que le permettait le moulage, mais néanmoins insuffisante surtout pour un siphon qui a la prétention d'*éclipser* tous les autres.

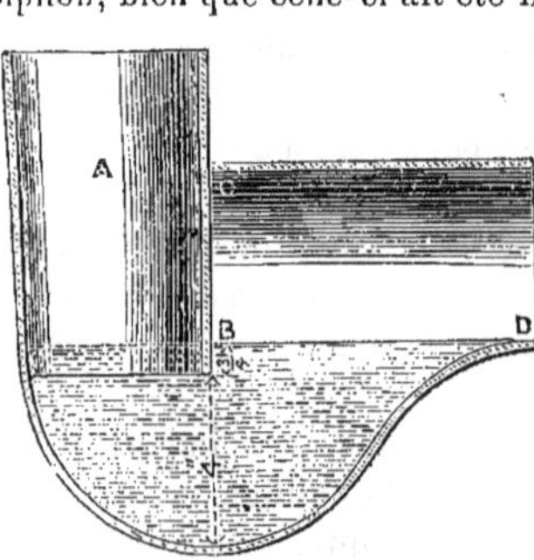

Fig. 21
Siphon « Eclipse ». — Coupe.

Sous le rapport du nettoyage, il est facile de voir que la face B, (fig. 21), et les angles E et F, (fig. 22), ne pourront jamais être lavés et ne ramasseront que des *éclaboussures*; l'eau projetée aura toujours tendance à s'échapper directement en D sans exercer aucune friction de nettoyage sur les parties ci-dessus, non plus que sur le plafond du siphon. Le plan d'eau BD (fig. 21), est trop allongé, et supérieur au moins des 2/3 à celui de l'entrée.

Fig. 22
Siphon « Eclipse ». — Plan.

La partie plongeante EF (fig. 22) a encore ce même défaut déjà cité d'être *intérieure* au siphon et d'être, par conséquent, exposée à l'action des gaz. Cette forme demi-circulaire est, en outre, vicieuse à cause des angles E et F.

Ce siphon est, malgré tout, bien supérieur au vieux siphon D.

Siphon pour W. C., dit siphon V. — Ce siphon (fig. 23 et 24) est construit sur le principe du siphon rond en plomb coulé de Beard et Dent, mais ce dernier étant en plomb fondu, possède une section *circulaire*, tandis que l'autre, fait à la main, est carré et soudé aux angles. C'est un modèle que tout plombier un peu habile exécutera facilement ; l'épaisseur du plomb est de 3 mm. à 3 mm. 1/2, 3 1/2 en cas d'écoulement d'eau chaude.

Fig. 23
Siphon « Mansion »

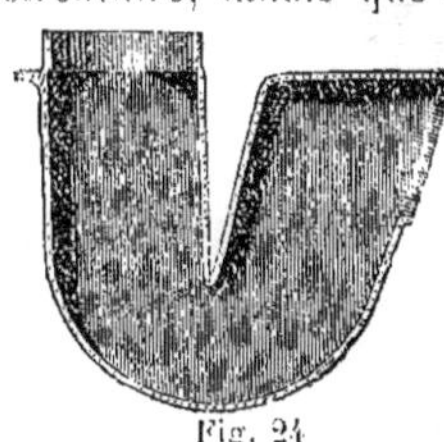

Fig. 24
Coupe.

On devra s'attacher dans sa construction à ne lui donner que la section correspondante au départ de l'appareil w. c., évier, etc., afin qu'il contienne le moins d'eau possible ; sa garde d'eau ne devra pas être inférieure à 0 m. 04.

Les dimensions souvent exagérées de ce siphon l'ont empêché d'être lavé par des décharges d'eau ordinaires.

Ayant reconnu autrefois que le siphon Beard et Dent, de 0 m. 10, placé sous un w. c. ou un vidoir perdait facilement sa garde d'eau, et décidé à renoncer entièrement au siphon D, à cause de sa malpropreté, je fus amené à recourir pour ces appareils au siphon V, que fabriquaient, mais avec des dimensions plus grandes, un ou deux plombiers depuis plus de 30 ans.

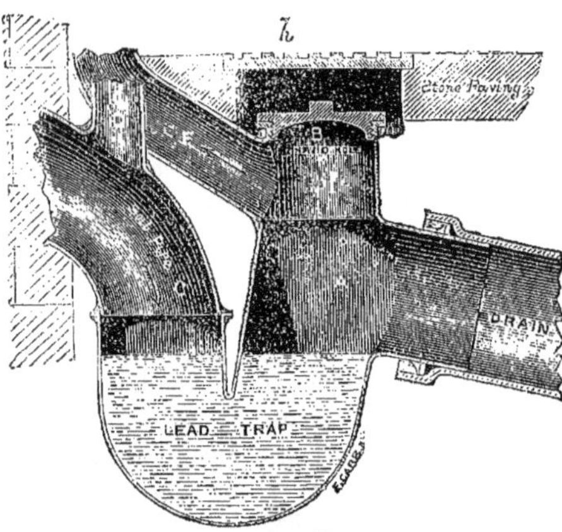

Fig. 25
Coupe d'un siphon de tuyau de chute.

Je m'aperçus bientôt que son nettoyage, quoique supérieur à celui du siphon D, n'en était pas moins très imparfait à cause des angles soudés, et j'en ai, pour cette raison, abandonné l'usage depuis plusieurs années.

J'ai fabriqué ce siphon sous bien des formes différentes, sans en varier le principe, et je l'ai placé souvent au pied des tuyaux de chute que je voulais isoler de la canalisation.

La figure 25 représente une des premières applications de la prise d'air au pied d'un tuyau de chute que j'ai exécutée en 1872.

Siphon en plomb coulé anti-D. — Je construisis dans la suite un siphon rond dont la forme spéciale devait atténuer les effets combinés du *momentum* et du siphonnage, et j'augmentai, à cet effet, sa garde d'eau pour parer quelque peu à l'évaporation. La forme en est clairement indiquée dans les figures 26 à 31.

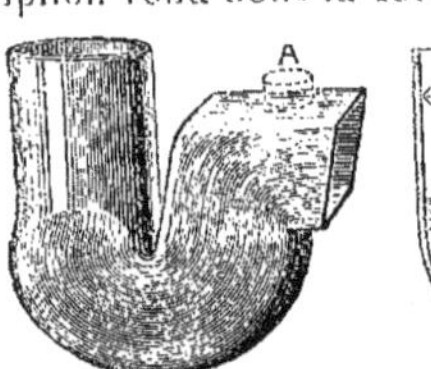

Fig. 26
Siphon « Anti-D »
Dimension la plus grande.

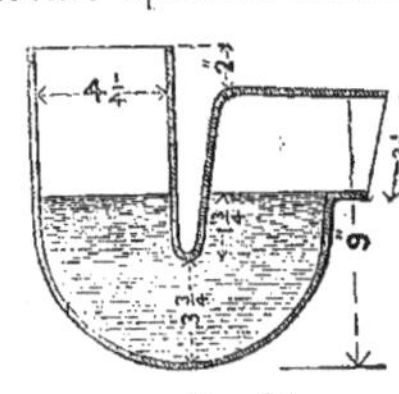
Fig. 27
Coupe.

J'ai fait quatre grandeurs de ce modèle, mais la plus grande (fig. 26) est inutile, puisque la grandeur moyenne des figures 28 et 29 convient à n'importe quel w. c. ou vidoir.

Ces siphons dont les dimensions sont indiquées aux figures, se font en plomb fondu d'une grande pureté sans soudure aucune et ont une plongée de 0 m. 045; l'épaisseur du plomb des deux premières grandeurs est de 3 mm. 1/2, celle des deux plus petites est de 4 mm.

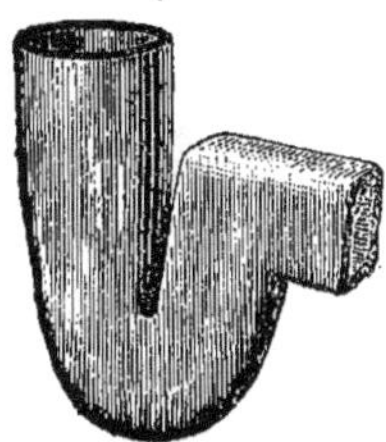

Fig. 28
Siphon « Anti-D »
Dimension, pour w. c., etc.

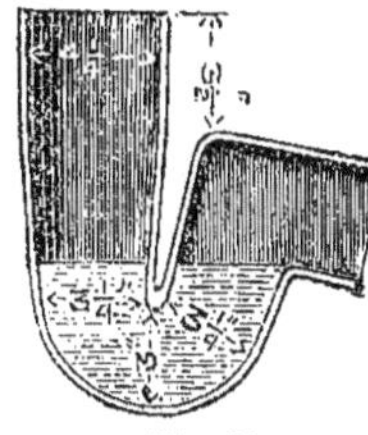

Fig. 29
Section.

Je ne connais pas de siphon de w. c. comparable à celui des figures 28 et 29 sous le rapport du nettoyage.

Il ne contient que un litre et demi à peine, et une projection d'eau ordinaire suffit à *entraîner et renouveler* ce volume.

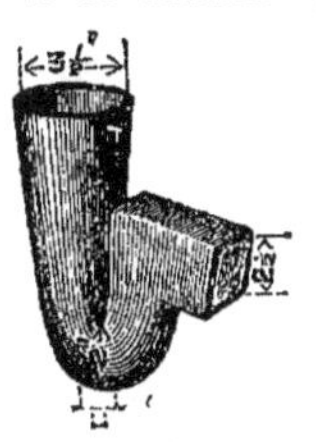

Fig. 29 a
Siphon « Anti-D »
de 0,075 et 0,05.

Fig. 30
Siphon « Anti-D »
de 0,031 avec
orifice évasé ou
emboîture.

Lorsque le tuyau d'évacuation auquel il est fixé est bien ventilé, il est à l'abri du siphonnage le plus violent, quels que soient le volume écoulé, la force de l'eau projetée dans l'appareil, et la hauteur ou l'étage de ce dernier; il résiste également bien aux effets de *momentum* (Voir siphonnage des siphons, chapitre VIII). Ses parois sont constamment frottées par l'eau qui le traverse, de même qu'il n'y a pas place pour le moindre encrassement; un léger étranglement à la panse ou coude inférieur (fig. 29) a justement pour but d'augmenter la friction de l'eau ou *chasse* à cet endroit.

Fig. 31
Siphon « Anti-D »
de 0,031.

Un siphon de ce genre est placé dans mes ateliers sous un w. c. à l'usage d'une douzaine de commis, et s'est conservé depuis plusieurs années aussi propre qu'au premier jour. J'avais, à cet effet, pratiqué deux ouvertures vitrées pour m'en rendre compte à volonté. D'autres siphons placés dans des situations différentes ont donné les mêmes bons résultats.

Le plus petit modèle (fig. 30 et 31) de 0 m. 031 de section est destiné aux lavabos, baignoires, etc., partout où le siphonnage est à redouter (Voir pertes d'eau des siphons, chapitre VIII). Il ne contient que 150 cm. cubes.

La figure 30 convient aux baignoires et éviers, et la figure 31 aux toilettes.

Siphons brevetés en plomb coulé. — Ces siphons sont d'un nettoyage parfait. Le plomb, de la meilleure qualité, est aussi lisse en dedans qu'au dehors, tel que le métal étiré ; son épaisseur est de 3 mm.

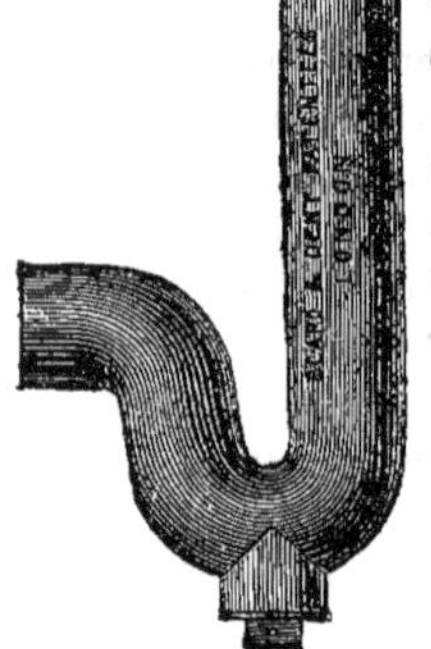

Fig. 32
Siphon rond « Demi-S » ou « P ».

Deux modèles avec départ horizontal ou départ vertical affectant la forme de la lettre « P ou S », correspondent à la direction des tuyaux ; les sections varient de 0 m. 10 à 0 m. 04 (fig. 32 et 33).

Un bouchon de dégorgement en cuivre est fixé aux siphons de petites dimensions, (fig. 33 et 34).

Le siphon (fig. 35), de 0 m. 10 de section permet le passage de la main ; il serait toujours facile de souder un bouchon où cela serait reconnu nécessaire.

Les petites sections sont principalement réservées aux baignoires, éviers et lavabos. — Le diamètre de

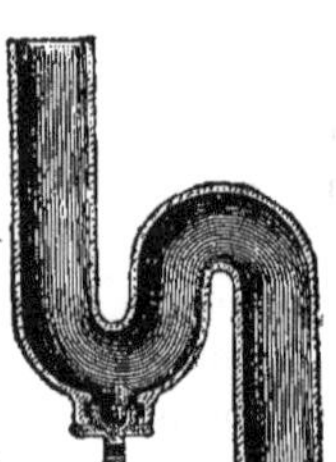

Fig. 33
Siphon « S ».
Coupe.

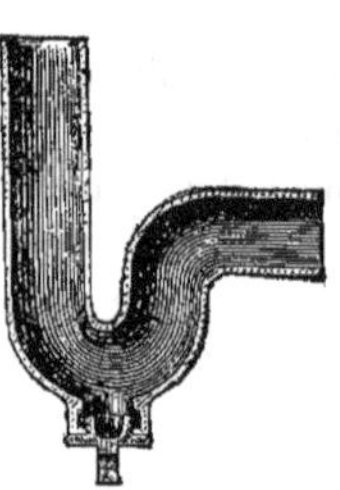

Fig. 34
Siphon « Demi-S » ou « P ». Coupe.

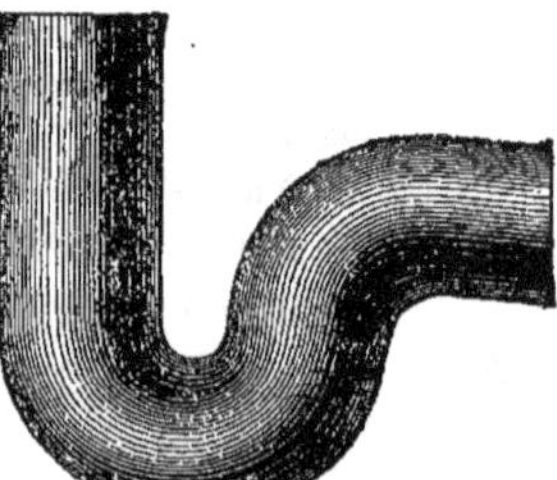

Fig. 35
Siphon rond « Demi-S » de 0,10, de séchoir.

0 m. 05 est largement suffisant pour un évier quel qu'il soit, et celui de 0,04 est préférable pour un timbre d'office.

L'orifice d'un siphon placé sous un évier doit être conique et faire entonnoir, de façon à saisir davantage d'eau à la fois, afin de produire la chasse nécessaire (fig. 36 et 37).

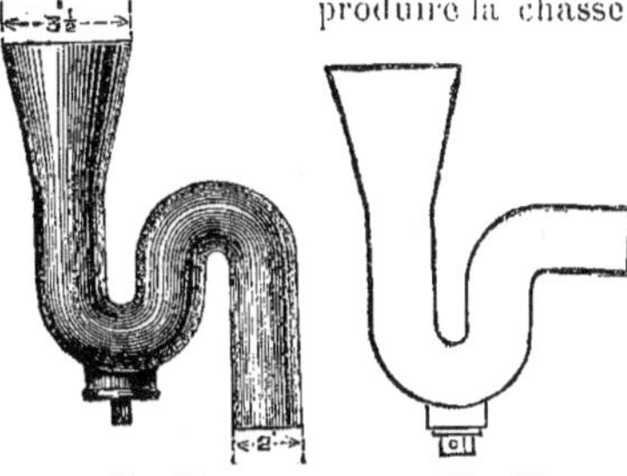

Fig. 36
Siphon « S » de 0,05 avec orifice conique.

Fig. 37
Siphon « Demi-S » de 0,05 avec orifice conique.

Si le départ d'un lavabo est à peine suffisant pour remplir un tuyau de 0 m.025, on devra recourir à la section de 0 m. 031 ; mais il vaut mieux agrandir le départ du lavabo, que de réduire le diamètre du tuyau.

Tous les siphons de cette catégorie sont sujets à être facilement siphonnés aussi bien par l'eau qui s'en échappe que par l'eau évacuée d'autre part dans le même tuyau ; ils doivent donc être très bien ventilés — condition désormais indispensable.

Toute projection d'eau rapide dans un tuyau, comme celle d'un seau, selon le principe bien connu des siphons, crée une aspiration qui entraîne tout derrière elle et découvre la plongée, à moins qu'il n'y ait *après coup* des *égouttures* capables de la remplir à nouveau (Voir ventilation des siphons, chapitre VIII).

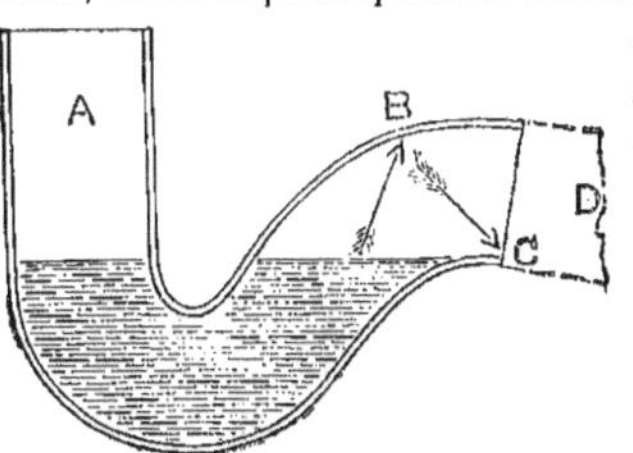

Fig. 38
Mauvaise forme de siphon.

L'ancien modèle (fig. 38) ne se comporte pas bien au siphonnage. Si les siphons en forme d'U (fig. 32 et 33), conservent leur plongée d'une façon absolue lorsqu'ils sont ventilés, il n'en est pas de même du type de la figure 38, quoique placé dans des conditions identiques, et cela à cause de la *pente douce de sa branche de sortie.*

Si l'on considère, en effet, un volume d'eau assez important, un seau à pleins bords, par exemple, versé avec force dans le siphon, cette eau, précipitée contre la paroi supérieure B (fig. 38) avec une grande énergie, se réfléchit, comme une balle élastique, suivant l'angle d'incidence. Un coup d'œil suffira pour comprendre que cet angle est bien plus ouvert dans la figure 38 que dans les figures 28, 29 et 31 où l'eau est, en quelque sorte, rejetée sur elle-même au point de remplir le siphon de rechef, à moins que, par suite de ventilation insuffisante, il ne se produise au même moment une aspiration. Ce fait est particulièrement remarquable avec le siphon anti-D dont le sommet est aplati à dessein pour diriger l'angle de réflexion sur le siphon même.

Les siphons Dubois, que tout le monde connaît, sont semblables aux siphons fondus (fig. 32 et 34) et sont fabriqués en plomb étiré comme des tuyaux. Le *nettoyage automatique* est pour un siphon une condition essentielle. L'auteur ne peut, en conséquence, approuver les siphons munis de valves, de soupapes, etc., et autres organes, susceptibles de retarder l'écoulement de l'eau, à moins qu'il ne s'agisse exceptionnellement d'un tuyau d'une très grande longueur et impossible à ventiler. Voir les siphons de Waring et de Buchan (fig. 39 et 40). Toute description est superflue.

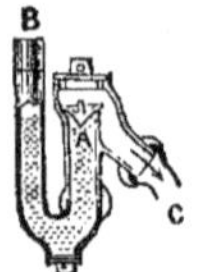

Fig. 39
Siphon Waring avec soupape.

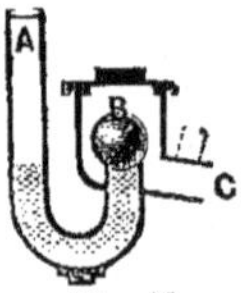

Fig. 40
Siphon Buchan avec balle de caoutchouc.

Le siphon Bower (fig. 41). possède comme seconde fermeture, une boule de caoutchouc dont la poussée s'exerce sur la tubulure plongeante.

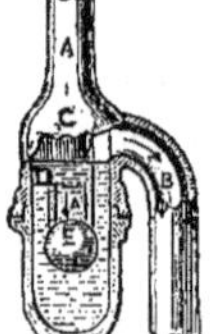

Fig. 41
Siphon Bower.

Cette boule ne fonctionne plus lorsque l'eau est trop abaissée ou lorsqu'il y a interposition d'un corps étranger quelconque.

Une critique plus sérieuse encore s'adresse à la « bouteille » même qui constitue un véritable récipient à dépôts, malgré la facilité de son démontage.

Cette catégorie de siphons n'a, du reste, aucune raison d'être dans les installations du genre des figures 124 et 234, dont les tuyaux sont librement ouverts aux deux bouts, et les siphons convenablement ventilés, puisque les plongées sont à l'abri de tout danger.

Le tableau suivant indique le nombre de chasses nécessaires au nettoyage de certains siphons.

TABLEAU N° 1

Donnant le nombre de chasses d'eau requises pour débarrasser différents siphons des matières introduites

NOTA. — Les siphons étaient fixés, tour à tour, sous le valve-closet A, et soudés au tuyau de chute B de 0 m. 100 mill., (fig. 42). La cuvette était remplie jusqu'au trop-plein à chaque chasse, soit environ 4 lit. 12, et l'on empêchait l'eau de s'introduire dans le closet pendant le temps de la décharge.

VOLUME D'EAU DU SIPHON	PROFONDEUR DE LA PLONGÉE	SIPHONS SOUMIS AUX EXPÉRIENCES	RÉSULTATS NATURE DES CHOSES PLACÉES DANS LES SIPHONS AVEC LE NOMBRE DE CHASSES NÉCESSAIRES A LEUR EXPULSION			
			12 morceaux de papier 0,15×0,11	6 morceaux de papier et 6 petits morceaux de tube en caoutchouc	10 morceaux de tuyau de caoutchouc	2 cuillers à café d'encre
1 litre 420	0,041	Siphon « Anti-D » de 0,11/0,08. (Fig. 28)......	Une chasse	Une chasse	Une chasse	Une chasse
3 litres 260	0,044	Siphon « Anti-D » de 0,11/0,08. (Fig. 26).......	2 chasses	2 chasses	2 chasses	2 chasses
3 litres 692	0,031	Siphon D ou boîte d'interception en plomb fondu.	2 chasses	3 chasses	4 chasses	3 chasses
2 litres 840	0,031	Siphon D à faces rapprochées. (Fig. 19)........	3 chasses	3 chasses	3 chasses	3 chasses
2 litres 698	0,031	Siphon « Helmet ». (Fig. 20)..................	3 chasses	2 chasses	3 chasses	3 chasses
1 litre 988	0,025	Siphon « Eclipse ». (Fig. 21)..................	2 chasses	2 chasses ne laissaient qu'un papier	2 chasses	2 chasses
2 litres 556	0,050	Siphon rond. (Fig. 35).........................	Une chasse	1 chasse ne laissait qu'un papier	1 chasse ne laissait qu'un morceau de caoutchouc	1 chasse

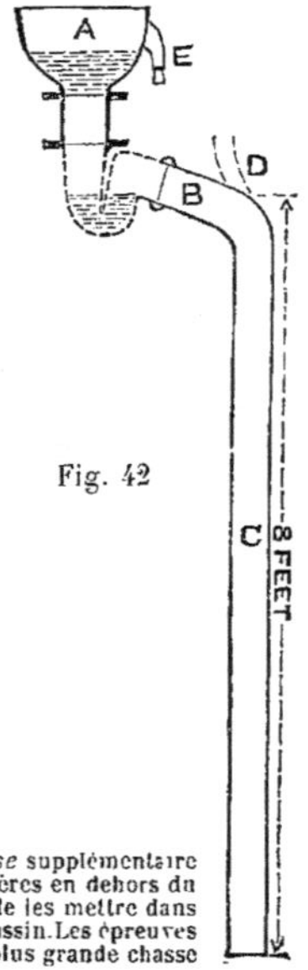

N.-B. — En mettant les mêmes matières dans le bassin du Closet A, au lieu de les mettre dans les siphons, il fallait *une chasse* supplémentaire dans les siphons à nettoyage automatique, et *deux chasses* dans les siphons à nettoyage non automatique pour faire passer les matières en dehors du bassin et à travers le siphon. Avec un service d'eau convenable appliqué au closet, et en mettant les matières dans le bassin au lieu de les mettre dans le siphon, les résultats étaient à peu près les mêmes (Tableau 1) qu'avec les matières mises dans le siphon sans amener d'eau dans le bassin. Les épreuves données dans ce tableau ont été faites sans application d'eau au closet au moment de la décharge, pour éviter qu'un siphon n'eût plus grande chasse que l'autre.

Fig. 42

CHAPITRE V

SIPHONS DISCONNECTEURS POUR DESCENTES D'EAUX MÉNAGÈRES, DESCENTES D'EAUX PLUVIALES ET TUYAUX DE CHUTE.

Siphon à trois lames plongeantes. — Siphon de cour. — Siphon « Dean ». — Siphon de chasse automatique de Field. — Intercepteurs pour canalisations. — Sabot pour eaux pluviales. — Siphons intercepteurs pour chutes. — Le même avec pièces de raccords diverses.

Siphons intercepteurs pour descentes ménagères. — Pénétré de l'importance de siphonner les tuyaux d'évacuation à leur sortie de la maison et de les faire dégager en même temps à l'air libre, j'ai construit il y a plusieurs années un siphon en grès qui remplissait ce double but. L'interception étant alors ma seule préoccupation je négligeai complètement le côté du nettoyage.

La figure 43 indique trois lames plongeantes et deux panses avec chacune un volume d'eau distinct.

Le grave défaut de ce siphon était de ne pas être nettoyable et, comme je l'ai dit ailleurs, « tout siphon dont le contenu ne sera pas changé par une chasse d'eau ordinaire, devra être mis de côté ».

La figure 45 donne la coupe d'un siphon de gargouille bien connu dont on se sert encore beaucoup pour intercepter des tuyaux de vidange tels qu'en E. La décharge se fait en D au-dessus de la grille et les flèches du dessin expliquent suffisamment les défauts à redouter. L'écoulement d'une toilette ou tout autre appareil ne serait d'aucun effet pour en renouveler le contenu.

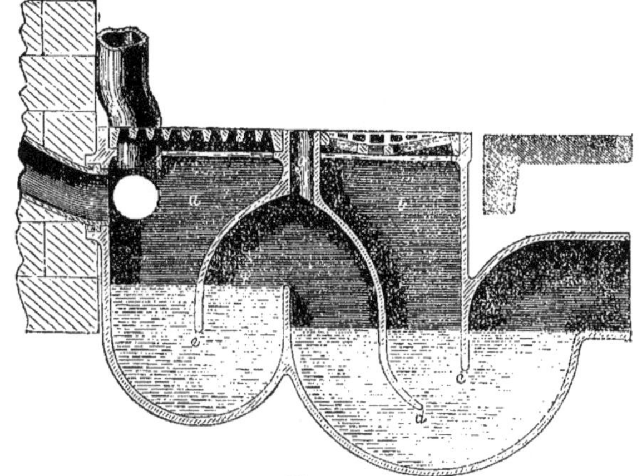

Fig. 43
Coupe d'un siphon à triple plongée.

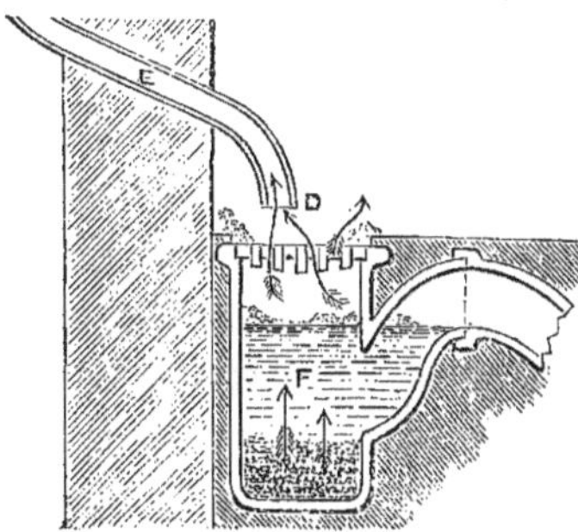

Fig. 45
Coupe d'un siphon de gargouille.

Le fond de ce siphon faisant office de poche de retenue conviendrait à recueillir les eaux superficielles d'une cour, d'un ruisseau etc. mais non à recevoir des eaux sales appelées à y croupir et à empester.

Le siphon « Dean » (fig. 46) est un perfectionnement du précédent comme ayant à la partie basse un panier mobile. Il est évident qu'un pareil modèle, dont le volume d'eau est trop grand, ne rentre pas dans le cadre des siphons nettoyables. S'il ne doit pas recevoir les décharges de lavabos, éviers, urinoirs, etc, il trouve avantageusement sa place pour les eaux superficielles des cours, courettes, gargouilles, écuries etc., à cause du sable, du gravier ou des pailles qui tombent dans le panier à cet effet. Il faut

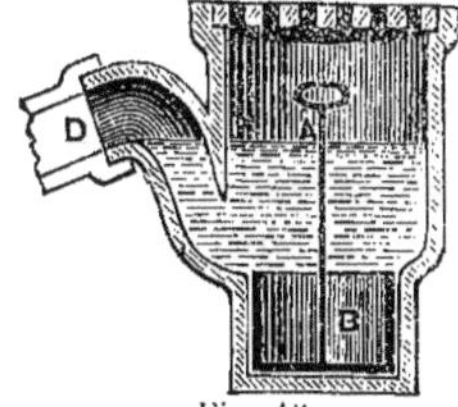

Fig. 46
Siphon « Dean »

en exclure les eaux grasses qui l'auraient tôt rempli et obstrué de graisse solidifiée qui se trouverait encore entraînée dans la canalisation. Ce siphon est pourvu d'une excellente plongée, car son eau est, par sa situation, très exposée à l'évaporation.

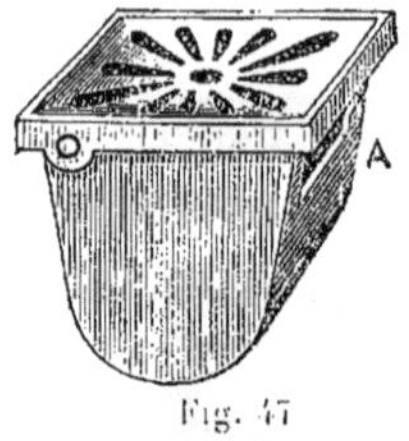

Fig. 47
Siphon à lame plongeante.

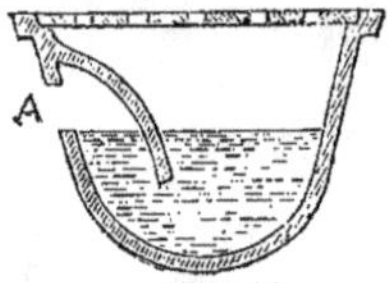

Fig. 48
Coupe du siphon (fig. 47).

Les fig. 47 et 48 représentent un siphon en fonte à lame plongeante, dont la vogue est restée inexpliquée. Tout raccordement avec l'ouverture A est impossible et il s'ensuit que le raccordement est généralement mal fait.

Il est préférable à la bonde siphoïde, quoique très inférieur cependant ; toute eau arrivant d'un tuyau de décharge quelconque serait impuissante à le nettoyer.

Application du réservoir automatique de Field, à l'écoulement des eaux usées. — Très appréciable pour recevoir les eaux pluviales, cet appareil ne saurait convenir aux eaux *résiduaires* de cuisine et autre, à moins d'être placé tout à fait à l'écart de l'habitation. M. Roger's Field est connu comme un hygiéniste trop distingué pour avoir jamais eu pareille intention. Il a pu songer à accumuler dans un réservoir -- pour une petite maison — les eaux sales de plusieurs points et les rejeter en bloc dans la canalisation plutôt que de les laisser lentement s'écouler séparément ; c'est là, certes, un procédé qui a sa valeur si la canalisation est d'un trop long trajet, et si l'on a eu soin de placer en tête un deuxième réservoir d'eau propre donnant des lavages périodiques.

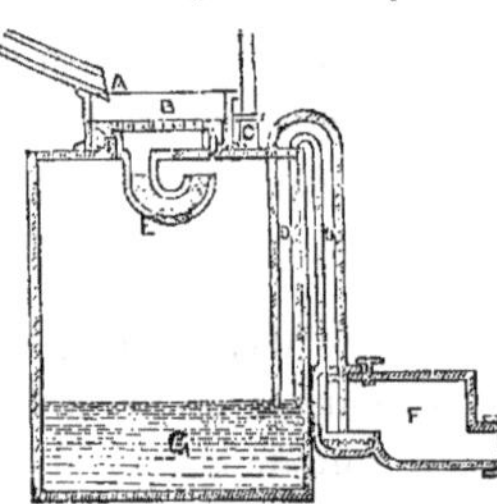

Fig. 49
Section d'un réservoir de chasse avec siphon de Field.

Mais voyons, au contraire, ce qui se passe avec ce réservoir placé dans la situation de la figure 49, recevant tout le produit d'un évier de cuisine, eaux grasses, eaux de choux, eaux de savon et déchets de toute nature, etc., qui le remplissent lentement et petit à petit.

Le siphon, passé un certain niveau, s'amorce à un moment donné et vide le contenu du réservoir, *moins le fond* G cependant, en contre-bas du siphon, à cause de la rentrée d'air (fig. 49).

Le restant d'eau sale est alors appelé à croupir jusqu'à ce qu'on songe à l'enlever à la main, ce qui est assez rare.

Il arrive encore qu'on quitte la maison en laissant plein aux trois quarts le réservoir ainsi abandonné à son sort plusieurs semaines et davantage.

Le dispositif de la grille B est également vicieux parce qu'elle se trouve encombrée de détritus amoncelés au-dessus du réservoir.

Siphons disconnecteurs. — J'ai fait breveter tout un assortiment de siphons disconnecteurs destinés en même temps à raccorder les tuyaux de chute et descentes d'eaux ménagères, et exposer leur extrémité à l'air libre. Ils sont faits en grès vitrifié, ont une plongée de 0 m. 06, et ne laissent rien à désirer comme nettoyage; les petits modèles sont, pour cette raison, recommandés de préférence aux grands — (Voir Disconnexion des tuyaux de vidange, chapitre XXVIII).

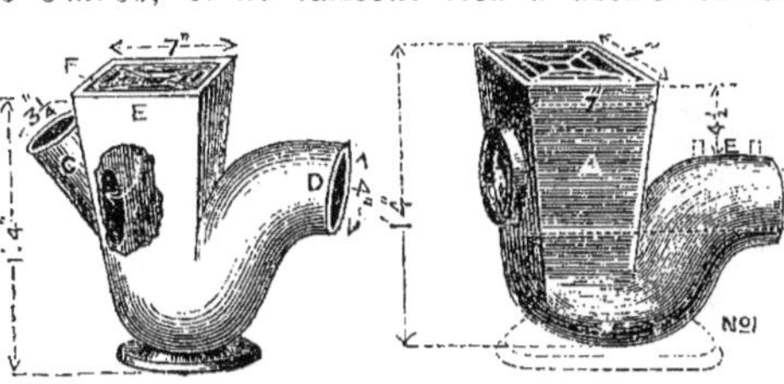

Fig. 50 Siphon intercepteur de canalisation n° 1 avec tubulure oblique.

Fig. 51 Siphon intercepteur de canalisation n° 1 avec collet pour tuyau de 0,10.

La figure 50 indique un de ces siphons, petit modèle, « n° 1 », avec une tubulure oblique C pour recevoir une vidange d'évier, de bain ou de lavabo; l'arrivée de l'air au tuyau se fait suivant la flèche indiquée. — La figure 51 comporte une ouverture à collet B, assez large pour emboîter un tuyau en grès de 0 m. 10.

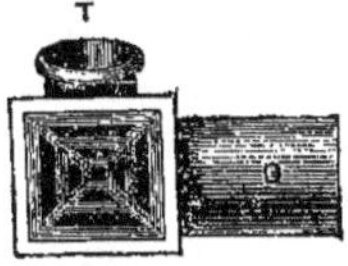

Fig. 52 Siphon intercepteur n° 1, vu en plan, avec tubulure à gauche.

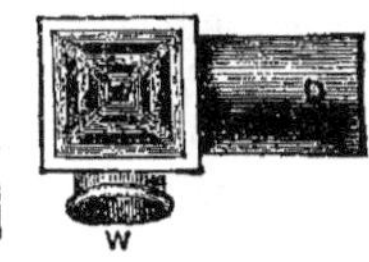

Fig. 53 Le même, avec tubulure à droite.

Les figures 52 et 53 donnent le plan de ce même siphon avec une tubulure T ou W pour un seul tuyau à gauche ou à droite.

Les figures 54 et 55 le représentent avec deux ou trois tubulures à la fois pour divers tuyaux.

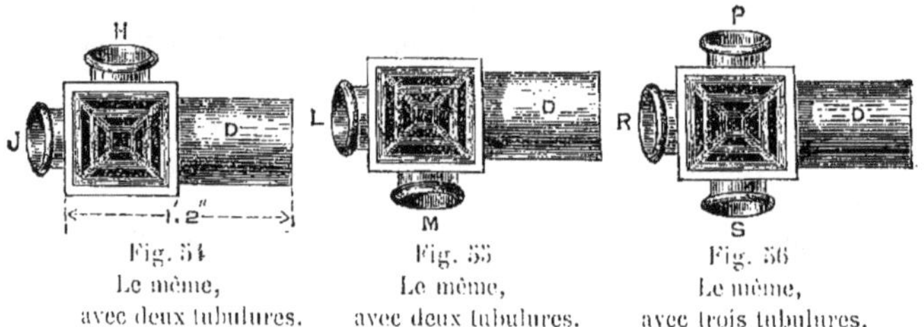

Fig. 54
Le même,
avec deux tubulures.

Fig. 55
Le même,
avec deux tubulures.

Fig. 56
Le même,
avec trois tubulures.

Les tubulures obliques ont l'avantage de conduire l'eau d'aplomb et sans à-coup sur la nappe du siphon dont le contenu est renouvelé à tous moments.

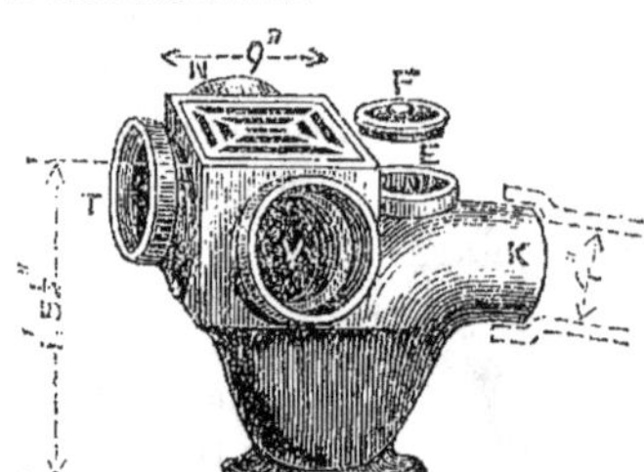

Fig. 57
Modèle intermédiaire d'intercepteur de canalisation avec collets.

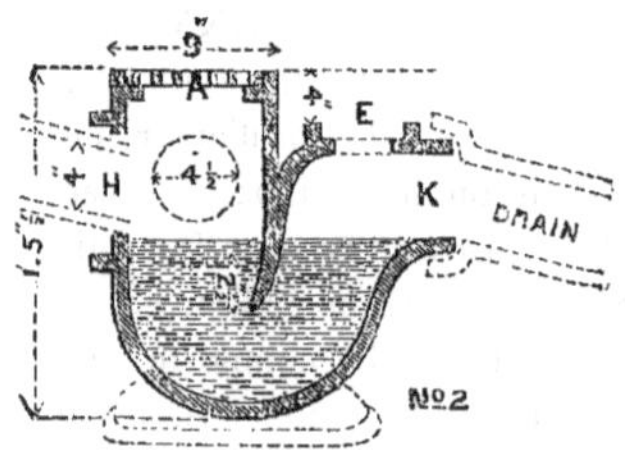

Fig. 58
Coupe de la fig. 57.

Le modèle intermédiaire « nº 2 » est fait pour recueillir les eaux superficielles en même temps qu'une ou plusieurs descentes d'eaux pluviales, au moyen des collets N, T, V, (fig. 57; l'arrivée de l'eau tombe verticalement et avec une certaine force sur le plan d'eau du siphon.

Le grand modèle « nº 3 » (fig. 59) a une « sortie » de 0 m. 15 de section.

L' « Entrée » du siphon a été agrandie pour comporter trois arrivées d'eau, l'une de 0 m. 15 au milieu et les deux autres de 0 m, 10 sur les côtés en D et C; une ouverture réservée en aval peut être utilisée pour ventiler la canalisation ou lui donner accès.

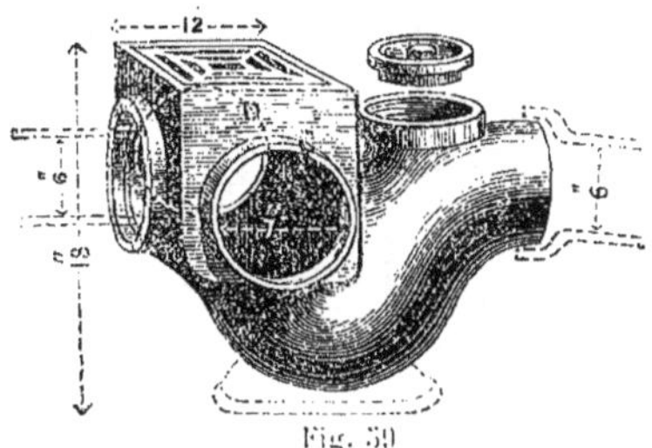

Fig. 59
Intercepteur grand modèle ou n° 3.

On devra toujours employer, quand on pourra, ainsi qu'il a été dit, les petits modèles de préférence aux grands, comme ayant un moins grand volume d'eau à changer.

La figure 59 fait voir un siphon en deux pièces de 0 m. 075, pour recevoir des vidanges en grès ou plomb, de 0 m.05 et avec un sortie de 0 m. 10 s'ajustant à un tuyau de canalisation de même section. La hauteur de ce siphon peut être augmentée par l'interposition d'un raccord de 0 m. 10 comme E, (fig. 277).

Fig. 59¹
Siphon en deux pièces avec une, deux ou trois entrées d'eau comme en E.

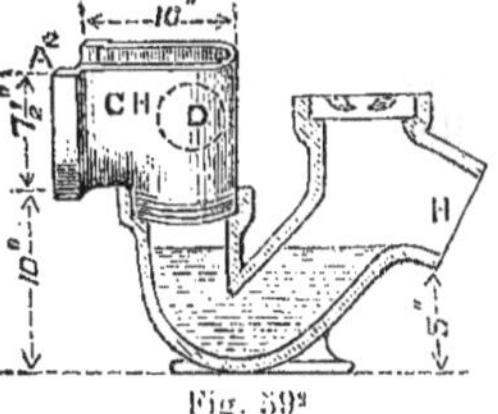

Fig. 59²
Siphon de 0,10 avec entrée d'eau pour caniveau.

La figure 59² convient à des tuyaux d'eaux ménagères ou à des descentes d'eaux pluviales. Son entrée est façonnée en caniveau et permet la construction d'un petit regard en briques ; ce caniveau peut être orienté à volonté.

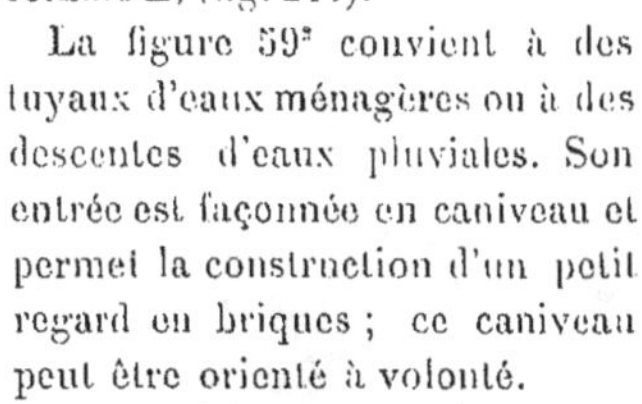

Fig. 60
Intercepteur de canalisation ou Disconnecteur pour eaux pluviales.

Le modèle (fig. 60) de 0 m. 10 de section, est construit pour raccorder et disconnecter des descentes pluviales ; des ouvertures latérales **D** et **F**, permettent d'y raccorder d'autres tuyaux, et à défaut de tuyaux, sont tamponnées au moyen de rondelles ou bouchons en grès scellées au ciment.

Les figures 61 et 62 donnent en perspective et en coupe mon « sabot d'accès » en grès pour placer au pied des descentes pluviales, et faciliter l'inspection et le nettoyage à la base. S'il y a lieu de disconnecter ces tuyaux de la canalisation souillée, il convient de

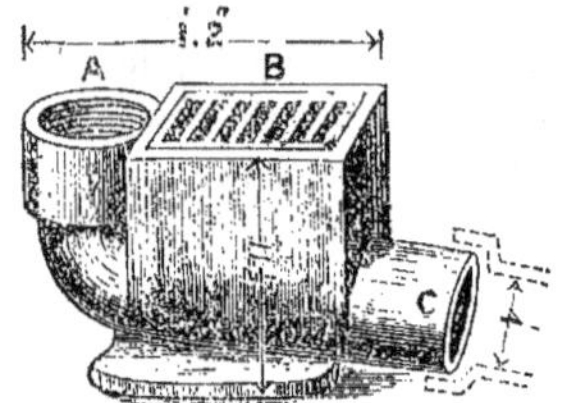

Fig. 61
Sabot pour eaux pluviales.

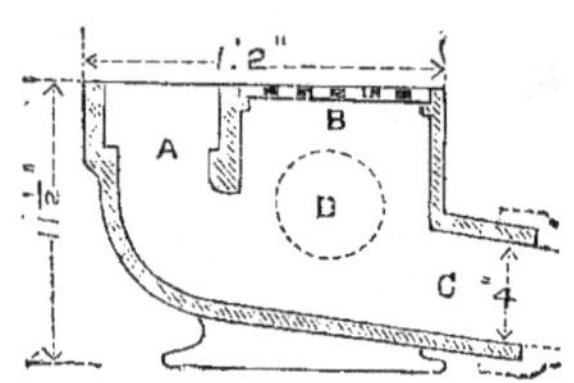

Fig. 62
Coupe de la fig. 61.

placer le siphon disconnecteur le plus près de celle-ci afin que ce dernier branchement soit entièrement ventilé.

Le collet A peut recevoir également un tuyau carré ou rectangulaire ; on peut, en tout cas, façonner un manchon de raccordement en plomb et orienter le départ C suivant la direction nécessaire.

La grille B peut, si l'on désire, être remplacée par une plaque fermant l'ouverture. Il existe aussi sur le côté des ouvertures pour tuyaux de 0,10.

La figure 63 représente une pièce d'aération à placer sur le cours d'une canalisation de 0 m.10, et la figure 63[1], celle d'une canalisation

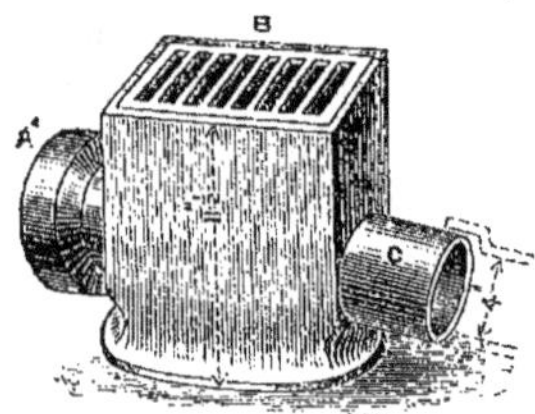

Fig. 63
Regard d'aération pour canalisation de 0,10

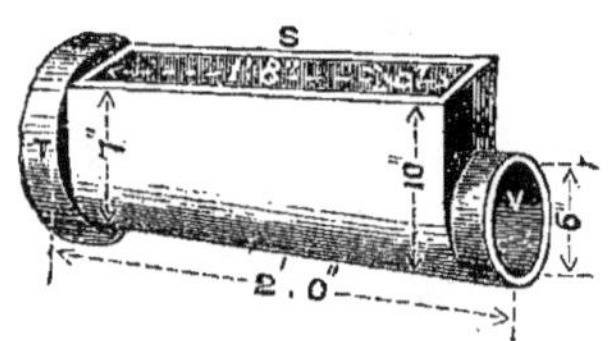

Fig. 63[1]
Regard d'aération pour tuyaux de 0,15

de 0 m. 15. — Lorsque la hauteur de cette pièce n'affleure pas le sol, on construit un petit regard en briques qui fait la différence et on asseoit la grille dans une pierre portant feuillure.

Siphons disconnecteurs pour tuyaux de chute. — Les hygiénistes ne sont pas tous d'avis de disconnecter les tuyaux de chute à l'égal des autres conduits d'eaux souillées. Une longue pratique acquise dans l'application des siphons disconnecteurs décrits ci-dessus et de nombreuses expériences à ce sujet m'autorisent à affirmer qu'on peut traiter les tuyaux de chute de la même manière, et faire dégager à l'air leurs extrémités, sans aucun inconvénient, si tout est parfaitement établi (voir chapitre XI, disconnexion et ventilation des tuyaux de chute).

Dans les pays froids, comme dans certaines parties de l'Amérique, on ne pourrait user de ce procédé à cause de la gelée et c'est alors au détriment des garanties sanitaires.

La question du « *nettoyage automatique* » ne devant jamais être perdue de vue dans le choix d'un siphon disconnecteur, il faudra se prononcer pour des siphons de dimensions justement *suffisantes*.

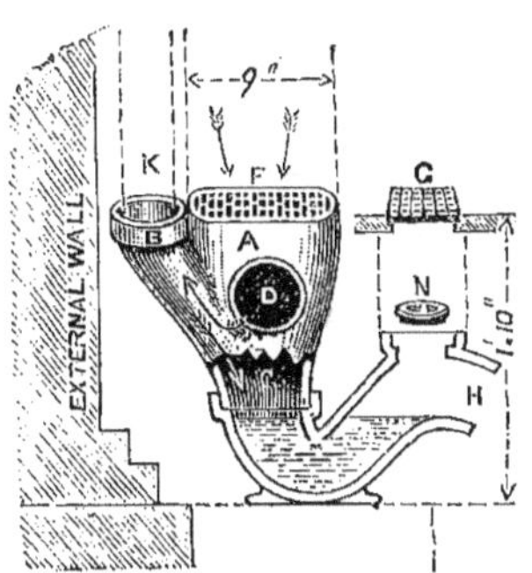

Fig. 64
Disconnecteur pour chute verticale ou chute extérieure.

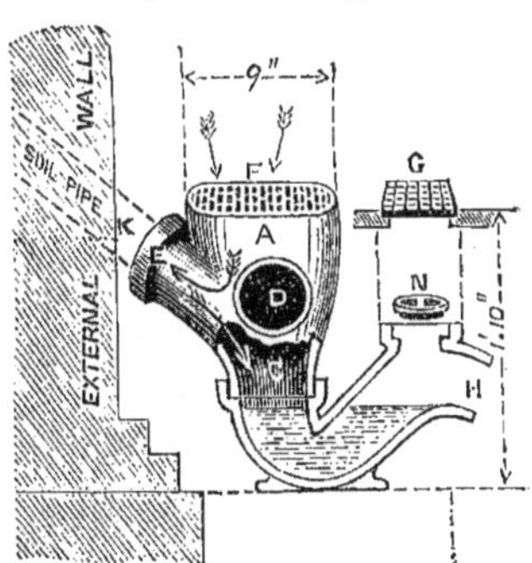

Fig. 65
Disconnecteur pour chute intérieure traversant le mur de face.

Les figures 64, 65, 65[1] et 65[2] sont des siphons en grès que j'ai fait breveter pour disconnecter les chutes de w. c. de la canalisation.

Le corps du siphon est de section *plus réduite* afin de contenir le moins d'eau possible, la plongée est de 0 m. 06, et la chute de l'eau arrive *verticalement* sur la nappe, comme en BC, dans le but d'une meilleure chasse.

La fig. 65[2] comporte deux entrées d'eau, mais peut en avoir trois. Le haut du siphon ou tête A (fig. 64 et 65) s'élargit de façon à recevoir sur les côtés un ou plusieurs tuyaux de vidange ; l'air arrive aux tuyaux par la grille F. Lorsque la ventilation immédiate de

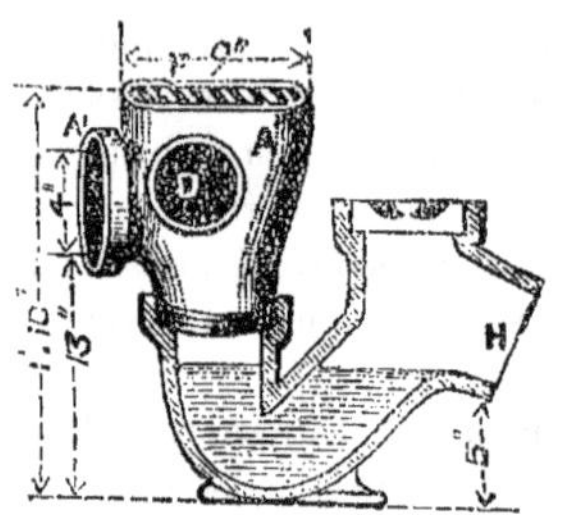

Fig. 65[1]
Disconnecteur pour chute débouchant horizontalement ou pour tuyau de canalisation de 0,10.

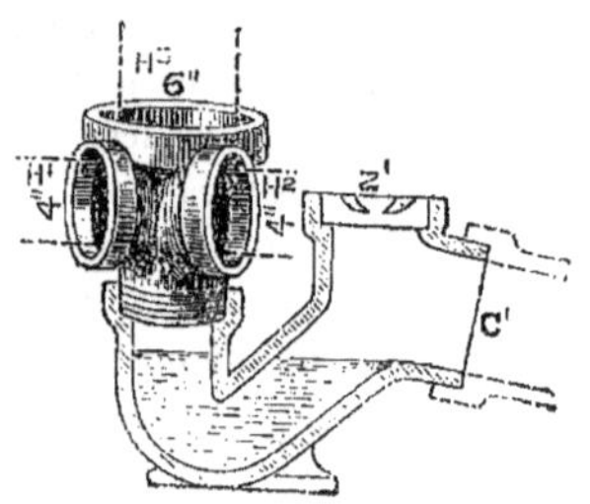

Fig. 65[2]
Disconnecteur avec deux entrées d'eau H[1] et H[2].

cette grille peut présenter un inconvénient, on n'a qu'à la remplacer par un tampon scellé, et prendre l'air un peu plus loin au moyen d'un conduit raccordé sur le côté comme dans la figure 138.

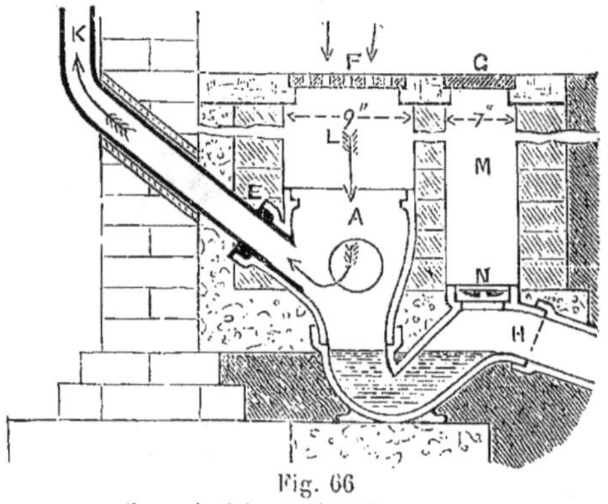

Fig. 66
Coupe intérieure d'un disconnecteur avec regard d'aération.

La figure 66 représente un de ces siphons placé à l'extérieur, en contre-bas du sol, avec tuyau de chute traversant un mur obliquement, petit regard en briques, etc., ou bien seulement un simple tuyau comme à la fig. 285.

Siphon de chute à « combinaisons ». — J'ai construit, pour les tuyaux de chute, un siphon dit à « combinaisons » qui peut les disconnecter de la canalisation, et ventiler celle-ci en même temps, si c'est nécessaire.

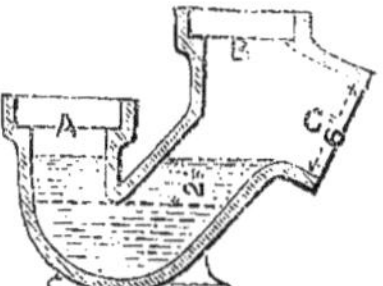

Fig. 67
Coupe verticale du siphon à combinaisons pour tuyau de chute.

Le corps de ce siphon légèrement étranglé est semblable au dernier modèle décrit; il est d'un bon nettoyage, possède 0 m.06 de plongée, etc..., et ses pièces de raccordement assurent toujours la chute de l'eau *d'aplomb* sur le plan d'eau du siphon.

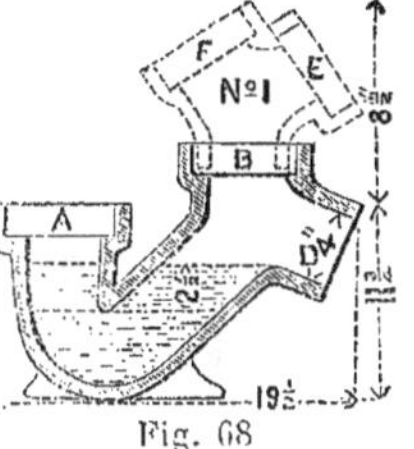

Fig. 68
Coupe verticale du même siphon avec pièce de raccord pour ventiler la canalisation.

Ces pièces peuvent se monter de toutes les façons à la demande des circonstances, (voir les figures 68, 69, 70, 71).

La figure 72 montre ce siphon avec une pièce double, l'une n° 1 donnant accès au siphon et ventilant le drain (comme n° 2, fig. 69), l'autre servant à amener l'air en N au pied M de la chute. Se reporter à la planche III pour les divers montages.

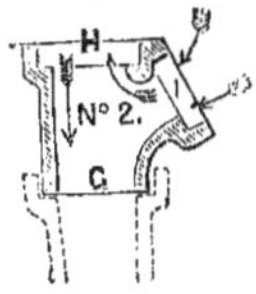

Fig. 69
Coupe de la pièce de raccord pour entrée d'air horizontale au tuyau de chute.

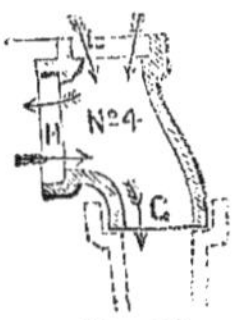

Fig. 70
Même pièce avec entrée d'air verticale et chute horizontale.

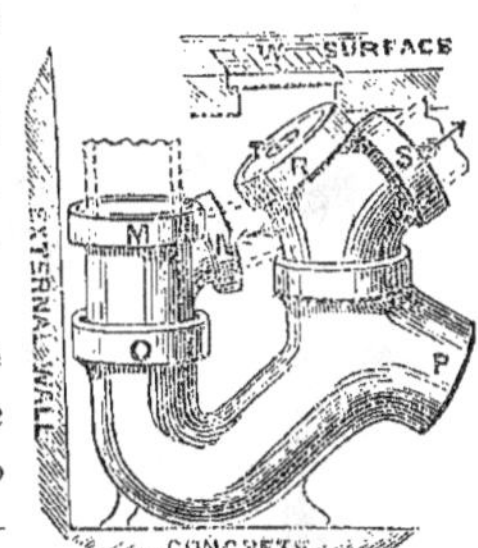

Fig. 72
Siphon à combinaisons pour tuyau de chute de 0,09 et 0,10
M. Tuyau de chute.
N. Ventilation de pied.
S. Ventilation de la canalisation.
T. Visite ou accès au siphon et à la canalisation.
W. Couvercle ou tampon en fonte galvanisée.

La figure 73 indique le même siphon sans la pièce double pour raccord « n° 1 » mais avec tampon d'accès Z et la pièce « n° 4 » pouvant s'ajuster à une chute à base horizontale et tuyau d'air X et Y.

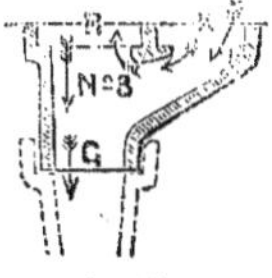

Fig. 71
Même pièce avec entrée d'air et chute verticales.

Lorsque ce dernier tuyau d'aération est voisin d'une fenêtre, il y a lieu de lui ajouter en tête une soupape mica pour empêcher tout dégagement d'air vicié à portée d'une ouverture de la maison.

Pl. III

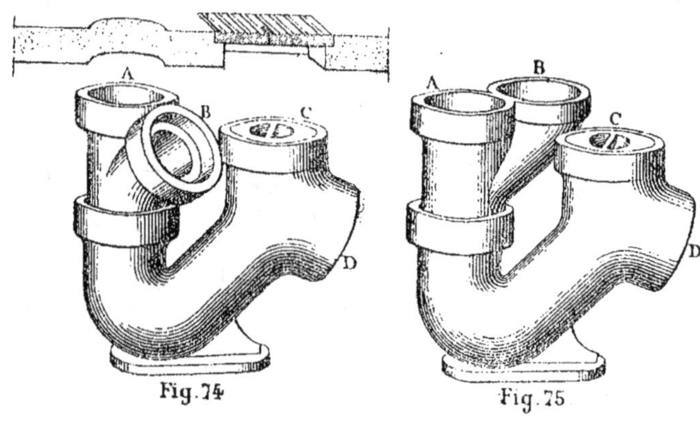

Fig. 74

Fig. 75

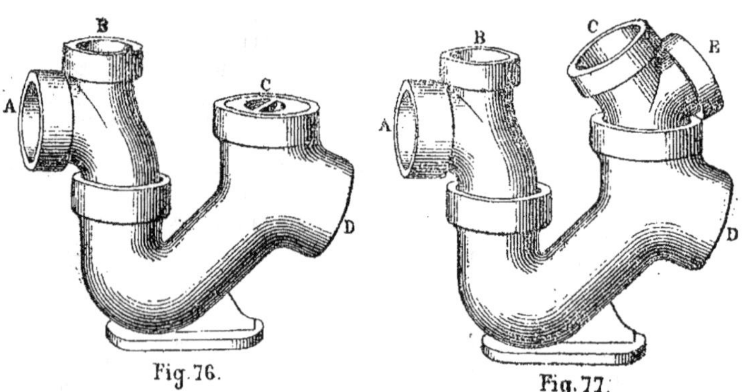

Fig. 76.

Fig. 77.

Fig. 74 à 77
Diverses dispositions des pièces du siphon à combinaisons pour tuyau de chute.

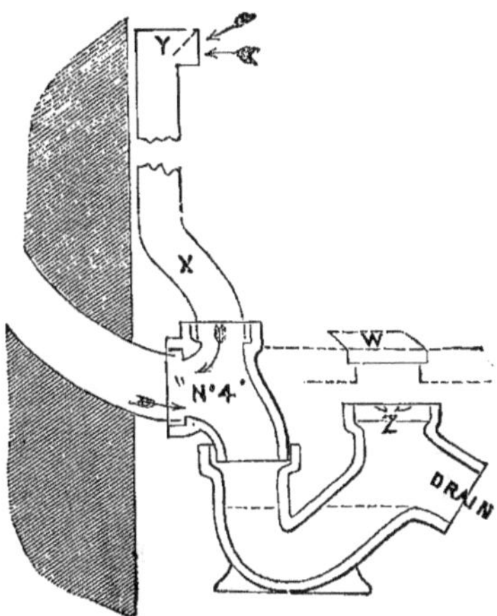

Fig. 73
Coupe verticale du siphon (fig. 72) montrant la prise d'air avec soupape mica.

Il va sans dire que la sortie du siphon ainsi que ces différentes pièces de raccords peuvent s'orienter dans toutes les positions. Ces siphons sont surtout créés pour être placés dans des endroits restreints, des courettes par exemple, où l'air refoulé par les écoulements du tuyau peut s'échapper rapidement et s'introduire dans l'habitation par une porte ou une fenêtre ; mais en plein air, où pareil inconvénient n'est pas à redouter, il vaut mieux employer les modèles des figures 64 et 65.

Les fig. 73 à 77 indiquent les différents montages de ces siphons.

CHAPITRE VI

SIPHONS SERVANT A DISCONNECTER LES CANALISATIONS DES ÉGOUTS OU DES PUISARDS

Siphon à tubulure centrale de visite. — Siphons de Croydon, de Buchan, de Weaver. — Siphon sentinelle ou siphon terminus. — Siphon ventilateur de drain et intercepteur d'égout.

On ne saurait trop estimer à sa valeur la nécessité d'intercepter et de « disconnecter » convenablement de l'égout et en particulier du puisard, la canalisation d'une maison (la disconnexion sera traitée ultérieurement au chapitre XXVIII).

Les termes « *interception* » et « *disconnexion* » ont été souvent confondus alors qu'ils eussent été clairs et explicites si on avait donné à chacun d'eux une signification distincte.

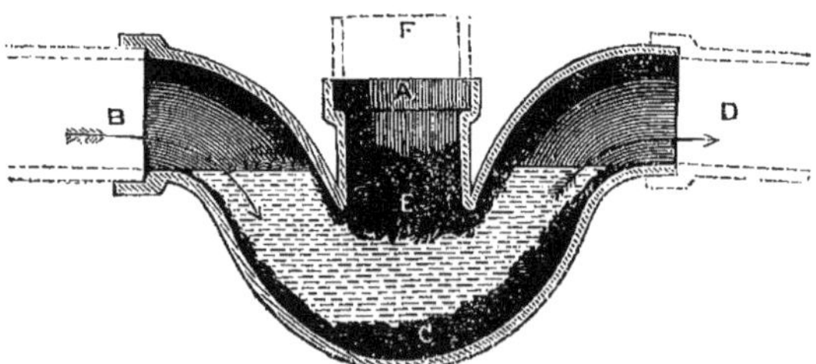

Fig. 78
Coupe du siphon à tubulure centrale de visite.

L' « interception » signifie qu'il ne peut y avoir aucun passage d'air d'un tuyau à un autre, tandis que la « disconnexion » s'applique à l'aération immédiate qui se fait à la rencontre de deux tuyaux. Ainsi la première est constituée par la plongée du siphon, la deuxième par la grille d'aération au-dessus de l'entrée d'eau.

La figure 78 représente un des types de siphons des plus mauvais et des plus insalubres bien que très répandu. Sa forme et sa construction sont vicieuses. L'eau s'écoule avec lenteur et n'a pas la moindre pression capable d'entraîner quoi que ce soit. Les ma-

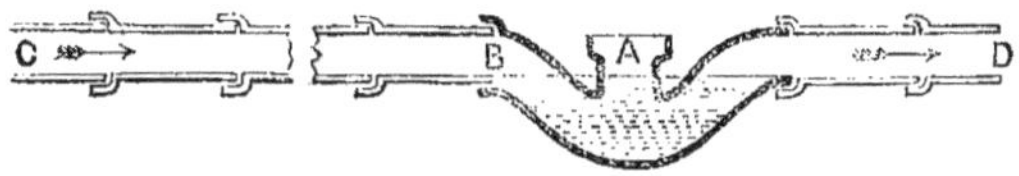

Fig. 79
Coupe du même siphon mis en place.

tières étrangères restent et attendent en B l'arrivée d'un certain volume d'eau pour être submergées et s'engager dans le coude ; elles rencontrent la tubulure centrale dans laquelle elles s'engagent aussitôt par leur *tendance à flotter* et y restent prisonnières jusqu'à complète obstruction (voir E et A, figures 78 et 79). La capacité de ce siphon est au moins de deux pintes (1 lit. 136), soit deux fois plus grande que celle d'un siphon ordinaire « sentinelle ou terminus » et ne peut, à ce prix, prétendre à aucun nettoyage automatique.

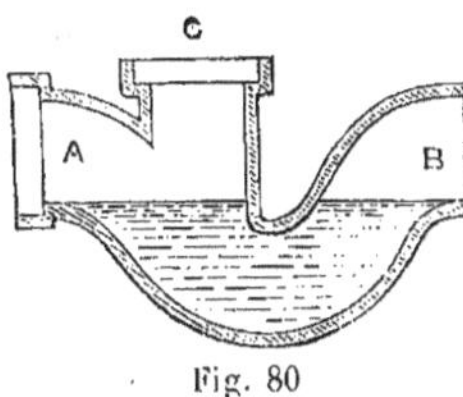

Fig. 80
Siphon Croydon.

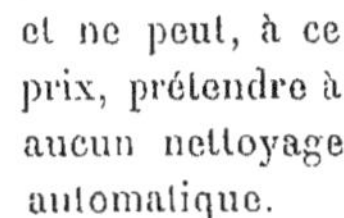

Le siphon (fig. 80) est un grand perfectionnement comparé au modèle ci-dessus, mais il contient encore un trop grand volume d'eau (un siphon de 0 m.15 retient 9 à 10 litres).

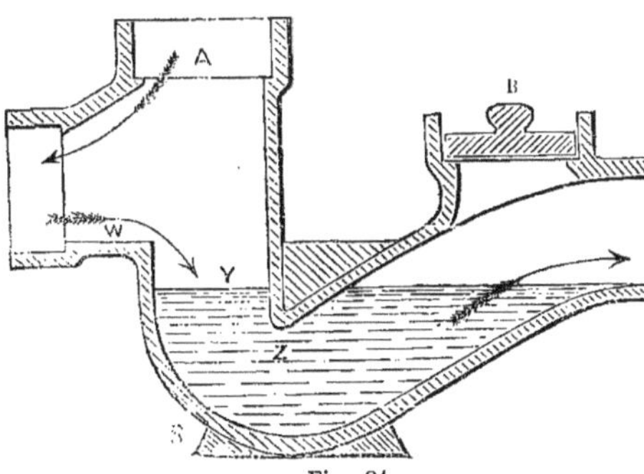

Fig. 81
Siphon de Buchan.

La façon dont est plantée sa prise d'air C sur son entrée A est défectueuse ; cette tubulure est exposée à toutes les éclaboussures, et n'est jamais lavée au passage des chasses d'eau.

Le siphon à prise d'air de Buchan, (fig. 81), possède une chute de W en Y sur la nappe d'eau de 0 m. 05 de hauteur ; cette chute, quoique très appréciable, gagnerait à être doublée. Sa plongée de 0 m. 035 à 0 m. 040 est insuffisante contre l'évaporation que le courant d'air passant au-dessus de l'eau du siphon vient encore activer et surtout lorsque le fonctionnement du siphon est suspendu plusieurs jours de suite.

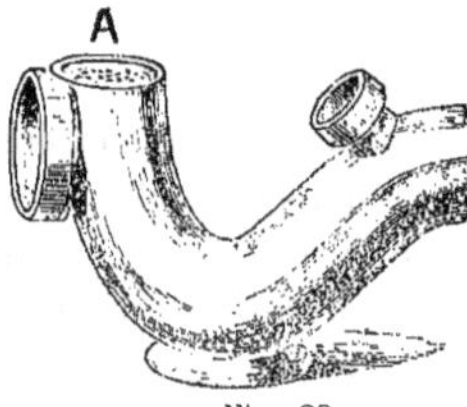

Fig. 82
Siphon de Weaver.

Le siphon ventilateur de Weaver (fig. 82) a le mérite d'avoir une prise d'air A qui gagnerait à être rendue libre en supprimant les petits trous ; malheureusement il ne laisse pas de hauteur pour la chute de l'eau. Sa plongée de 0,08 est trop grande pour un bon lavage.

Comme les opinions diffèrent ! la plongée du siphon précédent n'était que de 0 m. 038 alors que celle-ci est de 0 m.08.

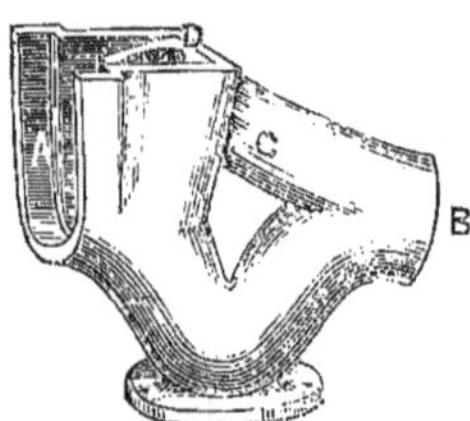

Fig. 83
Siphon sentinelle ou terminus.

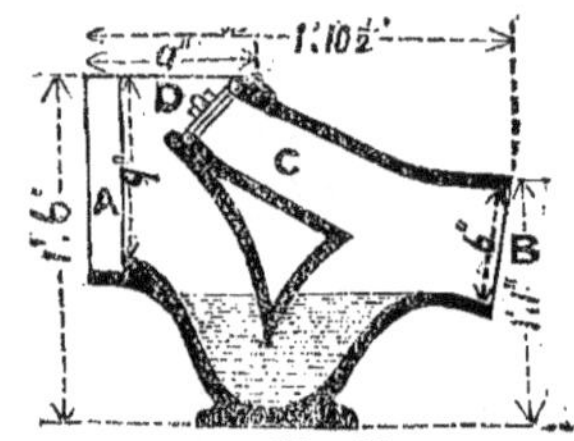

Fig. 84
Coupe du même siphon.

Mon siphon « sentinelle » ou « terminus » (fig. 83 et 84), est fait pour être placé à l'origine de la canalisation, pour l'isoler de l'égout ou du puisard ou bien pour séparer deux parties distinctes de canalisation.

Il est fabriqué en grès et se fait de trois sections différentes : 0 m. 10, 0 m. 15 et 0 m. 22.

Les dimensions indiquées sur les figures 83 et 84 sont celles de la section de 0 m. 15. Il possède une *bonne chute* au-dessus du plan d'eau, lequel est aussi réduit que possible à cause de l'évaporation ; son *volume d'eau* est porté au *minimum* et sa plongée est encore de 0 m. 06.

L'entrée du siphon est façonnée en U pour se raccorder avec un caniveau et faciliter la construction d'un regard. On peut lui adapter une pièce spéciale ou caniveau K (fig. 85) qui en est en quelque sorte le prolongement.

Fig. 85
Section d'un caniveau pour chambre d'inspection.

La tubulure C donne accès du côté du départ.

L'orifice D de cette tubulure est fermé soigneusement par un couvercle en fonte serré par des boulons.

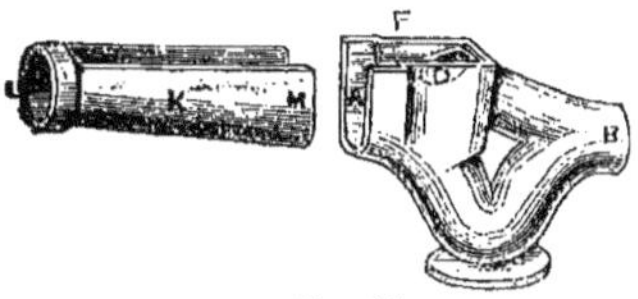

Fig. 86
Siphon terminus et caniveau

Le caniveau K présente un encaissement très profond, dans le but d'empêcher les eaux de la canalisation d'atteindre et de se répandre sur les glacis de la chambre d'inspection. La figure 290 le représente en place.

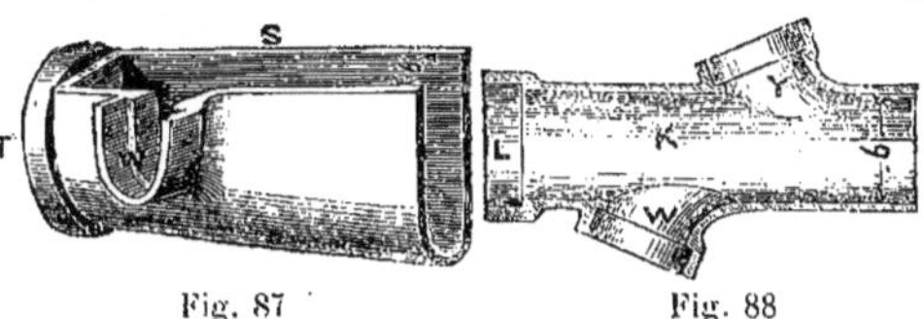

Fig. 87
Caniveau avec prises latérales.

Fig. 88
Plan.

Les figures 87 et 88 montrent ce même caniveau de 0 m. 15 avec un ou deux embranchements T et W de 0 m. 10.

J'ai imaginé, il y a quelques années, le « *siphon ventilateur de drain et intercepteur d'égout* », des figures 89 à 92, pour remplacer le siphon de la figure 78. Il est fabriqué en grès, et de trois sections correspondant à 0 m. 10 (fig. 92), 0 m. 15 (fig. 89 et 90), et 0 m. 225, (fig. 93) ; un couvercle R peut être substitué à la grille. On y retrouve un léger étranglement au coude inférieur, une plongée de 0 m. 075 et un plan d'eau de 0 m. 15 en contre-bas de l'entrée. La partie supérieure S(fig. 89) est très rehaussée et allongée pour constituer une bonne prise d'air à la canalisation.

Dans le cas où le sol ne serait pas affleuré, un petit ouvrage en briques ferait la différence.

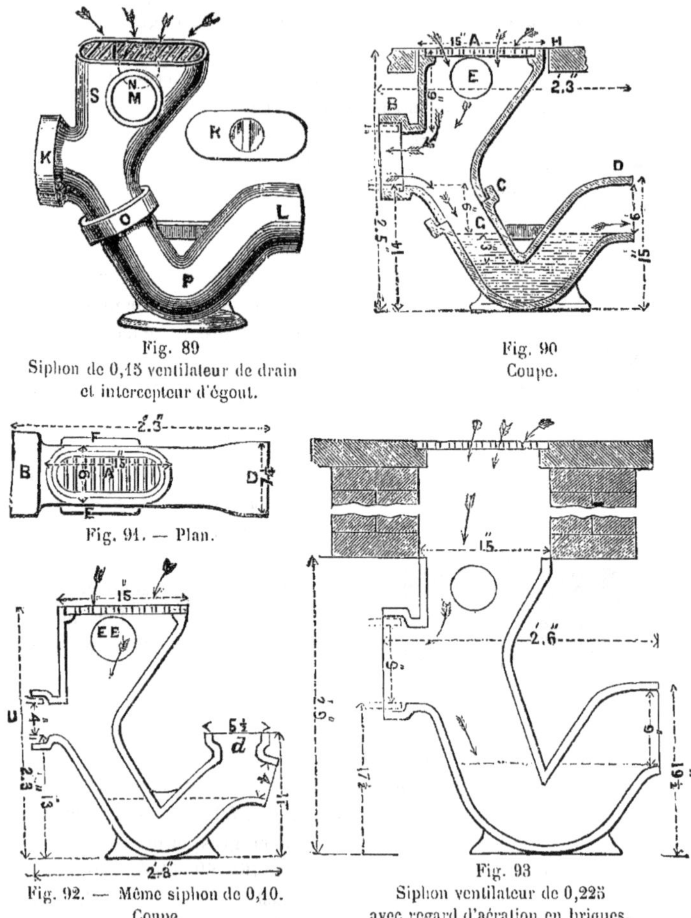

Fig. 89
Siphon de 0,15 ventilateur de drain et intercepteur d'égout.

Fig. 90
Coupe.

Fig. 91. — Plan.

Fig. 92. — Même siphon de 0,10. Coupe.

Fig. 93
Siphon ventilateur de 0,225 avec regard d'aération en briques.

Ce dispositif est parfait pour une canalisation à la campagne, voire à la ville, quand on dispose d'espace suffisamment découvert ;

si, au contraire, la canalisation est intérieure et que cette grille ouverte présente des inconvénients, il faut faire ce qui est indiqué, (fig. 94), sceller le couvercle R et prendre l'air en un point éloigné avec des tuyaux *b*, BB de 0 m. 10 de diamètre ; dans le voisinage d'une fenêtre, il est prudent de placer à l'orifice de cette prise d'air une soupape mica CC.

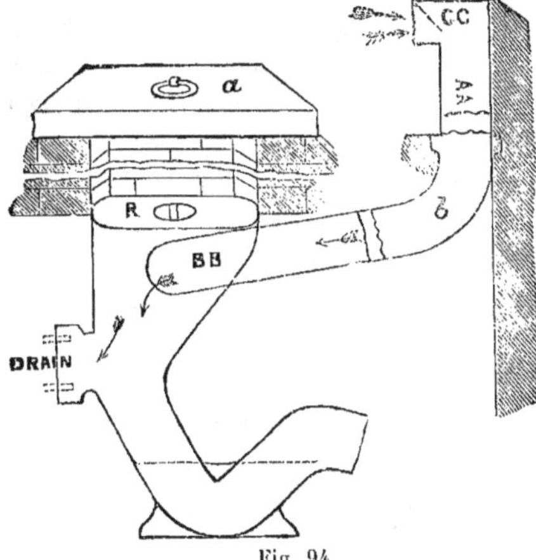

Fig. 94
Même siphon de 0,15 avec tuyau de prise d'eau.

Un modèle meilleur marché (fig. 95 et 96), ne comporte qu'un simple collet au-dessus pour emboîter un tuyau de prise d'air et faire l'économie d'une chambre d'inspection.

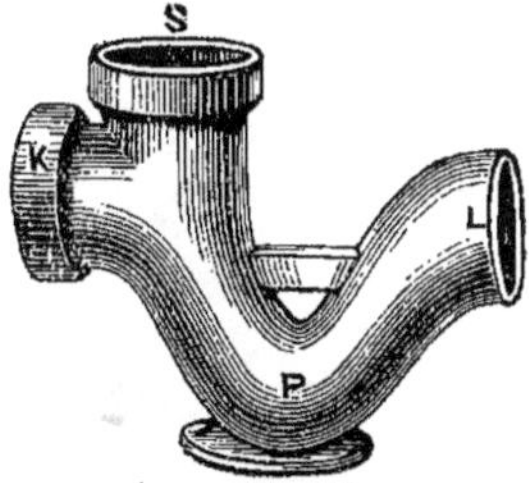

Fig. 95
Siphon pouvant emboiter un tuyau de prise d'air.

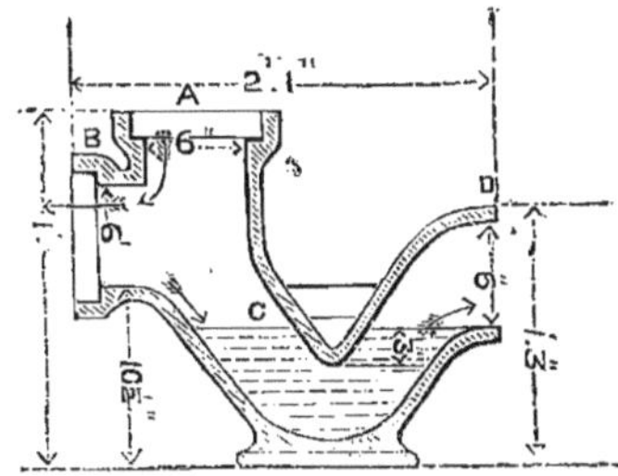

Fig. 96. — Coupe.

La figure 97 est un siphon en deux pièces fait en fonte lourde pour joints matés. Son diamètre est de 0 m. 125, mais il y en a aussi de 0 m. 10 et 0 m. 075. Le diamètre de 0 m. 12 est bien suffisant pour la plupart des cas, et peut se raccorder à un tuyau de 0 m. 15 par une pièce conique.

La partie mobile B, (fig. 97[1]), peut être orientée à volonté ; deux pièces semblables superposées peuvent recevoir deux arrivées de tuyaux.

Des tampons d'accès

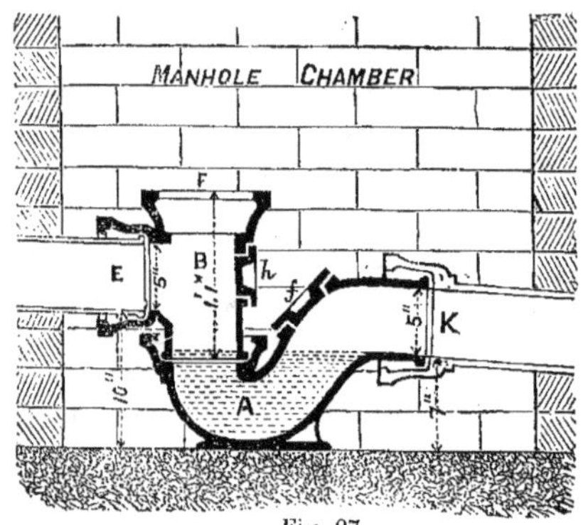

Fig. 97
Siphon disconnecteur en fonte avec entrée d'eau mobile et emboîture pour tuyau d'aération.

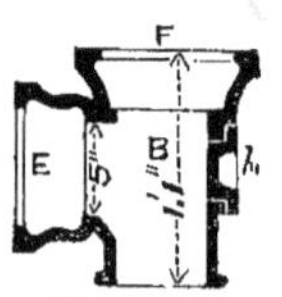

Fig. 97[1]
Pièce de raccord en fonte.

h et *f*, réservés sur l'entrée et la sortie, sont assez larges pour introduire des autoclaves fermant les conduites hermétiquement, pour les essayer à la pression d'eau.

CHAPITRE VII

SIPHONS RAMASSE-GRAISSE OU BOITES A GRAISSE

Graisse provenant des éviers de cuisine. — Inconvénients de la graisse dans les puisards filtrants et dans les puisards étanches. — Emplacement des laveries par rapport au puisard. — Engorgement des canalisations. — Joints défectueux. — Circonstance où le ramasse-graisse est inutile. — Quantité de sable et de graisse susceptible d'être retenue dans ces siphons. — Nettoyage journalier. — Encrassement. — Siphon ramasse-graisse automatique. — Boîte à graisse pour cuisine.

Dans les maisons qui comportent un important service de cuisine, la graisse est un ennui continuel pour le propriétaire, comme pour le canalisateur. Depuis plus de dix ans qu'on s'occupe de la question, la période des tâtonnements est passée aujourd'hui, et il importe seulement de connaître le mode d'écoulement dont on peut disposer.

Si l'écoulement se fait directement à l'égout, la graisse et le sable des récurages peuvent être recueillis à proximité de l'évier même, et expédiés à l'égout automatiquement au moyen de chasses d'eau, une ou deux fois par jour ; on peut aussi procéder de la sorte assez souvent à la campagne.

Si, au contraire, les eaux de la canalisation sont rassemblées dans un puisard filtrant, il est préférable d'arrêter la graisse et le sable dans des appareils spéciaux et de les enlever à la main de temps à autre car la graisse s'attacherait aux parois du puisard, semblable à un enduit qui l'empêcherait de filtrer.

C'est là une théorie que j'ai émise, il y a une dizaine d'années, et que la pratique a pleinement confirmée depuis.

C'est ainsi que j'avais chez moi un puisard filtrant qui a fonctionné de 1882 à 1892 sans me donner le moindre ennui. La ville ayant, à cette époque, construit un égout, j'eus à supprimer le puisard et raccorder la canalisation; en remaniant les tuyaux je pus constater leur état de parfaite propreté due au bon fonctionnement de l'appareil (fig. 99), dont on avait toujours retiré régulièrement la graisse. Mon voisin n'ayant pas pris les mêmes précautions avait eu, au contraire, à retoucher continuellement ses tuyaux ou son puisard qui cependant s'enfonçait dans le sable de 6 à 7 m. plus profondément que le mien.

Cet exemple doit suffire à prouver l'utilité des ramasse-graisses quand on a affaire à un puisard filtrant, car ils empêchent la graisse de se déposer sur les parois et de les rendre imperméables ou même de se loger dans les interstices de la chaux, du roc ou du gravier et de les boucher. Il en est de même lorsque les eaux du puisard doivent être pompées pour fertiliser le sol, vu l'excès de main-d'œuvre qui en résulterait.

L'évacuation de la graisse au moyen de chasses d'eau est, d'autre part, un procédé qui entraîne une consommation d'eau assez grande et qui ne conviendrait pas si l'eau de la maison devait être pompée à la main.

D'autre part, lorsqu'on est obligé de pomper et de transporter à distance l'eau du « sewage » — comme il arrive quelquefois faute de n'avoir prévu qu'imparfaitement le mode d'évacuation de l'habitation — on est en présence d'un surcroît de main-d'œuvre très important, indépendamment des ennuis causés par l'obstruction du puisard.

Malheureusement la cuisine est, dans beaucoup de cas, située très loin du déversoir de la canalisation, en sorte que le trajet à faire parcourir à ces matières si difficiles à entraîner est très long; il en résulte que, faute de prendre les précautions nécessaires, les canalisations se remplissent de graisse sur un grand parcours, quelquefois de 80 à 100 mètres. A cet effet, les appareils destinés à l'arrêter doivent être judicieusement établis et de dimensions appropriées; autrement il en passe toujours suffisamment pour s'accrocher aux bavures de ciment ou se loger dans les interstices ou vides formés aux jonctions des tuyaux et produire une obstruction qui ira rapidement en s'allongeant. La graisse est tellement fluide dans l'eau chaude qu'elle se glisse à travers les grilles les plus étroites et demande, pour être arrêtée par l'appareil, un refroidissement presque complet de l'eau à son passage ; ceci explique que les dimensions de l'appareil et son volume en eau froide doivent être en rapport avec la quantité d'eau chaude provenant de temps à autre des éviers. Certaines installations comme celles des clubs, où les éviers sont de grandes dimensions, et où l'eau chaude est évacuée en gros volume à proximité de l'égout, peuvent se passer de ramasse-graisse.

Nous en avons établi plusieurs de cette façon qui nous ont donné de bons résultats.

On n'a pas idée de la quantité de graisse et de sable qu'un bon appareil est susceptible d'arrêter dans une maison importante.

Il m'est arrivé, dans une grande installation, d'avoir à établir un ramasse graisse en cuivre étamé deux fois long comme celui de la figure 101 et plongeant dans un réservoir construit en briques émaillées dont l'eau était maintenue froide par un filet d'eau constant. — L'appareil était nettoyé chaque semaine ; et on retirait d'énormes morceaux de graisse en même temps que le sable ; il a fonctionné ainsi plusieurs années en préservant le drain de la façon la plus heureuse. — Cette graisse, une fois fondue et épurée, peut servir au graissage des moyeux de roues de voiture.

Quand les circonstances le permettent, il est préférable de s'en débarrasser tous les jours par des chasses automatiques, ce qui est très facile si la canalisation aboutit à l'égout.

Si on voulait faire de l'épandage il y aurait lieu d'établir, en outre, un réservoir de décantation afin d'éviter le colmatage du terrain ainsi que les obstructions du siphon automatique.

Cet enlèvement par chasses d'eau *journalières* évite l'épouvantable corvée de nettoyer l'appareil *chaque semaine* ou chaque quinzaine, et supprime l'odeur infecte qui accompagne cette opération et qui se répand parfois dans toute la maison.

J'ai construit, dans cet ordre d'idées, un siphon de chasse, (fig. 98), pour évacuer automatiquement la graisse solidifiée.

Ce siphon GT, en grès vitrifié, contient un certain volume d'eau capable de solidifier la graisse au pàssage.

De chaque côté est une tubulure pour recevoir les vidanges

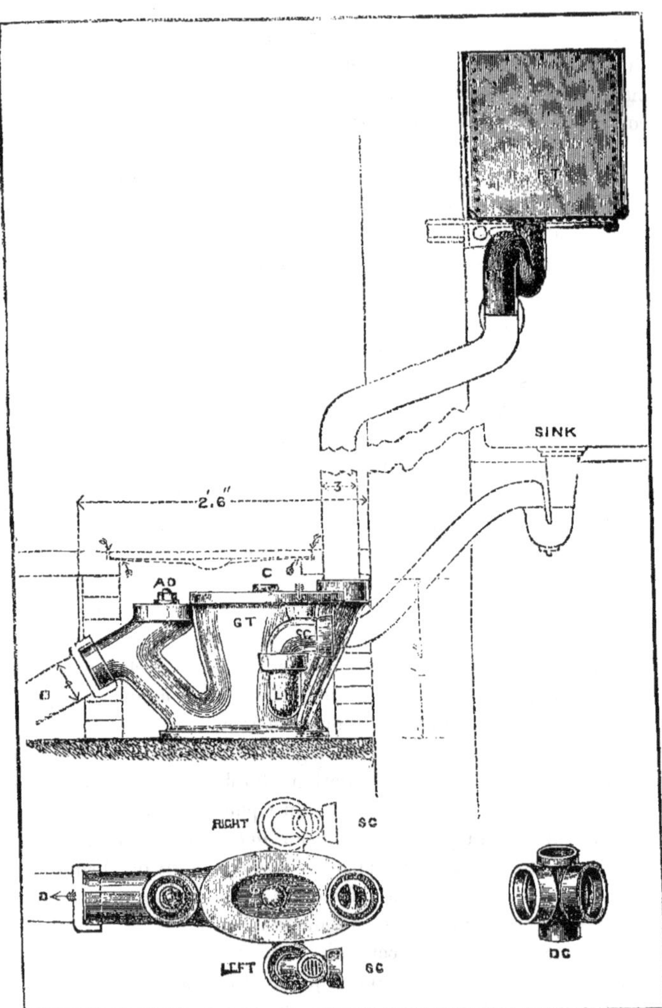

Fig. 98
Siphon ramasse-graisse à chasses automatiques.

d'éviers et amener l'eau chaude à la partie basse afin que la graisse puisse flotter à la surface ; une pièce de raccordement SC ou DC, s'oriente à la demande et comporte une grille en dessus pour la disconnexion de ces vidanges.

La chasse d'eau venant du réservoir FT arrive à l'arrière du siphon et se divise en trois effets d'eau : l'un distribué tout autour par une couronne pour le lavage de l'appareil, un autre par un jet spécial, vis-à-vis la sortie, pour briser la graisse en petits morceaux, et le troisième dans le bas pour entraîner les matières plus lourdes comme le sable, déposées au fond.

Le réservoir automatique FT (fig. 98) est en tôle galvanisée, de 80 à 100 litres de capacité avec un départ de 0,075. Il doit fonctionner une ou deux fois par jour suivant les circonstances ; sa hauteur devra être de 1 m.60 à 4 mètres environ au-dessus de l'appareil ; au-dessous de 1 m.60 la capacité du réservoir ou le volume de la chasse devra être augmenté et le départ porté à 0 m.10 de section.

Ce siphon à graisse peut être logé dans un regard en briques avec un tampon mobile, en fonte galvanisée, comme dans la figure 98, mais en laissant une certaine aération. Il peut aussi être placé directement dans le sol en faisant affleurer à la surface son couvercle en grès C.

Les boîtes à graisse pour l'enlèvement à la main sont faites de façons différentes par divers fabricants.

Voici un modèle que j'ai construit il y a plusieurs années et qui m'a donné de bons résultats. J'en ai établi quatre numéros correspondant à quatre grandeurs.

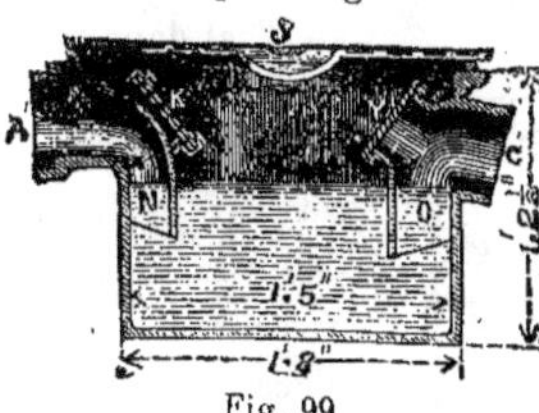

Fig. 99
Boîte à graisse en grès, deuxième grandeur.

Ils mesurent respectivement : 1° 0 m.32 en tous sens ; 2° 0 m. 32 × 0 m. 50 et 0 m. 35 de profondeur ; 3° 0 m. 60 × 0 m. 50 et 0 m. 375 de profondeur ; toutes ces mesures sont extérieures. — Les figures 99 et 100 donnent la grandeur moyenne et celle au-dessus.

L'entrée A est faite pour un tuyau de 0 m.075, bien que les vidanges d'éviers n'aient habituellement que 0 m. 05, comme dans la figure 103.

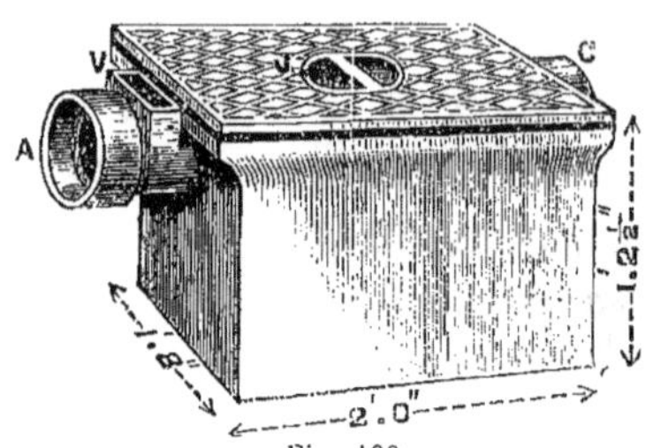

Fig. 100
Boîte à graisse en grès, troisième grandeur.

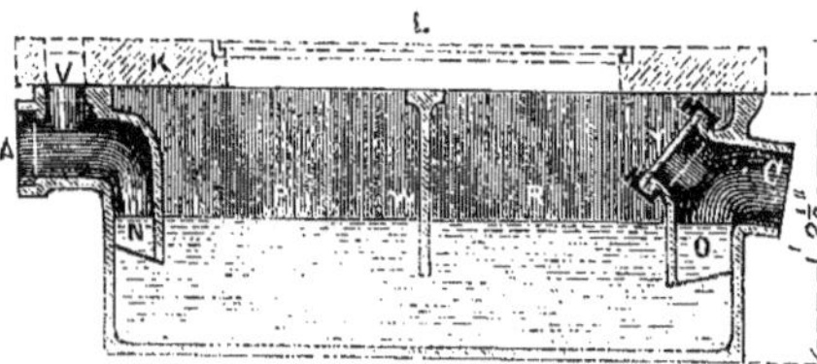

Fig. 101
Coupe de la boîte à graisse en grès, quatrième grandeur.

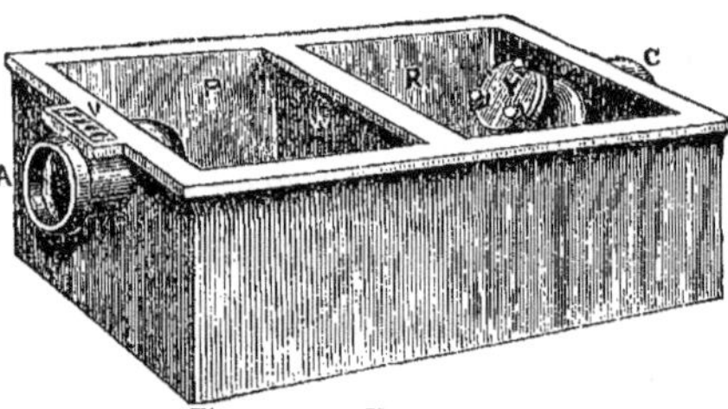

Fig. 102. — Vue perspective.

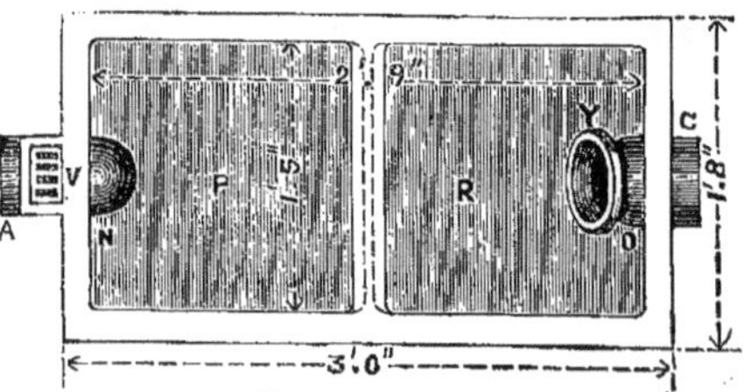

Fig. 102A. — Plan.

La sortie C, peut emboîter un tuyau de 0 m. 10 de section.

Les deuxième et troisième numéros sont les plus employés ; — le quatrième correspond aux éviers de très grandes dimensions avec de larges grilles capables de débiter à la fois un grand volume d'eau chaude et convient aux canalisations de grand parcours (fig. 101, 102 et 102A).

L'arrivée se fait par une tubulure plongeante N pour ne pas *troubler* la graisse flottante et la sortie par une tubulure analogue O. — C'est dans le trajet de N en O que la graisse se forme ; V est une grille pour l'admission d'air et Y est un tampon d'accès sur la canalisation. Un couvercle J en fonte galvanisée se fixe sur les boîtes des trois premiers numéros, mais le quatrième appelle par sa dimension une dalle en pierre K, recevant un tampon L (figure 101).

Ces appareils exigent un nettoyage fréquent.

La figure 103 représente l'installation complète du système.

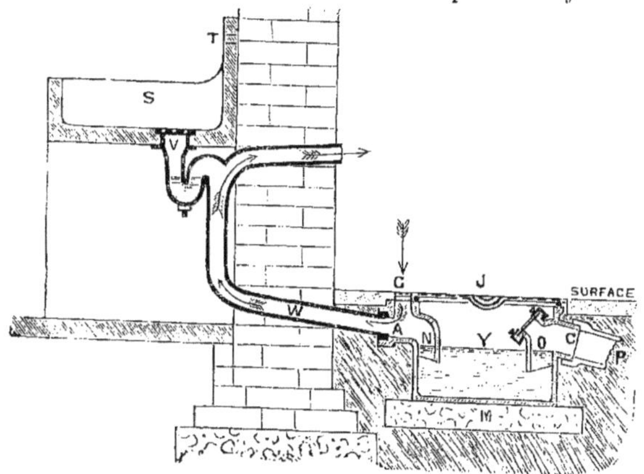

Fig. 103
Coupe d'une installation de boîte à graisse avec vidange d'évier et ventilation.

Si on dispose de peu de pente pour la canalisation, on peut placer la boîte sur le sol ou l'enterrer à moitié ; la vidange W de l'évier a 0 m. 05 de section et le siphon est surmonté d'un cône et d'une grille V, de 0 m. 08. Je considère cette section de 0,05 comme suffisante pour les plus grandes installations. J'en ai fait avec des tuyaux et des siphons de 0,10 qui se bouchaient constamment et que je dus remplacer par du 0,05.

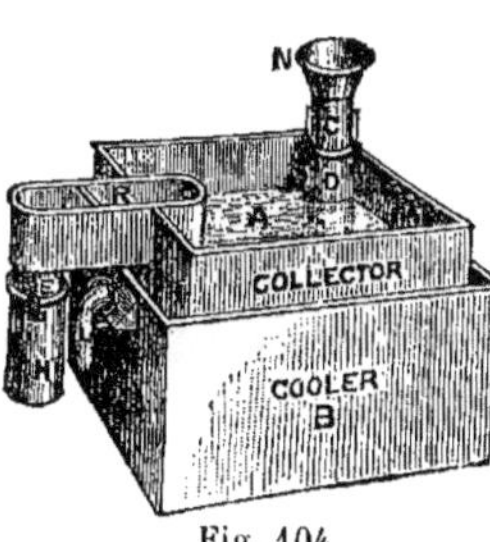

Fig. 104
Boîte à graisse à courant d'eau.

Boîtes à graisse placées dans la maison. — La figure 98 indique le siphon automatique placé extérieurement, ce qui est généralement possible à la campagne, mais à la ville il ne peut toujours en être de même. —

Dans ce cas, on le placera sous l'évier à même le sol, enterré dans un regard bien aéré.

Les figures 104 et 105 donnent un genre de boîte que j'ai construit dans le but de pouvoir être déposée et remplacée tous les jours. — Deux boîtes sont nécessaires à ce service, et la cuisinière, à chaque changement, n'a qu'à lever et baisser les tubulures télescopiques C et H ; il existe un couvercle qui n'est pas représenté sur ces figures.

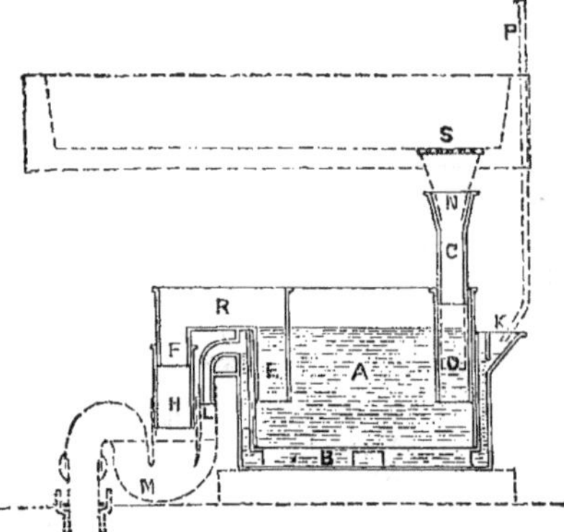

Fig. 105
Coupe d'une boîte à graisse à courant d'eau placée sous un évier de laverie.

Cette boîte baigne dans un bassin B, faisant fonction de réfrigérant, et un filet d'eau froide est amené en K et s'écoule en L.

Ce dispositif n'a de valeur qu'à la condition qu'on s'en occupe.

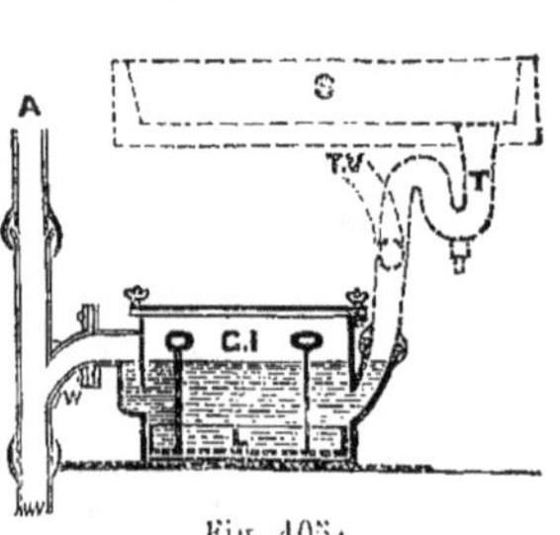

Fig. 105A
Boîte à graisse en fonte galvanisée pour cuisine.

On peut encore recourir à l'appareil de la figure 105A qui ne demande à être nettoyé que toutes les semaines.

Il est en fonte galvanisée et son couvercle est serré avec des boulons mobiles. Le départ W est de 0 m. 05. — S'il y a un siphon T sous l'évier, il demandera à être ventilé comme TV.

L'usage des boîtes à graisse dans nos maisons de rapport ne saurait être recommandé d'une façon générale à cause de l'entretien et du nettoyage trop fréquent qui ne pourrait être exigé des locataires.

Il y a des cas cependant, dans certains hôtels privés, à la campagne, pour des villas, des châteaux, etc., où ce genre d'appareils est tout indiqué, sinon indispensable. J'ai établi depuis quelques années un modèle de boîte, de grandeur moyenne, pouvant facilement prendre place sous un évier et propre à en simplifier les raccordements de plomberie. Les tubulures d'arrivée et de départ, sont, à cet effet, situées sur une même face et interchangeables, (figure 105[B]).

Fig. 105[B]
Boîte à graisse.

Une cloison intérieure, venant de fonte, sépare les deux orifices de manière à allonger le trajet de l'eau chaude dans l'eau froide et favoriser la formation de la graisse. Un panier percé de trous est destiné à enlever cette graisse facilement.

Pour éviter toute odeur, le couvercle est rendu étanche par pression sur un cordon de caoutchouc, au moyen de boulons à bascule attenant à la boîte. Lorsque les circonstances le permettent, on peut prendre une aération, ou plutôt un évent, en ajustant un raccord sur l'un des côtés, dans le haut; à ce raccord serait soudé un tuyau de plomb qu'on ferait déboucher en un point convenable.

CHAPITRE VIII

PERTES DE PLONGÉE DES SIPHONS. VENTILATION DES SIPHONS.

Siphons dégarnis de leur plongée. — Siphons mécaniques ou obstructifs. — Importance d'une bonne plongée. — Siphons facilement impressionnables au siphonnage. — Première application de la ventilation à des siphons superposés. — Son efficacité contre le siphonnage. — Expériences faites en Amérique. — Ventilation piquée à la partie supérieure du siphon. — Siphonnage et momentum. — Refoulement des plongées. — Pertes d'eau sous l'influence du vent soufflant au-dessus des tuyaux.

De même qu'une porte dont la serrure est brisée ne défend plus des voleurs, de même un siphon, dépourvu de sa plongée, ne s'oppose plus au retour des mauvaises odeurs.

Toute la valeur d'un siphon repose donc sur sa plongée.

Un très grand nombre d'entre eux sont cependant sujets à caution sous bien des rapports, soit par leur mauvaise construction, par l'insuffisance de leur plongée ou l'inefficacité de la ventilation.

Avant de poser un siphon, il importe au plus haut point de s'assurer qu'il offrira bien les garanties requises, dans les conditions où il sera placé, surtout si sa plongée, comme il arrive souvent, doit être la seule barrière interposée entre l'égout ou la canalisation et la maison.

Bien des gens, qui se croient à même de diriger un travail de plomberie, pourraient être embarrassés d'apprécier un siphon et de prendre telles mesures nécessaires au maintien de sa plongée.

Ceci explique le nombre considérable de siphons posés à tort et à travers et les erreurs commises sur la façon de les ventiler ; le tuyau de ventilation n'est souvent pas d'un diamètre en *rapport* avec sa grande longueur ou hauteur, ou bien il est placé, comme dans la figure 106, en amont de la plongée.

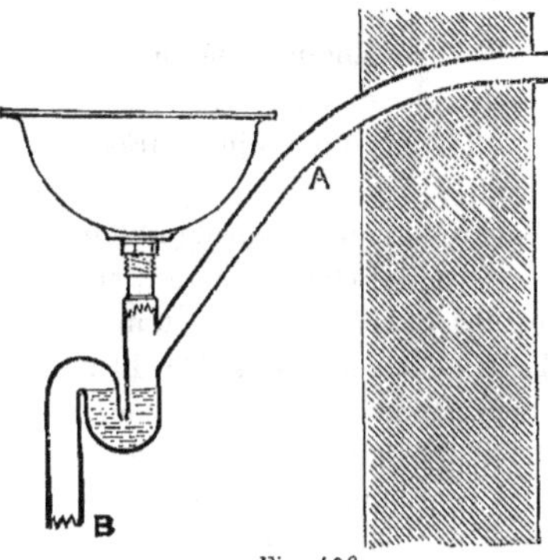

Fig. 106
Ventilation de siphon pratiquée du mauvais côté.

L'occlusion hydraulique est commune à la plupart des siphons employés dans les travaux de plomberie et de canalisation.

Afin d'avoir une deuxième obturation en réserve, au cas où celle-ci viendrait à faire défaut, on a construit des siphons avec des soupapes, des boules en caoutchouc, etc.; mais toutes ces fermetures sont à la merci de la moindre parcelle de savon ou d'ordure, pour ne pas fonctionner.

A mon avis, cette catégorie de siphons des Bower, Buchan, Cudell, Waring, sont plutôt des appareils *obstructifs* car les inventeurs conviendront avec moi que l'écoulement n'est pas aussi bon que s'il n'y avait rien du tout à la traverse.

L'eau doit pouvoir traverser un siphon sans laisser derrière elle le plus petit encrassement. Cependant si cette condition du nettoyage est importante, celle de la persistance de la plongée ne l'est pas moins.

J'admettrais donc l'intervention de ces sortes d'organes si leur utilité était reconnue, mais je dois avouer que je n'ai jamais eu beson de m'y arrêter.

J'ai expérimenté de toutes les manières possibles le siphon anti-D. — voir figures 28 à 31 — qui ne possède que sa seule plongée sans aucune complication ; néanmoins il n'a jamais manqué, à condition toutefois qu'il fut bien ventilé.

Les siphons sont exposés à perdre leur eau de trois façons différentes : par *siphonnage*, par *momentum*, par *évaporation* et quelquefois par certains refoulements d'air dans le tuyau de ventilation.

SIPHONNAGE DES SIPHONS

Avant l'apparition du siphon rond, en plomb coulé, on ne connaissait des effets du siphonnage que ceux qu'on avait constatés sur les bondes siphoïdes dont la garde d'eau fut toujours très insignifiante.

Le siphon rond est certes le meilleur au point de vue du *nettoyage*, mais par contre sa plongée est très fragile ; elle ne devrait, en conséquence, jamais être inférieure à 0 m. 04 et parfois 0 m. 06 et 0 m. 07 bien qu'un grand nombre aient à peine 0 m. 025. Et même avec une forte plongée, si ses deux branches sont très ouvertes comme celui de la figure 38, on ne peut le fixer avec sécurité sous un appareil à vidage rapide, que si sa ventilation est prise au sommet pour que l'eau puisse s'y engager et le recharger après son passage.

La simple vidange d'un seau dans une cuvette conique produit sur un pareil siphon des effets combinés de *siphonnage* et de *momentum* capables d'entraîner toute la plongée.

Le remède, en pareil cas, est de redresser la branche montante et d'en aplatir le sommet dans le genre de l'anti-D. Contrairement au siphon rond, l'ancien siphon D, appelé boîte d'interception, qui est d'un très mauvais nettoyage, se comporte très bien au siphonnage. Son eau peut naturellement être aspirée à l'égal des autres, par manque de ventilation, mais il résiste deux fois mieux que le Bower, si réputé à cet égard.

Chose curieuse ! c'est une boîte d'interception que j'eus à ventiler pour la première fois. Cela se passait en 1864 ou 1865 dans une maison de Hyde Park où j'eus à intervenir pour faire disparaître des mauvaises odeurs provenant de ladite boîte d'interception. J'eus alors l'idée de poser un tuyau de ventilation pour donner une issue aux émanations et aussi pour éviter le siphonnage.

Vers 1867 je fis une autre application de la ventilation sur un siphon (figure 38) qui me paraissait devoir se désamorcer de temps à autre.

Ce ne fut que vers 1869 ou 1870 que je pris l'habitude de ventiler chaque siphon fixé à une même colonne de chute.

Je croyais suffisant, au début, lorsque la chute était montée de toute section au-dessus du toit, de réunir le siphon à la chute même par une tubulure. J'eus à constater dans la suite que ce moyen pouvait être efficace tant que l'écoulement se faisait dans l'appareil lui-même ou dans ceux du dessous, mais ne l'était pas quand il se produisait aux *étages supérieurs*.

J'établis dès lors comme règle, pour une série de siphons superposés, de commencer cette ventilation au *premier siphon inférieur*, et de la raccorder sur la chute un peu *au-dessus du dernier siphon supérieur* ; tous les branchements de ventilation étant recueillis au passage.

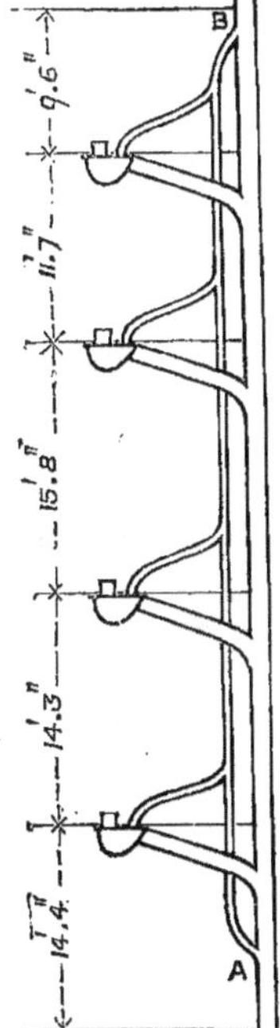

Fig. 107
Série de siphons tels qu'ils étaient ventilés en 1872.

La première application en fut faite sur des anciens siphons D et présente, à ce titre, un certain intérêt historique.

Une autre application, dans une grande draperie fondée en 1865, remonte au mois de février 1872.

Il s'agissait de deux colonnes de chute de 0 m. 12 ayant l'une quatre, l'autre trois appareils w. c. à clapet (figure 107), placés les uns au-dessus des autres. Ces appareils w. c. fonctionnaient comme vidoirs à tous moments.

Ces colonnes de chute me fournirent l'occasion de nombreuses expériences.

Je fis enlever le premier appareil afin de mieux en surveiller le siphon et fis fonctionner les deux appareils du haut, simultanément : l'eau du premier siphon fut violemment projetée. Je fis alors pratiquer une ouverture à son sommet et avant de brancher la ventilation je recommençai l'épreuve précédente : l'air fut refoulé avec une telle force qu'il renversa le chapeau du garçon qui m'accompagnait. Je portai à 0 m. 050 la ventilation de la colonne des quatre w. c., celle de 0 m. 04 ayant été quelque peu insuffisante.

Ce tuyau (figure 107) allait de A en B et prenait au passage les tubulures de 0 m. 040 respectives à chaque siphon ; la chute, d'une hauteur de 33 à 35 mètres, se prolongeait au-dessus du toit de même diamètre d'un bout à l'autre.

De nouveaux essais furent faits au mois de mai 1883, de crainte que les tubulures de ventilation ne fussent obstruées à l'orifice comme cela arrive souvent quand elles sont faites de cette manière ; mais je pus constater les mêmes bons résultats. Il ne faut pas laisser deux siphons consécutifs sans ventilation, car de même que deux négations équivalent à une affirmation, ils s'annuleraient certainement.

J'ai publié dans mon ouvrage, *Traité théorique et pratique de la Plomberie*, les résultats d'épreuves obtenus avec des siphons construits spécialement pour des conférences que je fis aux plombiers « à la Société des Arts ». J'y ai relaté, en outre, un assez grand nombre d'autres résultats et observations recueillis au cours de la pratique, petit à petit, et qui sont les premières, je pense, à avoir été publiées.

Le journal l'*Ingénieur sanitaire* a donné, dans son numéro du 31 août 1882, le compte rendu d'expériences analogues faites par MM. Philbrick et Bowditch sur les siphons usités à l'époque, en Amérique. Ces derniers conclurent également à la nécessité de la ventilation contre le siphonnage et posèrent, de plus, que le piquage devait en être pratiqué au sommet du siphon afin que l'eau, en y pénétrant pendant les écoulements, pût retomber et recharger le siphon après coup. C'est un moyen que je connaissais depuis longtemps, mais que j'ai toujours dédaigné en raison de ses inconvénients. J'ai plutôt cherché le remède dans la forme même du siphon et je l'ai trouvé dans celle du siphon anti-D (figure 28).

Dans l'autre procédé, indépendamment des causes d'obstructions, le courant d'air de la ventilation agit trop directement sur la plongée et *favorise son évaporation.*

Ce même journal a publié, en outre, en 1882, d'autres expériences du colonel Waring faites en 1881.

Malheureusement, ces expériences n'ont guère de valeur, car l'auteur s'était servi de « pan-closets », sorte de garde-robes, démodés depuis longtemps et d'un effet d'eau trop insignifiant pour siphonner quoi que ce soit.

Les pages suivantes donnant une série d'expériences faites aux mois de mai et juin 1883 contribueront à convaincre le lecteur de l'utilité de la ventilation des siphons.

Voulant surtout rechercher la limite de garantie offerte par les siphons auto-nettoyables seulement, j'ai exagéré à dessein les conditions de la pratique et agi sur des sections de tuyaux plutôt réduites pour accroître la friction de l'eau sur les parois, partant le vide ou le siphonnage. Je n'ai employé également que des appareils mettant, par leur forme, les siphons à une dure épreuve comme *siphonnage* et *momentum*.

On conçoit, sans peine, qu'un évier ou une baignoire, dont le fond est *plat*, laisse toujours après l'écoulement des égouttures suffisantes au *remplissage* du siphon, tandis qu'une cuvette conique ou de tout autre forme à pente très inclinée comme certains postes d'eau, vidoirs, toilettes à receveur, etc., n'a pas la même ressource.

Appareils employés dans les expériences faites sur les différents siphons.

A. — *Baignoire* avec soupape de o m. o5o vidant à plein débit 36o litres d'eau, sa contenance totale, en 2 minutes 1/2 (Voir N, figure 118).

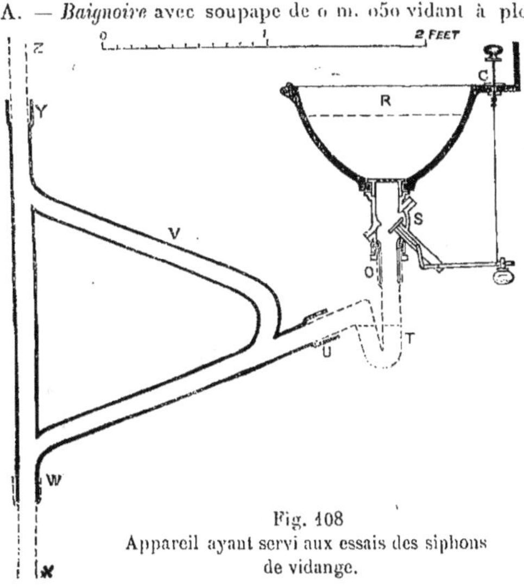

Fig. 108
Appareil ayant servi aux essais des siphons de vidange.

B. — *Lavabo*, cuvette profonde avec large départ, représenté à l'échelle sur les dessins des figures 108 et 109 — la soupape à ailettes (fig. 109, en D) peut vider 5 litres, contenance totale de la cuvette, en 5 secondes. Les autres (fig. 108 et 110) vident la même quantité

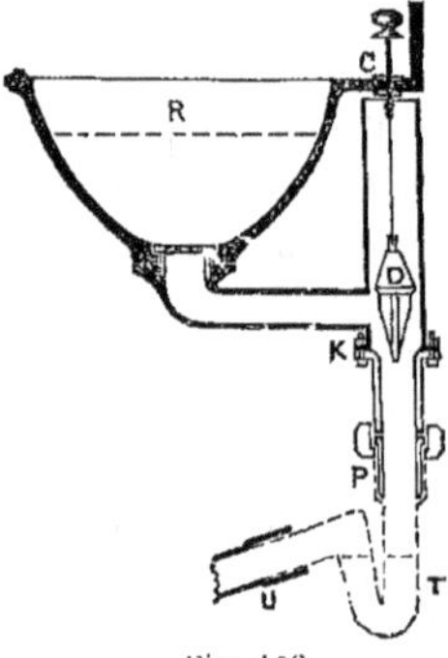

Fig. 109
Lavabo monté avec une soupape de vidange à ailettes.

en 6 secondes; le diamètre intérieur du raccord (fig. 109) est de 0 m. 038; celui de O (fig. 108) 0 m. 036 et N (fig. 110) de 0 m. 031. Ces trois dessins sont à l'échelle.

Nota. — Les deux dispositifs des fig. 108 et 109, offrent peu de différence car, si le second se vide plus rapidement que le premier, il profite des égouttures données par la tubulure reliant la cuvette à la soupape et contrebalance quelque peu les pertes d'eau plus sensibles que dans l'autre, à cause de la vitesse d'écoulement. D'autre part, la vidange S, ne réduisant pas le débit et n'opposant pas de résistance, par conséquent, au passage de l'eau, exerce plus d'action sur le siphon en contrebas.

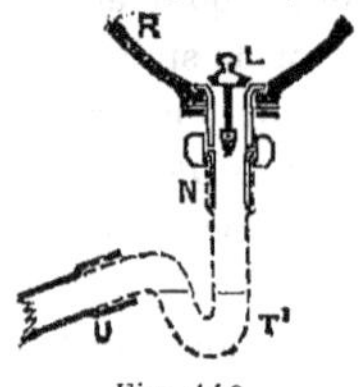

Fig. 110
Lavabo monté avec une soupape à grand débit.

C. — *Vidoir* (fig. 212) avec un départ de 0 m. 075. Cet évier permet de vider d'un coup un seau de 13 à 14 litres.

D. — *Vidoir* analogue au précédent mais avec soupape permettant de le remplir et de le vider dans le tuyau sans aucune admission d'air avec l'eau.

E. — *Seau* de 13 à 14 litres.

F. — *Valve-closet* avec cuvette de 13 à 14 litres, quand elle est remplie jusqu'au bord, et pouvant projeter ce volume d'eau en 2 secondes par le brusque tirage de la poignée; le diamètre de la sortie est de 0 m. 088 (voir figures 164 et 156). La tubulure d'évent fut bouchée pendant les expériences pour éviter le reflux de l'eau à l'intérieur.

G. — *Water-closet* « Artisan » (fig. 176). Le départ de la cuvette était encore de 0 m. 088; cet appareil fut essayé pour se rendre compte de l'effet produit sur le siphon par les projections successives de plusieurs seaux d'eau.

Nota. — La décharge de cinq litres d'eau d'un lavabo, projetée de façon à emplir le tuyau, formera une sorte de tampon de 6 m. 62 dans un tuyau de 0 m. 031 et de 2 m. 50 dans un de 0 m. 051.

La décharge de treize litres d'eau d'un water-closet comme ci-dessus aurait une longueur de 2 m. 80 dans un tuyau de 0 m. 076, de 2 mètres dans un de 0 m, 088, et de 1 m. 62 dans un tuyau de 0 m. 102.

Il faut reconnaître que, pratiquement, ce tampon d'eau n'étant pas aussi dense, aussi serré dans un gros tuyau que dans un petit, le siphonnage sera dès lors moins intense avec les gros diamètres.

Les siphons soumis aux expériences étaient les suivants :

Siphons anti-D de 0 m. 08 et 0 m. 031 ;
Siphons Bower de 0 m. 05 et 0 m. 031 ;
Siphon D ou boîte d'interception à faces rapprochées ;
Siphon « Eclipse » ;
Siphon Helmet ;
Siphons ronds S et P, en plomb coulé de 0 m. 10, 0 m. 05, 0 m. 038 et 0 m. 031.

---

1. — *Expériences faites avec des petits siphons raccordés simplement sur des vidanges verticales, de diamètres et de longueurs variés. La figure 108 indique les positions respectives des branchements de vidange et de ventilation. La section du branchement devait changer avec celle de la vidange afin que le diamètre fut partout uniforme.*

1 *a.* — En W fut ajoutée une vidange verticale de 0 m. 038 de section, de 18 m. 30 de hauteur ; en Y un tuyau de ventilation de même diamètre, de 10 m. 55 de hauteur ; des siphons demi-S de 0 m. 031, de 0 m. 038 et de 0 m. 05 placés en T furent tous siphonnés cinq fois de suite par la décharge du lavabo R.

2 *a.* — Un siphon anti-D de 0 m. 031 placé dans les mêmes conditions ne put être siphonné après onze décharges du lavabo ; à chaque coup il ne restait pas moins de 0 m. 031 de plongée d'eau.

3 *a.* — Même expérience, sans prolongement du tuyau de ventilation, ouvert seulement en Y, les autres siphons ronds furent tous siphonnés à plusieurs reprises.

4 *a.* — Mêmes résultats avec 13 mètres de longueur de vidange, et 13 m. 40 de ventilation.

5 *a.* — Le tuyau de ventilation montant à 18 m. 30 au-dessus de Y, l'anti-D de 0 m. 031 se comporta comme suit :

A la première décharge, perte d'eau de 4 mm., à la deuxième, 3 mm. et rien aux trois suivantes.

6 *a.* — Avec le même tuyau de ventilation de 25 mètres au lieu de 18 mètres, l'anti-D perdit 12 mm. en plusieurs fois et un peu plus par temps lourd ; dans aucun cas il ne conserva moins de 0 m. 013 de plongée.

7 *a.* — Avec une vidange verticale de o m. o31 de section et de 3 m. 60, et ventilation de même diamètre et de même hauteur, les trois siphons demi-S de o m. o31, de o m. o38 et de o m. o5 furent siphonnés cinq fois de suite.

8 *a.* — L'anti-D de o m. o31 dans les mêmes conditions conserva chaque fois sa plongée.

9 *a.* — Les résultats furent encore les mêmes avec un diamètre de tuyaux de o m. o38 au lieu de o m. o31.

10 *a.* — En n'ajoutant aucun tuyau en W et Y, les siphons ronds furent désiphonnés plusieurs fois de suite par une décharge du lavabo R.

11 *a.* — Avec une vidange de o m. o5 de section et 12 mètres de longueur et même tuyau de ventilation, un siphon rond de o m. o5 fixé en T perdit dans huit essais o m. o28 trois fois; o m. o26 deux fois, puis o m. o25, o m. o19, o m. o19.

12 *a.* — En douze fois, les pertes d'un siphon de o m. o31, au lieu de o m. o5, furent quatre fois de 22 mm. et trois fois de 19 mm.

13 *a.* — En dix fois, les pertes d'un siphon de o m o31, au lieu de o m. o38, furent deux fois de 19 mm, trois fois de 25 mm. et quatre fois la plongée entière.

Dans les mêmes circonstances mais avec la petite soupape à raccord L (fig. 110), au lieu de S (fig. 108), le siphon ne perdit que 15 mm. en cinq fois.

14 *a.* — Un anti-D de o m. o31 fixé en T, au lieu du siphon précédent, résista cinq fois de suite aux décharges du lavabo.

15 *a.* — Avec 12 mètres de vidange de o m. o5 et 7 m. 30 de ventilation de même diamètre, un siphon rond de o m. o5 perdit o m. 19 six fois de suite, et un siphon rond de o m. o38 perdit 12 mm. quatre fois de suite et 9 mm. une fois.

16 *a.* — Avec 12 mètres de vidange de o m. o5 et 3 m. 60 de ventilation de o m. o5, un siphon rond de o m. o5 perdit dans neuf épreuves : 19 mm. six fois et 12 mm. trois fois; un siphon de 25 mm. dans les mêmes conditions ne perdit que 9 mm. dans chacune des cinq épreuves, et un siphon de o m. o31 que 6 mm. dans chacune des huit épreuves.

II. — *Expériences sur les siphons de w. c. raccordés respectivement sur une chute verticale de 0 m. 075 de diamètre ouverte librement aux deux extrémités; vidange de 12 mètres de longueur sous SP (fig. 111) et ventilation de 14 mètres au-dessus de AP.*

Nota. — Le siphon anti-D, ayant servi aux expériences, est de o m. 11/o m. o8.

1 *b*. — La cuvette remplie jusqu'au bord et vidée d'un coup, fit perdre à l'anti-D 0 m.031 de plongée d'eau dix fois et un peu moins les neuf autres fois, mais il lui restait toujours 12 mm. de plongée.

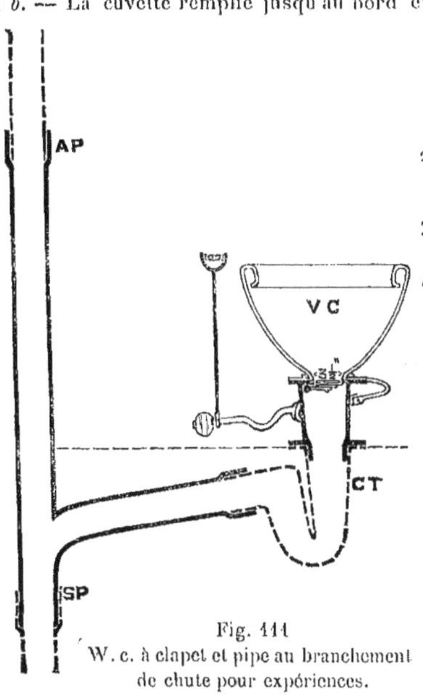

Fig. 111
W. c. à clapet et pipe au branchement de chute pour expériences.

2 *b*. — Le siphon de 0 m. 10 (figure 38), fut siphonné à chaque coup.

3 *b*. — Le siphon « Eclipse » fut aussi siphonné six fois.

4 *b*. — Le siphon en D, « Helmet », perdit 25 mm. dix fois sur douze et 22 mm. deux fois.

5 *b*.— Le siphon D à faces rapprochées, perdit 25 mm. cinq fois et 22 mm. cinq fois.

6 *b*.— Avec le même dispositif, mais ventilé comme dans la figure 113, par un tuyau de 0 m. 05, l'anti-D garda sa plongée intacte dix fois sur onze et jamais ne perdit plus de 6 mm. — Cela montre la valeur de la ventilation des branchements.

III. — *Mêmes expériences, le tuyau étant laissé ouvert en AP sans prolongement.*

1 *c*. — L'anti-D perdit 28 mm. cinq fois et 0 m. 031 trois fois.
2 *c*. — Le siphon Eclipse de 0 m. 10 fut siphonné cinq fois de suite.
3 *c*. — Siphon D, à faces rapprochées, perdit 22 mm. en cinq fois de suite.
4 *c*. — Le siphon rond de 0 m. 10 fut désiphonné à chaque coup.

Nota. — En bouchant l'orifice AP chacun des siphons précédents fut facilement siphonné.

5 *c*. — L'adjonction d'un tuyau de ventilation de 0 m. 05 suffit à faire conserver la plongée de ces mêmes siphons excepté le siphon rond.

IV. — *Expériences faites avec un branchement ou une pipe plus longue et inclinée à 45°, le siphon se trouvant à 1 m. 20 de la chute de 0 m. 075 de section et 12 mètres de hauteur et une ventilation de même diamètre et 14 mètres de hauteur.*

1 *d.* — Avec un W. C. forme botte (effet plongeant), au lieu d'un closet à clapet, et un seau de 14 litres versé rapidement dans l'appareil, l'anti-D perdit 28 mm. dix-neuf fois et 25 mm. deux fois.

2 *d.* — Le siphon rond de 0 m. 10 perdit toute sa plongée à chaque coup.

3 *d.* — Avec le tuyau de ventilation de 50 mm., comme à la figure 113, l'anti-D conserva sa plongée intacte, mais le siphon rond fut encore désiphonné.

4 *d.* Avec un closet à clapet, comme figure 112, le siphon D étroit perdit 21 mm. cinq fois et 28 mm. deux fois.

5 *d.* — Le siphon D « Helmet » perdit 25 mm. six fois de suite.

V. — *Expériences sur un seul siphon de w. c. fixé à une pipe*

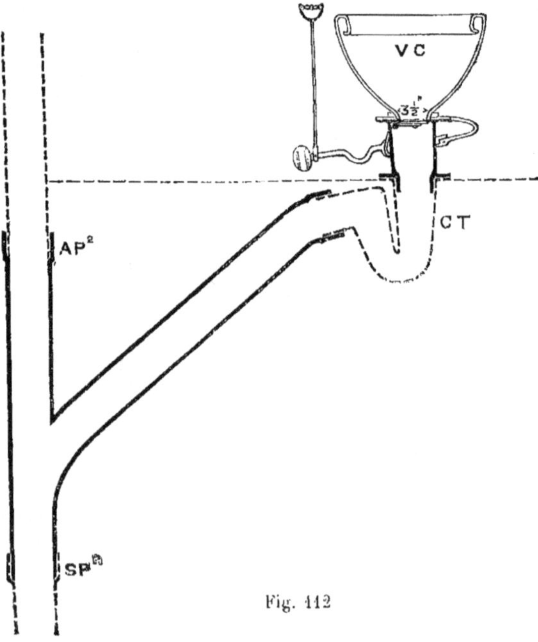

Fig. 112

branchée à une chute de 0 m. 102 de diamètre, de 12 mètres de hauteur sous SP², (fig. 112) et de 14 mètres de tuyau de ventilation de même section au-dessus de AP². La chute a été posée en fonte galvanisée au lieu de plomb pour accroître la friction de l'eau sur les parois du tuyau.

1 *e.* — La cuvette étant remplie à plein bord, onze décharges sur vingt et une n'enlevèrent rien à l'anti-D et les autres lui firent perdre 0 m. 037 de plongée.

2 *e.* — Le siphon « Eclipse » de 0 m. 10 de section fut désiphonné six fois de suite.

3 *e.* — Le siphon D « Helmet » soumis à neuf épreuves perdit 9 mm. six fois, 4 mm. deux fois et 3 mm. une fois.

4 *e.* — Le siphon D conserva toute sa plongée à sept reprises différentes.

5 *e.* — Le siphon rond de 0 m. 10 fut désiphonné neuf fois de suite, jusqu'à avoir son eau abaissée de 0 m 03 au-dessous de la plongée, — dans certains cas.

VI. — *Les mêmes expériences sur le même siphon (fig. 113), avec ventilation au branchement ou à la pipe et une cuvette à effet plongeant au lieu du closet à clapet.*

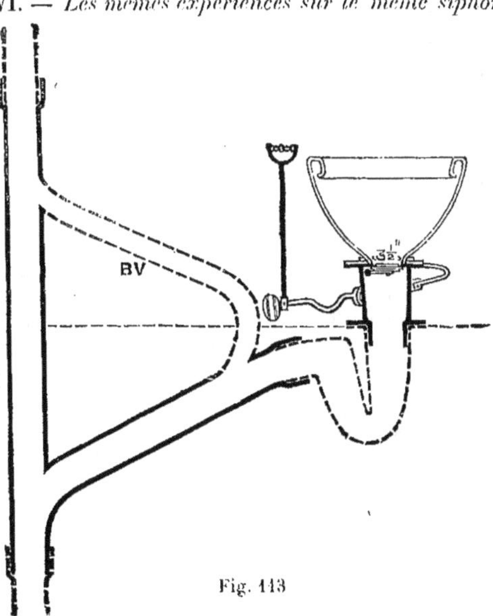

Fig. 113

Tuyau de chute de 0 m. 10, 12 mètres de longueur, ventilation de même section et de 10 m. 80, branchement de ventilation 0 m. 051, suivant le pointillé.

On vida à plusieurs reprises des seaux pleins dans la cuvette, l'anti-D, le siphon D et le

« Helmet » conservèrent leur plongée, mais « l'Eclipse » et le siphon rond de 0 m. 10 furent désiphonnés huit fois de suite.

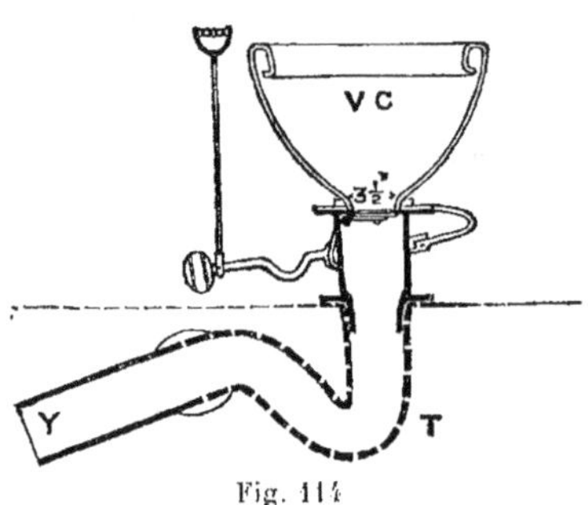

Fig. 114

VII. — *Expériences sur un siphon rond, très ouvert et avec seulement 0 m. 30 de tuyau de 0 m. 10 à la suite (fig. 114).*

1 *f.* — Ce siphon perdit sa plongée six fois de suite par la décharge de la cuvette remplie à plein bord.

2 *f.* — Il en fut de même du siphon « Eclipse » dont l'eau s'en allait par *momentum*.

VIII. — *Expériences sur des siphons branchés à différentes hauteurs sur une colonne en plomb de 0 m. 075, ouverte aux bouts A et Q. Les trois w. c. GFL, ainsi que les tuyaux indiqués en traits pleins (fig. 115, planche IV), ont servi journellement, dans mes ateliers, à plus de cinquante personnes pendant deux ans environ.*

1 *g.* — On projeta à la fois un seau plein d'eau dans chacun des w. c. BFG, l'eau de la cuvette D et celle des deux réservoirs des w. c. F et G, soit, en tout, 70 litres environ, dans la colonne de vidange ventilée par le tuyau RV — le siphon Bower J, soudé à la tubulure de 0 m. 05 K fut désiphonné ; le siphon D, Helmet, de 0 m. 22 fixé au branchement P de 0 m. 075 en N perdit 0 m. 019 de plongée.

2 *g.* — A la suite d'une autre décharge d'eau comme la précédente, sans remplir les siphons, la balle de caoutchouc du Bower flottait sans fermer la partie plongeante et put laisser passer la fumée. Le siphon Helmet perdit 3 mm. de plus, mais ne fut désiphonné qu'à la onzième décharge.

3 *g.* — Dans les douze décharges précédentes de 70 litres chacune, le siphon anti-D, ventilé en M, ne perdit pas 6 mm., c'est-à-dire qu'il lui restait encore une garde d'eau de 0 m. 038.

4 *g.* — Un siphon Bower de 0 m. 031 au lieu de 0 m. 05 fixé en S fut complètement désiphonné par une seule décharge analogue aux précédentes.

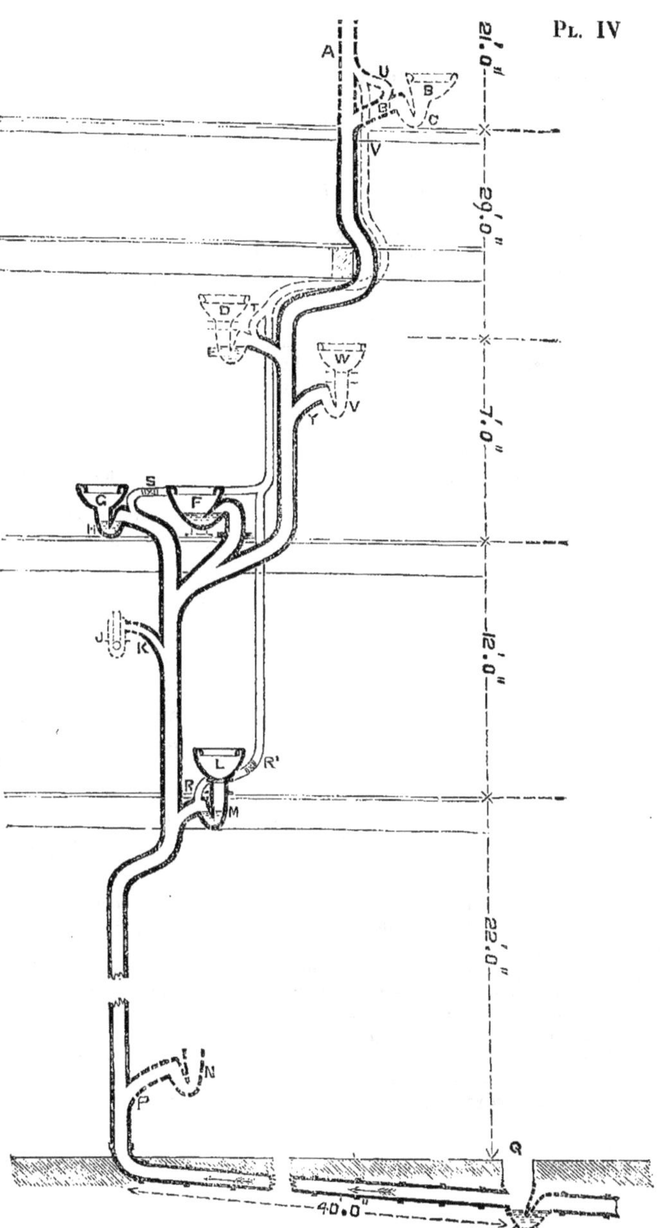

Fig. 115

5 *g*. — Le résultat fut le même en éloignant le siphon Bower de o m. o31 ou de o m. o5 du tuyau principal par un branchement de 4 m. 80.

6 *g*. — Une seule décharge suffit à désiphonner un siphon Du Bois de o m. o31, un siphon rond de o m. o4 et un autre de o m. o5 fixés en J sur le branchement K.

Un même siphon de o m. 100 perdit o m. o37 à la première décharge et se maintint avec o m. o12 à la deuxième et suivantes.

7 *g*. — Un siphon « Eclipse » de o m. o51 fut désiphonné à chaque épreuve.

Le même de o m. 100 perdit o m. o12 à la première décharge, 9 mm. à la deuxième et le restant à la troisième.

8 *g*. — Un siphon anti-D de o m. o31, fixé de la même manière, fut aussi désiphonné à la première décharge. — Le même anti-D d'un plus gros diamètre gardait mieux sa plongée.

9 *g*. — Un petit siphon D de o m. o4 de largeur intérieure et de o m. o4 de départ, fixé en K, perdit o m. o25 à la première décharge, 3 mm. à la seconde, un peu plus à la troisième et fut désiphonné à la quatrième.

Le même, mais d'un gros diamètre, demanda quarante décharges pour être désiphonné. Il perdit 15 mm. à la première, puis 3 mm. et enfin les suivantes 1 mm. 1/2.

10 *g*. — Le siphon D « Helmet », d'un gros diamètre, fixé comme le précédent perdit 19 mm., puis 3 mm. deux fois, enfin cinq décharges successives emportèrent chacune 1 mm. 1/2.

IX. — *Même dispositif que le précédent, mais avec le branchement K ventilé par un tuyau de 0 m. 05 raccordé sur la ventilation RV.*

1 *h*. — Le siphon Du Bois de o m. o5, fixé en J, fut désiphonné à la deuxième décharge ; le siphon rond de o m. o5, perdit 12 mm. après quatre décharges. — Le même siphon, mais de o m. 100 au lieu de o m. o5, demanda douze décharges pour abaisser l'eau de 12 mm. et rien dans les dix décharges suivantes. — Par conséquent un siphon rond de o m. 100, ventilé en K, ne pouvait perdre que le tiers de sa plongée.

2 *h*. — Le siphon « Eclipse » de o m. 100, dans les mêmes conditions, était désiphonné. — Le même, de o m. o5, perdit 12 mm. dans la première décharge, 3 mm. dans la deuxième, 3 mm. dans la troisième et enfin fut désiphonné après six autres décharges.

3 *h* — Le siphon anti-D de o m. o31 perdit, comme auparavant, 6 mm., 3 mm. à la deuxième, 1 mm. 1/2 à la troisième, mais fut stationnaire pour les suivantes, gardant encore o m. o3 de plongée. — Le même siphon, mais plus gros, ne se comportait pas si bien que ce dernier.

4 *h*. — Le siphon D de o m. o4 perdit 12 mm., 4 mm., 3 mm. et 1 mm., puis rien dans la suite.

Pl. V

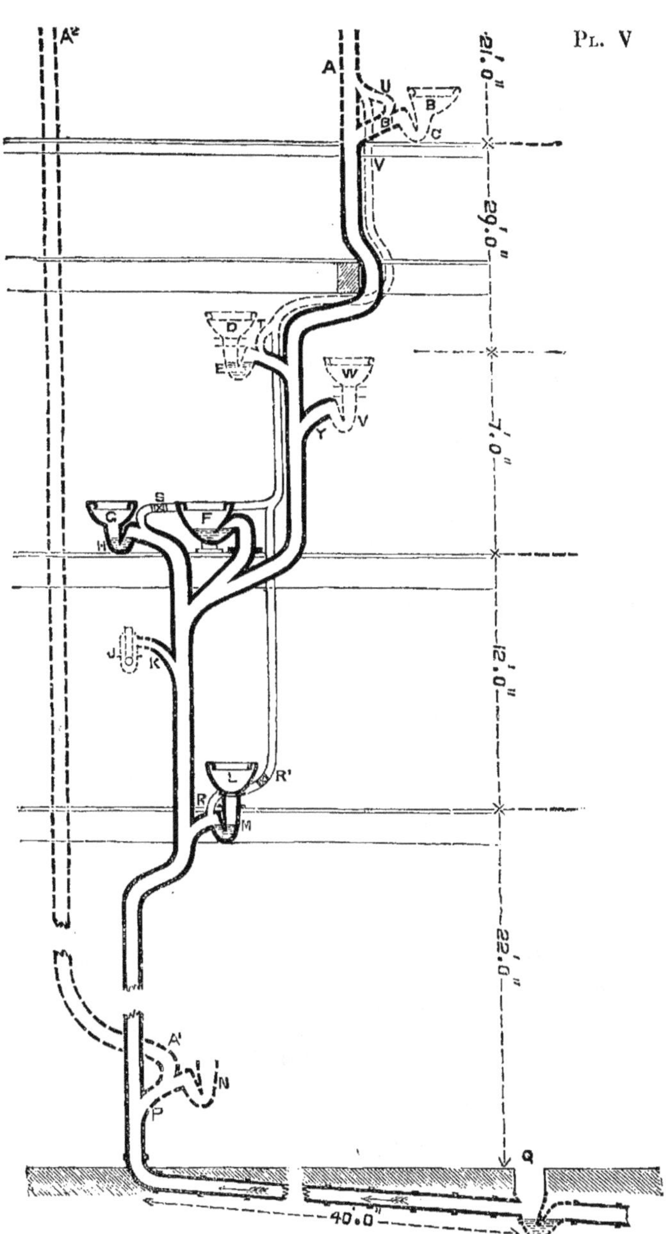

Fig. 116

5 *h*. — Le siphon Bower de o m. o5 ne perdit que 3 mm. après six décharges.

X. — *Expériences avec la même chute de 0 m. 075, séries du nº VIII, mais avec le branchement inférieur P ventilé comme les lignes pointillées A¹, A² (planche V).*

1 *i*. — Le tuyau de ventilation de o m. o5 A¹, A², de 14 mètres de hauteur étant greffé en P ; les deux w. c. D, L remplis jusqu'au bord, et un seau vidé dans chacun des w. c. F,G, le tout fonctionnant en même temps ; un siphon rond de o m. 100, un siphon Eclipse de o m. 100 et un siphon anti-D de o m. o8, fixés en N, furent tous désiphonnés à la deuxième décharge.

2 *i*. — En donnant o m. o75 au tuyau de ventilation, et 12 mètres de hauteur, l'anti-D perdit 4 mm. après trois décharges des w. c. D, F, G, et resta intact après trois nouvelles décharges.

3 *i*. — Même résultat en faisant fonctionner les w. c. D et L et F et G avec un seau.

4 *i*. — En prolongeant le tuyau de ventilation de 3 mètres de hauteur et répétant les mêmes expériences, l'anti-D perdit 6 mm. à la première décharge, 3 mm. en plus à la deuxième et 4 mm. à la troisième, mais rien ensuite.

5 *i*. — En prolongeant encore le tuyau de ventilation de 3 m. 60, il perdit successivement 9 mm. et 3 mm., deux fois 1 mm. 1/2, puis rien aux autres.

6 *i*. — Avec le tuyau de ventilation de 24 mètres, il perdit 9 mm., 6 mm., 3 mm. et 1 mm. 1/2, puis rien ; il conservait donc encore 22 mm. de plongée.

7 *i*. — Avec cette même ventilation de 24 mètres, les autres siphons étaient désiphonnés.

XI. — *Expériences faites avec la même colonne de 0 m. 075, mais avec le branchement inférieur du dernier siphon ventilé comme dans la pratique.*

1 *k*. — Au lieu du tuyau A¹A², un tuyau de o m. o5 greffé en P fut raccordé à l'autre ventilation en R¹ ; une baignoire de 350 litres environ fut vidée en 2 minutes 1/2, ainsi que des seaux aux w. c. F et G, l'eau fut abaissée de 4 mm. dans l'anti-D M et de 19 mm. dans celui en N. — Dans de nouvelles épreuves, avec la même quantité d'eau, les anti-D M et N perdirent 1 mm. 1/2 de plus, et rien aux autres décharges.

2 *k*. — Avec le tuyau de ventilation ouvert dans le haut, isolement du tuyau principal, l'anti-D placé en N perdit 0 m. 031. Ceci montre le désavantage qu'il y a de monter cette ventilation séparément; elle devrait en conséquence être raccordée à la chute juste au-dessus du dernier siphon supérieur.

N. B. — Dans la pratique, quand ce tuyau de ventilation doit être d'une grande longueur avant son ouverture à l'atmosphère et particulièrement quand la vidange principale est d'un petit diamètre, cette ventilation devra être de même calibre que le branchement de vidange ou mieux que la vidange elle-même.

XII. — *Expériences faites en envoyant de fortes chasses d'eau en même temps dans la chute de 0 m. 075 et en contre-bas des siphons à vérifier (voir planche IV).*

1 *l*. — Le siphon « Eclipse » de 100 m. m. fixé en Y, sans ventilation, perdit 12 mm., puis fut désiphonné par l'effet du fonctionnement des trois w. c. F, G, L représentant environ 55 litres d'un coup.

2 *l*. — Le siphon rond de 100 mm., fixé en Y perdit 12 mm., 6 mm., 1 mm. 1/2, puis rien. — Avec le branchement ventilé, le siphon n'eut rien à redouter.

3 *l*. — Le siphon D « Helmet » fixé en Y perdit 9 mm., 3 mm., 4 mm., six fois, 1 mm. 1/2, et 1 mm. 1/2 en sept fois, puis rien. Avec le branchement ventilé, le siphon garda presque toute son eau.

4 *l*. — Le siphon anti-D fixé en Y perdit 12 mm. et quatre fois 3 mm. ; 1 mm. 1/2 à la sixième fois, puis rien; ce siphon avait donc encore 15 mm. de plongée.

Avec le branchement ventilé, quarante décharges ne lui firent perdre que 12 mm.

5 *l*. — Avec le siphon « Helmet » soudé au branchement Y, la première décharge baissa l'eau de 0 m. 009, la deuxième de 3 mm., la troisième de 4 mm., six autres de 1 mm. 1/2, sept autres encore un peu plus de 1 mm. 1/2, puis rien dans dix décharges suivantes; cette proportion fut bien moindre avec une ventilation au branchement.

4 *l*. — Avec un siphon anti-D de section moyenne, dans les mêmes circonstances, l'eau fut abaissée de 12 mm. à la première décharge, 3 mm. dans quatre suivantes, 1 1/2 à la sixième, puis rien dans quinze décharges suivantes; la plongée ayant encore 15 mm. Le branchement étant ventilé, il ne perdit que 12 mm. après quarante décharges.

PL. VI

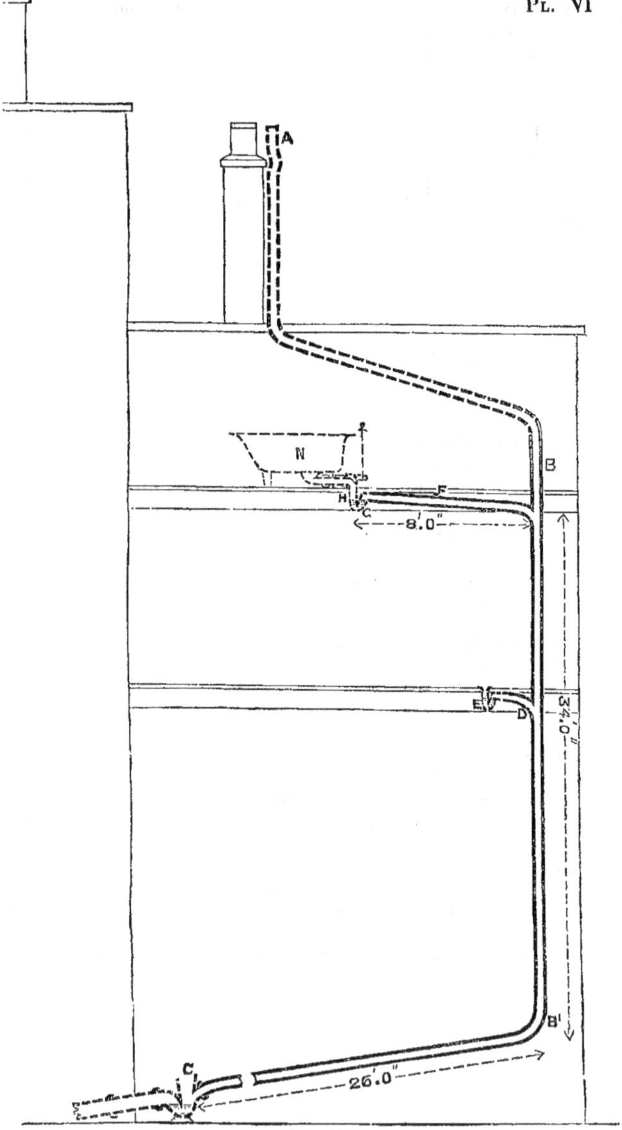

Fig. 117

XIII. — *Expériences sur des siphons d'un petit diamètre, fixés sur une vidange de 0 m. 04 ouverte aux deux extrémités et d'une certaine longueur afin de déterminer les effets du siphonnage produits sur ce tuyau par les décharges d'une baignoire ou d'un vidoir placé à un niveau supérieur (voir planche VI).*

1 *m*. — Le branchement D n'étant pas ventilé, tous les siphons ronds de o m. 04 et o m. 05 et anti-D de o m. 031, posés successivement, perdirent entièrement leur eau à la suite d'une décharge de la baignoire N.

2 *m*. — Dans les mêmes circonstances, un siphon Bower de o m. 040 perdit 3 mm. à la première décharge de la baignoire et o m. 038 à la deuxième.

Cependant l'obturation n'étant alors formée que par la balle de caoutchouc, il eût suffi d'une ordure légère quelconque pour laisser passer les gaz.

3 *m*. — En remplaçant la baignoire par un vidoir et en jetant 1 ou 2 seaux à la fois il était facile de désiphonner les siphons ronds et anti-D de o m. 04, o m. 05 et o m. 031 (le branchement D n'étant pas ventilé).

XIV. — *Mêmes expériences que ci-dessus, mais avec ventilation en D (fig. 118, planche VII).*

1 *n*. — Le tuyau de ventilation en plomb JK ayant o m. 04 de section et 16 mètres de hauteur, un seau plein d'eau jeté dans le vidoir en H abaissait l'eau de o m. 012 dans un siphon rond de o m. 04 de section fixé en E; un autre seau abaissa l'eau de 6 mm. et quatre seaux suivants le désiphonnèrent complètement. Il en fut de même des siphons de o m. 031 et de o m. 050.

2 *n*. — Avec un anti-D de o m. 031 placé en E, le premier seau lui fit perdre 6 mm., le deuxième 6 mm. et le troisième 3 mm., mais cinq décharges suivantes ne firent plus aucun effet et le siphon resta avec o m. 025 de plongée.

XV. — *Les mêmes expériences que les précédentes mais avec une vidange de 0 m. 051 au lieu de 0 m. 038.*

1 *o*. — Vidange BC de o m. 051, prolongée en ventilation en o m. 040, et tuyau de ventilation JK en o m. 040; un seau projeté dans le vidoir en H fit perdre o m. 022 au siphon rond de o m. 04 placé en E,

Pl. VII

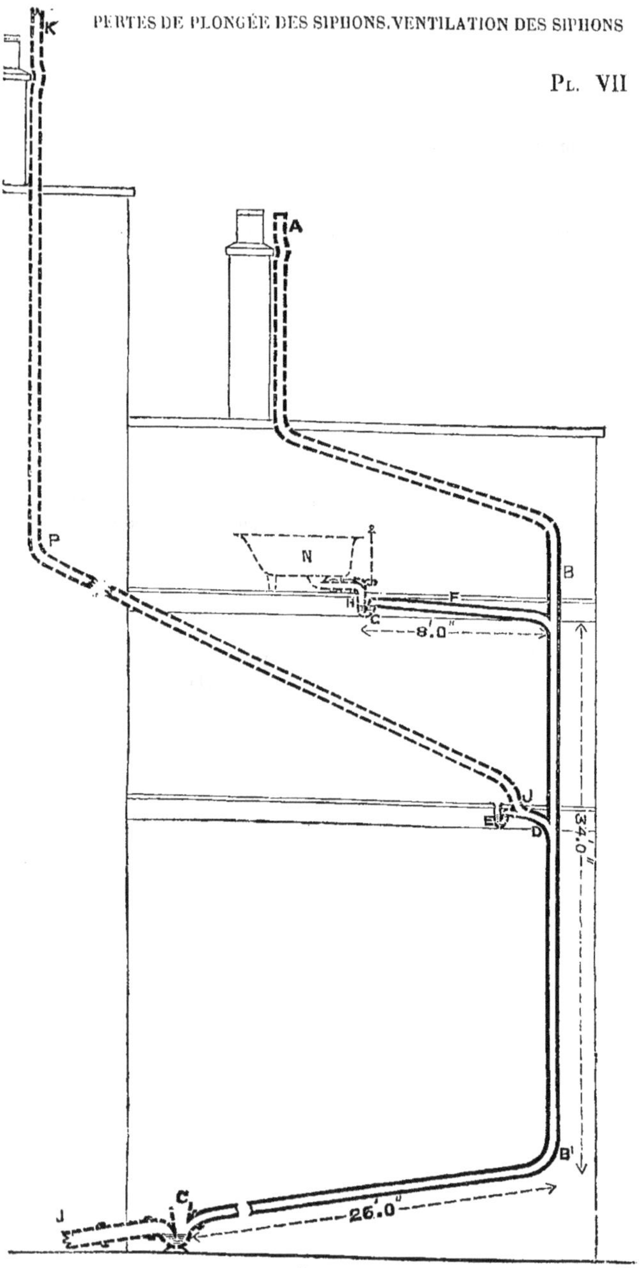

Fig. 418

un autre de 6 mm., un troisième de 3 mm., puis trois autres le désiphonnèrent.

2 *o*. — Un siphon anti-D de o m. o31 placé en E perdit 12 mm. et 3 mm. mais résista à dix nouvelles décharges.

3 *o*. — Dans les mêmes conditions, mais avec le tuyau de ventilation JK de o m. o5 au lieu de o m. o38. Un siphon rond de o m. o4 perdit 12 et 3 mm. en deux fois mais résista à trois décharges suivantes.

Le siphon anti-D de o m. o31 perdit 9,3 et 1 1/2 deux fois et rien aux cinq décharges suivantes.

4 *o*. — Avec une baignoire à la place du vidoir en H, le siphon rond perdit 25 mm. (La vidange de cette baignoire donnait un volume de 363 litres écoulé en 2 minutes 1/2).

5 *o*. — Un siphon anti-D de o m. o51 perdit 9 mm. à la première décharge et rien aux suivantes.

6 *o*. — Avec le tuyau JK de o m. o63 au lieu de o m. o38, le siphon rond ne perdit que 6 mm., l'anti-D 3 mm., soit par la baignoire ou le vidoir (Planche VII, fig. 118 et planche VIII, fig. 119).

7 *o*. — Le tuyau principal étant tamponné en A, mais avec la ventilation JK, le siphon anti-D placé en E perdit 3 mm. et 1 1/2 à la suite de six décharges de seaux projetées dans le vidoir en H et rien aux six décharges suivantes.

8 *o*. — Dans des conditions analogues les siphons ronds de o m. o31 et de o m. o4 furent désiphonnés.

XVI. — *Expériences sur des siphons ventilés individuellement comme dans la pratique et suivant le dessin (Fig. 119, planche VIII).*

1 *p*. — Le long tuyau de ventilation spécial étant enlevé et les branchements DF étant ventilés suivant le tracé pointillé, le siphon fixé en E fut moins troublé par une décharge circulant dans le tuyau de vidange qu'il ne l'avait été avec la ventilation séparée.

2 *p*. — Avec un tuyau de o m. o38 d'un bout à l'autre et 6 mètres de prolongement en ventilation au dessus du point A, planche VIII, un siphon rond de o m. o31 et un de o m. o4 placés en E, furent désiphonnés, malgré la ventilation ci-contre, par quatre projections de seaux d'eau dans le vidoir en H; après la quatrième décharge l'eau s'était abaissée de 12 mm. au-dessous de la plongée.

3 *p*. Dans les mêmes conditions, un anti-D de o m. o31 perdit 6 mm. 3 mm. et 1 mm. 1/2 trois fois, et rien aux dix décharges suivantes, restant encore avec une plongée de o m. o25 après seize décharges.

XVII. — *Plongée de siphon refoulée. Expérience faite sur des*

Pl. VIII

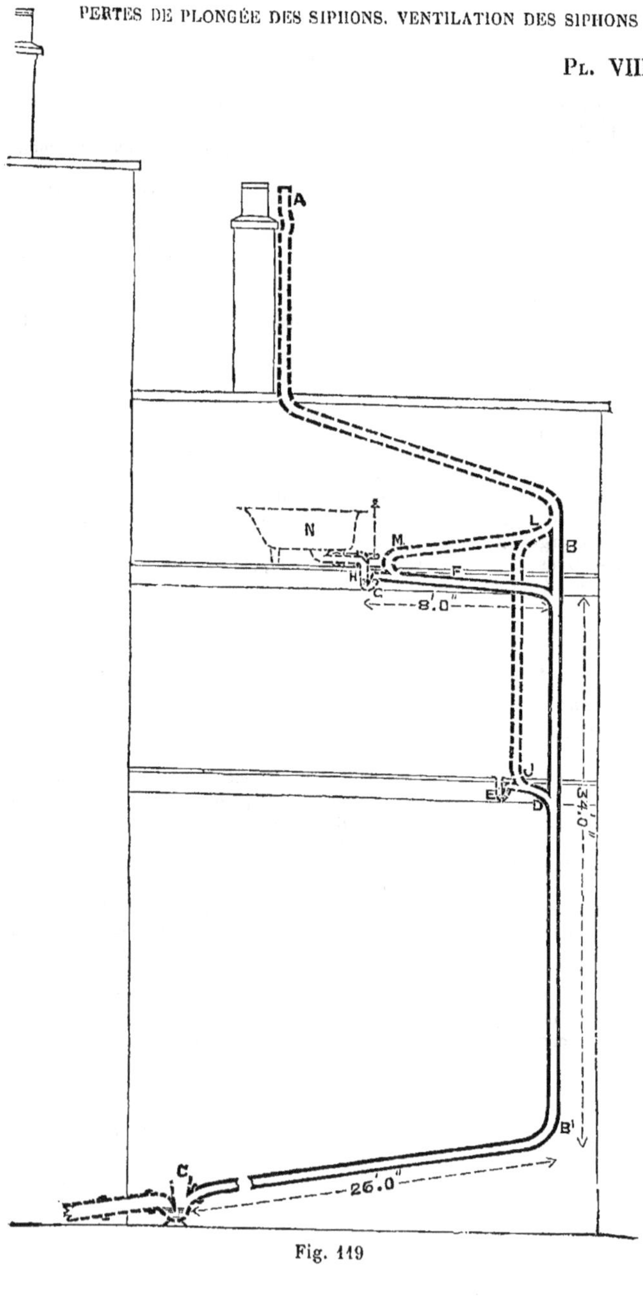

A
N
M
L
B
F
H
C
8'.0"
J
E
D
34'.0"
B'
C
26'.0"

Fig. 119

siphons de w. c. fixés à une chute de 0 m. 10 de section uniforme et ouverte au sommet mais siphonnée à la base sans ventilation de pied ni ventilation aux branchements (*Voir fig. 120*).

1 *q*. — La décharge rapide d'un valve-closet en A fit projeter à une hauteur de 0 m. 90 à 1 m. 20 l'eau d'un siphon Eclipse de 0 m. 10 placé en B, par suite de la compression de l'air refoulé dans le tuyau par la décharge en question et, après six opérations semblables, la plongée était disparue.

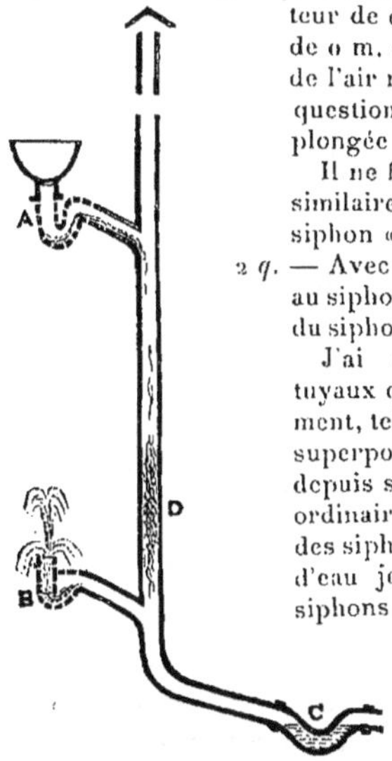

Il ne fallut pas moins de huit à douze décharges similaires pour enlever la plongée de l'anti-D, du siphon « Helmet » ou de la boîte d'interception.

2 *q*. — Avec un tuyau de ventilation de 0 m. 05 greffé au siphon inférieur et raccordé à la chute au-dessus du siphon supérieur, les plongées restèrent intactes.

J'ai aussi fait quelques expériences sur des tuyaux qui avaient un certain temps de fonctionnement, tel qu'un tuyau de 0 m. 075 sur trois anti-D superposés, une ventilation de 0 m. 05, en service depuis six mois (Voir fig 115, planche IV). L'usage ordinaire des appareils n'affectait en rien la plongée des siphons. En forçant la note au moyen de seaux d'eau jetés rapidement en B, etc., chacun des siphons ne perdit pas plus de 3 mm. En remplissant les cuvettes à plein bord, (fig. 234) on fit baisser l'eau de 6 mm. et après dix décharges semblables on n'obtint que 9 mm. de perte.

Fig. 120
Eau projetée en dehors d'un siphon.

Le diamètre du tuyau de ventilation doit varier suivant la hauteur de la colonne d'évacuation jusqu'à atteindre le même calibre que celle-ci. Les tubulures des branchements seront naturellement plus petites excepté celles des étages du bas ou à mi-hauteur qui pourront avoir la même section que la colonne principale.

L'appel d'air créé par les décharges de deux ou trois seaux d'eau dans une colonne d'une grande hauteur est quelquefois énorme ; il serait capable d'aspirer et d'entraîner un mouchoir placé à l'orifice supérieur.

Le volume d'eau qui circule ainsi dans le tuyau peut être assimilé à un piston produisant *simultanément un appel d'air* au-dessus de lui et *un refoulement* au-dessous. Si on veut supposer ce tuyau privé de toute ventilation et portant un siphon à la base, l'air refoulé par le soi-disant piston ne pouvant plus s'échapper, se comprimera et projettera en dehors l'eau des siphons, comme le montre la figure 120, en B.

Il serait même opportun pour les grandes hauteurs, si ce n'était la crainte d'exagérer les choses, d'avoir deux chutes distinctes, l'une destinée aux appareils des étages supérieurs, l'autre à ceux du bas, rez-de-chaussée et sous-sol, de telle sorte que la première n'ait pas d'ouverture en contre-bas du premier étage.

Il est des cas où les siphons ronds, *même ventilés* ne résistent pas toujours à certains effets de *siphonnage* ou *momentum*, séparés ou combinés.

J'ai déjà parlé du dispositif de ventilation (figure 121) employé pour ce siphon ; ce dispositif qui est efficace contre le siphonnage produit par l'eau s'écoulant à travers le siphon, parce que l'eau s'engage dans la tubulure VP, ne saurait l'être cependant si l'écoulement n'est pas *direct* et provient d'un branchement voisin.

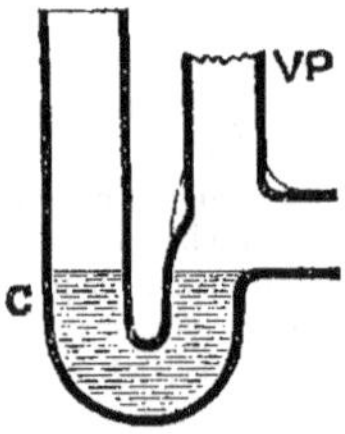

Fig. 121
Siphon ventilé au sommet.

Tel est encore le cas du siphon « Eclipse » dont il a été parlé précédemment.

Le siphon anti-D, qui est tout aussi nettoyable que le siphon rond, peut, au contraire, lorsqu'il est ventilé, résister à toutes les épreuves de siphonnage et de momentum, si dures qu'elles soient ; les expériences l'ont démontré amplement.

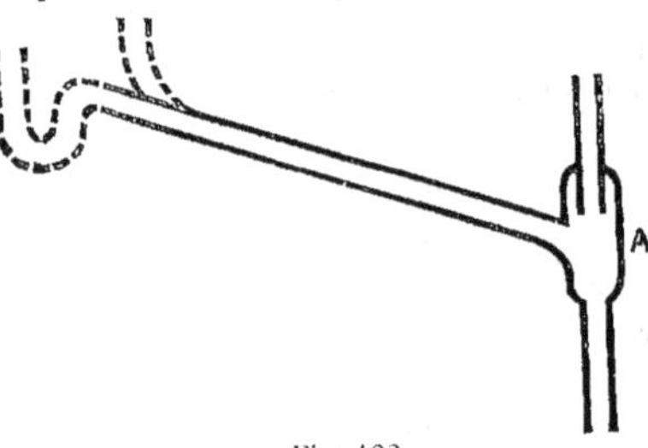

Fig. 122

La figure 122 est un dispositif que j'eus l'idée d'employer pour diminuer la friction de l'eau sur les parois du tuyau A, mais qui fut reconnu sans valeur.

J'ai observé, au cours d'autres expériences, qu'un siphon contourné suivant la lettre *b* (fig. 123), résistait également bien aux pertes d'eau.

Fixé à une vidange de 0 m.040 int. et de 11 mètres de hauteur avec une ventilation de 0 m. 04 et de 20 mètres de hauteur, il put conserver sa plongée de 0 m. 05 dans de bonnes conditions.

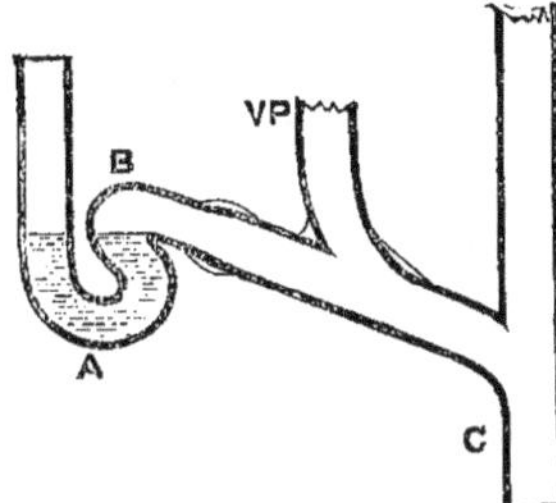

Fig. 123
Coupe d'un siphon en « b » à l'épreuve du siphonnage.

Toutefois la recherche de la résistance au siphonnage ne doit pas faire perdre de vue, ainsi qu'il a été expliqué, le rôle du nettoyage du siphon. La nature du siphon et les principes qui le régissent devront donc être examinés avec soin avant son emploi car, suivant l'emplacement et telle ou telle circonstance, il peut perdre sa plongée et devenir une source d'odeurs.

La situation de plusieurs siphons, en ce qui concerne l'appel d'air, un à chaque étage par exemple, raccordés sur une même chute est préférable à celle de deux siphons extrêmes, l'un en haut, l'autre en bas, car dans le premier cas cet appel d'air, étant alimenté par les divers branchements, est nécessairement moins brusque. Mais lorsqu'il y a entre les deux siphons une grande hauteur qui impose un long trajet au parcours de l'air de la ventilation et que la section de la vidange du siphon supérieur est susceptible d'être remplie et *de former une sorte de tampon d'eau*, il en résulte une épreuve terrible pour le siphon inférieur qui, s'il est de forme allongée comme l'Eclipse, ou autre, perdra sa plongée en dépit de toute ventilation.

L'eau des siphons de cour, souvent exposée au soleil, s'évapore avec une grande facilité et c'est par centaines que l'on rencontre de ces siphons complètement à sec. Dépourvus de leur eau, ils constituent autant d'entrée à la canalisation (si elle est ventilée). Aussi est-il un devoir d'éviter de placer à l'*intérieur* des habitations ces sortes de siphons, pour les eaux de lavage du sol, qui en plus de leur côté ordurier risquent d'amener de l'air vicié ; il faut donc de temps à autre, veiller à ce qu'ils soient pleins d'eau.

Au point de vue de l'évaporation, le cas d'un siphon anti-D, en E (figure 115, planche IV), placé sous un closet à clapet, est absolument privilégié ; il faudrait compter six mois au moins pour épuiser l'eau de la plongée. Bien au contraire, l'eau d'un siphon de w.c. ordinaire, effet plongeant ou chasse brisée, d'un évier, d'une toilette, d'une baignoire, etc., n'est pas de longue durée, surtout si la plongée est peu forte.

Certains coups de vent agissent aussi sur l'eau des siphons et il convient, à ce sujet, de coiffer tous les tuyaux d'un chapeau ventilateur bien approprié qui sera très utile en temps d'ouragan ou de rafales. J'ai vu l'eau d'un siphon d'un étage supérieur complètement projetée par un refoulement.

CHAPITRE IX

PRINCIPES GÉNÉRAUX POUR L'INSTALLATION DES APPAREILS SANITAIRES

Économie résultant du groupement des appareils sanitaires. — Emplacements mal appropriés. — Groupement des appareils. — Habitations de campagne avec long parcours de canalisation. — Nécessité d'une étude préalable de la canalisation. — Réservoirs et leur vidange. — Conditions d'une habitation bien assainie. — Sectionnement du tracé de la canalisation. — Vices de l'ancien système.

Les appareils de plomberie d'une maison gagnent à être groupés tant au point de vue sanitaire que par raison d'économie, parfois plus grande qu'on ne pense.

Il arrive souvent qu'on fixe un peu au hasard les emplacements des w. c., baignoires etc., sans considération de l'écoulement ni de l'éclairage ou de l'aération de la pièce.

Semblable à un arbre dont le tronc et les racines sont les mêmes pour une ou plusieurs branches, une colonne de chute n'a besoin que des mêmes éléments à la base ou au sommet pour écouler un ou plusieurs w. c.

Il est donc préférable de disposer les appareils les uns au-dessus des autres plutôt que de les éparpiller çà et là.

L'économie et *la supériorité sanitaire* qui en résulte est évidente. Ainsi les branchements ou vidanges des appareils superposés, comme dans les planches IX et X, ont l'avantage d'être courtes et de contribuer en outre, par leur écoulement et leurs chasses d'eau, à entretenir et nettoyer la colonne principale.

Ces mêmes vidanges, dans le cas contraire, souvent longues de 12 à 24 mètres, ne seraient nettoyées que par le seul écoulement de

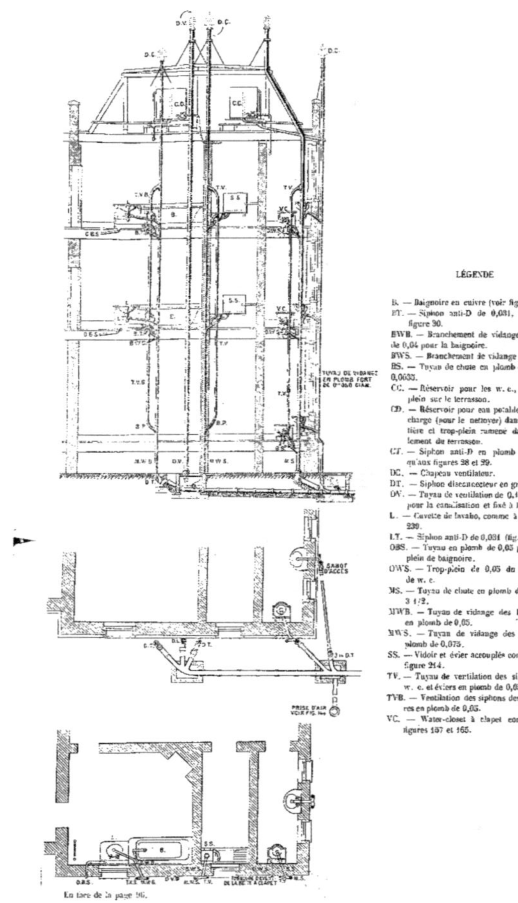

LÉGENDE

B. — Baignoire en cuivre (voir fig. 225).
BT. — Siphon anti-D de 0,031, tel qu'à la figure 30.
BWB. — Branchement de vidange en plomb de 0,04 pour la baignoire.
BWS. — Branchement de vidange de 0,05.
BS. — Tuyau de chute en plomb de 0,08 en 0,0635.
CC. — Réservoir pour les w. c., avec trop-plein sur le terrasson.
CD. — Réservoir pour eau potable, avec décharge (pour le nettoyer) dans la gouttière et trop-plein ramené dans l'écoulement du terrasson.
CT. — Siphon anti-D en plomb coulé, tel qu'aux figures 28 et 29.
DC. — Chapeau ventilateur.
DT. — Siphon disconnecteur en grès.
DV. — Tuyau de ventilation de 0,10 en 3 1/2 pour la canalisation et fixé à l'extérieur.
L. — Cuvette de lavabo, comme à la figure 239.
LT. — Siphon anti-D de 0,031 (fig. 34).
OBS. — Tuyau en plomb de 0,05 pour trop-plein de baignoire.
OWS. — Trop-plein de 0,05 du terrasson de w. c.
MS. — Tuyau de chute en plomb de 0,10 en 3 1/2.
MWB. — Tuyau de vidange des baignoires en plomb de 0,05.
MWS. — Tuyau de vidange des éviers en plomb de 0,075.
SS. — Vidoir et évier accouplés comme à la figure 214.
TV. — Tuyau de ventilation des siphons de w. c. et éviers en plomb de 0,05.
TVB. — Ventilation des siphons des baignoires en plomb de 0,05.
VC. — Water-closet à clapet comme aux figures 157 et 165.

En face de la page 96.

leur appareil respectif et forceraient à étendre le tracé de la canalisation qui serait alors moins bien lavée et rarement ventilée, par économie. Il n'est pas rare de trouver dans les habitations de campagne, des w. c., éviers ou lavabos qui, pour être rendus irréprochables, exigeraient une grande dépense. Il y a avantage, en pareil cas, à les supprimer et les reporter ailleurs. Mieux vaut faire quelques pas de plus plutôt que d'imposer à la canalisation un service qu'elle ne peut pas faire. J'ai souvent remarqué des w. c. placés à un bout ou une aile extrême de la maison, loin de tout autre appareil sanitaire et de la canalisation principale elle-même.

Il suffirait d'un peu d'attention et d'un plan bien étudié pour éviter que les appareils ne soient dispersés çà et là, à une grande distance les uns des autres ou de la canalisation principale. Il faudrait quelquefois peu de chose dans le choix de l'emplacement pour économiser toute une colonne de chute et une partie de canalisation. Telle baignoire située d'un côté de la cloison, de préférence à l'autre, peut modifier avantageusement toute la plomberie de vidange, de ventilation et d'alimentation. Il en est de même avec certains réservoirs dont l'installation serait certainement réduite du fait de les placer dans une chambre appropriée.

Pour réaliser l'assainissement d'une maison on devra s'attacher dans tous les cas à observer les conditions suivantes :

« L'emplacement des appareils sera clair et bien aéré par une aération *directe*.

« Les réservoirs d'eau potable, distincts de ceux desservant les w. c., seront accesibles et hors d'atteinte des mauvaises odeurs; séparer autant que possible l'eau d'alimentation de l'eau destinée au fonctionnement des w. c. ; leurs tuyaux de vidange, de trop-plein ou autres, seront aussi à l'abri de tout retour d'air vicié pouvant contaminer l'eau emmagasinée.

« Les appareils devront se prêter à un entretien et à un nettoyage facile et rapide, de même que les siphons, et les évacuations devront avoir un diamètre assez réduit pour être bien lavées.

« Les descentes d'eaux pluviales seront disconnectées des conduites d'eaux souillées ; leurs joints, surtout si elles sont intérieures, devront être très étanches.

« Toutes les conduites d'évacuation d'eau claire et d'eaux pluvia-

Pl. X

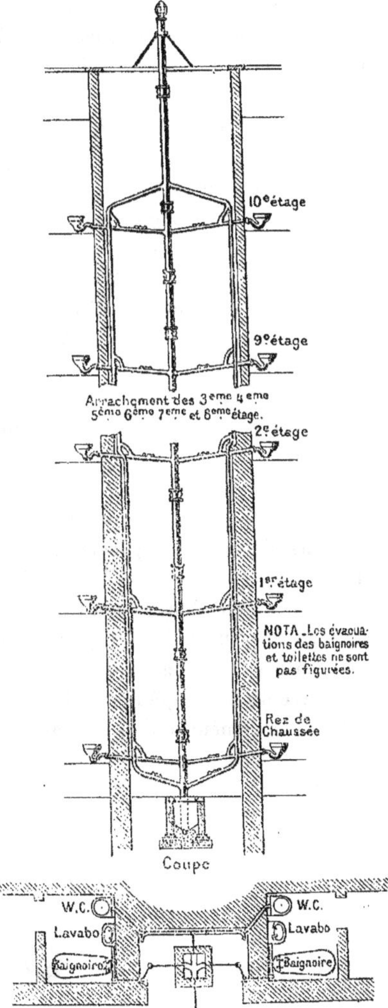
10e étage
9e étage
Arrachement des 3ème 4ème 5ème 6ème 7ème et 8ème étage.
2e étage
1er étage
NOTA. Les évacuations des baignoires et toilettes ne sont pas figurées.
Rez de Chaussée
Coupe
W.C.
Lavabo
Baignoire
W.C.
Lavabo
Baignoire
Plan

les seront disconnectées de la canalisation par un siphon spécial, déjà décrit, assurant leur dégagement à l'air libre.

« La canalisation elle-même sera disconnectée de l'égout public ou du puisard et pourvue d'un réservoir de chasse automatique pour le nettoyage.

« L'eau sera distribuée en abondance à tous les appareils.

« La boîte à ordures sera reléguée dans un endroit approprié et exigera par sa capacité, d'être vidée tous les jours.

Toute chambre à coucher devra comporter une cheminée et l'escalier devra être aussi bien aéré. Dans les canalisations établies suivant l'ancien système, l'air était aussi clos que possible et n'avait d'issue probable que par les plongées défectueuses des siphons. — Aujourd'hui il est de règle que les tuyaux, petits ou grands, soient ventilés.

La ventilation est une excellente chose, mais le lavage des tuyaux est aussi nécessaire à leur propreté et à leur salubrité. — Qu'on s'imagine autrement l'état de l'atmosphère vicié par tous ces tuyaux (des 700.000 maisons) encrassés et multipliés à l'infini dans la capitale ! Il y aurait lieu de souhaiter de grands vents et de porter à tous moments si cela était possible, sa maison dans la direction du vent.

Le desidératum serait, si l'on pouvait, de placer tous nos appareils directement au-dessus de l'égout public bien lavé et bien ventilé : nous serions alors bien près de ce que le docteur Richardson eût appelé la « Terre du Salut »,et la moitié de la consommation d'eau actuelle suffirait largement à tous les besoins.

CHAPITRE X

TUYAUX DE CHUTE

Coffres destinés à loger les tuyaux de chute. — Sections de ces tuyaux. — Sections en usage à Paris. — Tuyaux de chute de très grande hauteur. — Branchements de siphons non ventilés. — Expériences sur les siphons raccordés à des chutes de grande hauteur. — Indications relevées à l'anémomètre. — Différentes natures de tuyaux de chute. — Plomb et fonte. — Défauts des joints en ciment. — Durée du plomb. — Force de fonte à employer. — Joints au plomb maté. — Du fer, du grès, du zinc. — Positions des tuyaux de chute. — Epaisseur du plomb. — Nœuds de jonction et attaches soudées.

La position d'une colonne de chute à l'extérieur est souvent bien incommode à cause des fenêtres, des bandeaux et moulures de la façade etc.; à l'intérieur, elle est encombrante et exposée aux chocs. Le mieux est alors de réserver dans le mur intérieur, un caisson ou gaîne dans lequel prendraient place tous les tuyaux d'évacuation, de ventilation et d'alimentation etc., et qui permettrait une *inspection immédiate*.

Ces gaînes seraient fermées par des panneaux démontables fixés avec des vis à godets, ou mieux par des armoires.

Les sections usuelles des tuyaux de chute sont généralement exagérées et puisqu'il est de coutume aujourd'hui de les prolonger audessus du toit pour la ventilation avec *la même section*, il importe pour la dépense comme pour la salubrité même du tuyau, — un petit diamètre étant mieux lavé qu'un grand — de n'assigner à ce tuyau que la calibre strictement nécessaire.

On rencontrait fréquemment, il y a quelques années, des sections de 0 m. 15 où du 0 m. 10 eut été préférable et aujourd'hui encore

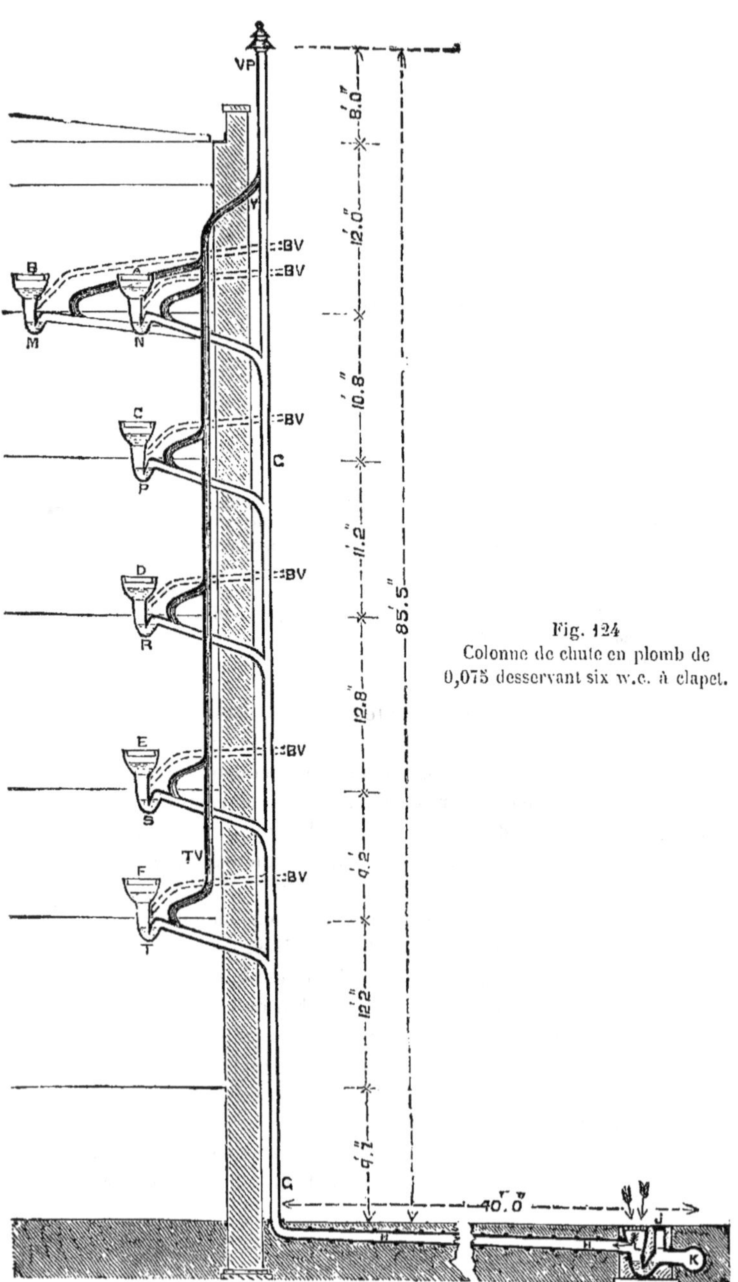

Fig. 124
Colonne de chute en plomb de 0,075 desservant six w.c. à clapet.

du 0 m. 125 et 0 m. 11 au lieu de 0 m. 10 et 0 m. 08. — De nombreux et sérieux essais en même temps que plusieurs années de pratique à ce sujet, me permettent d'affirmer qu'il n'y a aucun danger d'engorgement à redouter avec du 0 m. 075, même pour un certain nombre de w. c. — Ce serait plutôt le siphonnage des siphons qui serait à craindre avec ces sections réduites.

Il serait néanmoins prudent d'employer un plus fort diamètre dans les hôtels et certaines maisons de rapport où on jette toutes sortes de choses dans les cabinets.

Les petites sections comptent à leur avantage : 1° une dépense d'installation moins élevée; — 2° un aspect plus agréable si le tuyau est extérieur et moins gênant s'il est intérieur; — 3° un lavage de la chute plus efficace puisque la chasse d'eau est plus forte et plus resserrée.

La figure 124 représente une colonne de chute de 0 m. 075 avec six w. c. fonctionnant depuis plus de dix années sans le moindre arrêt. — Il en est de même d'une chute analogue (pl. IV) avec ses trois w. c. G, F, L; examinée récemment elle fut trouvée aussi propre qu'après la première semaine de service. — Afin de diminuer les effets du siphonnage, j'aimerais mieux donner à cette chute 0 m. 085 ou 0 m. 10 selon qu'elle prendrait à chaque étage un ou deux w. c. ou bien encore si elle devait servir à ventiler la canalisation, car la ventilation serait plus active.

Ayant eu à faire, en 1883, une étude de la plomberie pour une maison de Paris, j'étonnai mes amis en indiquant un diamètre de 0 m. 085 pour le tuyau de chute et je fus surpris à mon tour d'apprendre que les règlements de la Ville ne permettaient pas de diamètre au-dessous de 0 m. 19 ou 0 m. 16. Je demandai alors à mon ami l'architecte si la raison d'être de pareilles sections était de permettre au plombier de ramoner ces chutes comme des cheminées et de pouvoir refaire les joints intérieurement.

J'eus la curiosité d'examiner plusieurs tuyaux de ce genre dans une belle maison d'un des beaux quartiers de Paris.

Deux colonnes de 0 m. 19 en fonte, de même force que celle employée pour nos descentes pluviales, recevaient sept w. c. situés aux différents étages; les joints étaient faits avec cette matière indéfinissable appelée ciment; chaque raccordement d'appareil nécessitait trois joints au moins; la chute était bien prolongée de même section au-dessus du toit, mais trop près des fenêtres pour éviter le retour des odeurs à l'intérieur. Dans le bas, la colonne aboutissait à un récipient mobile appelé « tinette » situé dans une chambre spéciale avec un tuyau ventilateur, « suivant un arrêté municipal ». Le but de cette tinette, d'une capacité de 50 litres environ, est d'arrêter les matières solides; elle est reliée à la canalisation par une tubulure à raccord. Les autres tuyaux d'eaux ménagères sont aussi raccordés sur cette même canalisation qui s'en va à l'égout. Ces tinettes sont enlevées et remplacées une ou deux fois par semaine. Il arrive souvent que l'ouvrier est arrosé au moment du changement, mais cela ne dure que quelques secondes!

La vidange et son organisation est à Paris toute une industrie. Si j'étais actionnaire de la Cie Richer, je m'opposerais certainement à laisser tant de matières, perdues pour la Cie, s'accumuler dans les tuyaux de chute.

On s'étonne de voir cette question si négligée dans une aussi belle ville que Paris où on sait accorder tant de soins et dépenser tant d'argent à tout ce qui s'offre à la vue comme les maisons et les rues, si belles et si bien entretenues. Il faut dire que depuis cette époque les autorités se sont émues de cet état de choses et ont fait faire d'immenses et rapides progrès à tout ce qui concerne l'assainissement moderne des habitations.

Dans les maisons ayant plus de six ou sept étages, il est nécessaire, à cause du siphonnage, d'augmenter le diamètre de la chute et aussi celui du tuyau de ventilation jusqu'à 0 m. 06 et 0 m. 08 et même 0 m. 10.

La chute elle-même, à sa partie supérieure, prolongée en ventilation devra aussi être portée à 0 m. 12 et 0 m. 13, suivant les circonstances, pour permettre à l'air d'arriver *plus vite* et *à temps* aux points où le *vide* se produit. Je sais bien que c'est par centaines que l'on compterait des siphons fixés à des closets ou autres appareils même en série, sans tuyau de ventilation, mais la cause en est, soit à l'ignorance de ceux qui les installent, soit à leur désir de faire une économie.

J'ai assez parlé du siphonnage au chapitre VIII pour ne pas y revenir et je rapporterai seulement, à titre de complément, quelques essais ayant trait à des chutes exceptionnellement hautes.

Pl. XI

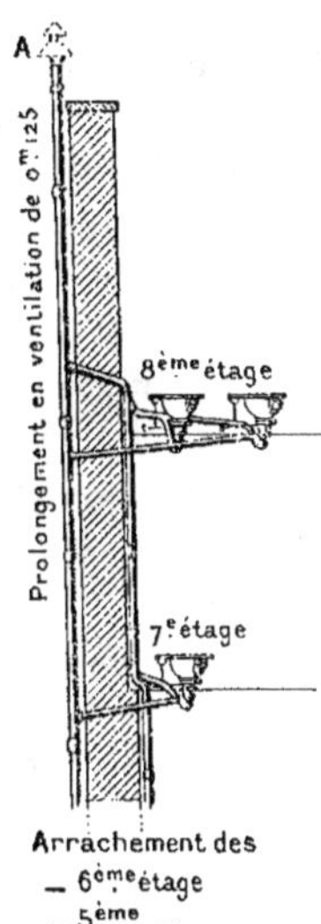
A
Prolongement en ventilation de 0m.125
8ème étage
7e étage
Arrachement des
6ème étage
5ème
4ème
3ème
2e étage
Tuyau de chûte en plomb de 0m.11
Tuyau de ventilation des siphons en 0m.075
1er étage
M
Coupe

J'eus l'occasion, en 1890, d'installer dans une maison de onze étages une colonne de chute avec deux w. c. à chacun d'eux ; la hauteur totale pouvait être d'une cinquantaine de mètres.

Comptant sur un siphonnage particulièrement violent exercé sur les siphons ainsi que sur les pipes ou les branchements, je fis choix comme appareils, des « cuvettes hygiéniques » (fig. 172) montées sur des siphons Anti-D soudés par un nœud de jonction aux pipes en plomb.

La chute était de 0 m. 11 et prolongée en 0 m. 125 ; les pipes avaient 0 m. 10 (planche X), et les colonnes de ventilation — car j'en fixai deux pour plus de commodité — avaient 0 m. 075 et leurs branchements 0 m. 05. Je fis jeter une vingtaine de fois de suite un seau plein d'eau dans chacun des deux w. c. du 11e étage. — Tous les siphons du 1er au 10e étage perdirent la moitié de leur plongée et ceux de l'entresol les deux tiers ; les seaux projetés après coup, sans avoir rechargé les siphons, restèrent sans effet.

La planche XI représente l'installation d'une autre chute, de quarante-deux mètres de hauteur, établie il y a deux ou trois ans. — Les sections étaient les suivantes : 0 m. 11 pour la chute en plomb ; 0 m. 08 pour les pipes, en plomb également ; 0 m. 15 pour le prolongement de la chute en ventilation ; 0 m. 075 pour la colonne de ventilation et 0 m. 05 pour ses branchements.

Les appareils étaient des w. c. à valve ou à clapet (fig. 157) avec siphons Anti-D dont la plongée est de 0 m. 045. Les cuvettes, de la valeur d'un seau, furent remplies jusqu'au bord et vidées d'un seul coup en levant brusquement la poignée. — On commença par celles du haut et ainsi de suite d'étage en étage, sans recharger les siphons. Dix décharges du w. c. n° 1 abaissèrent la plongée du n° 3 à 0 m. 009 ; 12 décharges du n° 3 abaissèrent celle du n° 4 à 0 m. 012 ; 12 décharges du n° 4 abaissèrent celle du n° 5 à 0 m. 013 ; 12 du n° 5 réduisirent celle du n° 6 à 0 m. 009 et 6 du n° 7 ramenèrent celle du n° 8 à 0 m. 009 ; mais les 58 décharges n'affectèrent pas d'une façon sensible les plongées des deux siphons de l'étage inférieur. Ce fut le siphon n° 5 qui eut le plus à souffrir.

Je répétai ces expériences dans les mêmes conditions avec un anémomètre placé à l'orifice supérieur A de la chute :

(1) — La décharge des closets supérieurs 1 ou 2, refoulèrent d'a-

bord, en A, 9 pieds linéaires et en aspirèrent ensuite 350 ; les deux décharges simultanées de ces appareils refoulèrent 10 pieds et en aspirèrent ensuite 600 et même 700.

(2) — une décharge du closet n° 3 aspira 250 pieds.
(3) — — — n° 4 — 170 —
(4) — — — n° 5 — 130 —
(5) — — — n° 6 — 110 —
(6) — — — n° 7 — 90 —

Ces expériences démontrent la nécessité d'augmenter le diamètre de la chute à son prolongement en ventilation pour diminuer le *frottement de l'air*.

Elles font voir en outre que pour protéger efficacement les plongées des siphons, il ne suffit pas de mettre un tuyau de ventilation, mais qu'il faut encore *proportionner* son diamètre aux circonstances, c'est-à-dire aux différentes hauteurs. A cet égard, on aurait peut-être raison, en France, d'employer des chutes de 0 m. 19, s'il n'y avait, d'autre part, une grande difficulté à tenir de tels tuyaux propres et salubres. On rencontre à tous moments des tuyaux de chute dont la section se trouve réduite, d'une façon très sensible, par le tartre qui n'a cessé de se former depuis le premier jour, et cela, parce que cette section était trop grande pour pouvoir être lavée par les chasses d'eau des w. c., la plupart du temps limitées encore à une dizaine de litres.

J'estime donc, que nous avons raison de faire usage de plus petites sections pour les chutes, en leur adjoignant le tuyau de ventilation nécessaire.

Il faut compter que ces sections exagérées se réduiraient petit à petit par l'encrassement constant des parois du tuyau.

Le plomb étiré, sans aucune soudure, mais d'une épaisseur régulière, est ce que je préfère pour un tuyau de chute. La concurrence est quelquefois une entrave à la bonne fabrication et on est exposé, pour ce motif, à avoir des épaisseurs inégales ; il en est de même avec la fonte, sinon davantage. — Contrairement au plomb en table, celui servant à la fabrication des tuyaux ne devrait pas être tiré de saumons purs, car ce plomb étant trop mou, les tuyaux conserveraient mal leur forme et seraient par trop susceptibles au moindre choc.

Comparé à la fonte, le plomb est plus lisse, se tient plus propre et plus salubre par conséquent ; il est d'une structure plus serrée, se laisse moins attaquer aux acides et dure davantage ; il peut se *cintrer* à la demande de tous les emplacements et occupe moins de place ; ses *jonctions soudées sont plus sérieuses* que les joints au ciment, et offrent les plus grandes garanties de *solidité* et de *durée ;* sous l'effet d'un tassement, il peut s'allonger sans rompre ses soudures ; il n'est pas oxydable comme la fonte qui, en plus de la corrosion intérieure, s'oxyde et s'altère extérieurement sous l'effet de la condensation atmosphérique ; il se prête admirablement aux raccordements des pipes et siphons et permet de porter au *minimum* le nombre des joints dans tout l'ensemble ; enfin il conserve toujours sa *valeur intrinsèque.*

La fonte qui sert aux tuyaux de chute est généralement la même que celle des descentes pluviales et ne peut supporter des joints au plomb coulé et maté. C'est donc au ciment qu'on s'adresse et tout le monde sait quel crédit on peut accorder à un pareil joint, à même de sécher et de crevasser au moindre choc ou tassement ; quelquefois aussi le joint est fait en avant du collet et n'existe pas derrière où l'accès est plus difficile.

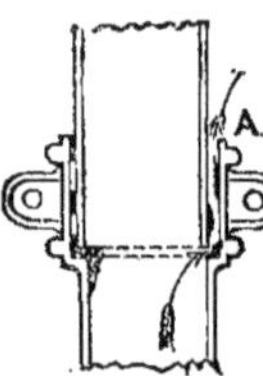

Fig. 125
Coupe sur emboitage et joint de ciment.

Ces défauts sont d'autant plus à craindre qu'ils ne se montrent pas d'eux-mêmes, comme une fuite d'eau par exemple, mais peuvent infecter la maison d'une façon insensible et prolongée. — Voir la figure 125 représentant un joint en ciment.

L'emploi de la fonte lourde avec joints coulés supprimerait le vice ci-dessus, mais les autres inconvénients inhérents à la fonte n'en subsisteraient pas moins, tout en obligeant à une dépense tout au moins égale à celle du plomb.

Un tuyau de chute en plomb de 4 mm. peut, lorsqu'il est bien fixé, durer une centaine d'années sans un sou de réparation et sans formation de tartre à l'intérieur, s'il est abondamment lavé.

Il nous est arrivé de couper un morceau de tuyau de chute en plomb soudé de 0 m. 11 de section à l'usage de quatre w. c. depuis 48 années et qui n'avait pas 1 mm. 1/2 de tartre à l'intérieur.

Si on a affaire à de mauvais plombiers, inhabiles à cintrer et à souder, il vaut mieux poser de la fonte (extérieurement si possible) et veiller à ce que les joints soient bien faits. Si le tuyau est en fonte et placé à l'*intérieur*, la fonte devra être assez forte et épaisse pour supporter les joints au plomb maté.

Dans certains cas où le tuyau devra être isolé du mur, on pourra se servir de fer étiré avec manchons vissés, et raccords en Y galvanisés intérieurement, pour retarder l'oxydation et la formation de la rouille.

Pour faire un joint coulé, on tasse dans le fond de l'emboîture un ou deux tours de corde goudronnée, devant empêcher le plomb de couler dans le tuyau, puis on verse le plomb en fusion sur une hauteur de 0 m. 05 et même 0 m. 06 et on le mate tout autour.

Quand ces joints sont défectueux, c'est que le matage a laissé à désirer, à moins que le tuyau ne livre à la fois passage à l'eau chaude et à l'eau froide car il en résulte des dilatations et des contractions qui tendent, à la longue, à faire sortir le métal de l'emboîture.

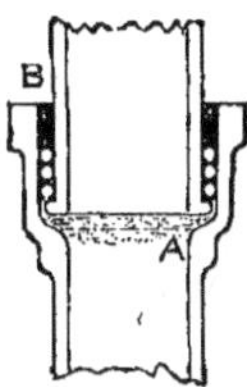

Fig. 126
Coupe sur joint au plomb coulé.

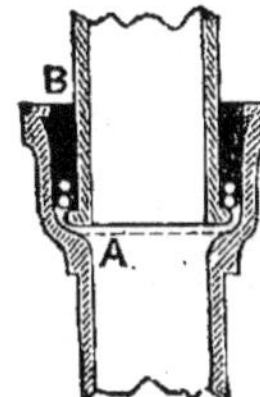

Fig. 127
Coupe sur joint au plomb coulé sur plus grande hauteur.

La figure 126 représente un joint coulé, mais n'indique pas une hauteur de plomb suffisante.

La figure 127 montre un meilleur joint ayant plus de hauteur et une gorge réservée dans l'emboîture pour retenir le métal.

Tout tuyau en fonte servant à l'évacuation des eaux devrait être enduit de la solution Angus Smith ou d'une autre équivalente à cause de la rouille. — Son épaisseur pourra être un peu plus faible s'il est posé extérieurement.

Le mieux est encore de galvaniser le tuyau et de l'enduire après coup, si l'on veut qu'il soit à l'abri de l'oxydation produite par l'atmosphère de Londres.

Nombre de tuyaux de ce genre, simplement peints à une ou deux couches, se rouillent d'abord près du collet qui ne tarde pas à éclater et, quand les joints sont défectueux, l'eau s'introduit dans le collet et le casse à la première gelée.

Avant d'enduire un tuyau, il faut avoir soin de bien l'examiner et en rechercher les pailles ou fêlures qui disparaîtraient sous l'enduit ; frappés au marteau ils doivent rendre un son bien net.

L'absence de ces précautions a donné lieu à bien des mécomptes.

Beaucoup de fondeurs, principalement pour la fonte légère, font emboîter leurs tuyaux presque à frottement et rendent par là tout joint impossible. L'espace libre entre l'about d'un tuyau et le collet de l'autre devrait être au moins de 0 m. 06 afin de laisser une certaine épaisseur au ciment et faire place à l'outil.

On peut obtenir d'excellents joints avec une « composition souple ». A cet effet, tasser dans le fond de l'emboîture deux ou trois tours de cordes de chanvre bien imprégnée de cette composition, et couler ensuite, en la faisant fondre à la lampe, la composition en question, jusqu'au bord du collet ; ajouter en même temps une bonne quantité de filasse coupée en petits morceaux dont le rôle sera d'empêcher la glue marine, en s'amollissant à la chaleur, de couler et de déborder le collet. On fait aussi de bons joints au soufre, mais son inflammabilité exige des précautions.

Quelques plombiers préfèrent bourrer le joint au mastic minium et à la filasse.

On ne rencontre que rarement des chutes en tuyaux de grès, bien que le grès ait été affecté à cet usage non pas seulement dans les maisons pauvres mais dans de belles maisons. Je n'en ai jamais vu une seule capable de résister à la moindre épreuve. Il faudrait être insensé pour persister aujourd'hui à poser des tuyaux de chute en grès et les motifs qui le condamnent seraient trop nombreux pour qu'on prenne la peine de les énumérer.

Le zinc ne soutient même pas l'examen et n'a pu être appliqué que dans un but de basse spéculation.

Il importe peu que la position du tuyau de chute soit extérieure ou intérieure, si le plomb est épais et mis en place par de bons plombiers, habiles à cintrer et à souder. Autrement je le préférerais à l'extérieur.

Dans mes « Conférences » je disais :

Je ne démolirais pas une maison pour la reconstruire et avoir le plaisir de placer ses tuyaux de chute en dehors, mais dans toute maison neuve, j'insisterais pour qu'il en soit ainsi à moins de circonstances spéciales.

La gelée, qu'on ne manquera pas de m'objecter, n'est pas à redouter si l'eau ne coule pas dans le tuyau, pas plus qu'une explosion dans un tuyau privé de gaz. Il faudra seulement surveiller les appareils au point de vue des fuites. Et encore les risques de gelée sont bien amoindris quand la chute aboutit au-dessous du sol, à l'abri du vent, comme dans la figure 66. Lorsque ses extrémités sont au contraire bien exposées, le moindre vent froid fait geler l'eau au passage, ou à sa sortie, jusqu'à l'obstruer et le remplir complètement de glace.

Il est encore mauvais de raccorder une descente pluviale sur un tuyau de chute car le soleil peut faire fondre la neige au droit du moignon, et l'eau qui en provient peut aller former de la glace dans la chute.

L'eau qui s'échappe du w. c. est trop rapide pour geler, et par les plus grands froids, il n'y a rien à craindre, chez nous, en Angleterre. Si la position du tuyau était cependant par trop exposée, il serait prudent de l'encastrer dans un caisson recouvert par une tôle lui donnant l'apparence d'une descente pluviale.

De 1878 à 1881 j'ai posé 130 colonnes de chute *extérieures*, soit environ 1.650 m. et pas une n'a gelé.

Le tout est d'avoir de bons robinets aux appareils et d'y faire un peu attention. J'ai chez moi un tuyau de chute exposé au Nord-Est et qui est ouvert aux deux extrémités ; il n'a jamais donné le plus léger ennui par temps de gelée, bien que le valve-closet qu'il dessert n'ait pas été touché depuis cinq ou six ans.

L'*action du soleil* cause certainement plus de mal que la gelée ne pourrait le faire.

Les effets répétés de la dilatation ont pour but d'allonger le tuyau entre ses attaches, au point de le courber et de le rompre.

C'est pourquoi il faut poser ces tuyaux autant qu'on le peut, avec des joints à dilatation ; dans ces conditions ils auront une durée presque illimitée.

Le courant d'air sous l'action du soleil est, de plus, si actif, qu'il est capable de sécher et coller au passage sur les parois du tuyau les matières entraînées avec peu d'eau. Il est donc important de protéger les tuyaux extérieurs contre les rayons du soleil qui n'est nullement indispensable pour activer leur ventilation, car on peut obtenir une bonne aération même dans les milieux les plus froids.

Somme toute, en plaçant le tuyau à l'extérieur, les chances d'odeur, soit par un joint défectueux, soit par un clou planté au hasard ou par tout autre accident, sont tellement diminuées que cela vaut bien un peu la peine de courir le risque de la gelée ; d'ailleurs on ne devrait jamais laisser un robinet fuir plus d'une journée ou deux puisque c'est une eau perdue sans aucun profit.

Les tuyaux façonnés dans le plomb en table rapproché et soudé « autrement dit *physiqués* » peuvent fournir une très longue durée à la condition que cette soudure ne soit pas faite par un maladroit.

Le tuyau étiré est donc de tous points préférable, pourvu que son épaisseur soit bien uniforme dans toute sa longueur. — Cette épaisseur pourra varier suivant les cas de 3 mm. à 3 mm. 1/2 et même 4 mm. fort.

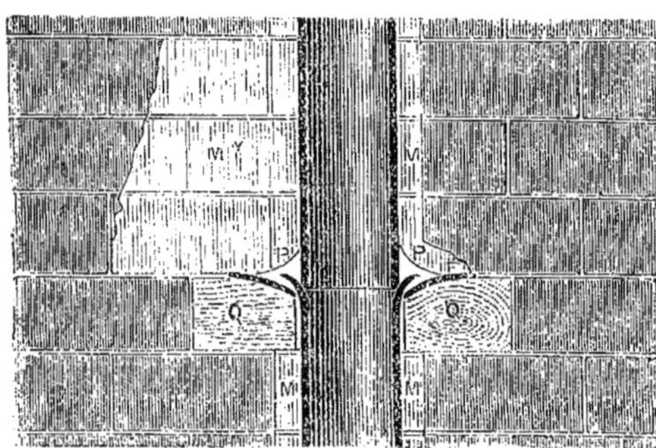

Fig. 128
Section d'une jonction de moise, mise en place.

La figure 128 est la section d'une jonction de tuyau placé dans un coffre très étroit et assujetti en même temps sur une traverse en bois pour le supporter ; il doit exister à mi-hauteur, soit à 1 m30 ou 1 m. 50 environ, une autre traverse ou une paire d'attaches soudées.

« M est le caisson, Q la traverse, F une collerette, P la soudure, et MY le refouillement du mur pour l'exécution du joint.

Une pareille jonction est bien supérieure à l'ancien nœud flamand car, ainsi qu'on peut s'en rendre compte, la soudure fait prise sur les deux surfaces du tuyau inférieur et la collerette.

Le plus souvent le plombier est appelé à poser son tuyau le long du mur ; il devra alors le fixer au moyen de trois attaches dans la hauteur de 3 mètres, chacune ayant de 0 m. 22 à 0 m. 25 de longueur et de 4 à 5 mm. d'épaisseur, comme dans la figure 7 (planche XII).

Si le tuyau a plus de 0 m. 10 de section ou s'il a plus de 3 mm. 1/2 d'épaisseur, il faudra le fixer par quatre attaches, comme dans la figure 6. — La figure 5 de la même planche donne, en plan, la façon de souder ces doubles attaches; elles sont maintenues au mur par trois broches ou pointes spéciales se logeant dans les joints de la brique, (fig. 4, pl. XII). — La figure 129 montre, par derrière, ces attaches soudées.

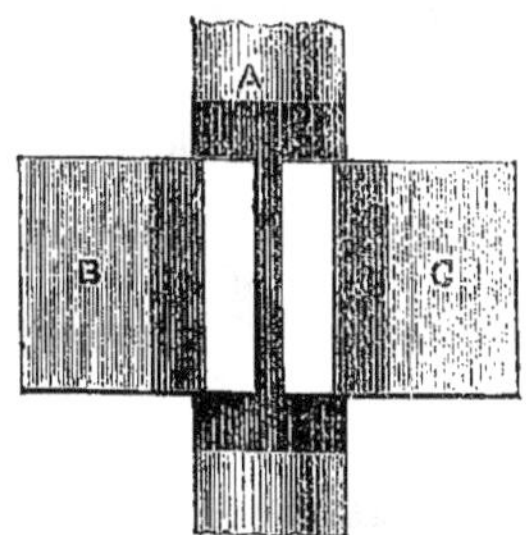

Fig. 129
Face postérieure d'une paire d'attaches soudées au tuyau.

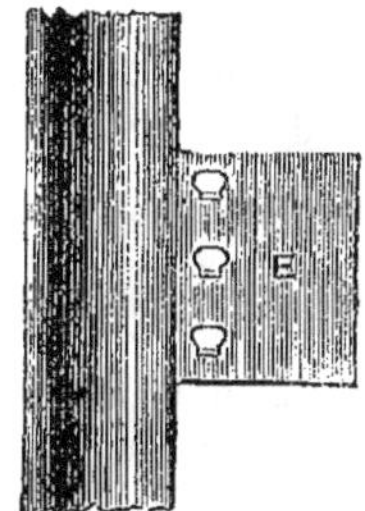

Fig. 130
Attache simple soudée.
Vue de front.

Fig. 131
Nœud de jonction.

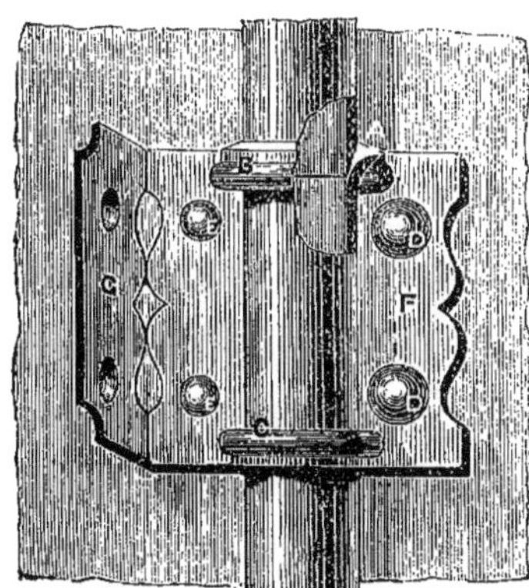

Fig. 132
Jonction soudée avec attaches et astragales

Les jonctions se font au moyen de nœuds de soudure, (fig. 131) ou bien, dans un but d'ornementation, avec des bagues, comme dans la fig. 132; au droit de ces bagues se trouve une paire d'attaches et la soudure A est faite au fer de cuivre avec de la soudure fine en baguette. Un autre joint de ce genre est donné par la figure 4 (planche XII.)

Malgré les inconvénients des tuyaux en fonte ordinaire que l'auteur signale avec beaucoup de justesse, et dont les principaux sont dus, en effet, à la nature même du joint — en ciment la plupart du temps — à la multiplicité de ces joints, à la difficulté de pose dans tout tracé qui n'est pas rectiligne, au manque d'élasticité à l'égard des tassements, des secousses et vibrations de planchers, etc., leur prix de revient modique en a fatalement généralisé l'emploi en France. Et il est encore possible avec un peu de soin, d'attention et d'étude, d'obtenir de la fonte, un travail qui, sans rivaliser avec le plomb sous certains rapports, donne des garanties de solidité, de durée et d'étanchéité acceptables !

Le petit cordon, placé à l'extrémité du tuyau, à quelques centimètres de l'about, et destiné à porter contre le collet dans lequel il s'emboîte, a été jusqu'ici, un obstacle tant pour la confection du joint que pour son examen ou sa réfection.

Il accuse, en outre, l'irrégularité de pose du tuyau, souvent inévitable, lorsqu'il a fallu gagner un peu de biais ou atteindre un point quelconque de raccordement à une mesure donnée.

Les figures 3 et 4 indiquent ce qui se passe.

On ne peut d'ailleurs faire le joint qu'en appliquant le ciment, en bourrelet, à l'extrémité du tuyau, avant de l'emboîter dans le collet ; le ciment n'étant arrêté par rien peut quelquefois glisser à l'intérieur, y faire des bavures ou laisser des vides qui donnent prise à l'encrassement.

Les tuyaux anglais, de fonte légère, sont, sous ce rapport, mieux compris (figure 5) ; le cordon est placé à l'about même, laissant libre tout l'espace du collet dont il bouche le fond ; ces tuyaux se font, de plus, par longueurs de 1 m. 50 à 2 m. et correspondent aux *sections des tuyaux de plomb* auxquels on a souvent recours pour les parties cintrées.

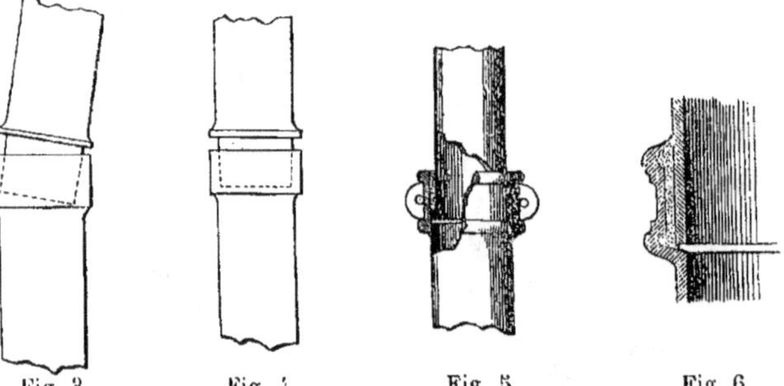

Fig. 3 Fig. 4 Fig. 5 Fig. 6

Sur les instances et suivant les indications de notre service d'assainissement, certains fondeurs ont bien voulu modifier leurs modèles, et ont établi deux séries de tuyaux dits *salubres*, en fonte légère et en fonte mixte ; l'une correspondant à la fonte ordinaire, l'autre étant l'intermédiaire entre cette dernière et la fonte lourde pour eaux forcées.

C'est un type de tuyau bien étudié (figure 6).

Le joint peut être fait aussi bien au ciment qu'au mastic de minium ou céruse, à la glu ou toute autre composition, sans avoir à redouter les bavures intérieures ; on peut toujours se rendre compte comment li est fai et le refaire au besoin sans rien démonter.

De même que pour les autres tuyaux, il convient de les poser avec des colliers qui les isolent légèrement des murs et de ne pas *enfermer* les joints dans les maçonneries ou les planchers.

Les raccordements des tuyaux de plomb dans les culottes ou les branchements méritent quelque attention.

Souvent on bat sur le plomb un collet de la largeur de l'emboîture dans laquelle il s'emmanche; cela peut empêcher le ciment de passer à l'intérieur, mais cela constitue aussi un petit ressaut dans lequel se logent la graisse, le savon ou autre saleté (figure 7).

Le meilleur moyen, à notre avis, est de faire simplement pénétrer le tuyau de plomb comme dans la figure 8 et de fermer le fond du collet par une petite collerette rapportée, s'il y a une certaine différence de diamètre entre les deux tuyaux; on peut aussi, pour favoriser l'adhérence du ciment, râper légèrement le plomb à sa surface pour la rendre plus âpre et plus rugueuse.

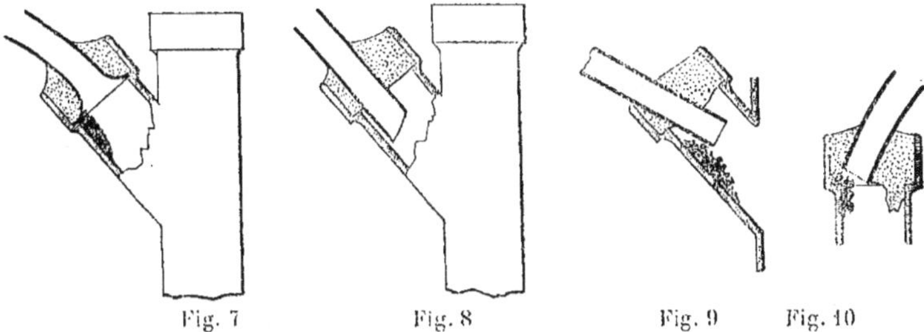

Fig. 7 Fig. 8 Fig. 9 Fig. 10

Les pénétrations telles que les représentent les figures 9 et 10... sont naturellement à éviter, mais combien y en a-t-il qui sont faites de la sorte, et comment savoir, une fois le ciment appliqué, si le tuyau est bien ou mal emboîté?

Lorsqu'il se présente une solive ou une saillie telle qu'un bandeau à contourner qui nécessiterait plusieurs coudes, il est préférable de façonner un manchon en plomb cintré à la demande; le travail est bien supérieur, et en même temps d'un tout autre aspect. Voir figures 11 et 12.

Dans les parties droites ces manchons en plomb sont souvent précieux pour piquer, en empattement, d'autres tubulures et aussi pour atténuer les effets des tassements qui feraient casser la fonte.

Pour obtenir un travail proprement fait, on est obligé d'employer un mandrin pour façonner l'emboîture régulièrement et de gratter le plomb intérieurement pour l'adhérence du ciment.

Il est à peine plus coûteux de rapporter et de souder une emboîture en cuivre fondu; c'est un moyen qui devrait être répandu.

La fonte salubre mixte est assez résistante pour qu'on puisse y couler et mater les joints en plomb.

Il existe, en outre, certains modèles spéciaux, particuliers à certains fondeurs, dont les prix sont un peu plus élevés que ceux des tuyaux

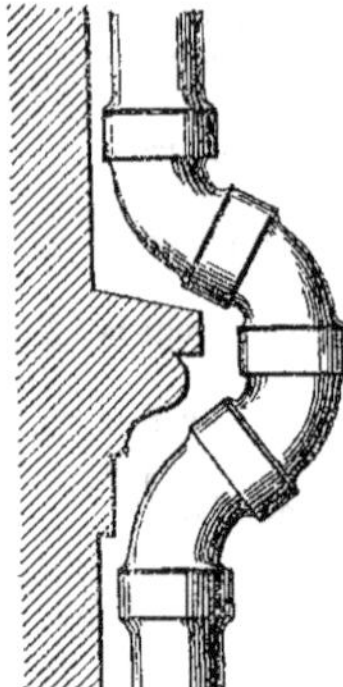
Fig. 11

précédents, mais qui paraissent donner en échange des avantages appréciables.

Tous ces tuyaux sont le plus souvent adoptés comme descentes d'eaux pluviales, bien qu'à l'extérieur, le tuyau en zinc fort donne un meilleur usage, à la condition, toutefois, d'être isolé du contact du plâtre, dans la traversée des bandeaux, saillies, etc.

Afin de supprimer autant que possible les traînées noires se produisant sur les façades au droit des tiges des colliers, les scellements devraient être légèrement coudés et relevés, et la section du fer devrait présenter à l'eau une arête vive comme dans la figure 13, la forçant à se détacher en avant du *nu du mur*.

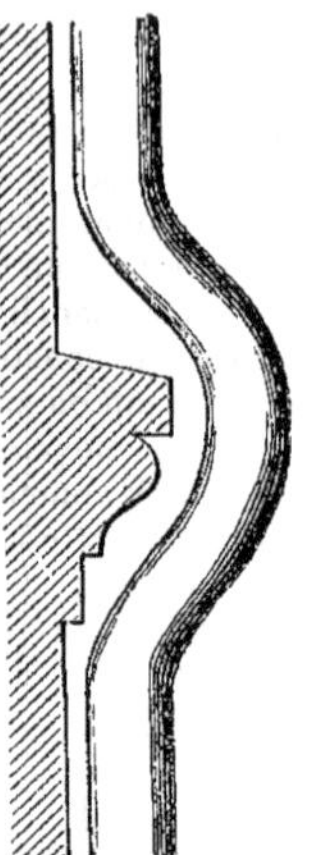
Fig. 12

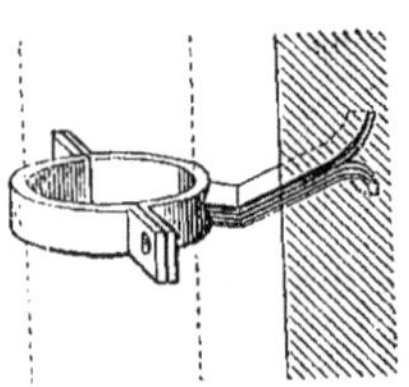
Fig. 13

Revenons un peu aux tuyaux de plomb (d'écoulement) et sur la façon de les travailler, laquelle laisse bien à désirer sous certains rapports.

Rappelons d'abord que l'épaisseur ordinaire convenant à ces tuyaux peut varier de 3 mm. 1/2 à 5 mm., mais que celle de 4 mm. est une bonne épaisseur normale.

C'est probablement par erreur qu'il a été publié dans certains articles techniques que l'épaisseur de 2 mm. (désignée comme système anglais) était courante chez nos voisins : cette épaisseur est plutôt exceptionnelle et n'est adoptée que dans les mauvais travaux à bas prix, car c'est au contraire le 3 mm. et le 3 mm. 1/2 qui dominent.

D'ailleurs le 4 mm. est préférable au 5 mm. pour la facilité de la pose et de cintrage ainsi que pour la préparation des empattements ; sa résistance est tout à fait suffisante.

S'il est parlé plus haut des nœuds de jonction, il n'a rien été dit des empattements.

L'empattement pèche presque toujours par la manière dont il est apprêté.

Beaucoup d'ouvriers se contentent de pratiquer, sur le tuyau, une ouverture de même valeur que le diamètre extérieur du tuyau à brancher, de relever légèrement et insuffisamment les bords de cette ouverture et d'y faire pénétrer le tuyau qui forme, à l'intérieur, une saillie très irrégulière et propre à occasionner des dépôts (voir figure 14).

Pour exécuter correctement un empattement l'ouvrier, après avoir coupé le tuyau à brancher bien droit et à l'inclinaison voulue, le présente sur l'autre et trace, avec la pointe du compas, la pénétration à faire (figure 15, *partie en éléments*); il pratique ensuite, pour y introduire sa broche, une fente plus petite en longueur que l'ouverture de pénétration, afin de laisser disponible tout le métal destiné à être relevé tout autour; il

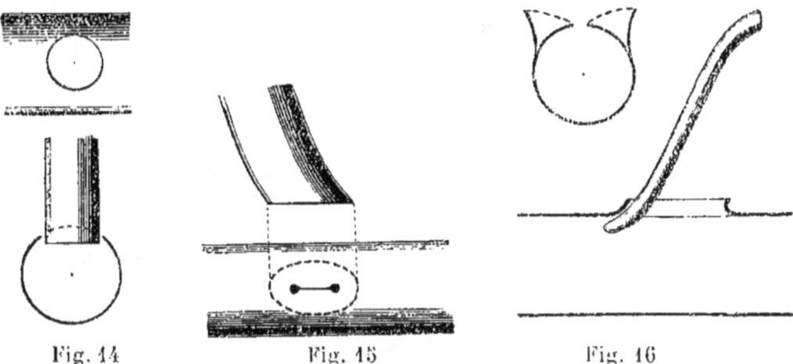

Fig. 14 Fig. 15 Fig. 16

forme ainsi, à l'aide de sa broche et de son marteau, une sorte de collet nécessaire à l'enclavage du tuyau, suffisamment haut pour éviter toute saillie intérieure et tel que la figure 16.

Il n'est pas nécessaire d'exagérer la soudure des empattements comme cela est fréquent, mais il faut observer à peu près la même proportion que

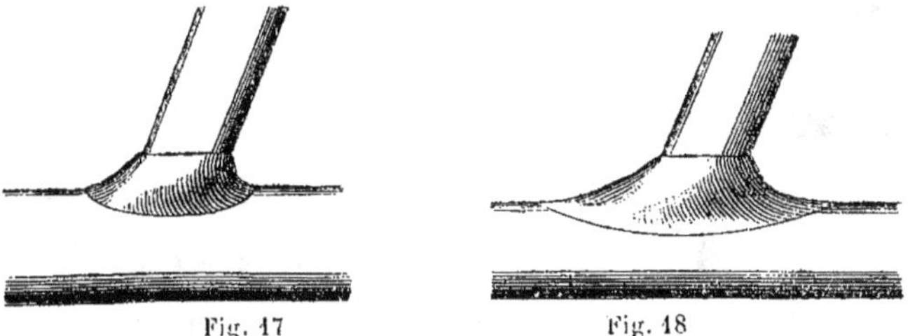

Fig. 17 Fig. 18

pour les nœuds de jonction; ainsi, la soudure de la figure 17 est tout aussi forte que celle de la figure 18, mais d'une meilleure apparence.

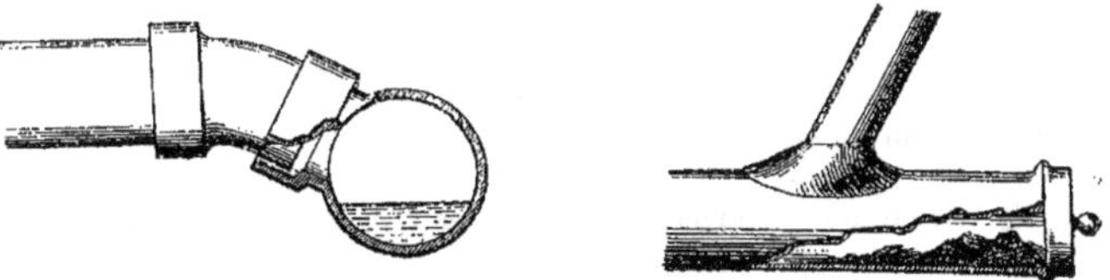

Fig. 19 Fig. 20

Il va de soi que la difficulté de l'empattement est plus grande pour deux tuyaux de même diamètre que pour un petit tuyau sur un plus gros.

Tout tuyau d'écoulement se greffant sur un autre doit être plus ou moins infléchi, de manière à former, autant que possible, un angle aigu avec le sens de l'écoulement.

Les empattements sur tuyaux horizontaux doivent se faire un peu en dessus pour être à l'abri du *reflux des écoulements* (figure 19).

De même, le mode de piquage en bout de conduite (figure 20), n'est pas sans reproche, car la partie comprise entre l'empattement et le bouchon n'étant jamais lavée que par les reflux, forme un cul de sac qui se remplit de tartre rapidement; le dispositif de la figure 23 nous semble plus correct.

Il est facile de comprendre, par ce qui précède, que la façon des empattements et même des nœuds de jonction demande plus de soin et d'habileté professionnelle que celle des soudures exécutées sur les conduites d'alimentation plus épaisses, dont l'ajustement a besoin d'être moins bien fait et dont les saillies intérieures n'ont pas la même importance.

Le cintrage des tuyaux en plomb pour *évacuation*, d'une épaisseur relativement faible, soit 3 mm. 1/2 et 4 mm., n'a commencé à se faire connaître, chez nous, que depuis une dizaine d'années, c'est-à-dire à l'époque de la création des cours professionnels. Lorsqu'on avait un tuyau à cintrer, on avait recours au coude soudé qui est encore de mode aujourd'hui. — Cela consiste à faire, sur le tuyau, une coupe en « V » plus ou moins ouvert suivant que le coude est plus ou moins fermé, de rapprocher et réunir en les chevauchant les deux parties coupées et de faire une soudure par dessus (voir fig. 21 et 22).

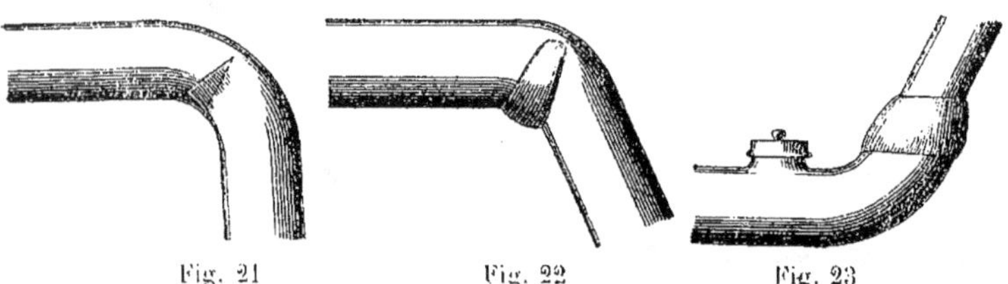

Fig. 21 Fig. 22 Fig. 23

Quelques-uns ne poussaient pas l'incision jusqu'au talon qui était alors arrondi à la demande, et donnaient à leur soudure l'aspect de la figure 22; d'autres coupaient le tuyau presque entièrement, et la soudure faisait alors le tour du tuyau. Dans ces sortes de coudes, il peut arriver que les parties croisées saillissent intérieurement et qu'elles laissent glisser des grappes de soudure, malgré le soin apporté par l'ouvrier.

Quelquefois, afin d'éviter un coude trop brusque, on est obligé de faire plusieurs coupes successives et assez voisines, comme dans le croquis (figure 24). Bien des ouvriers se contentent de *physiquer* simplement leur soudure au lieu de faire une véritable soudure.

Il faut reconnaître que ces sortes de cintres sont plutôt laids et désagréables.

L'emboutissage des cintres à chaud est l'objet d'un certain apprentissage, et présente certaines difficultés pour les débutants.

Nous ne pouvons en faire ici qu'une description sommaire.

Cela revient, en somme, à reporter au talon B, affaibli par le fait même de la pliure du tuyau, le surcroît d'épaisseur qui s'est formé, d'autre part, à la gorge A et sur les côtés (figure 24 *bis*).

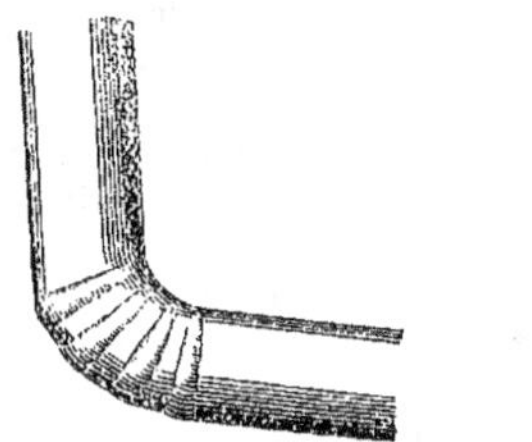

Fig. 24

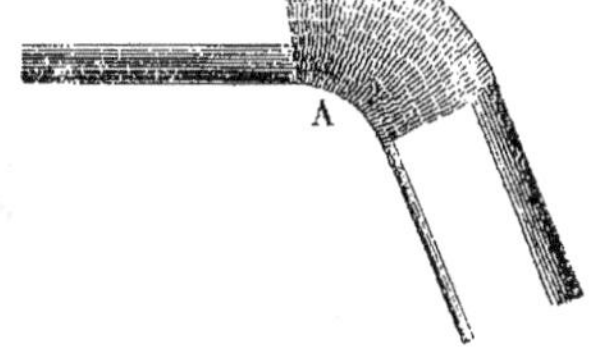

Fig. 24 bis

L'opération, pour les tuyaux d'une section variant de 0 m. 070 et 0 m. 080 à 0 m. 110, est la suivante : chauffer fortement le métal sur la gorge A, pour le rendre plus malléable, et rafraîchir en B pour donner plus de dureté, ployer le tuyau d'un certain angle, contre le genou ou contre un mandrin (suivant la longueur), de façon à l'aplatir et l'ovaliser en cet endroit (voir fig. 25 donnant le plan et la coupe), puis sans perdre de temps, frapper deux ou trois grands coups de batte sur les côtés en chassant le métal vers le talon, donnant ainsi à la section du tuyau la forme d'une sorte de triangle inscrit dans sa circonférence primitive (fig. 26);

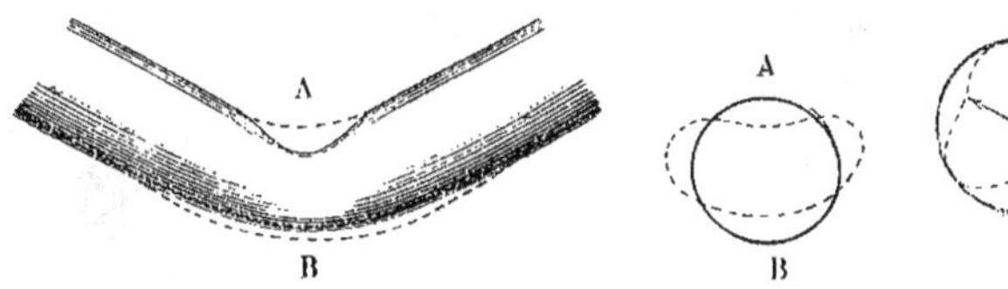

Fig. 25. — Coupe et plan

Fig. 26

on relève, par une suite de petits coups répétés au moyen d'une massette (fig. 27) (1), les trois côtés et principalement la base du soi-disant triangle, tout en refoulant, avec la batte, le métal du côté du talon. Lorsque le tuyau a repris sa section primitive, on recommence l'opération jusqu'à ce qu'on soit arrivé à l'angle voulu ou au gabarit.

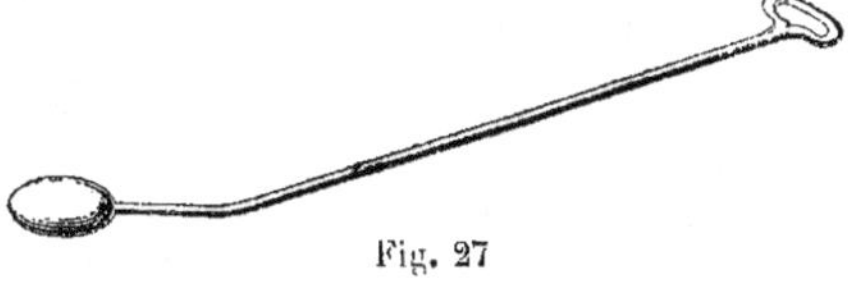

Fig. 27

L'épaisseur au talon ne doit pas être affaiblie ; il arrive même qu'elle est plus forte qu'ailleurs. Les compagnons font leurs « dummies » de lon-

(1) Espèce de poire en plomb ou soudure coulée au bout d'un tube en fer et désignée depuis par son appellation anglaise de « Dummy ».

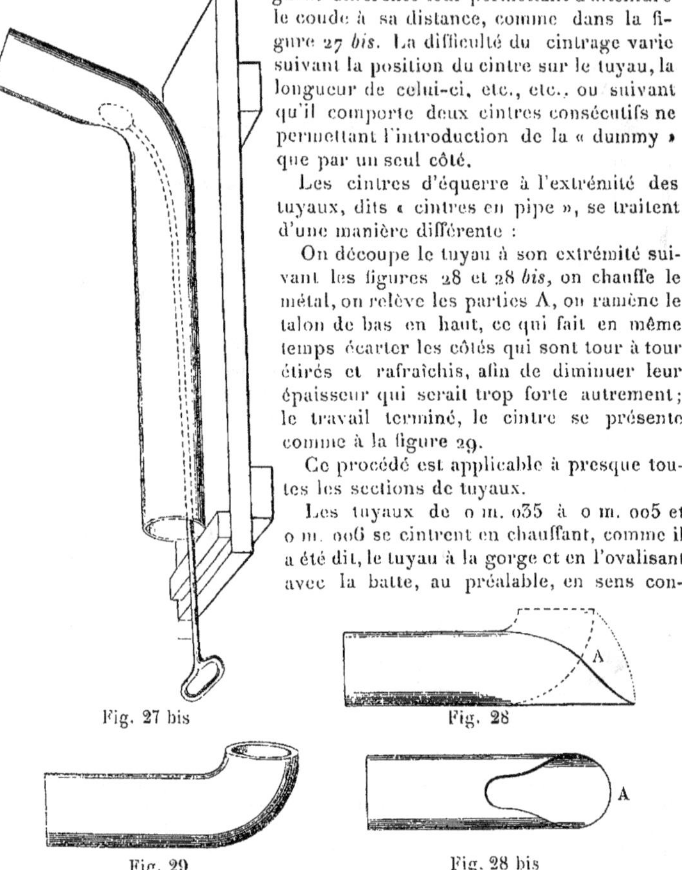

Fig. 27 bis

Fig. 28

Fig. 29

Fig. 28 bis

gueur différente leur permettant d'atteindre le coude à sa distance, comme dans la figure 27 *bis*. La difficulté du cintrage varie suivant la position du cintre sur le tuyau, la longueur de celui-ci, etc., etc., ou suivant qu'il comporte deux cintres consécutifs ne permettant l'introduction de la « dummy » que par un seul côté.

Les cintres d'équerre à l'extrémité des tuyaux, dits « cintres en pipe », se traitent d'une manière différente :

On découpe le tuyau à son extrémité suivant les figures 28 et 28 *bis*, on chauffe le métal, on relève les parties A, on ramène le talon de bas en haut, ce qui fait en même temps écarter les côtés qui sont tour à tour étirés et rafraîchis, afin de diminuer leur épaisseur qui serait trop forte autrement; le travail terminé, le cintre se présente comme à la figure 29.

Ce procédé est applicable à presque toutes les sections de tuyaux.

Les tuyaux de 0 m. 035 à 0 m. 005 et 0 m. 006 se cintrent en chauffant, comme il a été dit, le tuyau à la gorge et en l'ovalisant avec la batte, au préalable, en sens contraire de l'aplatissement consécutif à la pliure ; il reprend de la sorte sa véritable section après coup ; on procède ainsi par degrés et suivant des rayons un peu allongés.

Lorsqu'un plombier est devenu apte à bien cintrer les tuyaux de toutes les sections, il doit pouvoir se passer des bobines en buis dont on se sert quelquefois, et qu'on force dans le tuyau par une succession de cales en bois plus petites, introduites tour à tour ; il n'est pas toujours possible, en effet, d'éviter qu'une de ces cales ne se coince à un moment donné et ne défonce le tuyau.

Il en résulterait d'ailleurs une grande complication si l'outillage de l'ouvrier avait à comporter un jeu de bobines et de cales assorties à chaque section de tuyau.

C'est avec raison que l'enseignement des Cours Professionnels a spécialement porté, entre autres choses, sur les soudures et le cintrage en particulier. Les plombiers, qui recevaient chaque année les notions de ces cours, étaient ainsi à même de se perfectionner sur les chantiers et de guider leurs camarades. — Si le progrès de ces sortes de travaux a été assez long à se faire, il faut probablement en chercher la cause dans l'absence de rétribution, malgré plusieurs réclamations parfaitement motivées.

La chose pouvait être logique avant l'existence de la plomberie sanitaire, car les prix de pose établis à cette époque, et comprenant les cintres, ne s'appliquaient qu'à des tuyaux de petits diamètres et assez épais pour se laisser cintrer aisément au genou ou à la main sur place. Il est d'ailleurs assez naturel d'admettre que si certaines maisons voulaient bien supporter de bonne grâce la perte de temps nécessaire à ce travail (perte d'autant plus sensible qu'il était souvent question d'apprentissage pour l'ouvrier), d'autres maisons, moins désireuses de contribuer au progrès de leur corporation, ne se souciaient pas de suivre la même voie.

La valeur de ces cintres est rétribuée en Angleterre comme d'autres façons du même genre : soudures de jonction, empattements, etc.

Il existe une autre anomalie à l'égard des soudures de jonction et d'empattement qui sont frappées d'une moins-value dès qu'elles sont faites sur tuyaux d'écoulement.

Cela laisserait supposer qu'on a entendu par là établir des différences de résistance ou de solidité suivant qu'il y avait pression d'eau ou non ; mais il n'y a pas deux manières de bien faire une soudure et la quantité de soudure employée ne doit pas varier sensiblement dans l'un ou l'autre cas! C'est surtout la main-d'œuvre qui entre en ligne de compte, et sous ce rapport la préparation de la soudure sur plomb sanitaire est plus délicate et plus laborieuse que sur plomb d'eaux forcées.

C'est avec une certaine hésitation que nous hasardons cette remarque qui s'écarte certainement de notre sujet, mais qui a néanmoins son importance comme étant liée, en quelque sorte, à la bonne exécution de cette plomberie toute spéciale.

CHAPITRE XI

VENTILATION ET DISCONNEXION DES TUYAUX DE CHUTE

Ventilation. — Prolongements de chute en ventilation avec même diamètre. — Tuyaux de chute ouverts aux deux bouts. — Effet salutaire de l'aération d'un tuyau. — Terminaisons vicieuses des tuyaux de chute. — Vilain aspect d'un tuyau de ventilation sur une façade. — Disconnexion des tuyaux de chute de la canalisation. — Siphon unique pour disconnecter plusieurs chutes. — Ventilation d'un w. c. rendue inutile par sa disconnection. — Avantages de la disconnexion. — Expériences sur des tuyaux ouverts aux deux bouts. — Précautions relatives à la pose des siphons disconnecteurs. — Soupape mica. — Tuyau de dégagement d'air à la base d'un tuyau d'évacuation. — Tuyaux de chute servant à ventiler la canalisation. — « Entrées d'air ».

« Ventiler ! Ventiler ! Ventiler ! devrait être le souci de toute personne s'occupant de construction.

Ainsi que je l'ai déjà dit ailleurs, la pose de tuyaux d'aération aux tuyaux de chute remonte à soixante ou soixante-dix ans ; il faut en excepter les chutes servant aussi à l'écoulement des eaux pluviales, lesquelles devaient être, probablement, de même section de haut en bas. Il est possible de rencontrer des tuyaux de chute, posés dans ces dix dernières années, sans ventilation ; mais dans toute plomberie bien faite, c'était la coutume d'en mettre depuis une quarantaine d'années au moins.

Les sections données à ces tuyaux variaient suivant l'importance qu'on y attachait, et allaient de 0 m. 03 à 0 m. 05.

Ce fut vers 1865 que j'ai commencé, dans un grand bâtiment de la cité, à monter mes chutes de même diamètre jusqu'au toit. Cet exemple a été suivi de temps à autre et ne s'est généralisé qu'à partir de 1875.

Aujourd'hui, c'est une *règle absolue* chez tous ceux qui s'occupent d'assainissement.

Toutefois ce prolongement ne sera utile qu'autant que le tuyau aura une entrée d'air à la base, en un point quelconque car, pour déterminer un courant d'air, autrement dit une *ventilation*, il est nécessaire d'avoir une *entrée* et une *sortie* d'air.

Qu'on se reporte, si l'on veut, à l'appareil de la figure 6, préalablement rempli de gaz : le robinet L étant ouvert on approcha une lumière mais le gaz ne brûla guère plus qu'une seconde ou deux. Ce robinet fut enlevé et le tuyau laissé grand ouvert sans plus de résultat. Un petit trou fut alors pratiqué en F — donnant ainsi une « ventilation de pied » — et une bonne flamme se maintint aussi longtemps que le trou F était ouvert et s'éteint dès qu'on le boucha avec le doigt.

J'ai répété cette même expérience. avec du gaz, sur un tuyau de chute de 0,08 et de 10 mèt. de hauteur avec une prise d'air à la base donnée par un tuyau de 0,025 et d'une vingtaine de mètres. Le gaz brûlait ou s'éteignait dans les mêmes conditions.

Donc l'air est condamné à rester absolument stagnant dans un tuyau seulement ouvert à la partie supérieure, tandis qu'en lui ajoutant un petit tuyau de ventilation de 0 m. 025 avec une prise d'air de même diamètre on amènerait, quoique lentement, un renouvellement d'air.

Pour obtenir une bonne ventilation, la prise d'air devra être aussi forte que le tuyau de chute qui sera lui-même continué au-dessus du toit loin de toute fenêtre, chassis ou autre ouverture de la maison.

Il est préférable d'avoir le tuyau vertical dans sa hauteur mais quelques coudes sur le parcours ne peuvent avoir aucune influence.

On devra chercher aussi, pour les raisons de siphonnage déjà indiquées, à faire dégager ce tuyau à l'air libre le plus tôt ou le moins haut possible.

On constate beaucoup de négligence et d'ignorance dans la manière de terminer ces tuyaux. Je ne veux en donner qu'un exemple, celui de la figure 133, maison dans laquelle trois enfants furent atteints de diphtérie pour avoir couché dans une chambre située au-dessus du dégagement F d'un tuyau de chute.

Pl. XII

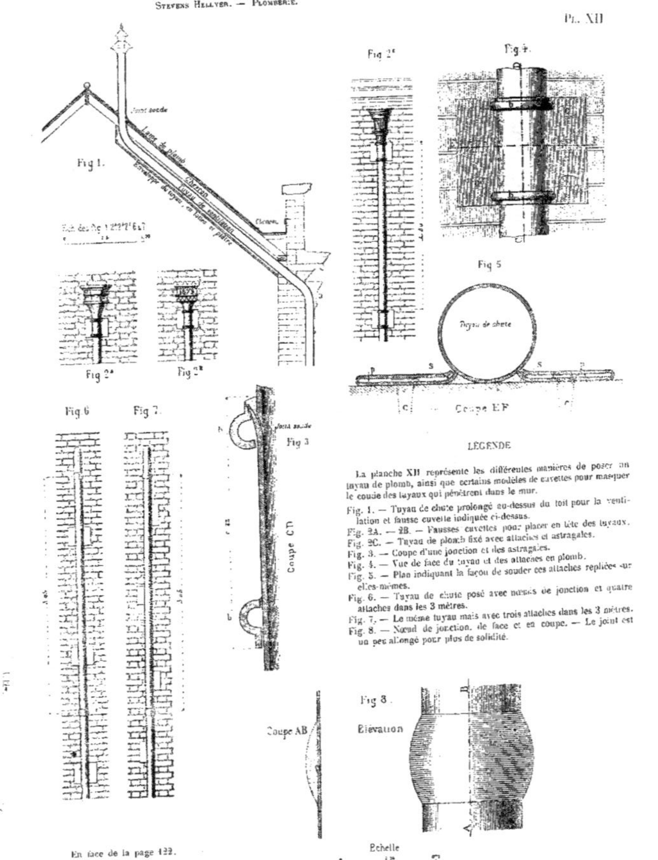

LÉGENDE

La planche XII représente les différentes manières de poser un tuyau de plomb, ainsi que certains modèles de cuvettes pour masquer le coude des tuyaux qui pénètrent dans le mur.

Fig. 1. — Tuyau de chute prolongé au-dessus du toit pour la ventilation et fausse cuvette indiquée ci-dessus.

Fig. 2A. — 2B. — Fausses cuvettes pour placer en tête des tuyaux.

Fig. 2C. — Tuyau de plomb fixé avec attaches et astragales.

Fig. 3. — Coupe d'une jonction et des astragales.

Fig. 4. — Vue de face du tuyau et des attaches en plomb.

Fig. 5. — Plan indiquant la façon de souder ces attaches repliées sur elles-mêmes.

Fig. 6. — Tuyau de chute posé avec nœuds de jonction et quatre attaches dans les 3 mètres.

Fig. 7. — Le même tuyau mais avec trois attaches dans les 3 mètres.

Fig. 8. — Nœud de jonction, de face et en coupe. — Le joint est un peu allongé pour plus de solidité.

En face de la page 133.

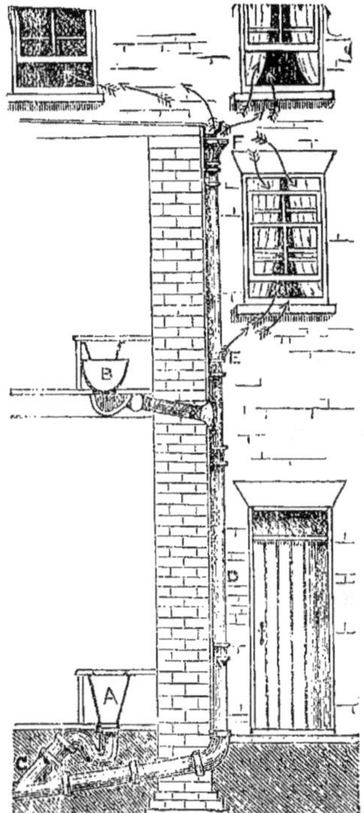

Fig. 133
Odeurs attirées par l'appel des cheminées.

La chute D placée en tête de la canalisation servait à la ventiler.

Il fallut néanmoins, pour convaincre le propriétaire, introduire de la menthe en un point éloigné de la conduite ; l'odeur se fit alors très fortement sentir dans la chambre en question et en outre à chaque joint de ciment du tuyau.

Que de fois ces tuyaux sont placés de façon à faire rabattre par le vent, dans une cheminée, l'air vicié qui s'en échappe ; ou bien ils s'arrêtent sous une corniche ou une gouttière, à l'abri du vent qui n'a plus de chance de produire aucun tirage ; ou bien encore leurs abouts se terminent près d'un rampant, — l'air pouvant filtrer entre les ardoises — ou à 0,50 d'un chassis ou d'une lucarne comme dans la figure 134.

Il serait naturellement très laid de faire contourner la corniche ou l'entablement à un tuyau de ventilation, et il vaudrait mieux, pour cette raison, le faire rentrer à l'intérieur, (fig. 1, planche XII) et lui faire suivre les chevrons jusqu'au point de sortie sur le toit.

Pour plus de sécurité, ce tuyau pourrait être en plomb et enfermé au besoin dans une chemise en plâtre ; on peut aussi fixer au dehors, à titre décoratif, une fausse cuvette (figures 2 A, 2 B et 2 C, planche XII).

Un bon ventilateur en tête du tuyau est bien utile contre les coups de vent et pour aider au tirage.

Lorsque, pour isoler un tuyau de chute de l'air circulant dans la canalisation, on place un siphon disconnecteur (figures 135 et 136),

Fig. 134
Sommet de chute mal placé permettant aux gaz de pénétrer par la fenêtre.

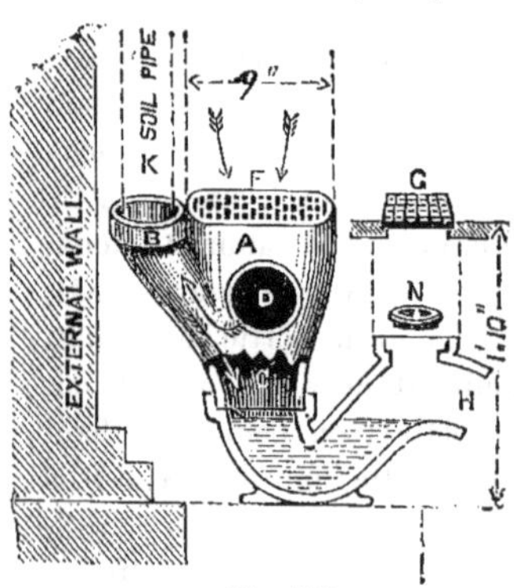

Fig. 135
Siphon disconnecteur pour tuyau de chute avec large grille.

il faut s'assurer que les odeurs refoulées par les décharges des water-closets ne pourront, en sortant par la grille F, incommoder personne ou rentrer par une fenêtre ou une porte. C'est d'ailleurs une chose toujours facile à éviter et qui est indiquée de plusieurs manières aux pages suivantes.

Rien ne s'oppose à ce qu'un seul siphon disconnecteur ne serve à réunir plusieurs chutes ; la figure 136 représente un siphon de ce genre avec une tubulure centrale pour rehausser la grille HE, suivant le besoin.

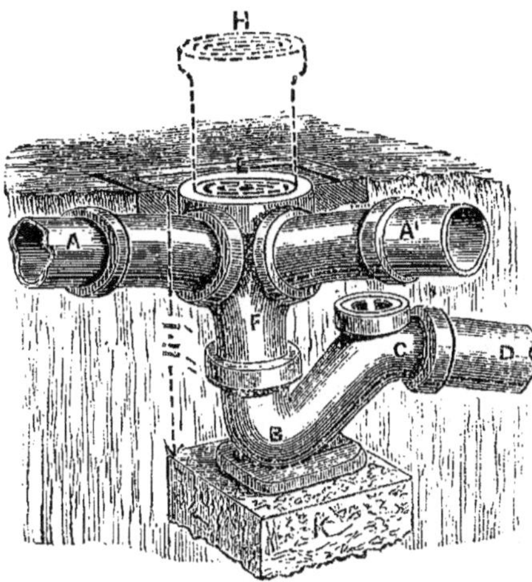

Fig. 136
Disconnecteur avec deux entrées d'eau pour deux colonnes de chute A et A'.

Fig. 137
Disconnection d'un w. c. de la canalisation, permettant d'économiser un tuyau de ventilation.

Il arrive quelquefois, à la campagne, dans certaines villas, qu'on a besoin d'établir un cabinet dans une aile de la maison, loin des autres w. c., mais à proximité de la canalisation. Dans ce cas pour éviter la dépense et la difficulté d'un tuyau de ventilation, le dispositif de disconnexion de la figure 137, analogue à celui d'un évier de cuisine, peut être employé avec avantage ; l'air de la canalisation se trouve alors barré en A, par le siphon disconnecteur. Il n'en résulte aucun inconvénient à cause du peu de longueur du tuyau reliant le w. c. au siphon. J'en ai du reste fait de très fréquentes applications, dans des endroits d'ailleurs très passagers, sans avoir jamais eu le moindre ennui. Il y a plusieurs raisons, en plus de celles déjà données, qui, dans certaines circonstances, commandent la disconnection des tuyaux de chute de la canalisation principale.

a) Dans certains cas, à égalité de dépense d'établissement entre une chute placée à l'extérieur ou à l'intérieur, je pencherais pour avoir celle-ci à l'intérieur, où elle serait d'un accès et d'un examen faciles ; ses pipes ou branchements seraient plus courts et n'auraient pas à traverser les murs. Mais aussi, pour plus de sécurité, je la disconnecterais, lorsque cela serait possible, par un siphon placé dehors, comme aux fig. 135-139.

b) Il arrive souvent encore que la décoration des façades ne permet pas la pose d'une chute extérieure. Là encore je fixerais cette chute à l'intérieur et je pratiquerais sa disconnexion, à moins qu'elle ne doive intervenir comme tuyau d'appel ou de ventilation de la canalisation ; je supprimerais alors le siphon et j'amènerais une prise d'air directement, comme aux fig. 142, 143 et 145.

c) La disconnexion est encore avantageuse, que la chute soit ou non à l'intérieur, si les appareils employés sont de la catégorie dite à « simple siphon », comme ceux « à effet plongeant » ou à « fond plat », car l'évaporation de leur plongée ou bien la moindre fêlure du siphon laisserait pénétrer l'air de la chute.

d) J'estime de plus qu'il faut disconnecter toute chute de toute canalisation ancienne ou vicieuse, de trop grosse section pour être bien lavée, mal entretenue, mal établie ou ayant des fuites susceptibles d'infecter le sol qui, à son tour, serait une cause d'émanations pénétrant dans la canalisation même.

Il y a une dizaine d'années, j'ai eu à réunir, dans un même siphon, deux colonnes de chute desservant un grand nombre de w.-c. : la grille du siphon, qui se trouvait placée au beau milieu d'un passage très fréquenté et à moins de 3 à 4 mètres des fenêtres des bureaux de la maison, n'a jamais donné lieu à la moindre plainte.

J'ai aussi chez moi, à 3 mètres de la fenêtre de mon bureau, la prise d'air du tuyau de chute de mes ateliers, qui fonctionne depuis une dizaine d'années, sans que je me sois jamais aperçu de rien.

La vitesse du courant d'air qui circule dans ces tuyaux, surtout s'ils sont surmontés d'un bon ventilateur, dépasse souvent plus de *30 mètres* mesurés à l'anémomètre. Il se produit de temps à autre un courant descendant lorsque le vent vient à souffler à l'orifice du siphon, et produire une dépression momentanée. Néanmoins quand la situation de ce siphon est trop près d'une fenêtre ou bien d'un endroit où on est sujet à stationner, il est préférable de faire usage d'un autre dispositif, (figures 138, 139 et figure 7, planche XX), qui consiste à tamponner l'orifice supérieur et aller prendre l'air un peu plus loin, au moyen du tuyau T.

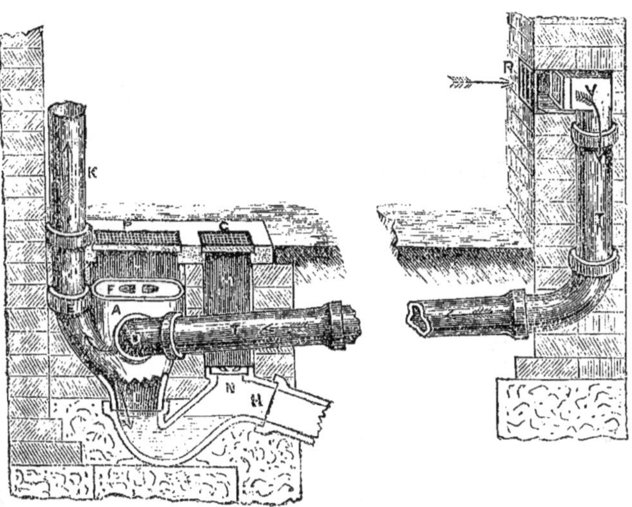

Fig. 138

Disconnecteur semblable à celui de la fig. 135 mais avec tampon à l'orifice et prise d'air avec soupape mica.

Dans le cas où il y aurait inconvénient à ouvrir ce tuyau près de terre, on le monterait à 4 ou 5 mètres au-dessus du sol.

Un emplacement convenable pour prise d'air est plus facile à trouver à la campagne que dans les villes où toutes les maisons se touchent mais on peut encore y arriver en cherchant un peu.

On place souvent à l'orifice des prises d'air, à cause des odeurs refoulées au moment d'un écoulement dans le tuyau, des soupapes en mica, comme en V, (figure 138 et figure 7, planche XX).

Ces soupapes sont renfermées dans une boîte en fonte galvanisée pouvant se raccorder sur des tuyaux de 0 m. 10 et 0 m. 15. Le mica étant très léger s'ouvre à la moindre dépression.

L'auteur prétend avoir employé un des premiers ces soupapes mica et serait à même d'en fournir les meilleures preuves.

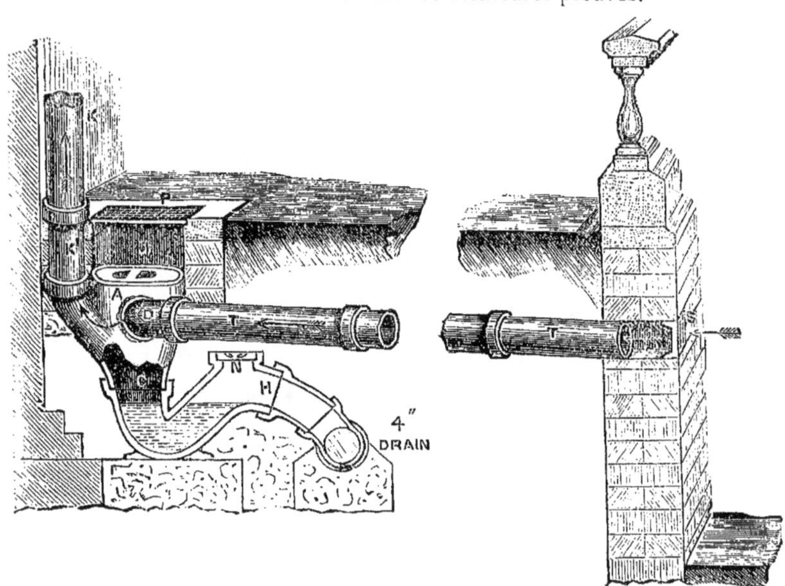

Fig. 139
Autre dispositif de prise d'air de tuyau de chute au-dessus d'un disconnecteur.

Il est à recommander, si les appareils sont nombreux, de faire descendre la colonne de ventilation des siphons jusqu'au pied de la

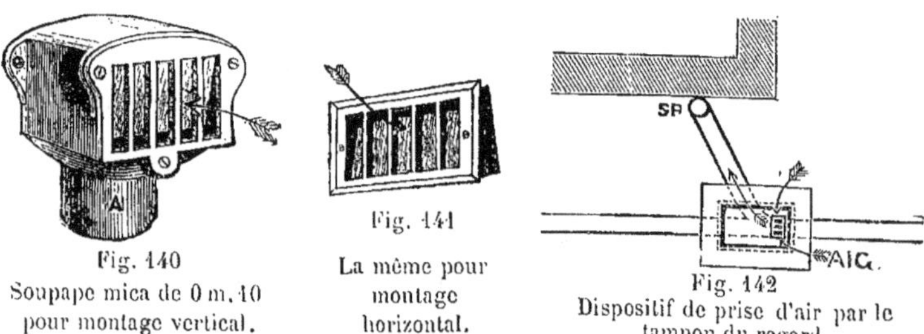

Fig. 140
Soupape mica de 0 m. 10 pour montage vertical.

Fig. 141
La même pour montage horizontal.

Fig. 142
Dispositif de prise d'air par le tampon du regard.

colonne de chute près de la prise d'air, afin que l'air refoulé trouve dans ce tuyau une issue immédiate ; (voir TVP, planche **IX** ; ASP, planche **X** et **XI**).

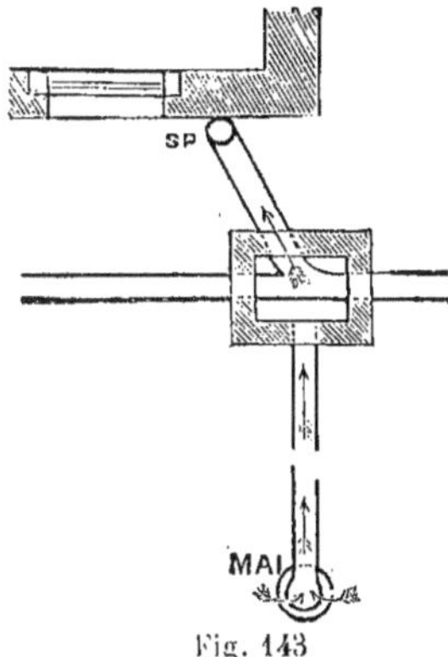

Fig. 143
Prise d'air à fleur de sol ou en élévation.

Le siphon disconnecteur s'impose moins avec une canalisation bien traitée dans son ensemble et bien lavée par des chasses d'eau journalières ; la colonne de chute, dans ce cas, étant raccordée directement, lui servira de tuyau de ventilation.

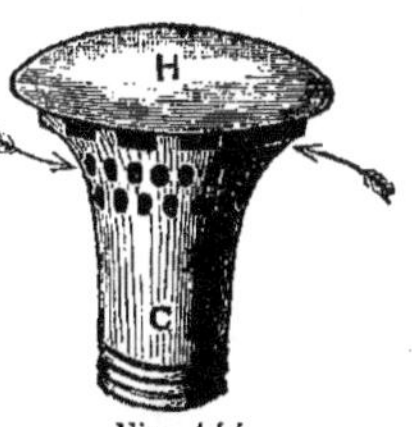

Fig. 144
Chapeau de prise d'air.

On peut pratiquer une prise d'air au tuyau de chute au moyen d'une grille réservée sur le tampon de la chambre d'inspection et avec adjonction d'une boîte quelconque destinée à recueillir la boue et le gravier, comme dans la figure 142, AIC.

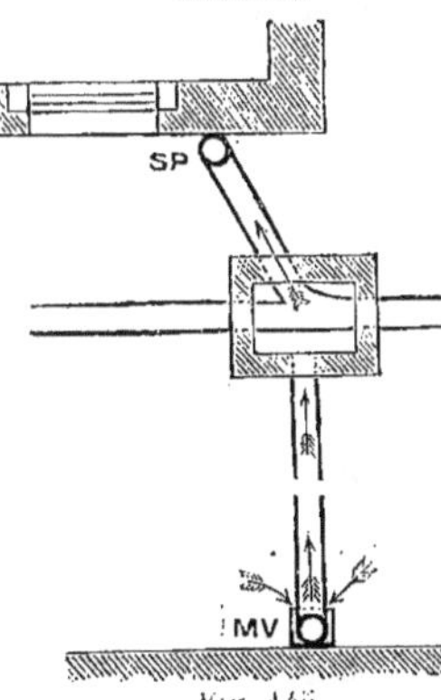

Fig. 145
Plan indiquant le tuyau de prise d'air d'un regard avec soupape mica à l'orifice.

Si cette boîte devait être insuffisante et trop rapidement encombrée d'ordures, il faudrait la remplacer par une sorte de champignon (fig. 144) placé dans un parterre ou ailleurs : cet appareil est fait en grès afin de se raccorder sur un tuyau de 0 m. 15.

Le dessus H est amovible pour donner accès au tuyau, et sert à empêcher les feuilles de boucher l'orifice.

On peut encore tout simplement amener le tuyau de prise d'air tout droit contre un mur, comme dans la figure 145, avec ou sans soupape mica.

CHAPITRE XII

CABINETS D'AISANCES ET SIÈGES DE WATER-CLOSET

Pièces réservées aux W. C. — Air et lumière. — Hauteur de plafond. — Ventilation des cabinets. — Carrelages et revêtements céramiques. — Isolement de l'appareil des murs. — Cas d'un W. C. malsain. — Soubassement de siège en faïence « Sanitas ». — Sièges de W. C.

Avant d'aborder l'étude des appareils w. c., il est bon de s'assurer si les locaux destinés à les recevoir sont convenablement choisis et appropriés à la circonstance. Ils doivent être bien éclairés, aérés *directement* par une large fenêtre et placés loin des chambres à coucher.

Les cabinets à l'usage des domestiques devraient-être aussi salubres que les autres, pour engager à la propreté, et situés loin du garde-manger ou bien alors en dehors de l'habitation.

La hauteur de la pièce devra permettre aux effluves de la personne de s'élever au-dessus de sa tête ; la fenêtre devra monter jusqu'au plafond et la porte se fermer complètement pour que ces effluves ne se répandent pas en dehors du cabinet.

Quant à la ventilation, qui est indispensable, on l'établira au moyen d'une gaine en zinc de 0 m. 22×0 m. 08 prenant l'air sur la façade et s'ouvrant dans le mur à hauteur de stylobate, avec une grille se fermant à volonté, mais qui devrait plutôt rester ouverte — voir planche XIII montrant ces prises d'air A_1, A_2, A_3.

Quand le w. c. sera appelé à être très fréquenté on placera, en outre, au plafond, un conduit de ventilation se dégageant à un niveau supérieur, sur la façade, (planche XIII, figures 1 et 2, A, D, G ; et $B_1 B_2$).

Pl. XIII.

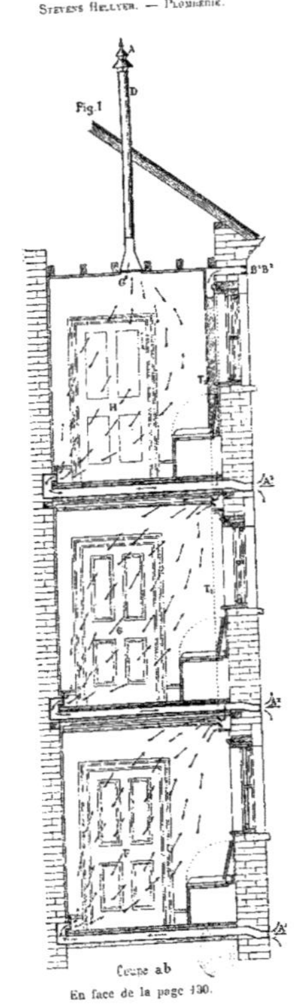

Coupe a b

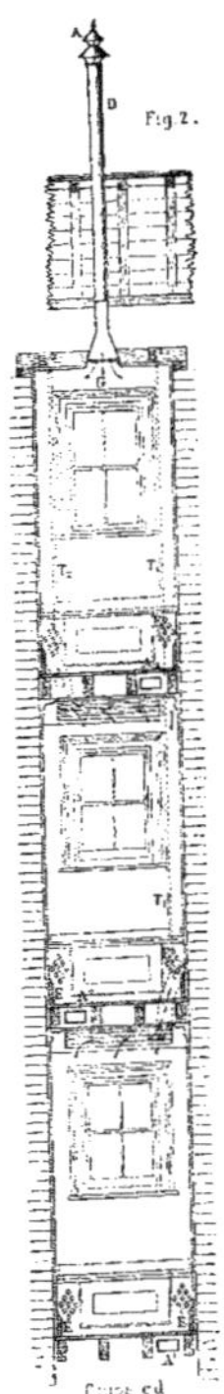

Coupe c d

En face de la page 130.

Pl. XIV

Fig. 147
Water closet « Optimus » avec soubassement en faïence et isolé des murs de côté.

Au dernier étage on pourra surmonter ce conduit d'un chapeau ventilateur.

Le sol de tout cabinet commun ou public devrait être carrelé et les murs garnis de revêtements céramiques afin de pouvoir être lavés à fond. (Voir planche XIV).

Les murs, au droit et sous les sièges des appareils, ne devraient pas être abandonnés comme ils le sont généralement, mais complètement ragréés et enduits. — Le plancher devrait être aussi en bon état et absolument fermé. — Autrement la moindre défectuosité du joint de l'appareil et de la pipe laisserait filtrer des émanations par les crevasses et les fissures de ces cloisons ou plancher.

La figure 146 en fournit un exemple malheureusement funeste, car deux enfants furent atteints dans ce berceau de maladies qui les emportèrent :

Le ciment desséché s'était tellement détaché du joint que je pus y introduire la lame de mon canif et la cheminée étant allumée de l'autre côté y créait un véritable tirage.

Fig. 146
Water-closet malsain.

Quand l'appareil et son siège sont isolés du mur, comme dans la planche XIV, le moindre défaut est visible et vivement réparé. Il n'en est pas de même avec un siège fermé. Toutes sortes d'éclaboussures peuvent passer entre le siège et la cuvette et causer une réelle infection. Pour obvier à cet inconvénient j'ai construit un entourage ou soubassement en faïence facilement démontable; la partie du dessus qui fait corps avec la cuvette s'emboîte à recouvrement sur le soubassement. Tout est isolé des murs. Un siège-abattant est fixé au-dessus de la cuvette et peut se relever si l'on a quelque chose à vider.

Les entourages en bois demandent une certaine étude afin d'offrir un accès facile et immédiat à l'appareil sans être obligé de démonter un tas de vis qui, souvent, ne peuvent plus s'arracher.

Le soubassement devrait en conséquence être ferré en porte.

Le siège devra laisser assez de place pour les habits entre le couvercle et le trou. Ce trou de siège devrait saillir de 0 m. 025 environ sur le bord de la cuvette afin de protéger ses parois. Les dimensions usitées sont généralement trop grandes. — Un w. c. n'est cependant pas un bain de siège! — La distance entre le trou et l'arête du devant devrait être de 0 m. 075 à 0 m. 08.

CHAPITRE XIII

APPAREILS DE WATER-CLOSETS

Mauvais appareils. — Façon d'essayer un W. C. — Causes d'insalubrité inhérentes à l'appareil, ainsi qu'à ses accessoires. — Système à cuillère et système à clapet. — Vogue du système à cuillère dit pan-closet. — Description et gravure du pan-closet.

Dans tout bon closet, une chasse d'eau, d'une douzaine de litres, doit suffire à nettoyer complètement la cuvette, le siphon et la chute. — Combien peu de tous les appareils en usage dans le Royaume-Uni seraient à même de satisfaire à ces conditions !

Pour se rendre compte du fonctionnement d'un w. c., on n'a qu'à brouiller, avec du noir délayé, les parois de la cuvettte, d'y jeter 5 à 6 morceaux de papier et donner la chasse d'eau. — La cuvette doit être alors nettoyée complètement et les papiers entraînés dans la canalisation (de moyenne longueur) jusqu'au siphon disconnecteur qu'ils devront même traverser. L'appareil, et ce qui en dépend, présente, alors, les conditions de salubrité requises, pourvu que son siphon soit ventilé et maintienne sa plongée d'une façon permanente.

La salubrité du w. c. dépend de ses moindres détails et on aurait tort de considérer comme un remède suffisant une simple substitution d'appareil. Suivant un viel adage : « le mal qui est dans l'os gagne bientôt les tissus » ; de même l'infection du siphon ou du tuyau de chute se communiquera bientôt à l'appareil.

Et cependant, en 1892, j'ai vu dans une maison, remplacer des pan-closets par des appareils à siphon et chasse d'eau, posés sur les anciennes boîtes d'interception ; il y avait, de la sorte, deux siphons consécutifs qui n'étaient pas faits pour améliorer la situation !

L'appareil à valve ou clapet, inventé par Bramah en 1778, et l'appareil à cuillère, dit pan-closet, ont été les deux modèles les plus répandus au siècle précédent. Ce dernier, attribué à un fondeur de Soho, William Law, remonte à 1796. A voir ce qu'est encore cet appareil, en dépit de toutes les tentatives de perfectionnement faites depuis, on se demande ce qu'il devait être à cette époque! Il est condamné aujourd'hui par tous les hygiénistes.

On en pose encore quelques-uns par ci, par là, en province, et je viens d'apprendre qu'il en a été expédié dans ces deux dernières années, près d'un millier en Russie.

Je n'ai jamais pu m'expliquer cette vogue qui ne peut être due qu'à une routine incroyable.

Une coupe en est donnée (figure 148).

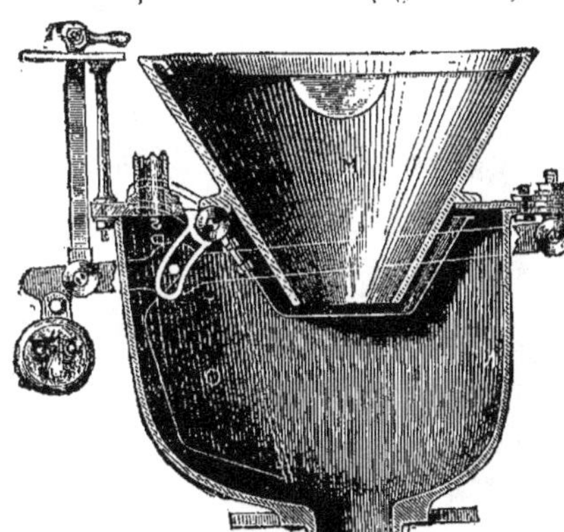

Fig. 148
Coupe du w. c. à cuillère dit « pan-closet ».

Il se compose : d'une cuvette en faïence avec une plaque ou une couronne pour l'arrivée de l'eau ; d'une cuillère O, en cuivre étamé, dans laquelle plonge la cuvette de 0 m. 075 à 0 m. 10 pour faire obturation ; d'un large receveur en fonte N dans lequel s'abaisse la cuillère O. A chaque tirage de la poignée *r*, le contenu de la cuillère est versé sur le receveur et gagne le siphon en contre-bas. Un coup d'œil suffit à convaincre de l'insalubrité de cet appareil.

Toute la surface du receveur et le dessous de la cuillère sont constamment éclaboussés et salis ; l'eau projetée ne peut produire aucune *chasse ou lavage* sur les parois auxquelles il est en outre impossible d'atteindre pour les nettoyer. La partie immergée de la cuvette est vite détériorée et imprégnée d'urine.

La seule ressource est de déposer l'appareil, de le démonter et de passer les pièces au feu.

A l'état de repos, les odeurs sont bien arrêtées par l'occlusion de la cuillère, mais peuvent encore se frayer un passage par le trou de l'axe de cette cuillère.

De plus, chaque fois que par le tirage de la poignée on abaisse la cuillère, une bouffée d'odeurs venant du receveur fait irruption dans la pièce. Lorsque l'appareil a servi quelque temps, ces bouffées

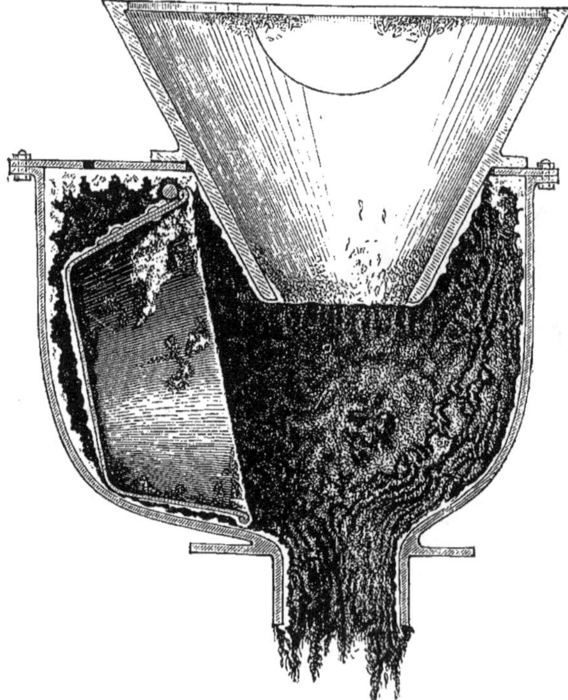

Fig. 149
Coupe d'un vieux pan-closet.

deviennent intolérables. Il a été réservé dans le haut du receveur à titre de perfectionnement, un trou pour un tuyau d'évent sans le secours duquel l'air serait absolument clos entre les deux occlusions du siphon et de la cuillère.

Pour être encore de vente à Londres et en province, il faut que cet appareil ait la vie dure. Aussi pour mettre un clou de plus à son cercueil j'ai reproduit (figure 149) l'image fidèle d'un vieux pan-closet.

La surface de contamination d'un pan-closet, sans comprendre la cuvette, représente environ 46 ^{dq}, soit plus de quatre fois celle d'un bon closet à clapet, et tandis que l'eau de ce dernier peut faire *chasse* sur toutes ses parois pour obtenir un parfait nettoyage, celle du pan-closet ne donne aucun lavage.

Notre garde-robe ressemble, par certains côtés, au pan-closet anglais, mais avec moins de défauts peut-être que celui-ci ; elle est si connue qu'elle rend toute description superflue.

Sans prétendre remplir au même titre que l'appareil à siphon et chasse d'eau les conditions dictées par l'hygiène moderne, sa consommation d'eau très réduite en a fait un appareil très précieux, dont les résultats, à d'autres points de vue, sont néanmoins assez satisfaisants.

Son application, loin d'être délaissée, est quelquefois indispensable dans certains cas, surtout en province ou à la campagne, où l'on ne dispose pas de beaucoup d'eau et encore moins de moyens pour l'évacuer ; il n'est donc pas inutile de parler un peu de son installation, en écartant toute critique, quant à l'appareil lui-même.

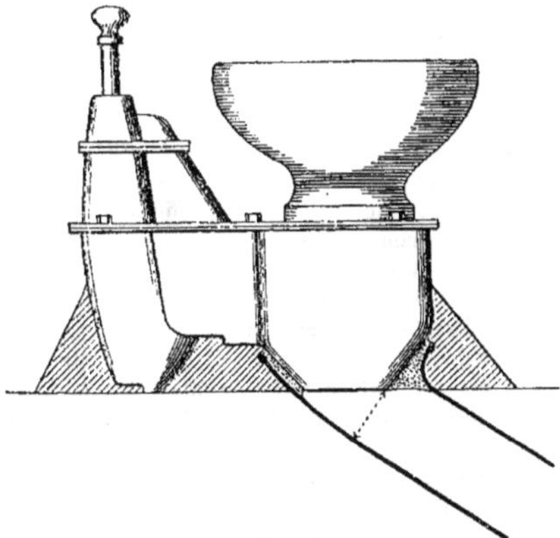
Fig. 1

L'emploi des garde-robes exige des diamètres de chute de 0,135 à 0,16 et des pipes en plomb à peu près de même diamètre avec de fortes pentes, voisines de 45°. Ces pipes sont évasées pour y asseoir le soubassement de l'appareil sur joint de ciment ; le restant est bloqué par un massif en plâtre.

Un défaut assez commun est signalé par la figure 1 qui fait voir comment est réduit le passage utile de la pipe, au lieu d'être respecté, comme dans la figure 2.

Nous ne considérerons ici que les gardes-robes avec alimentation d'eau.

Les unes sont alimentées directement par la conduite ou colonne montante, et sont désignées par garde-robes à *effet direct*, les autres le sont par un petit réservoir rempli au broc ou, automatiquement, par un flotteur. Ce dernier moyen oblige à mettre un trop-plein au réservoir et ce trop-plein est souvent une cause d'erreurs graves.

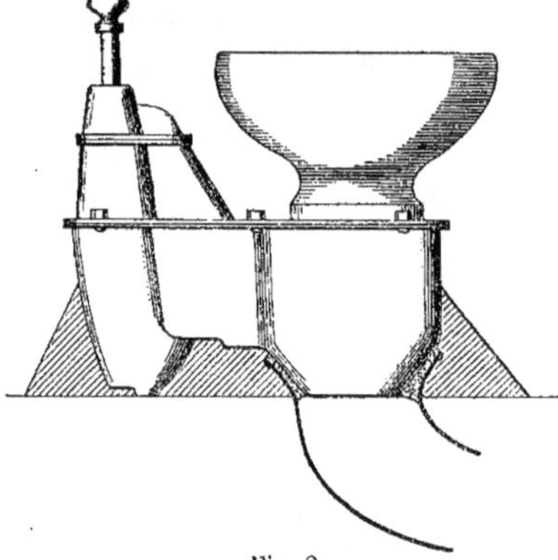

Fig. 2

On est rarement à même de faire dégager ce trop plein en dehors comme dans la figure 211, d'autant plus que ce procédé, quoique très pratique comme avertisseur, a l'inconvénient de salir le mur.

Les uns se contentent de faire plonger le trop-plein à l'intérieur du réservoir, mais ce siphon est susceptible d'être amorcé par la fuite du flotteur ou d'être laissé à découvert par l'eau et de permettre aux odeurs de passer, si le réservoir est à sec.

D'autres greffent ce trop-plein sur la pipe, en interposant un simple siphon ; mais l'évaporation a bientôt absorbé l'eau du siphon et les odeurs reviennent par ce trop-plein.

Le meilleur moyen, à notre avis, est de donner à ce siphon une plongée spéciale de 0,12, 0,15 ou 0,20 et de l'alimenter par un petit tuyau branché sur l'effet d'eau de la cuvette.

Ceci a cependant le tort de laisser couler l'eau en trop-plein sans avertir de la fuite.

On peut alors tronquer ce tuyau de trop-plein et le faire tomber dans une petite cuvette en zinc laissant voir ou entendre l'eau qu'elle reçoit. Lorsqu'il y a intérêt à barrer l'eau dès que le trop-plein fonctionne, parce qu'il serait capable, par exemple, de remplir une fosse en peu de temps, il est même nécessaire de placer au-dessus du réservoir un petit avertisseur électrique actionné par un petit flotteur ou tout autre dispositif.

Les garde-robes dites à *effet direct* raccordées sur colonnes montantes suppriment l'embarras et l'inconvénient du réservoir, de son flotteur et de son trop-plein. Elles peuvent néanmoins fuir longtemps sans rien signaler et comportent, par contre, les inconvénients de tous les appareils sur pression directe.

A la campagne, le réservoir est préférable, car si l'on n'est que de passage, on peut se contenter de faire remplir le réservoir sans mettre toutes les conduites en charge.

Il est à remarquer aussi qu'il existe un grand nombre de garde-robes munies de réservoir qu'on alimente d'abord au broc et que ces réservoirs ont, par la suite, été dotés d'un flotteur qui imposait, dès lors, l'établissement d'un trop-plein ; il y a donc lieu, dans ce genre d'installations, de se garder des écueils signalés.

Les sièges des garde-robes sont pour la plupart très mal établis ; rien n'est plus répugnant que le dessous de ces sièges et ce qu'ils abritent, gravois imprégnés d'urine, toiles d'araignées, etc.., etc.., la lunette est souvent circulaire et très petite, de 0 m. 25 environ, au lieu d'être découpée en ovale ; elle est aussi mal placée au-dessus de la cuvette et n'assure pas la chute des matières dans l'eau de la valve. Les menuisiers se croient obligés de clouer tout ensemble et de multiplier les vis, quand ils construisent un siège démontable ; pour le moindre examen ou la recherche d'odeurs quelconques, on est obligé, à chaque instant, d'avoir recours à un ouvrier.

Sans rien ou presque rien changer à son principe, la garde-robe pourrait être encore notoirement améliorée à bien des égards. Ainsi une simple plaque de faïence, comme celle de la figure 174, rapportée sur la cuvette *ovale* d'une garde-robe, permettrait l'ajustement d'un siège avec tous les avantages expliqués au chapitre XIV.

CHAPITRE XIV

APPAREILS A CLAPET

Supériorité du closet à clapet. — Closet à clapet « Optimus ». — Appareil à simple siphon et cuvette. — Description du closet à clapet. — Trop-plein. — Trop-plein siphonné. — Supériorité de l'appareil à simple siphon comparé à un closet à clapet défectueux. — Closet à clapet considéré comme vidoir. — Adaptation de l' « Optimus » au service de vidoir. — Plaque en faïence ou tablette-vidoir indépendante. — Sièges fermés et leurs avantages. — Closet « Optimus » genre socle ou piédestal.

Le type du closet à clapet, à la condition d'être parfait sous tous les rapports, est celui qui convient le mieux comme appareil privé ou de luxe aux hôtels, villas, maisons de campagne, etc.., dont le service est exposé à être interrompu d'une façon prolongé.

Fig. 150
Appareil à clapet « Optimus » montrant le trop-plein D contourné par la couronne à chasse d'eau.

Mon closet « Optimus », réunissant, à cet égard, les derniers perfectionnements possibles, semble tout indiqué pour cet usage.

Les modèles des figures 150-153, 157-161 et 165-166 sont établis pour répondre aux différentes positions et circonstances. Ce closet a été installé dans les résidences royales et princières, dans un grand nombre d'hôtels particuliers, de clubs, d'hôtels, de villas, etc., et dans les coins du Royaume-Uni et du Continent. Il obtint une médaille d'or à l'Exposition française de 1889.

Je lui ai apporté entre autres, jusqu'en 1892, les perfectionnements suivants :

a) A la cuvette, substitution de la plaque de distribution ou queue de carpe par un *rebord* ou couronne à effet d'eau et une plus grande section au robinet d'alimentation.

Cette cuvette avec rebord fût, à l'époque, une innovation en Angleterre, et créa au potier qui la fit de sérieuses difficultés de fabrication.

b) Garniture du clapet avec une rondelle en caoutchouc d'un remplacement facile par le premier plombier venu.

c) Améliorations diverses à la boîte du clapet C et à ses accessoires.

d) Augmentation de la sortie de la cuvette.

e) Trop-plein vertical D de la cuvette contourné, à l'orifice, par le rebord à effet d'eau.

f) Confection en une seule pièce de la cuvette et de la plaque autrefois indépendante (fig. 157).

g) Raccordement du trop-plein sur la tubulure d'évent, en contre-haut du clapet et lavage de ce trop-plein à chaque tirage de poignée.

Les avantages principaux qui plaident en faveur de cet appareil sont :

1. — Le plan d'eau, dans la cuvette, d'une grande surface et supérieur même à l'ouverture du siège, pour préserver les parois de toute contamination.

2. — Le volume d'eau assez grand et assez profond pour recevoir, diluer et évacuer les matières comme dans une enveloppe liquide.

3. — La suppression des odeurs par l'immersion immédiate des matières.

4. — L'efficacité de la chasse d'eau produite sur le siphon et le tuyau par la décharge rapide et complète du volume de la cuvette et du débit simultané du robinet.

5. — L'absence de perte d'eau par l'évaporation par suite d'ab-

sence prolongée, en raison des deux obturations. L'eau de la cuvette serait épuisée avant celle du siphon (fig. 153), qui peut durer cinq à six mois. Il est à noter qu'un siphon ventilé à son sommet ne conserverait pas aussi bien son eau, car la *ventilation agirait trop directement*; il gagne à ce que cette ventilation soit faite à une certaine distance comme en E (fig. 151), ou TV (fig. 153).

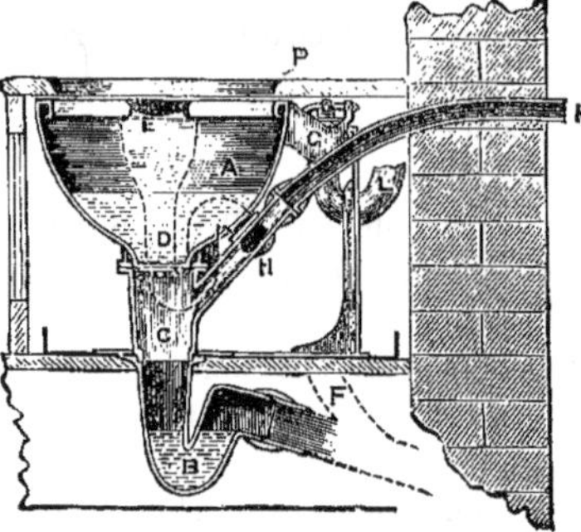

Fig. 154
Coupe verticale et transversale du même appareil montrant le siphon du trop-plein ED en pointillé; le tuyau d'évent HK, de la boîte du clapet C, qui traverse le mur de face; le siphon anti-D B, et sa ventilation F.

6.— L'appareil étant indépendant du siphon, peut être déposé pour être réparé sans exposer la maison aux émanations du tuyau.

7. — Enfin un point important à retenir est l'emploi du *siphon en plomb* qui, par une soudure avec la pipe, donne une grande garantie de solidité et de durée.

Avec un appareil à simple siphon, il arrive que la chasse d'eau n'est pas toujours suffisante pour débarrasser tous les points contaminés de la cuvette; les quelques parcelles de matières restées ainsi s'étalent par une sorte de capillarité et peuvent contribuer à infecter l'air dans une certaine mesure.

De plus, en supposant que, pour une raison quelconque, les gaz de la chute ou de la canalisation soient parvenus à passer de l'autre côté du siphon, ces gaz seraient vite évacués par l'évent HK de la cuvette.

L'avantage des deux obturations et du tuyau d'évent, comparés au closet à simple siphon, est surtout appréciable pour les installations susceptibles d'être abandonnées plusieurs semaines ou quelques années.

Avec une cuvette profonde, comme celle des fig. 150 et 151, les matières sont reçues dans un volume de quatre litres d'eau, pour disparaître dès que la poignée est soulevée.

Comme l'indiquent les figures 153 et 154, le tuyau d'évent de la boîte du clapet doit déboucher à l'air libre, en un point K situé à

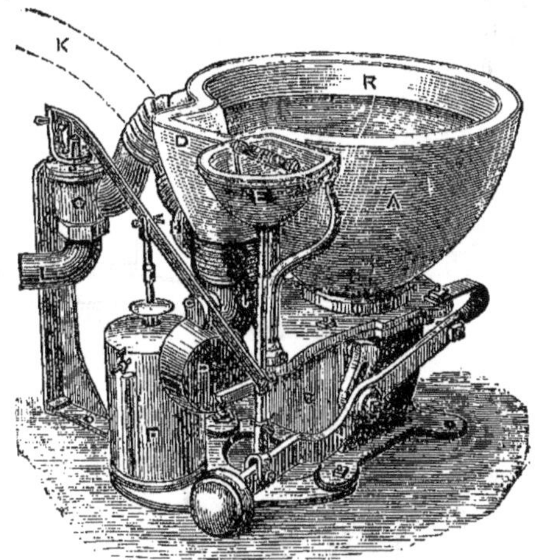

Fig. 152
Appareil Optimus, vu du côté du robinet d'alimentation.

LÉGENDE DES FIGURES 150 et 152

A. — Cuvette profonde en faïence avec rebord à chasse d'eau.
B. — Clapet avec rondelle en caoutchouc, fermant l'eau de la cuvette.
C. — Boîte du clapet, en fonte émaillée intérieurement.
D. — Trop-plein vertical avec effet d'eau à l'orifice fourni par le rebord même R de la cuvette. Le siphon de ce trop-plein B est relié à la tubulure d'évent en R (fig. 153), au lieu d'être branché directement sur la boîte du clapet ainsi que cela se faisait autrefois (fig. 156).
E. — Petite coupe en faïence pour loger la poignée de tirage.
F. — Soufflet régulateur avec enveloppe en cuivre, pour régler la hauteur d'eau dans la cuvette.
G. — Robinet d'alimentation à raccord. Les trois sections différentes de ce robinet 0,025, 0,031, 0,038, correspondent aux diverses pressions. Cette dernière section peut donner environ de 4 à 5 litres à la seconde sous une faible pression.
K. — Tubulure d'évent de 0,04 à 0,05. Cette tubulure devra toujours s'ouvrir directement à l'air libre.
N. — Levier actionnant le clapet de la cuvette.
P. — Contre-poids en fonte opérant la fermeture de l'appareil.

ıelque distance des fenêtres, mais il n'est pas nécessaire de le onter à la hauteur des combles.

Ce tuyau d'évent a une grande importance : il empêche le siphonnage du siphon du trop-plein en donnant, à l'air, le moyen de se dégager ; enfin il assure une issue aux odeurs pouvant accidentellement provenir du siphon en contre-bas, par exemple, lorsque la poignée étant insuffisamment levée, les matières n'auraient pu être évacuées.

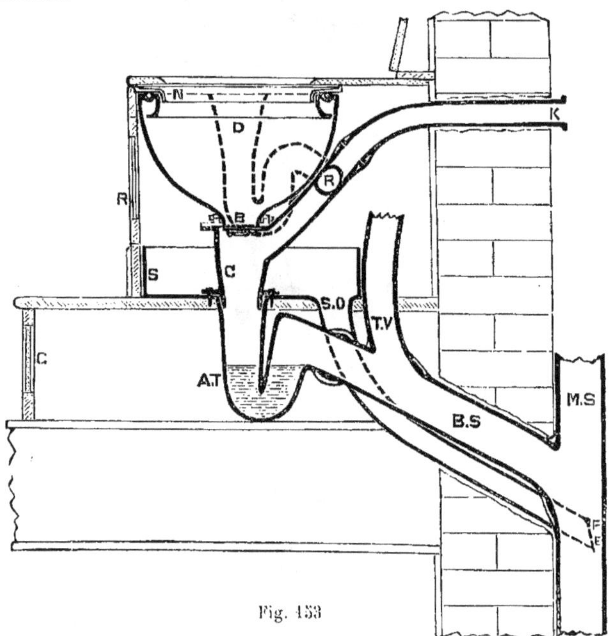

Fig. 153

Coupe de l'appareil « Optimus », montrant le tuyau d'évent ouvert à l'atmosphère et le siphon du trop plein raccordé sur cet évent. — La marche sur laquelle repose l'appareil n'est pas nécessaire.

Il est à remarquer que le raccordement du trop-plein, au lieu de se faire directement sur la boîte du clapet et d'être, par suite, exposé au reflux des décharges de la cuvette, se fait sur la tubulure d'évent en contre-haut du clapet ; c'est-à-dire que le siphon de ce trop-plein se déverse dans un tuyau propre ouvert à l'air libre par son extrémité, comme il est montré en K.

Afin d'éviter à ce trop-plein toute contamination, il est juxtaposé à la cuvette et, à part le petit trou destiné à limiter la hauteur d'eau de remplissage, il ne communique avec celle-ci que par le haut, de sorte qu'elle doit être remplie jusqu'au bord pour déborder. Ceci est d'une très grande importance, vu que les domestiques vers en

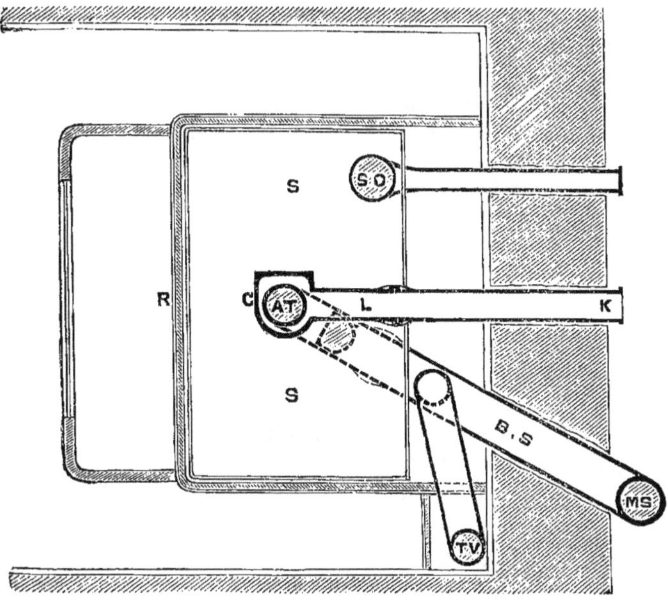

Fig. 154
Plan indiquant la position de la boîte du clapet avec son évent LK ; le siphon AT, tuyau de chute et branchement BS ou MS ; ventilation du siphon TV ; trop-plein du terrasson SO ; R la marche, quand elle est nécessaire.

LÉGENDE DES FIGURES 153 et 154.

D. — Siphon du trop-plein raccordé en R à la tubulure d'évent.
A.T. — Siphon Anti-D.
B.S. — Pipe ou branchement de chute.
T.V. — Ventilation du siphon.
V.B.V. — Boîte du clapet, aéré en K.
S. — Terrasson en plomb avec reliefs de 0,12 à 0,15.
S.O. — Ecoulement du terrasson en plomb de 0,050 mm. de diamètre.
Ce tuyau doit déboucher librement au dehors et porter à son extrémité un petit clapet destiné à en fermer l'accès aux oiseaux et empêcher tout courant d'air.

quelquefois, dans l'appareil, le produit des vases de nuit qui ne manque pas d'infecter ce trop-plein. Cet inconvénient n'a pas lieu avec le dispositif de l' « Optimus » dont le trop-plein est en outre abondamment lavé par l'effet d'eau, à chaque tirage de poignée, comme il est indiqué aux fig. 150 et 153.

Supprimer ce trop-plein et le remplacer par un tuyau *indépendant* allant se jeter dehors serait un remède pire que le mal. Il n'est pas d'ailleurs nécessaire de s'arrêter à cette solution dont les défauts sautent aux yeux sans commentaires.

Fig. 155 Exemple de trop-plein de cuvette mal siphonné.

Il faut aussi condamner, comme défectueux, tout trop-plein formé de petits trous pratiqués sur le côté de la cuvette. Il en est de même des trop-pleins siphonnés comme dans la figure 155, qui ont une plongée dérisoire et sont, par leur position même, exposés au reflux des décharges de l'appareil et obstrués à chaque instant.

Je préfère donc un w. c. à simple siphon, doté de bonnes chasses d'eau, à un appareil à clapet qui pêcherait par les différents détails signalés ci-dessus : — (*a*) fabrication inférieure ; (*b*) cuvette imparfaitement lavée (effet d'eau par queue de carpe) ; (*c*) siphon de trop-plein ayant une plongée insignifiante comme à la fig. 155 ; (*d*) boîte du clapet oxydable et encrassable ; boîte de clapet sans tuyau d'évent ; (*f*) siphon de l'appareil d'un nettoyage défectueux.

Lorsque pour plusieurs raisons, le w. c. est appelé à fonctionner comme vidoir et recevoir le produit des vases de nuit, seaux de toilette, etc.., il est mieux d'adopter le modèle dit « Optimus E » (fig. 157), construit dans ce but spécial.

Le dessus de la cuvette R forme une plaque rectangulaire que le siège devra encadrer (fig. 158).

On fait, au pourtour et principalement en avant, un calfeutrement étanche au moyen d'une baguette en acajou recouvrant le bord de la plaque posée sur joint de céruse et vissée sur les arêtes du bois. Cette baguette a encore pour objet de protéger la faïence du heurt des seaux, etc... (Voir les fig. 159 et 160).

En raison de l'impossibilité, pour les domestiques, de vider dans l'appareil et de tenir en même temps la poignée levée, la capacité de la cuvette (fig. 157 et 161) correspond à celle d'un seau ordinaire. Ces appareils ont été posés en grand nombre, comme w. c.

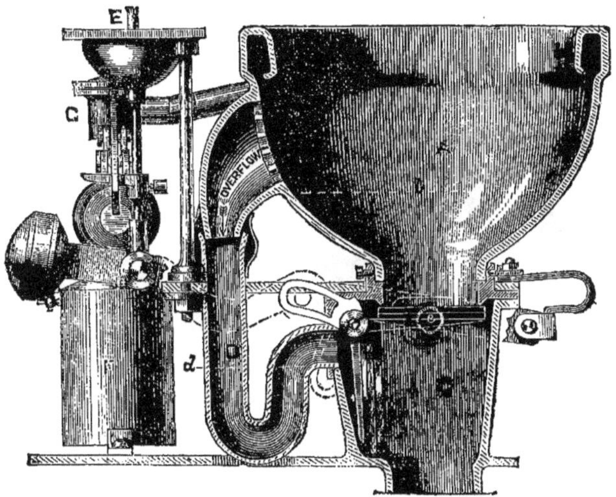

Fig. 156
Coupe du même valve-closet avec ancien dispositif de trop-plein de cuvette, inférieur à celui de la fig. 151.

Fig. 157
Optimus (E) avec dessus carré, adapté pour servir de vidoir.

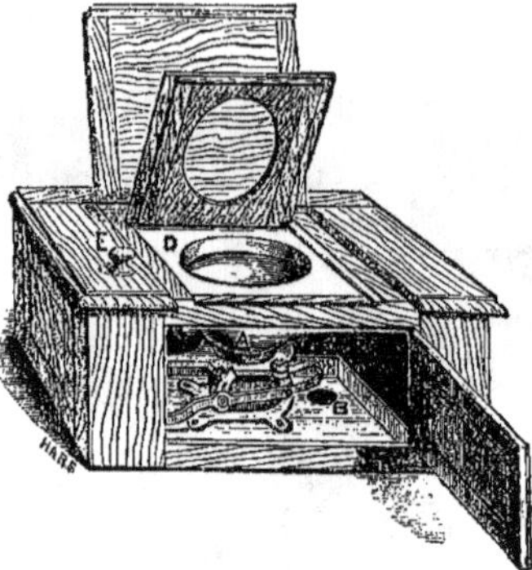

Fig. 158
Le même appareil enfermé dans un siège en acajou, avec abattant, bouton de tirage, etc.

et vidoirs combinés ; il en existe un chez moi, en particulier, sous ma surveillance depuis plusieurs années et jamais la moindre éclaboussure n'est passée sous le siège qui est resté aussi propre et aussi intact qu'au premier jour.

L'appareil de la figure 161 est de tous points semblable à celui de la figure 157, sauf que le devant de la cuvette est un peu plus allongé, pour saillir de 0,08 à 0,10 sur le restant du siège, dont le soubassement est contourné à la demande. L'encadrement et le calfeutrement est le même que dans le cas précédent. Le but de ce dispositif est de permettre aux Messieurs d'uriner avec plus de commodité, *en s'asseyant sur le siège un peu plus en arrière*.

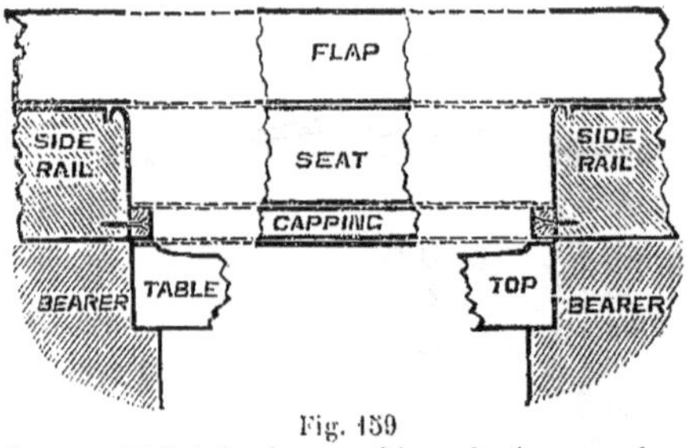

Fig. 159
Coupe et détail de la plaque en faïence du closet avec les feuillures et calfeutrement du halage.

Cet appareil est surtout destiné aux rez-de-chaussées où les sièges fermés sont préférables, et pour l'usage des personnes désirant pouvoir *s'aider des mains* pour se relever en s'appuyant sur le siège.

Il était d'usage dans ces dernières années de se servir, dans le même ordre d'idées, de plaques indépendantes en faïence (fig. 162) se posant sur des appareils ordinaires ou quelconques, entourés de sièges fermés. La pratique n'a pas tardé à démontrer que ces plaques n'arrêtaient que très imparfaite-

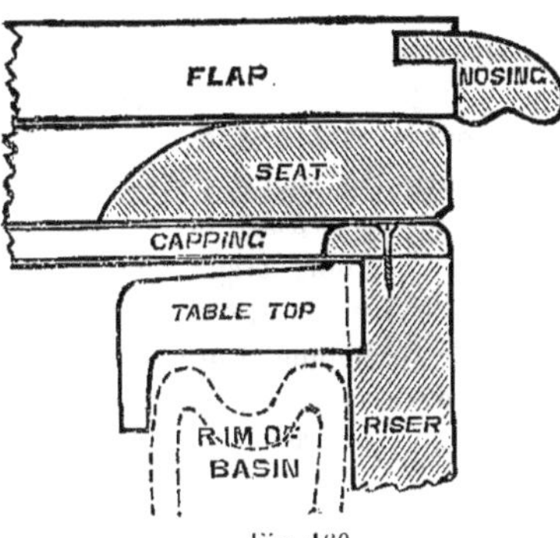

Fig. 160
Coupe de profil.

ment le passage sous le siège des éclaboussures, qui finissaient, à la longue, par créer un véritable foyer d'infection.

La figure 163 fait voir un tirage monté avec bouton E, quelquefois préférable aux poignées qui se trouvent dans une coupe logée dans le siège ; le siège pouvant être alors complètement fermé, atténue toujours un peu le bruit de l'appareil.

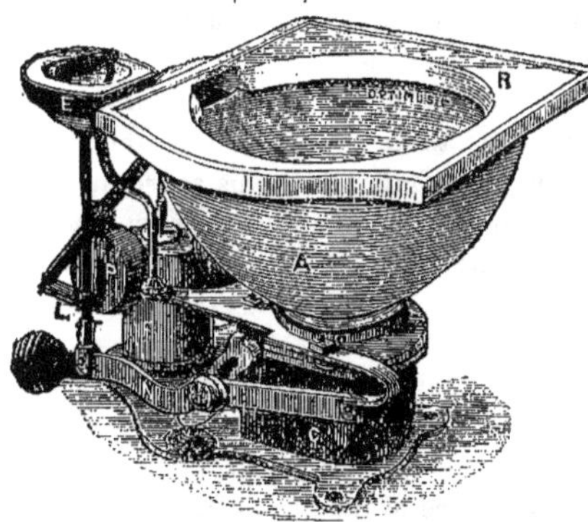

Fig. 161
Le même appareil avec le dessus arrondi en avant.

Question de mode à part, on ne saurait s'expliquer ni admettre, pour l'usage des dames, des appareils dits « Piédestaux », comme ceux de la figure 186, apparents et librement exposés de tous côtés, tandis qu'il serait si peu coûteux de mieux faire.

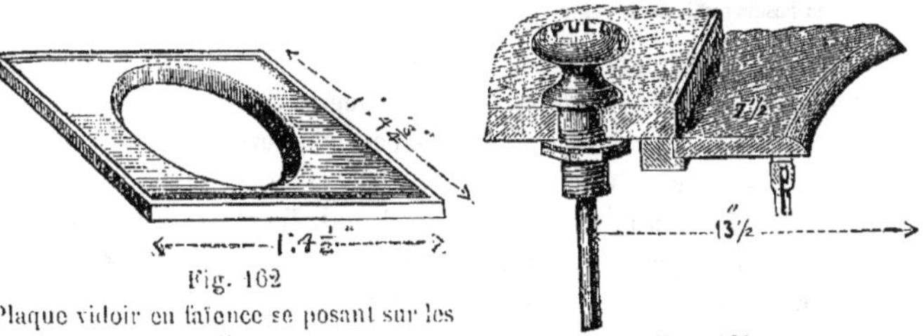

Fig. 162
Plaque vidoir en faïence se posant sur les appareils w. c.

Fig. 163
Bouton de tirage fixé sur un siège.

Avec ce genre d'appareils, en effet, les Messieurs sont assez tentés de s'en servir pour uriner, mais, vu la hauteur, ils ne peuvent le faire sans quelque petite maladresse ni quelques gouttes répandues çà et là sur le sol, qui est souvent mouillé, d'autre part, quand on vient vider les seaux de toilette ou autres. La robe d'une dame est donc appelée à essuyer toutes ces égouttures et à se trouver tachée; la chose est encore plus désagréable, si, au lieu d'une robe ordinaire, c'est une robe de bal ou de cérémonie. Pareil inconvénient n'existe pas avec un siège fermé qui, dans toute bonne maison, est toujours bien entretenu.

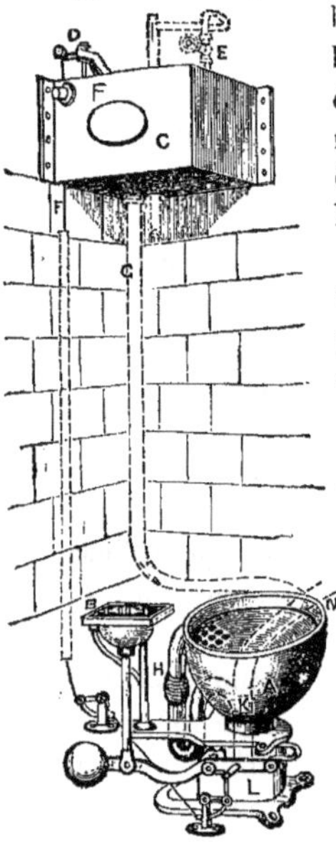

Il faut bien reconnaître, en outre, que la vue de ces appareils (fig. 179 et 186) est plutôt désagréable et choquante pour une dame.

Un siège fermé, comme dans la fig. 158 ou dans toute la largeur du cabinet, est bien plus confortable, plus sourd au bruit de l'appareil, et d'apparence plus décente. Il donne un point d'appui aux mains de chaque côté, et permet aux robes de s'étaler librement à droite et à gauche *sans toucher à terre*. Mais ce siège doit être très *convenablement établi*; autrement, l'appareil genre Piédestal *est préférable*.

Fig. 164
Appareil Optimus installé avec réservoir à débit réglé.

Un autre avantage des Optimus (E et F, fig. 157, 161 et 165) permettant aux sièges d'être ajustés avec précision, est de supprimer tout courant d'air froid venant du dessous, et d'empêcher les effluves de la personne qui fait usage de l'appareil, de se répandre sous le siège et d'y séjourner plus ou moins longtemps, suivant l'état de l'atmosphère.

J'ai construit l'Optimus G (fig. 165) avec entourage en faïence pour en faire un w. c. genre piédestal. Il est assez résistant pour supporter le poids d'une personne sans le secours de consoles ou d'aucun support. Le dessus est en faïence d'une seule pièce avec la cuvette; il encadre et *recouvre en trois sens* le soubassement, également en faïence.

Un siège abattant vient s'appliquer dessus et le dormant est assujetti à l'arrière sur joint de céruse. Cet appareil réunit les avantages des closets Optimus E (fig. 157) déjà décrits et C (fig. 166 et 169).

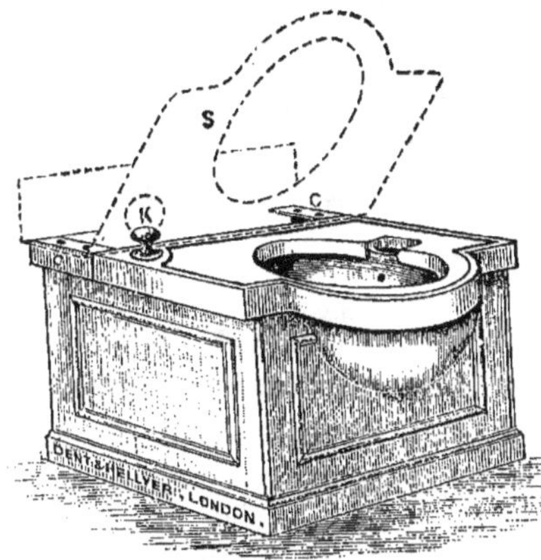

Fig. 165
Appareil Optimus G formant socle, avec cuvette saillante et soubassement en faïence.

Il se prête peut-être moins bien à l'usage de vidoir car il n'a pas de baguette en bois pour le protéger du choc des seaux, mais il constitue un excellent urinoir, à cause de la saillie de sa cuvette. Il convient surtout aux malades et aux infirmes qu'on peut, de la sorte, *soutenir de chaque côté.*

Un autre closet à clapet, genre Piédestal est représenté dans l'Optimus « C » (fig. 166-169).

De même que dans le

Fig. 166
Appareil Optimus C ou closet à clapet faisant socle, vu de face.

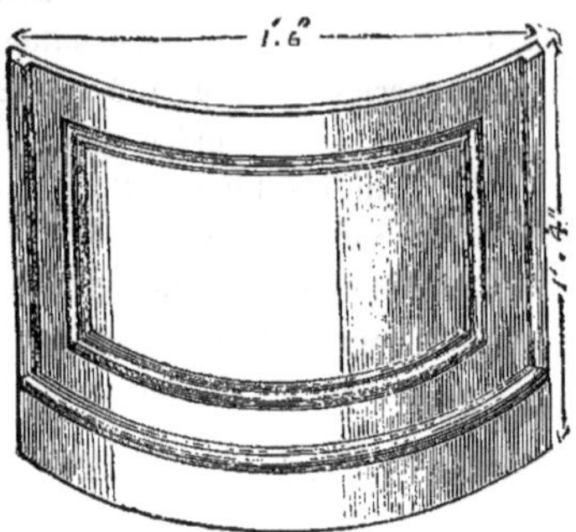

Fig. 167
Ecran en faïence.

précédent, la boîte du clapet G et la cuvette A sont en faïence très épaisse afin de supporter le poids d'une personne. Le siège abattant D recouvre l'appareil.

Le dessus de l'appareil est très étroit à l'avant et comporte tout autour une sorte de cordon ou rejingo; en dessous est un larmier forçant à se détacher les quelques égouttures accidentelles.

Un écran en faïence (fig. 167)

Fig. 168
Aspect du siège précédent, isolé des murs latéraux et posé sur carrelage.

vient, si l'on désire cacher le mécanisme de l'appareil, se placer comme il est indiqué en A (fig. 168). Cet écran peut être en acajou, mais la faïence est meilleur marché. Les côtés peuvent aussi être fermés par des panneaux en menuiserie.

Fig. 169
Le même appareil avec petit réservoir au-dessus.

Le trop plein D (fig. 166) est assez large pour éviter un terrasson creux, lorsque l'appareil est posé sur un sol carrelé, comme aux figures 166 et 169. Mais si l'alimentation est prise sur un grand réservoir, ou, si la pression est assez forte, il sera plus prudent d'assurer au sol un écoulement allant au dehors, avec une grille à l'orifice comme en K (fig. 168) et O.P en plan (fig. 171). Cette tubulure de trop-plein aura de plus pour effet d'amener de l'air frais et de ventiler le cabinet.

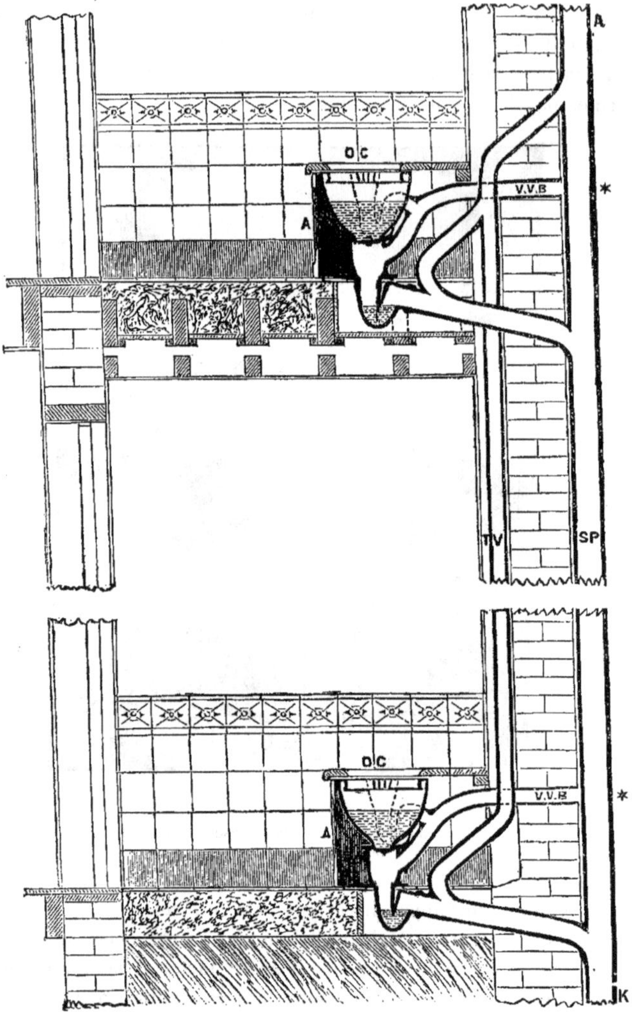

Fig. 170
Coupe montrant une série d'Optimus installés. — Les tubulures d'évent V.V.B sont ouvertes à l'air extérieur et comportent souvent un petit croisillon en about.

Un bon mode d'alimentation de ces appareils est de placer un petit réservoir de la valeur de trois ou quatre chasses d'eau, soit dans la pièce (fig. 169) soit en dehors, pour séparer l'alimentation du closet de l'alimentation de boisson, etc., réduire la pression et assurer un meilleur service au robinet du closet.

On trouvera aux figures 170 et 171, en coupe et en plan, un type d'installation complète de deux ou plusieurs « Optimus » superposés. Le tuyau de chute tronqué en A est supposé se continuer jusqu'au dessus de la toiture.

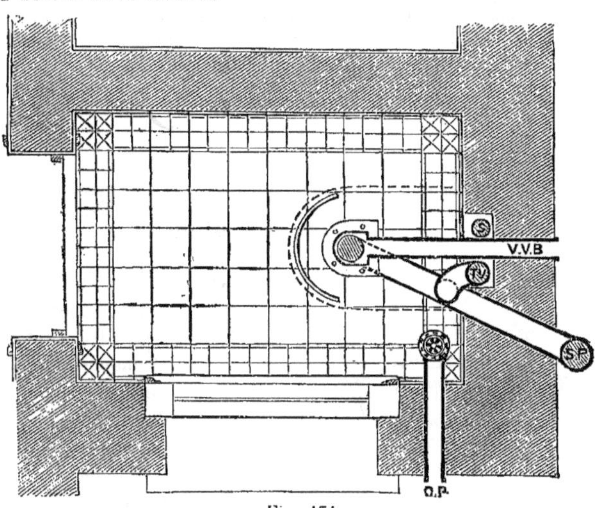

Fig. 171

Plan d'un cabinet représenté à la fig. 170

LÉGENDE DES FIGURES 170 et 171

A. — Ecran, comme à la figure 167.
OC. — Closet « Optimus » tel que figure 166.
OP. — Ecoulement du sol en plomb de 0,05.
S.P. — Tuyau de chute de 0,08.
TV. — Tuyau de ventilation en plomb de 0,05.
V.V.B. — Tubulures d'évent des boites à clapet librement ouvertes à l'atmosphère.

Les orifices des tuyaux d'évent V.V.B doivent être laissés *ouverts* à l'air libre et munis d'un croisillon pour en interdire l'accès aux oiseaux.

CHAPITRE XV

WATER-CLOSETS (*suite*)

Closets appropriés au service de vidoir pour les étages de domestiques et aussi pour remplacer, par économie, les closets à clapet.

Cuvette « hygiénique » avec plaque en faïence d'une seule pièce. — Jonctions de l'appareil avec la chute. — Siphon en plomb et siphon en faïence. — Jonctions soudées. — Joints au ciment. — Joints matés. — Joints à brides. — Joints faits avec une composition souple. — Alimentation des water-closets.

Question de dépense à part, les closets à clapet, décrits au chapitre précédent, ne sauraient convenir partout.

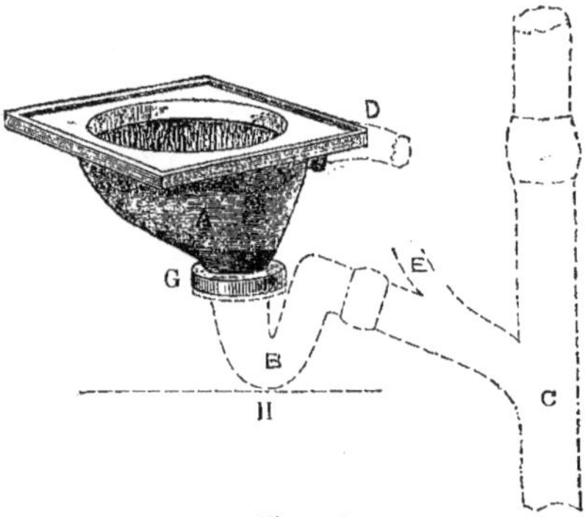

Fig. 172
Cuvette hygiénique avec plaque vidoir en une seule pièce, posée sur siphon « Anti-D » B et calotte en plomb G.

Dans certaines situations où l'appareil est d'un emploi journalier, assurant toujours au siphon sa provision d'eau, et lorsqu'il est appelé à fonctionner plus souvent comme vidoir que comme W. C. rien ne s'oppose à ce qu'il soit installé un appareil peu coûteux tel que celui de la figure 172. La cuvette

(1) Ces étages ne doivent pas être confondus avec nos étages de comble : les maisons étant particulières à une ou deux familles.

formant plaque à sa partie supérieure permet la pose d'un siège en menuiserie, *qu'on peut rendre étanche de la façon indiquée pour l'optimus E*, (figure 158).

Sous la cuvette est placé le siphon en plomb « Anti D », représenté en B, pouvant se *souder* avec la pipe en plomb.

La cuvette est assise sur une calotte en plomb G, épousant sa forme, rapportée et soudée au siphon dans la position qu'elle doit avoir. Le siphon repose sur une cale ou embase, H, en plomb coulé.

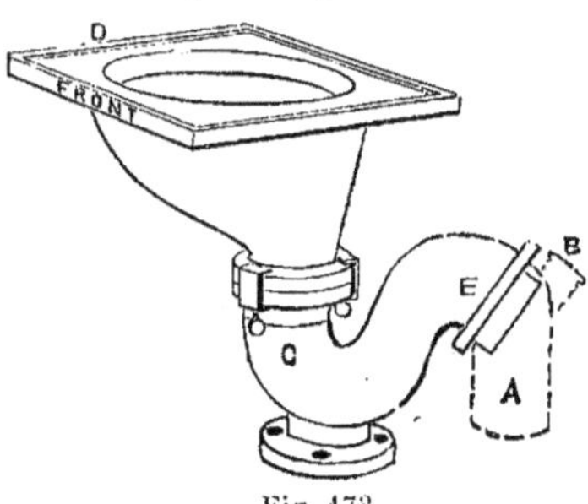

Fig. 173
Même cuvette posée sur siphon en faïence.

Pour faire le joint de la cuvette et de cette calotte, on enroule autour de la cuvette en commençant par le bas, du chanvre préalablement trempé dans la « composition souple » très chaude, puis on asseoit celle-ci en appuyant fortement et en chauffant en même temps le plomb et la faïence. L'intervalle est ensuite rempli de cette « composition » fondue à la lampe.

Si la chute est en fonte au lieu de plomb, plutôt que d'avoir recours au ciment, mastic, etc., on ajustera au siphon ou à la pipe une bague ou virole en cuivre pouvant supporter un joint coulé et maté. Voir figure 126.

La figure 173 représente la même cuvette se montant avec un siphon mobile, en faïence, pouvant s'emboîter dans un collet de fonte ou de grès et fixée avec joint de ciment. Je préfère de beaucoup le siphon en plomb à cause de la facilité de *soudure* avec la pipe.

Le siphon avec sortie à bride E (fig. 173) est souvent demandé, pour la facilité de son démontage. Cette bride est serrée contre le collet en plomb correspondant, sur une rondelle en caoutchouc, au moyen de griffes et de boulons de serrage. Des centaines d'appareils de ce genre ont été placés ainsi avec bon résultat. Cependant il peut arriver de temps en temps, soit que la bride en faïence casse sous l'effet du serrage, soit que le joint ne soit pas étanche par suite du collet en plomb mal battu et mal ajusté sur sa contre-partie en faïence. Avec un joint semblable, la prise de ventilation doit être faite sur le tuyau de plomb lui-même, comme dans la fig. 174.

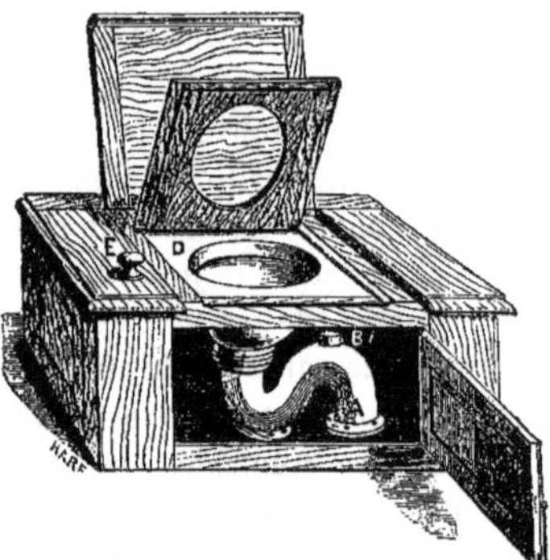

Fig. 174
Construction du siège à la demande de l'appareil (fig. 172-173).

Quelquefois, la sortie du siphon est oblique et se raccorde directement à la fonte par un joint de ciment Portland.

Quand, au contraire, la chute est en plomb, on fait intervenir, ainsi qu'il a déjà été dit, une emboîture en cuivre, soudée au plomb et raccordée à la faïence avec du ciment Portland, comme dans la figure 184.

Ce moyen, mettant en œuvre autant de matières hétérogènes, faïence, plomb, cuivre, ciment, ne peut que mal se prêter aux effets de dilatation et de contraction ainsi qu'aux vibrations et secousses du plancher, des tassements, etc.. Le « ciment élastique ou composition souple », convient le mieux à la réunion du plomb et de la faïence. Ce joint peut, s'il est convenablement fait, soutenir une certaine pression atteignant plusieurs mètres.

La sortie droite d'un siphon est plus facile à poser qu'une sortie à brides, car elle demande moins de précision et permet, au contraire, un certain jeu dans la mise en place.

Les closets des figures 171-174 peuvent fonctionner avec une chasse d'eau de 10 litres.

CHAPITRE XVI

WATER-CLOSETS (*suite*)

Appareils bon marché en deux pièces, à effet d'eau direct ou plongeant.

Vieille forme de cuvette pointue. — Nécessité pour un w. c. d'être salubre. — W. c. sanitaire à bon marché. — Cuvette conique. — Alimentation insuffisante. Closet « hygiénique » avec siphon en faïence. — Le même avec siphon en plomb. — Réservoir de chasse.

Tout à fait au début, le pan-closet était généralement considéré comme appareil d'appartement, de même que la vieille cuvette pointue était affectée au service des domestiques ou des communs. Mais le progrès aidant, l'usage a fait reléguer le pan-closet au service de la domesticité et la cuvette au tas de gravois.

Aujourd'hui on entend mieux les choses, et on veut exiger d'un w. c. quelconque d'être salubre, quelle que soit sa position et sa destination; la maison du pauvre doit posséder un closet salubre, aussi bien qu'une autre, en dépit de la dépense, car on trouve à fort bon compte de bonnes cuvettes et de bons siphons en faïence ; mais le prix de l'ancienne cuvette n'étant souvent que de 3 à 4 fr., il y a des chances pour qu'elle trouve encore beaucoup d'acquéreurs en province et ailleurs.

La cuvette de la figure 175 est un vieux modèle qui se faisait de deux grandeurs, l'une courte, l'autre longue, mais toutes deux aussi mauvaises.

Les parois de cette cuvette sont constamment salies par les matières qui sèchent et s'y attachent.

Le petit filet d'eau distribué en guise d'alimentation ne peut produire aucun lavage et ne sert à rien. Comment un appareil dans ces conditions, peut-il prétendre être salubre ! Il est surprenant d'en rencontrer par centaines tandis que le prix d'un closet de Beg ou de Sharp est à peine supérieur.

Fig. 175
Cuvette conique allongée (mauvaise forme).

La forme de ce dernier modèle se rapproche de celle de « l'Artisan » dont l'arrière est cependant un peu *plus droit* (afin de mieux assurer la chute des matières dans l'eau du siphon) et la couronne d'un effet d'eau différent.

Le but d'un w. c. n'étant, en somme, que de recevoir et de conduire les matières au tuyau de chute, il est évident que plus ses dimensions seront réduites, moins grande sera la surface de contamination, plus efficace sera le lavage pour une même quantité d'eau et plus propre sera l'appareil.

La figure 176 représente mon ancien w. c. « Artisan » appelé depuis « Hygiénique ».

Fig. 176
Coupe de la cuvette « Artisan » ou « Hygiénique ».

Sa cuvette est aussi petite que possible pour obtenir un meilleur lavage. Le rebord à chasse d'eau qui la couronne fait converger l'eau sur le siphon du côté de la sortie pour mieux entraîner tout.

Le siphon est indépendant, en faïence ou en plomb, et se pose au-dessus du plancher, où il est d'un accès facile.

La chasse s'y produit à merveille avec une dizaine de litres seulement, et n'est pas brisée comme dans les appareils à fond plat. On peut le placer, en l'enfermant dans un siège en menuiserie, dans les endroits les plus exposés au froid, car l'eau est trop basse dans le siphon pour y geler.

Le seul défaut à reconnaître est que les matières peuvent quelquefois toucher la partie antérieure de la cuvette, au lieu de tomber directement dans l'eau du siphon, mais une bonne chasse d'eau a tôt nettoyé la chose.

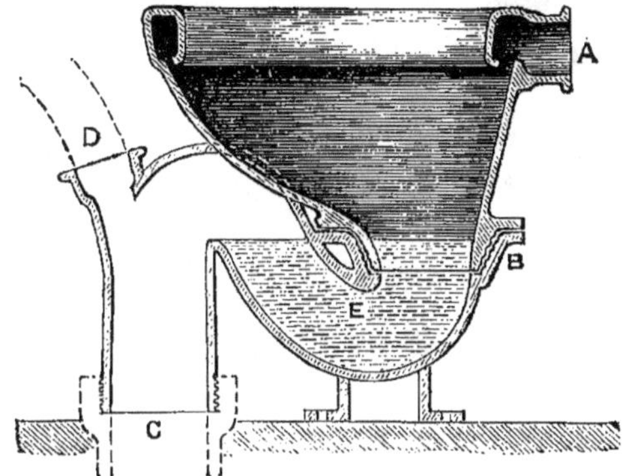

Fig. 177
Coupe d'un closet « Hygiénique » avec joints d'emboîture perfectionnés B et C.

La figure 177 représente ce même appareil avec siphon en faïence pouvant s'emboîter dans un tuyau de canalisation, au-dessus du sol; la plongée est d'au moins 0,031.

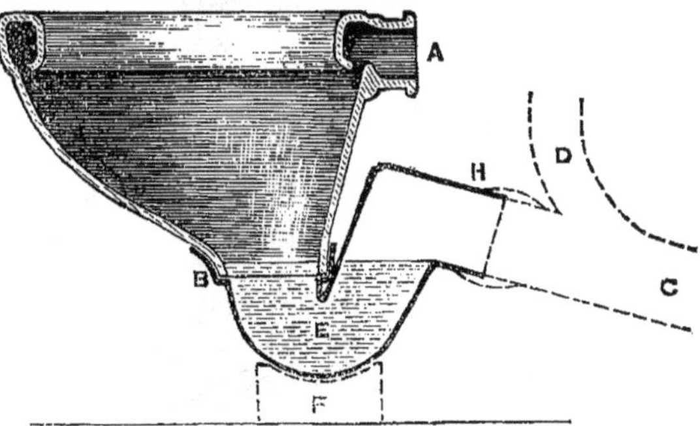

Fig. 178
Même appareil posé sur siphon en plomb, pour raccordement avec chute en plomb.

La figure 178 le montre posé sur un siphon en plomb, soudé à la pipe ; le closet est monté avec un réservoir de chasse à débit réglé.

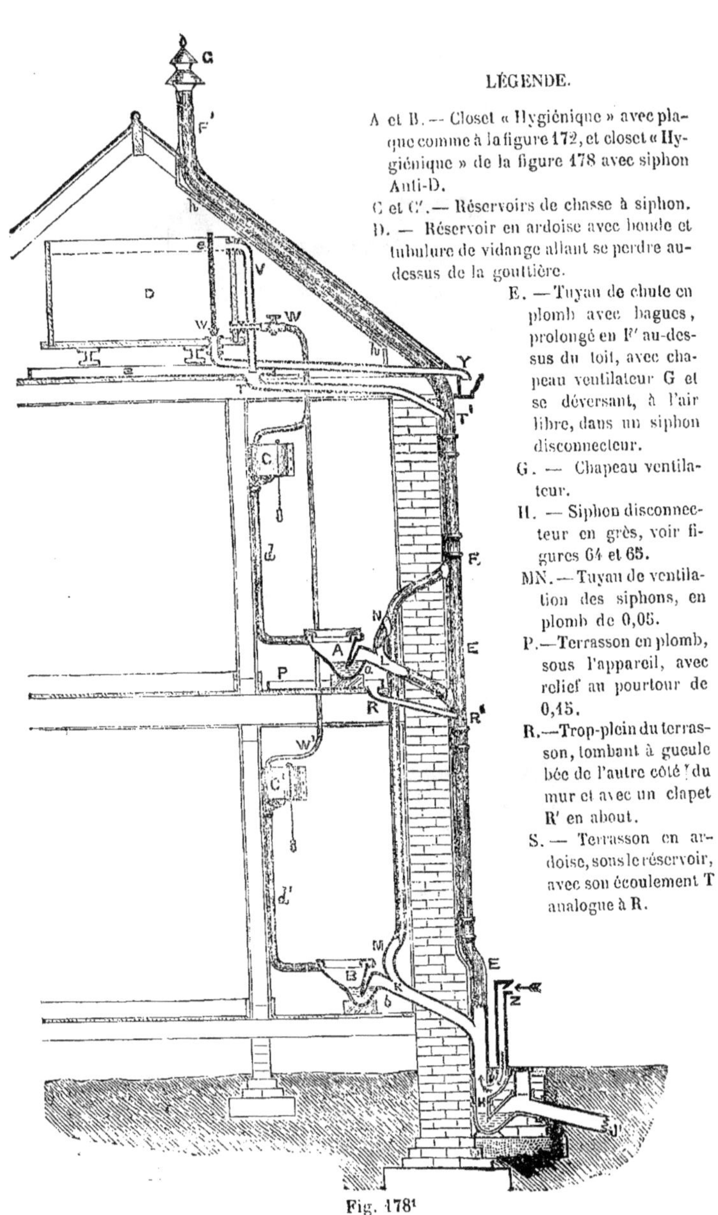

LÉGENDE.

A et B. — Closet « Hygiénique » avec plaque comme à la figure 172, et closet « Hygiénique » de la figure 178 avec siphon Anti-D.

C et C'. — Réservoirs de chasse à siphon.

D. — Réservoir en ardoise avec bonde et tubulure de vidange allant se perdre au-dessus de la gouttière.

E. — Tuyau de chute en plomb avec bagues, prolongé en F' au-dessus du toit, avec chapeau ventilateur G et se déversant, à l'air libre, dans un siphon disconnecteur.

G. — Chapeau ventilateur.

H. — Siphon disconnecteur en grès, voir figures 64 et 65.

MN. — Tuyau de ventilation des siphons, en plomb de 0,05.

P. — Terrasson en plomb, sous l'appareil, avec relief au pourtour de 0,15.

R. — Trop-plein du terrasson, tombant à gueule bée de l'autre côté du mur et avec un clapet R' en about.

S. — Terrasson en ardoise, sous le réservoir, avec son écoulement T analogue à R.

Fig. 178[1]

CHAPITRE XVII

WATER-CLOSETS (*suite*)

Closets piédestaux à effet plongeant, se posant sans siège fermé, et plus spécialement destinés à l'usage des messieurs et à celui de cabinet commun.

Variétés de closets piédestaux. — Difficulté de nettoyer les appareils décorés ou à reliefs. — L'« Hygiénique Piédestal ». — Raccordement des appareils avec les tuyaux de chute et les canalisations. — Réservoirs de chasse à siphon adaptés aux closets « Hygiénique ». — Supériorité, au point de vue du nettoyage, de l'« Hygiénique » à effet plongeant sur les autres appareils similaires à fond plat et garde d'eau. — Sièges appropriés aux closets piédestaux.

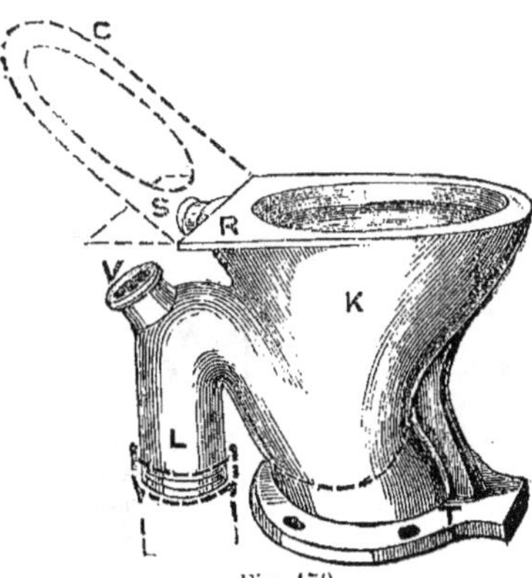

Fig. 179
Closet « Hygiénique Piédestal » (II) à sortie verticale pour raccord avec canalisation en grès ou chute en fonte et joint de ciment au-dessus du plancher.

Les appareils en une pièce avec base formant socle, et désignés sous le nom de closets piédestaux, se font de toutes les façons imaginables.

L'aspect extérieur en est souvent très lourd, et les ornements dont ils sont chargés outre mesure, tels que festons en creux et en reliefs, têtes de lion, de cygne, de chimère, rendent tout nettoyage et entretien impossible. J'ai fait cependant, à la requête de quelques clients, un modèle avec dessins en relief très légers et avec impressions en diverses couleurs (fig. 180

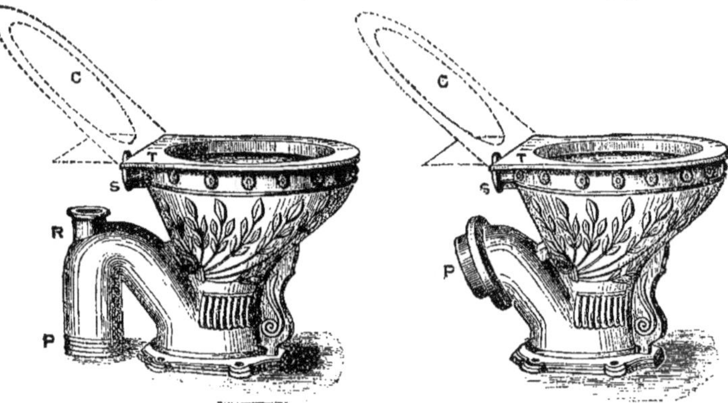

Fig. 180
Même modèle avec léger décor en relief.

Fig. 181
Le même avec sortie oblique, pour être raccordé avec pipe en plomb.

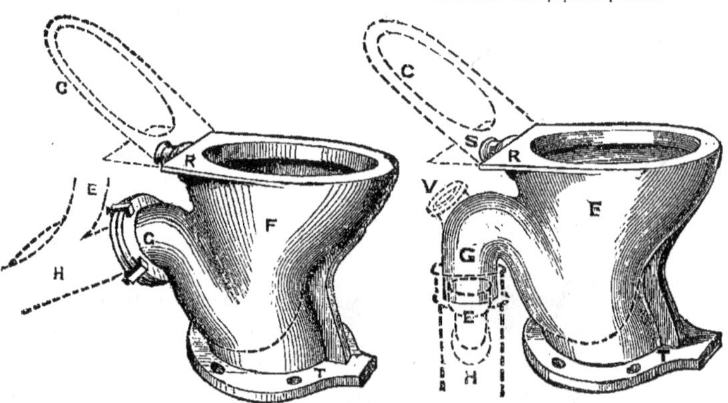

Fig. 182
Closet « Hygiénique Piédestal » (J) analogue au précédent mais tout uni.

Fig. 183
Closet « Hygiénique » (H) avec sortie droite tronquée, permettant d'orienter la pipe dans toutes les directions au-dessus du plancher ; le joint peut être fait à la composition souple.

et 181), mais j'aime mieux, pour ma part, une surface unie, sans couleurs, en blanc ou ton ivoire.

Cet « Hygiénique Piédestal » (fig. 179 à 184) se fait avec quatre sorties différentes, pour répondre aux divers emplacements de chute ou de canalisation dont l'importance des raccordements n'est plus à démontrer.

Pour supprimer, le plus possible, les raccordements avec la faïence, toujours assez susceptibles et souvent défectueux, et aussi pour faciliter la dépose éventuelle de l'appareil, il vaut mieux souder le tuyau de ventilation directement sur la pipe, comme en E (fig. 182) et TV (fig. 185).

Une sortie oblique est figurée (fig. 184) pour le cas où la pipe doit traverser le mur contre lequel s'appuie l'appareil. Quand la

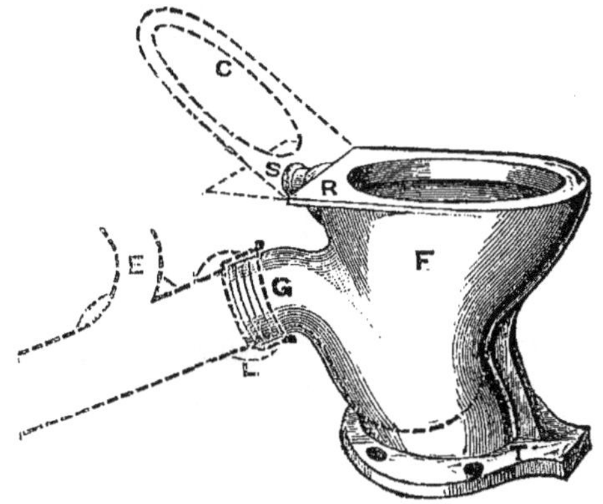

Fig. 184
Le même avec sortie oblique.

chute est en fonte et que le sol du cabinet est absolument ferme et exempt de vibrations, le joint peut se faire au ciment ; quand elle est en plomb, on soude à la pipe une emboîture en cuivre qu'on remplit de ciment Portland ou de « composition souple », si l'appareil est posé sur un plancher comme dans la figure 183.

Cependant, si la chute est en plomb, il est préférable, comme je l'ai déjà dit, d'avoir un siphon en plomb qu'on pourrait ainsi *souder* directement à la pipe.

J'ai créé, dans cet ordre d'idées, un modèle spécial de Piédestal (fig. 187), avec socle en faïence assez fort pour supporter le poids d'une personne ; un siphon en plomb indépendant vient s'appliquer

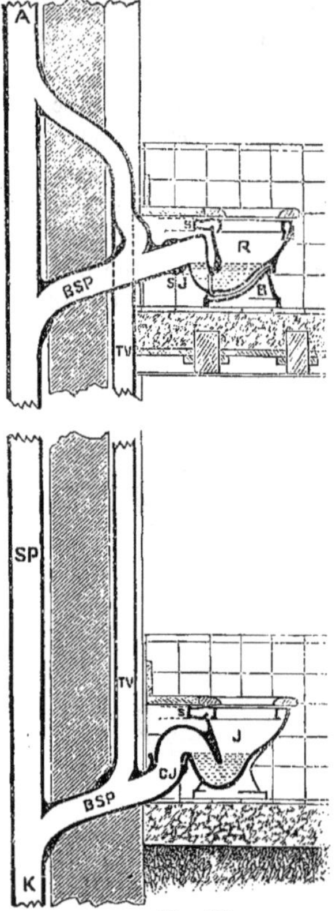

Fig. 185

Coupe de l'installation d'une série de closets « Hygiénique » avec tuyaux de chute et de ventilation, l'appareil J étant en faïence d'une seule pièce et R étant monté sur siphon en plomb, avec embase ou socle en faïence indépendant comme à la figure 187.

Fig. 187

Closet « Hygiénique Piédestal » (R) avec socle en faïence indépendant B, et siphon en plomb soudé à la pipe ; réservoir de chasse C de 13 à 14 litres.

sous la cuvette. Celle-ci peut s'engager suffisamment dans le siphon dont elle épouse la forme, et masquer ainsi la vue du métal. On peut alors, de cette façon, *retirer la cuvette sans exposer l'appartement aux émanations du tuyau*. Le plan d'eau de cette cuvette est plus large que d'habitude, soit 0,18 × 0,125, et nécessite, en conséquence, une chasse d'eau plus forte, soit de 13 à 15 litres.

Fig. 186
Installation d'un « Hygiénique Piédestal » (O) avec réservoir de chasse C.

L'Hygiénique Piédestal (fig. 179 et 184) peut, au contraire, fonctionner avec une dizaine de litres, à défaut d'un plus fort volume. La chasse est bien supérieure et bien plus efficace que dans les appareils à fond plat où la force de l'eau est brisée.

L'appareil étant apparent doit avoir un siège-abattant solide et bien conditionné, en acajou verni ou autre bois.

Ce siège peut être automatique, et toujours ramené à sa position verticale, au moyen d'un contrepoids, pour le cas où on urinerait dans la cuvette, bien qu'un w. c. ne soit pas destiné ni adapté à cet usage.

CHAPITRE XVIII

WATER-CLOSETS (*suite*)

Closets piédestaux en terre réfractaire émaillée pour usage commun et pour prisons.

« Hygiénique Piédestal » en terre réfractaire résistant à la gelée. — « La Jarre » en terre réfractaire pour usage commun et pour prisons, asiles, maisons ouvrières, etc. — Réservoir de chasse en bois garni en plomb.

L'Hygiénique Piédestal (fig. 188) est fabriqué en terre réfractaire émaillée d'une grande résistance pour remplacer, dans certains cas, la faïence, comme étant plus robuste et moins fragile à la gelée.

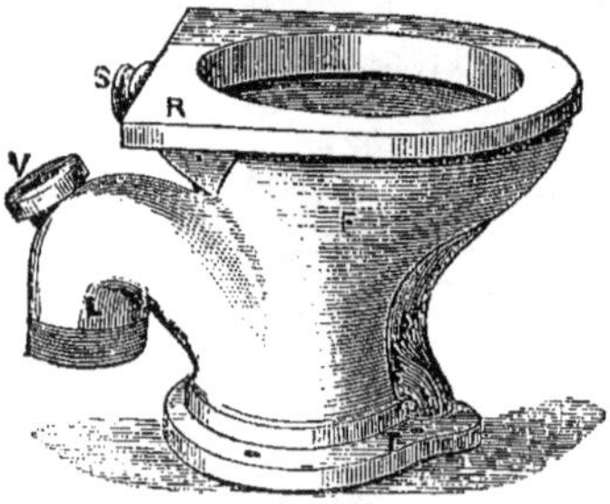

Fig. 188
Closet « Hygiénique Piédestal » (II) en terre réfractaire émaillée.

Il est émaillé blanc à l'intérieur et vernissé gris à l'extérieur.

La sortie de son siphon est verticale et tronquée pour que son raccordement avec le tuyau soit fait *au-dessus du plancher*, visible, et par conséquent bien accessible ; il existe, en outre, une tubulure de ventilation V, avec bride à gorge pour y adapter des boulons à griffe. Sur le devant est un larmier pour empêcher les égouttures le long de l'appareil.

J'ai construit « la Jarre » (fig. 189) en vue de certaines appropriations spéciales, et sur les indications de M. John Taylor, de ma maison.

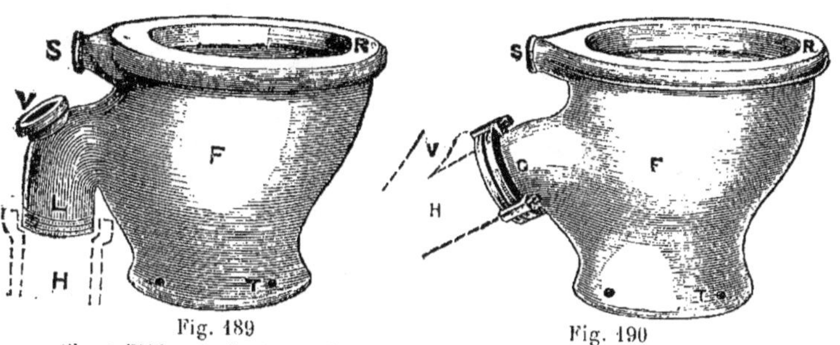

Fig. 189
Closet Piédestal « La Jarre » (C) en terre réfractaire.

Fig. 190
« La Jarre » (D) avec sortie oblique à brides pour raccordement avec pipe en plomb.

La forme extérieure, analogue en effet à celle d'une jarre, est arrondie de toutes parts, pour la facilité d'entretien, et ne présente aucune saillie sujette à être heurtée. C'est un appareil qu'on peut recommander, pour sa solidité, sa simplicité et sa propreté, pour l'usage des prisons, asiles, etc., ainsi que pour cabinet commun ordinaire.

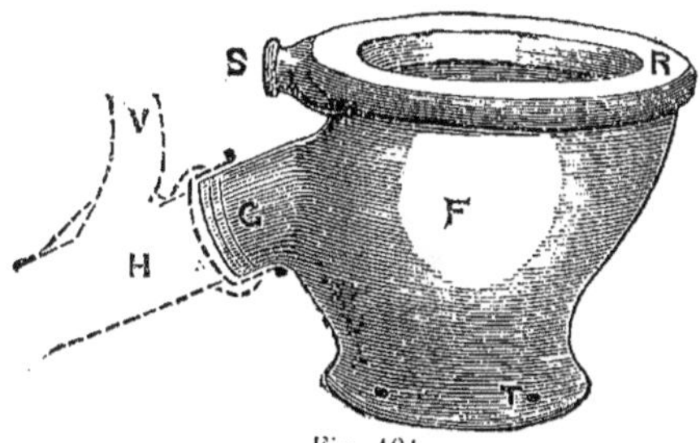

Fig. 191
« La Jarre » (O) avec sortie oblique simple pouvant s'emmancher dans une emboîture ou collet de tuyau de grès ou de fonte.

Le rebord est aussi à larmier sur la face, mais il est de plus arrondi et assez large pour qu'on puisse s'y asseoir directement sans siège en bois, si l'on craint la contagion de certaines maladies.

L'appareil peut être, de la sorte, lavé périodiquement au jet de lance.

Il est émaillé blanc intérieurement et vernissé brun extérieurement.

Il est fabriqué avec trois sorties différentes (fig. 189-191), ana-

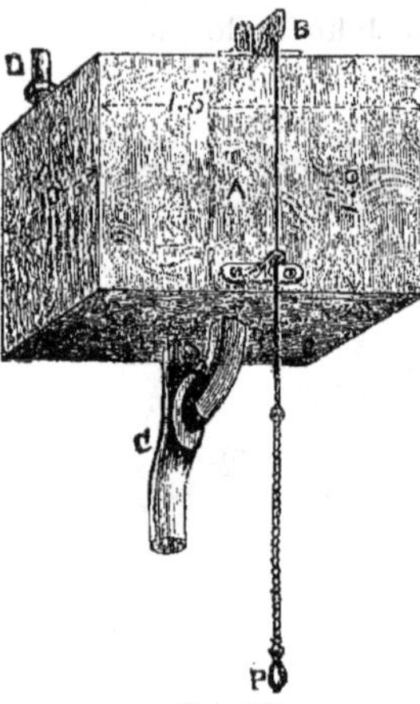

Fig. 192
Réservoir de chasse en bois, garni de plomb, pour résister à la gelée.

logues à celles de l'Hygiénique Piédestal, pour les raisons déjà données.

Ces appareils fonctionnent avec des réservoirs de chasse en fonte galvanisée; mais si la gelée est à redouter, la fonte étant très cassante, il vaut mieux construire un réservoir en bois doublé de plomb (fig. 192), et le siphon de chasse intérieur, en plomb également. Lorsque le closet est placé dans une cellule, le réservoir devra être en dehors et seulement accessible au surveillant.

On peut aussi rapporter des sièges abattants à ces sortes de closets; mais, dans certains cas, il y aura lieu de faire choix de bois de teck.

CHAPITRE XIX

CLOSETS ISOLÉS DU PLANCHER AINSI QUE DES MURS LATÉRAUX POUR HOPITAUX, ETC.

Inconvénient des closets Piédestaux et contamination du sol des cabinets. — W. c. isolés du plancher. — « Hygiénique » à consoles et à effet d'eau perfectionné. — Dallage du sol en marbre ou ardoise. — Closet « à scellement » en terre réfractaire.

Les closets piédestaux, même de différents types, très répandus déjà à l'étranger, depuis ces dix dernières années, ont dû cette faveur à leur bon marché d'acquisition, à la suppression du siège fermé et à leur facilité de fonctionnement comme urinoir et vidoir, sans risquer de mouiller le siège. Ce dernier usage n'est pas, ainsi que nous l'avons vu plus haut, sans inconvénients pour le sol du cabinet qui, petit à petit, s'imprègne d'égouttures à la base même de l'appareil, dans les joints du parquet ou dans ceux du carrelage sans la plus petite chance d'être enlevées par le domestique.

J'étonnai un jour un de mes amis, en lui montrant la lame de mon canif que je venais de glisser sous le socle d'un de ces w. c.; et comme je lui demandais de sentir, il se contenta de regarder.

L'inconvénient est plus grave encore avec les planchers en bois, qui absorbent l'urine et ne tardent pas à pourrir ; les carrelages, même posés sur ciment, ont encore leurs joints qui se laissent pénétrer par les égouttures et sentent mauvais. Il est vrai d'ajouter que cela n'existe guère que lorsqu'on se sert fréquemment du w. c. à titre d'urinoir.

Dans les hôpitaux, où l'on a à traiter certaines maladies infecticuses, il est d'un grand intérêt de faire disparaître ces causes de souillures. J'ai établi, en conséquence, deux ou trois modèles qu'on peut fixer au mur et isoler du plancher d'un certain espace, permettant ainsi de nettoyer facilement. (Voir planche XV.)

Fig. 193
Closet « Hygiénique » à consoles (M) avec siphon anti-D, en plomb A, consoles en fonte B, réservoir de chasse de 14 litres C, tuyau de chasse en plomb de 0,032, siège en acajou S.

L'un de ces appareils en faïence (fig. 193, 194, 195 et 196) est dénommé « Hygiénique à consoles », parce qu'il repose *sur des consoles* scellées au mur (fig. 193). L'autre (fig. 197), en terre réfractaire, comporte à l'arrière un scellement qui se fixe directement dans le mur.

Le premier de ces deux modèles a été très bien accueilli dès le début. Il a été choisi par beaucoup de docteurs, dont entre autres : MM. Thorne et d'Anson pour l'hôpital Bartholomew ; le Dr Parkes et Roland Plumbe pour l'hôpital de Londres ; le Dr Steele pour l'hôpital de Guy ; le professeur Malcolm M. Mc Hardy et M. Keith D. Young pour l'hôpital royal d'ophtalmologie, etc., et aussi pour beaucoup de collèges, écoles, etc...

Le siphon est en *plomb* afin de pouvoir être *soudé à la pipe* ; il se raccorde avec une calotte en plomb sur laquelle repose la cuvette elle-même, comme il a été expliqué pour la figure 187, mais le

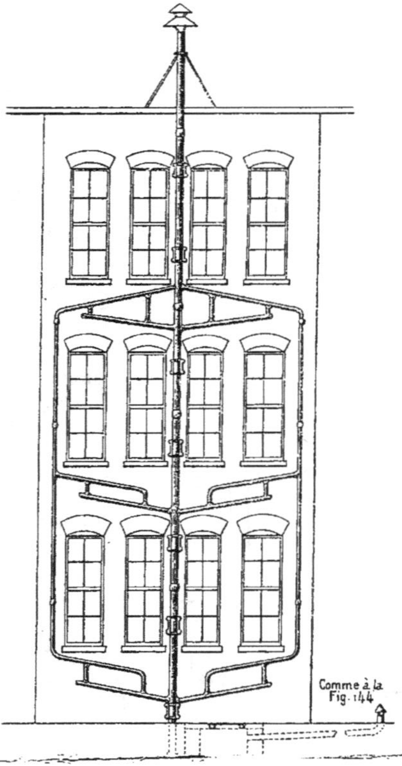

Comme à la
Fig. 144

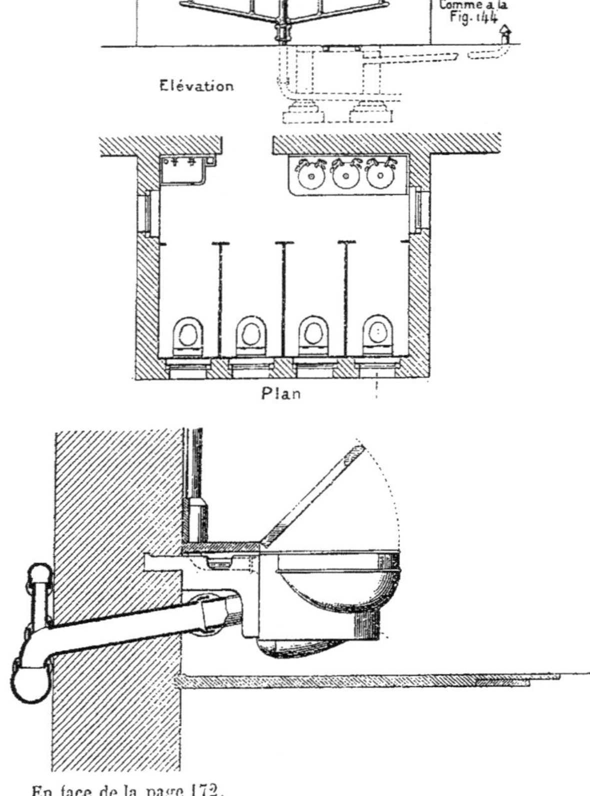

En face de la page 172.

plomb de cette calotte est rabattu sur la console. Le montage se fait de façon identique. Rappelons que l'espace compris entre le plomb et la faïence est bourré d'étoupe bien tassée et trempée au préalable dans la composition chaude ; le plomb et la faïence ayant été auparavant chauffés et garnis de composition, il n'y a plus qu'à bien asseoir la cuvette sur son siège pour que la composition achève de remplir le vide laissé libre.

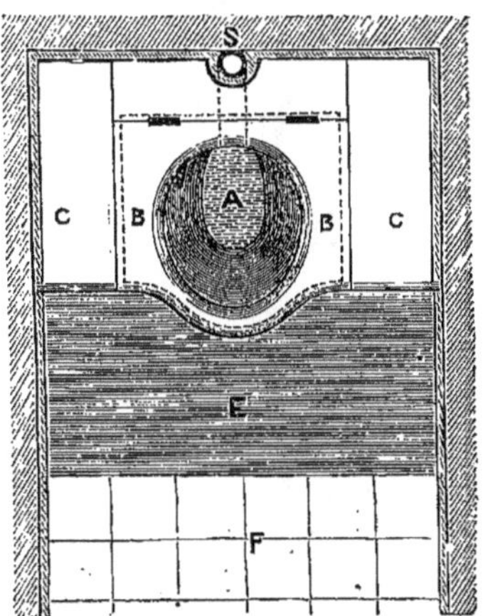

Fig. 104
Plan du cabinet, du siège et du terrasson en ardoise.

Le défaut des cuvettes à effet plongeant est, en général, de n'offrir à la chute des matières qu'un plan d'eau restreint, à cause de la difficulté d'entraîner les papiers.

J'ai apporté à l'effet d'eau un perfectionnement qui m'a permis de donner à cette cuvette un plan d'eau de 0,125 et 0,20.

En plus de la gerbe ordinaire formée par la rencontre, à l'avant, des deux courants d'eau, il existe, à la couronne de la cuvette, un jet spécial dirigé sur le milieu de ce plan d'eau. Les papiers se trouvent alors totalement engloutis et entraînés rapidement.

Il faut compter une chasse de 13 à 14 litres pour un bon fonctionnement.

Sous l'appareil, si les égouttures sont à redouter, se place un terrasson creusé, en marbre Sainte-Anne ou en ardoise, débordant l'appareil de 0,30.

Ce terrasson devra être fait et découpé à la mesure pour avoir un relief suffisant au droit des murs, et éviter les joints dans lesquels se glisseraient les égouttures.

La planche XV représente une installation de 12 hygiéniques à consoles M, avec siphons en plomb, raccordés à une chute en plomb de 0,10 prolongée hors comble ; les branchements sont de 0,08 et 0,10 ; le tuyau de ventilation des siphons est de 0,05.

Toute cette tuyauterie étant en plomb, ne comporte que des jonctions soudées et peut donner une très longue durée sans nécessiter

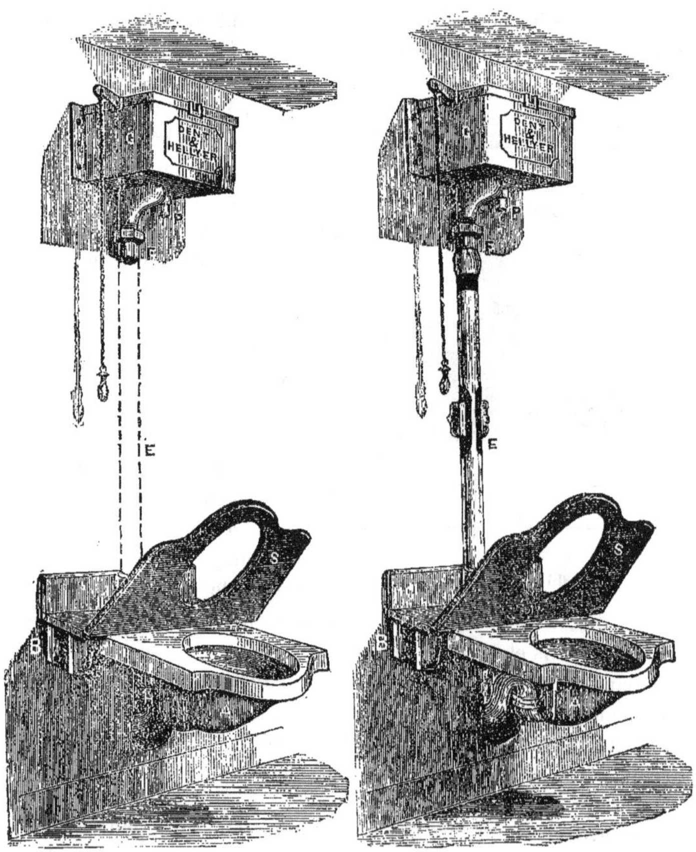

Fig. 195
« Hygiénique à consoles » (K), cuvette et siphon en faïence, une pièce avec sortie droite tronquée.

Fig. 196
« Hygiénique à consoles » (N) avec sortie mobile en plomb pour se souder à la pipe dans toutes les directions.

d'autres réparations que celles des flotteurs et garnitures des réservoirs de chasse.

Les appareils, placés dans l'hypothèse d'un service continuel, ont permis de supprimer le siphon intercepteur de bas de chute, et de n'avoir qu'une prise d'air pour la ventilation.

Fig. 197
Même modèle à sortie oblique simple pour emboîture de tuyau.

Le siphon de l'appareil de la figure 195 est à sortie droite, pouvant se raccorder avec la fonte ou le plomb soit au ciment de Portland ou à la composition souple, qui est meilleure contre les secousses et vibrations des planchers. La prise de ventilation se fait sur la pipe directement. Le bord de la cuvette repose sur les consoles scellées au mur et les cache à la vue.

L'appareil de la figure 196 est identique à celui de la figure 195, sauf que la sortie, au lieu d'être verticale, est oblique et peut s'*orienter* à la demande. Cette pièce mobile est boulonnée à la sortie de la cuvette.

Les différents modèles indiqués dans ce chapitre démontrent suffisamment l'importance de la sortie du siphon. Le type de la figure 183 est celui qui répond au plus grand nombre des situations parce que cette sortie s'arrête assez *en contre-haut* du plancher pour que la pipe passe au-dessus des solives, et pour que la ventilation, à la rigueur, soit greffée sur cette pipe. La sortie horizontale (fig. 184) est souvent très utile.

Les fabricants devraient comprendre l'avantage de ces deux genres de sorties qui diminueraient la main-d'œuvre en assurant une meilleure exécution. Ils devraient toujours observer aussi de laisser la pâte *biscuitée* au droit de ces sorties qui seraient de plus filetées en vue d'une meilleure adhérence des joints.

Il serait bien préférable d'avoir le *raccordement* de la pipe sur la chute *au-dessus* du plancher; ayant ainsi, à un même étage, tout ce qui en dépend, cela éviterait les percements, les raccords du plancher, etc., etc.

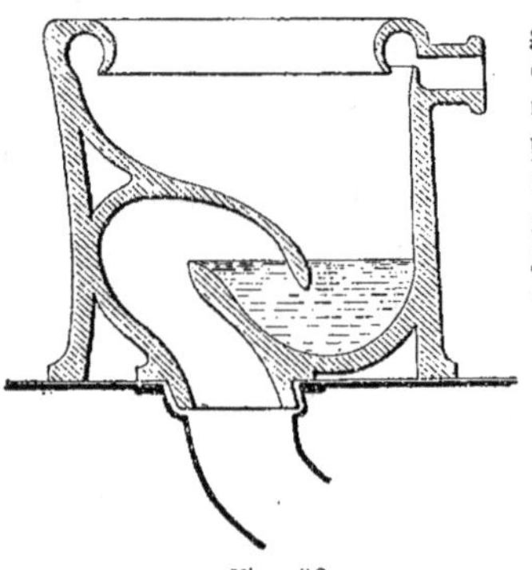

Fig. 30

Les appareils à sortie centrale, genre de la figure 30, ont certains côtés avantageux et sont assez demandés : ils prennent moins de place, paraissent moins compliqués, etc., mais ils veulent aussi une pose soignée, car cette sortie n'est pas toujours faite pour obtenir une bonne étanchéité, pour les gaz tout au moins. La bride en faïence (fig. 31) qui est destinée à reposer et à être serrée sur la garniture n'est pas toujours très droite et très régulière; on ne peut en conséquence appliquer le même effort partout; cette pression exercée sur la bride est d'ailleurs subordonnée à la base ou embase de l'appareil qui demande, de son côté, à être mis de niveau.

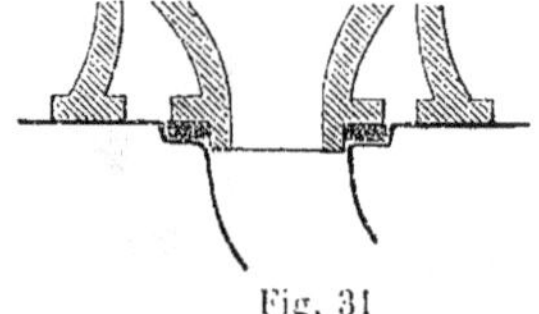

Fig. 31

Puis, l'appareil posé, comment voir le joint et s'assurer de sa bonne confection ?

C'est donc une bonne précaution d'asseoir l'appareil sur un petit terrasson en plomb, soudé à la pipe et dépassant à peine la trace de la porcelaine, à moins que le sol ne soit carrelé. La garniture pour le joint peut se faire en caoutchouc, en cuir, en filasse, avec mastic de céruse et minium, ou mieux en feutre épais et serré, trempé dans la composition souple au goudron ; car on peut forcer davantage sur le feutre sans risquer de casser l'appareil ou seulement la bride.

Les raccordements des tuyaux en plomb avec les douilles ou tubulures en faïence des appareils sont la plupart défectueux. Pendant longtemps on s'est servi de cône en caoutchouc recouvrant le joint fait au mastic ; l'huile du mastic détériorait le caoutchouc, et quand le mastic était lui-même desséché et n'adhérait plus, on avait une fuite d'eau provenant du tuyau de chasse ou une fuite d'odeur par le tuyau de ventilation.

Lorsque l'appareil était placé sous un siège fermé, on ne s'apercevait guère de la fuite qu'à l'étage inférieur, par les taches du plafond.

Beaucoup de maisons sont revenues, pour ces raisons, à la simple ligature de toile et ficelle sur joint de mastic ou bien de composition au goudron qui donne certainement une plus grande garantie.

Si l'on n'était à chaque instant limité par la dépense, il serait bien plus sérieux d'employer des raccords avec brides spéciales, comme à la fig. 32, qui assurent une pénétration bien régulière dans la douille en même temps qu'une étanchéité durable. On éviterait les emmanchements vicieux tels

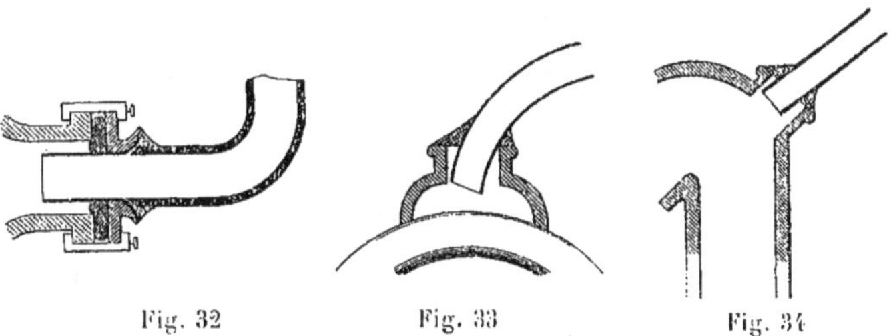

Fig. 32 Fig. 33 Fig. 34

que celui de la figure 33. qui nuisent souvent à l'effet d'eau de la cuvette. Que de fois encore ne voit-on pas sur les douilles de ventilation des raccordements comme dans la figure 34, bouchés seulement avec un peu de ciment ! il est toujours mieux de greffer le tuyau de ventilation sur la pipe ; on est sûr, au moins, de ce que l'on fait.

Nous pouvons citer, entre autres, parmi les modèles de fabrication française en porcelaine et en grès céramique, le « Socle » et la « Feuille » de la maison Pillivuyt. La forme de ces modèles a été empruntée, à l'origine et avec l'agrément de l'auteur, à celle de l'Hygiénique Piédestal de la figure 179.

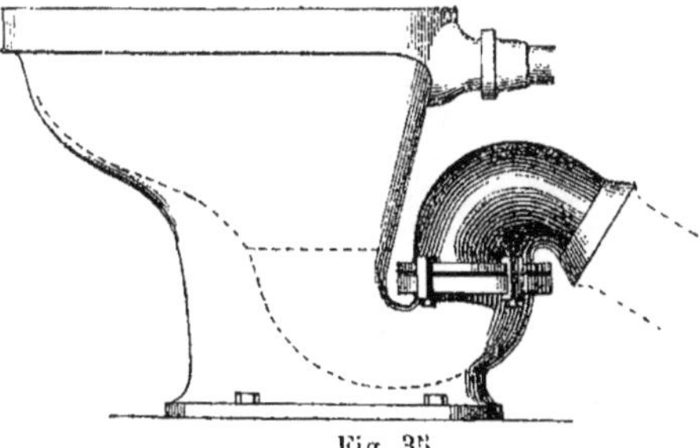

Fig. 35

Il existe d'autres appareils de formes diverses, en une ou en deux pièces, également bien étudiés et à des prix très modestes.

La même Maison a fabriqué aussi, sur mes indications, un modèle spécial qu'elle appelle le « Mobile », dont la sortie du siphon (fig. 35) est tronquée pour se continuer par une pièce en plomb ; celle-ci est serrée à la bride de la porcelaine sur une garniture en caoutchouc et par conséquent, peut être mobile autour de son axe. Ce joint du plomb et de la porcelaine est situé en contre-bas du plan d'eau, de sorte que la moindre défectuosité serait signalée par une trace d'humidité. L'orientation facile de ce départ en plomb évite de contourner la pipe qui peut, dans la plupart des cas, être placée complètement *au-dessus du plancher*.

L'appareil « La Loire », de la maison Jacob, est aussi un type qui se rapproche de ceux déjà décrits dans cet ouvrage, et qui convient très bien à nos installations.

Il s'en crée de nouveaux tous les jours, un peu partout, qui viennent grossir le nombre déjà varié de ces appareils, mais, dans tous les cas, la supériorité d'une pâte comme celle de la porcelaine dure comparée à la faïence devra certainement être un facteur important à considérer dans le choix qu'on aura à en faire.

CHAPITRE XX

TYPES VARIÉS

« Le Tourbillon ». — Le « Dececo ». — Closets à fond plat, dits à chasse brisée ; leurs inconvénients. — Closet à tampon avec cuvette à compartiment. — Closet sans siphon. — Latrine. — Latrine à siphon automatique.

J'ai fait breveter, autrefois, un appareil avec un jet spécial (A, fig. 198) « Le Tourbillon », pouvant avoir un plan d'eau supérieur à ceux des autres appareils à effet plongeant. Bien que ce modèle ait été généralement apprécié, j'en ai abandonné l'usage parce que son plus ou moins bon fonctionnement dépendait trop d'une légère déformation à la cuisson ou de l'ajustement du petit jet en cuivre, et que, de plus, sa consommation d'eau était trop forte. Un certain nombre cependant, posés depuis une dizaine d'années, n'ont pas donné lieu au moindre mécompte.

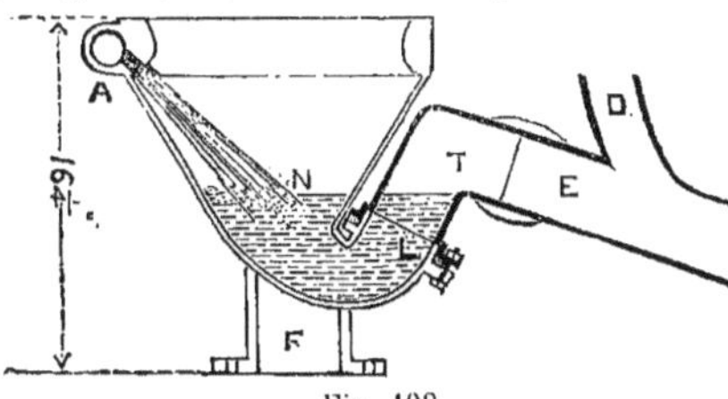

Fig. 198
Coupe du closet « Le Tourbillon » avec départ en plomb.

Comme le précédent, le but du « Dececo » (fig. 200) était de donner une certaine étendue au plan d'eau avec cette différence que l'eau du siphon, au lieu d'être chassée par le jet décrit ci-dessus, était entraînée par succion ou aspiration. La première application de ce principe appartient à M. Mann et remonte à une vingtaine d'années.

Le danger à redouter, dans ces sortes d'appareils, est que l'aspiration soit parfois assez violente pour laisser la plongée du siphon à découvert. Je m'en étais rendu compte en expérimentant la chose sur le « Tourbillon », et n'ai pas voulu y donner suite à cause de cela.

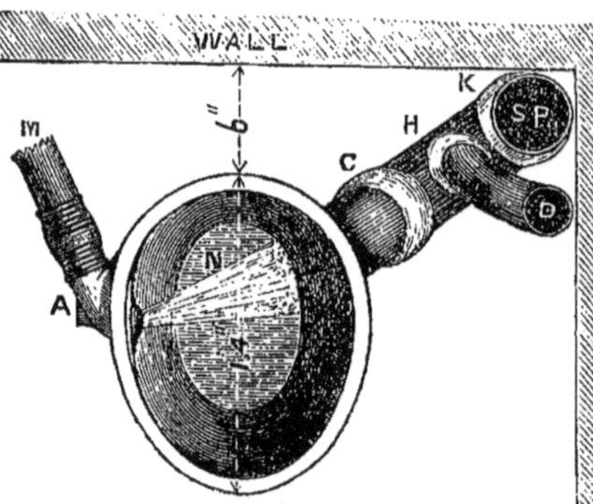

Fig. 199
Plan de l'appareil (fig. 198).

On peut voir d'après la figure 200, que le contenu de la cuvette ne peut être enlevé que par siphonnement; il suffit donc d'y jeter un seau d'eau pour produire l'amorçage — surtout si l'appareil est placé aux étages intermédiaires — et, si le domestique n'a pas soin de tirer le cordon du réservoir après coup, la protection du siphon n'existe plus.

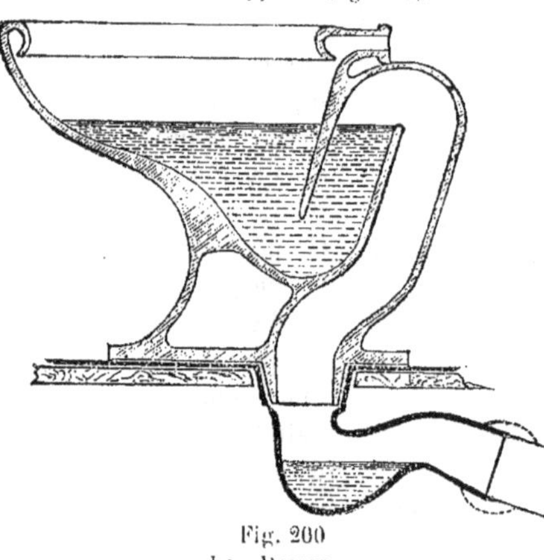
Fig. 200
Le « Dececo ».

Au point de vue sanitaire, cet appareil ne saurait convenir à un hôpital où il peut y avoir des maladies infectieuses. L'eau qui arrive dans la cuvette ne peut pas toujours nettoyer et entraîner assez rapidement les germes d'infection susceptibles d'adhérer aux parois, pour que le *nouveau* volume d'eau ne soit infecté à son tour.

On peut s'en faire une idée par le savon que laisse déposer derrière elle une eau dans laquelle on se serait lavé les mains.

Tel n'est pas le cas avec un bon appareil à effet plongeant ni avec un bon closet à clapet, dont le contenu est précipité dès qu'on tire la poignée, tandis que l'eau arrive en abondance. Il y a un point faible dans le joint de la cuvette avec la poche inférieure, car cette poche est loin de constituer un siphon pouvant barrer le passage à l'atmosphère de la chute.

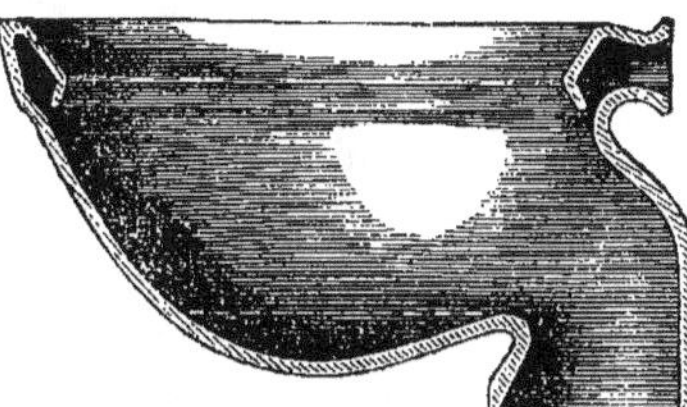

Fig. 201
Coupe d'une cuvette à fond plat ou à retenue d'eau.

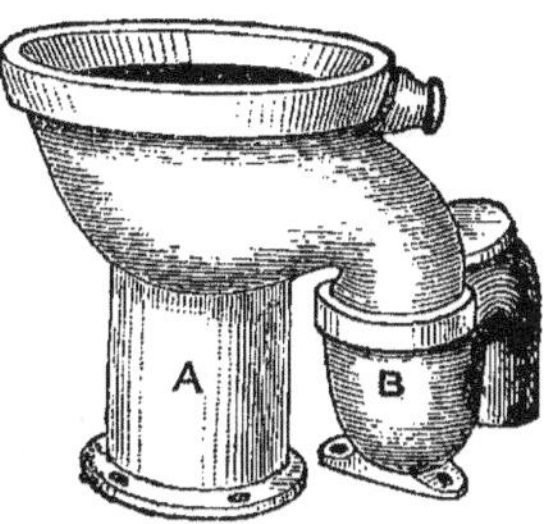

Fig. 202
Closet à fond plat et siphon en deux pièces.

Les figures 201 et 202 représentent le modèle d'appareil à fond plat que j'ai construit un des premiers. Je l'ai perfectionné au début en donnant à la cuvette un rebord, ou couronne à effet d'eau, et en faisant le siphon indépendant pour pouvoir être orienté.

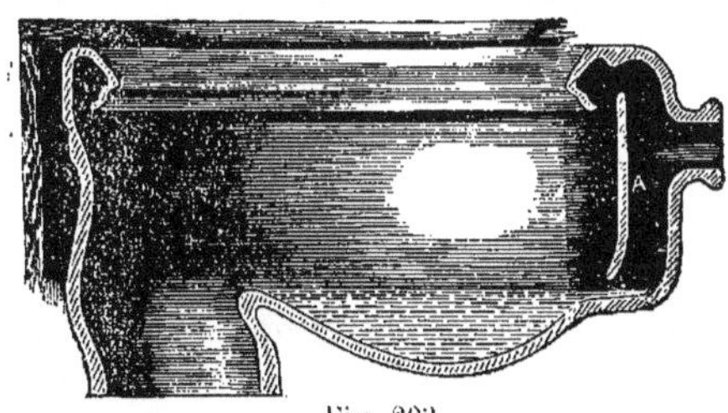

Fig. 203
Coupe d'une cuvette à retenue d'eau profonde.

J'ai tâché, dans le modèle de la figure 203, de donner à l'eau retenue dans la cuvette plus de surface et de profondeur que dans les autres, mais depuis des années, je n'ai cessé de condamner ce genre d'appareils, et je suis heureux de constater que le public, en général, a fini par se rendre à l'évidence.

Les principales critiques à son adresse sont les suivantes :

a) Le peu de profondeur de la garde d'eau ne permet pas aux matières d'être *immergées* comme elles devraient l'être et laisse les odeurs se répandre dans le cabinet et gagner souvent l'appartement.

b) La direction de la chasse d'eau a pour effet de projeter les matières un peu partout sur les parois qui s'encrassent rapidement en dépit des chasses d'eau suivantes.

c) Toute la force de cette chasse est dirigée et employée sur le fond de la cuvette et n'arrive qu'en deuxième lieu et brisée sur le siphon.

d) La partie de l'appareil comprise entre le siphon et le fond de la cuvette est contaminée constamment, elle reste toujours encrassée car, étant *dérobée à la vue*, elle est abandonnée à elle-même.

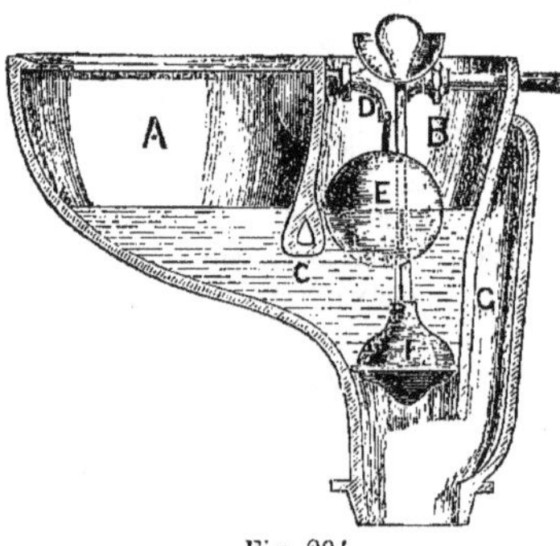

Fig. 204
Coupe du closet à cuvettes accouplées.

L'appareil de Pearson (fig. 204) sans siphon et à double cuvette est bien peu en usage aujourd'hui, mais il n'est relaté ici que pour permettre certaines critiques applicables à tous les appareils similaires à tampon.

Tout d'abord l'absence de siphon le fait condamner au premier titre, mais passons aux défauts d'un autre ordre. Ce closet se compose de deux cuvettes accouplées ; l'une A qui est la cuvette proprement dite, l'autre B, plus petite, qui renferme le tampon, et le robinet flotteur avec sa boule ; elles sont séparées par la cloison C mais communiquent entre elles. L'eau fermée par le tampon F est donc au même niveau dans les deux cuvettes. Il résulte de cette communication que, ce qui tombe en A passe librement en B, et que, par suite, les parois de B, le flotteur, la boule, le tampon sont vite recouverts d'un limon infect. Il n'y a pas d'ailleurs le moindre effet d'eau de ce côté et comme le tout est complètement dissimulé, il est peu probable qu'on intervienne pour le nettoyer. Le trop-plein est, d'autre part, pratiqué sur le côté et dans le haut de cette chambre du tampon ; il se laisse pénétrer par l'urine et les eaux sales. Le closet sans siphon de « Jenning » (fig. 205) comporte à peu près les mêmes défauts que le précédent ; son tampon B et son trop-plein intérieur F constituent de grandes surfaces de contamination.

A cela vient s'ajouter la difficulté d'une bonne jonction avec la pipe. Il existe une telle variété d'appareils qu'il serait oiseux de vouloir les décrire tous, mais il sera toujours facile de les classer dans une des catégories passées en revue dans le présent ouvrage. Je n'ai pas non plus l'intention d'indiquer les meilleurs fabricants, car chacun a sa spécialité; mais la qualité des matériaux et la bonne fabrication sont des choses qui se recommandent d'elles-mêmes à l'examen.

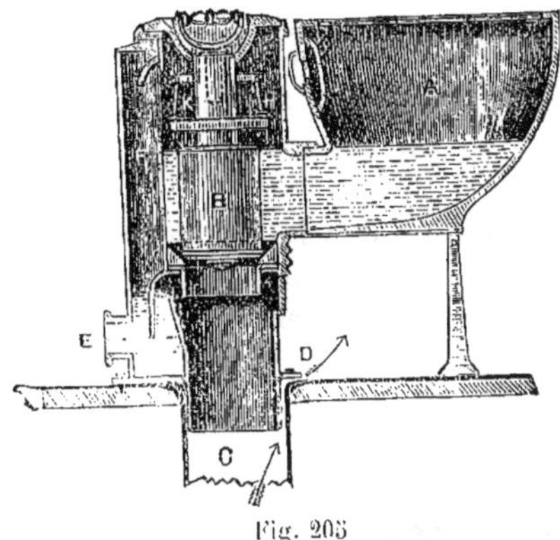

Fig. 205
Closet « Jenning » sans siphon.

Est-il besoin d'ajouter qu'un closet n'est pas un désodorisant, mais que, pour être salubre, tout ce qui s'y rattache ou en dépend doit l'être avant tout.

Depuis une quinzaine d'années l'usage des latrines, pour les écoles, s'est généralisé et a permis d'y apporter petit à petit de grands perfectionnements. Cependant le principe de la latrine est mauvais en lui-même, car les effluves peuvent voyager d'un trou à l'autre ainsi que les odeurs émises par l'eau stagnant dans l'appa-

Fig. 206
Latrine. — Modèle vicieux.

reil et troublée à chaque instant (fig. 206). Des germes de maladies peuvent ainsi aller d'une place à l'autre.

Ne pouvant, toutefois, installer des closets individuels dans des casernes ou autres lieux dans lesquels la paille, le foin tiennent souvent lieu de papier, et où l'appareil est abandonné à lui-même, je me suis contenté de construire une latrine (fig. 207 à 210) fonctionnant automatiquement comme un réservoir de chasse. Quelques-unes de ce type ont fonctionné avec satisfaction à la caserne des Horse-Guards, ainsi que dans des asiles, des brasseries, etc.

L'auge est en grès vitrifié très épais, et comporte à l'arrière, ainsi qu'au devant de chaque partie formant cuvette, A,B,C, un rebord à effet d'eau. Des pièces de raccords peuvent s'intercaler entre les places dont le nombre est porté à six. Le soubassement des places est monté en briques émaillées.

Fig. 207
Latrine à siphon automatique.

Un dispositif de siphons, E,V,F (fig. 207) a pour but d'intercepter l'air de la canalisation, et en même temps, d'aspirer et de rejeter dans la conduite, toute l'eau contenue dans l'auge; cette eau est

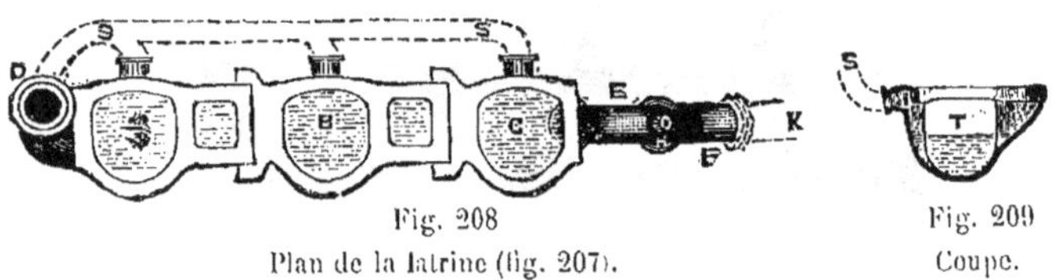

Fig. 208
Plan de la latrine (fig. 207).

Fig. 209
Coupe.

alors remplacée par de l'eau propre du réservoir Y, et amenée par un petit siphon relié au tuyau de chasse W ; chaque cuvette est alimentée par une tubulure de branchement S. Le réservoir Y, alimenté par un filet d'eau, fonctionne automatiquement.

Fig. 210
Ensemble de l'installation.

On peut, comme dans la figure 210, rapporter des sièges abattants M peints également en-dessous, à cause de l'humidité ; des cloisons N et des portes C sont ouvertes en haut et en bas pour assurer à l'air une meilleure circulation.

Bien que cette étude des water-closets soit déjà un peu longue, elle serait incomplète si nous passions sous silence les water-closets communs, dits « à la Turque ! » d'un usage si courant chez nous, alors que, chose bizarre, ils n'existent pas chez nos voisins.

Nous ne dirons rien des anciens sièges fixes ou à bascule, à obturateur ou à cuillère, mais nous examinerons succinctement et aussi rapidement que possible les appareils communs à siphon et à chasse d'eau.

Au début, les fabricants ont simplement modifié leurs modèles ordinaires de cuvettes, auxquelles ils ont rapporté une tubulure pour recueillir les eaux du sol, et ont façonné, en outre, une plaque en grès, appelée *dessus de siège*, recouvrant la cuvette et servant à monter. Le tout ensemble était raccordé avec du ciment, ainsi que les trémies, la plupart du temps.

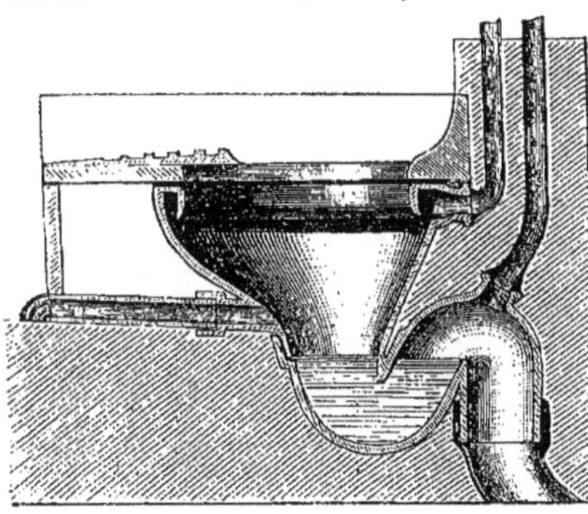
Fig. 36

La fig. 36 donne un croquis en coupe de ce genre d'installation, mais un simple coup d'œil suffit à en saisir tous les défauts. Il semble que les joints de toute nature, cuvette et siphon, tubulure de chasse d'eau, de goulotte, de ventilation, etc...., aient été multipliés et renfermés comme à plaisir en pleine maçonnerie. On ne peut être averti d'une fuite que par les dégâts qu'elle a commis.

Trouvant probablement la chose insuffisante, on avait jugé bon, à un moment donné, de rapporter au-devant des appareils une sorte de terrasson en grès, à retenue d'eau, qui recueillait les urines, mais aussi toutes sortes d'ordures.

C'était là une fâcheuse complication qui ajoutait une chance de fuite et une nouvelle source d'odeurs ; ces grilles, placées au-dessus des terrassons au niveau du sol, étaient en effet constamment imprégnées d'urine.

Frappé de ces nombreux défauts, j'avais imaginé, il y a quelques années, un siège en fonte émaillée d'une seule pièce, se posant directement sur le siphon et se raccordant en avant avec le sol (fig. 37 et fig. 38) ; la

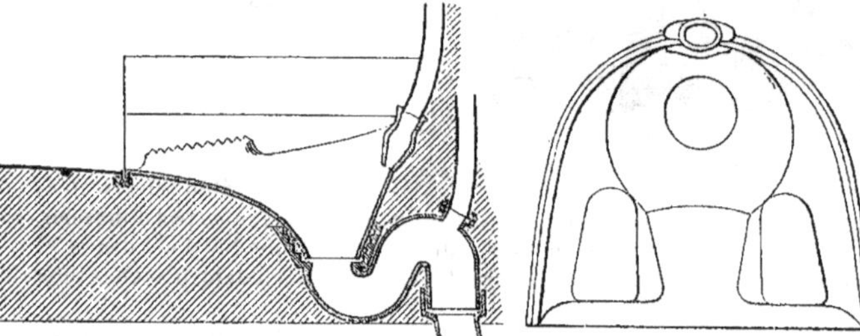

Fig. 37 Fig. 38

goulotte était supprimée, l'arrivée de l'eau était apparente, et en dessus, toute la surface du siège était accessible au balai pour le nettoiement ; le raccordement avec le sol était assuré et rendu étanche par une pliure ou bride sur laquelle on pouvait boulonner une plate-bande pour serrer le plomb du terrasson, ou mieux une simple bavette de plomb de 0,10 à 0,12 de large, qu'on n'avait plus qu'à souder au terrasson, une fois le siège en place. Contrairement aux autres sièges à la turque, les pédales, en fonte galvanisée, étaient *inclinées en avant* pour rendre la position accroupie moins fatigante.

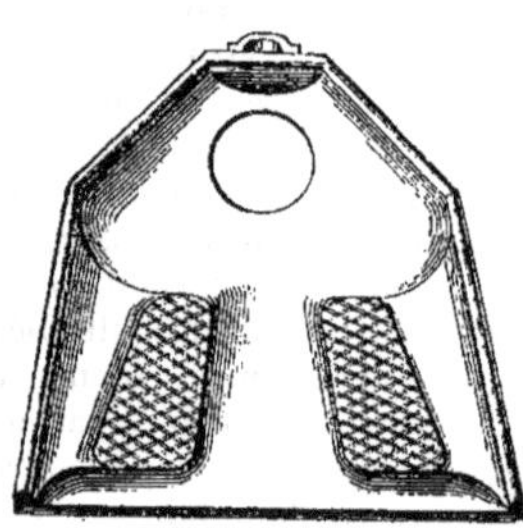

Fig. 38 *bis*

Ce modèle m'a toujours donné de bons résultats, mais son plus grand défaut était d'être fait en fonte émaillée, car la fabrication céramique ne parvenait pas alors à réussir des pièces de cette importance.

La fonte émaillée étant cependant souvent demandée dans certains cas, j'ai transformé cet appareil et lui ai donné à peu près la forme de la fig. 38 *bis*, qui a servi de type au « Passe-Partout » de la maison Pillivuyt.

Il n'en est plus de même aujourd'hui. La maison Jacob, entre autres, a construit des modèles (fig. 39 et 40) dits le « Bourguignon » et le « Normand », en grès, d'une seule pièce, qui donnent aussi d'excellents résultats. Je les préfère de beaucoup à d'autres du même genre et de la même maison, mais de dimensions très grandes, faits pour être enterrés profondément dans le sol, dans le but d'arrêter les projections d'urine; ce résultat ne peut être atteint complètement, car le relief de l'appareil étant trop près des pédales, on risque d'être éclaboussé.

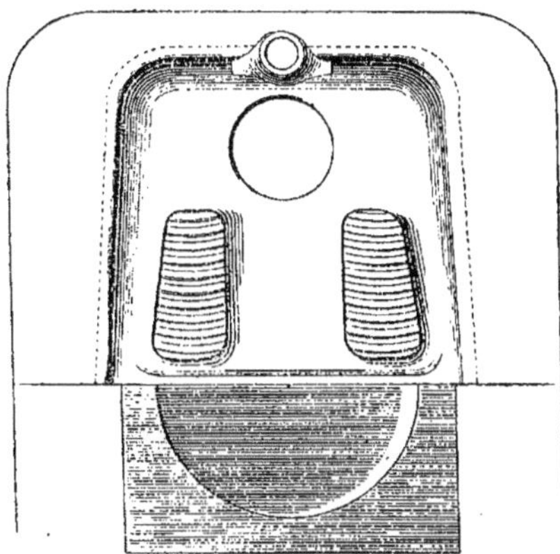

Fig. 39

Le « Passe-Partout » de la maison Pillivuyt est très précieux pour les emplacements restreints.

Dans tous ces appareils, la chasse d'eau est distribuée par une queue de carpe en cuivre qui envoie l'eau assez loin sur le sol; cet effet d'eau, très difficile à régler, est souvent irrégulier.

Il est nécessaire de placer ces appareils sur des siphons en fonte brute ou émaillée, avec une forte emboîture filetée intérieurement pour l'adhérence du ciment. Il ne serait pas prudent, en

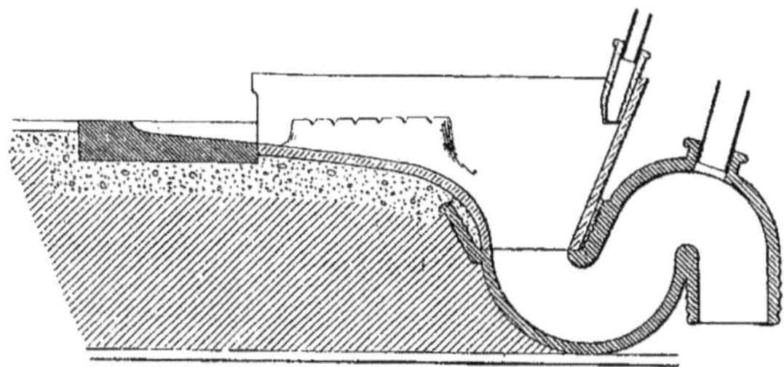

Fig. 40

effet, d'enterrer dans un plancher un siphon céramique susceptible d'être brisé à la moindre occasion.

On devrait toujours faire au devant de l'appareil une petite cuvette creusée de 0 m. 03 à 0 m. 05 et large de 0 m. 25 à 0 m. 30 en avant, comme dans les figures 39 et 40, pour la *réception des urines et pour limiter* le lavage du sol par la chasse du réservoir. Le sol du cabinet devrait présenter, en outre, un rejingo de 0 m. 04 à 0 m. 05 près de la porte.

Le plomb pour terrasson donne les meilleures garanties d'étanchéité, mais il conserve l'odeur de l'urine avec ténacité. Le mieux est un terrasson en carreaux de grès cérame avec cuvette en ardoise refouillée, au-devant de l'appareil. Ceci n'empêche pas d'établir un terrasson en plomb sous le carrelage et dans toute la surface.

Plus que partout ailleurs, les revêtements céramiques devraient être de rigueur dans ces sortes de cabinets.

CHAPITRE XXI

TERRASSONS DE WATER-CLOSETS ET TROP-PLEINS

Terrassons inutiles pour les closets piédestaux, mais nécessaires pour les sièges fermés. — Terrassons en plomb, en faïence. — Modes d'écoulement.

Lorsqu'un appareil est complètement apparent, comme l'est un closet piédestal, et que le plancher est carrelé ou bien dallé en marbre ou en ardoise au droit du siège, le terrasson n'a pas de raison d'être ; mais si l'appareil, au contraire, est enfermé dans un siège et posé sur parquet, il devient nécessaire de mettre un terrasson assez grand pour recueillir toutes les éclaboussures ou fuites éventuelles.

Ce terrasson peut être fait en plomb de minime épaisseur, avec reliefs de 0 m. 10 à 0 m. 15, et comporter une légère pente, 0 m. 015 environ, sur le trou d'écoulement.

La faïence fait de très beaux terrassons, mais je préfère le plomb, qui peut se souder au siphon ou à la pipe.

Autrefois, on avait coutume de faire écouler le terrasson dans le siphon de l'appareil. C'était un parti à la fois insalubre et inefficace ; car, si le siphon venait à être obstrué, le terrasson pouvait déborder et inonder le plancher, d'autant plus que la section, souvent en usage, était à peine de 0 m. 025. D'ailleurs, il résulte de ce raccordement que, selon que le tuyau plonge dans l'eau du siphon ou s'arrête au-dessus, il se produit un remous qui fait dégager des odeurs au siphon, ou bien les décharges du water-closet peuvent refouler à l'intérieur et l'encrasser.

On peut encore adapter à ce tuyau d'écoulement un siphon distinct branché sur la pipe, mais il y a danger d'évaporation, si l'on ne prend, sur l'alimentation de la cuvette, un petit piquage donnant, de temps à autre, un peu d'eau à ce siphon ; encore faut-il que l'usage de l'appareil ne soit suspendu un certain temps; quelquefois aussi, ce petit tuyau est sujet à obstruction et, par suite, à ne pas fonctionner.

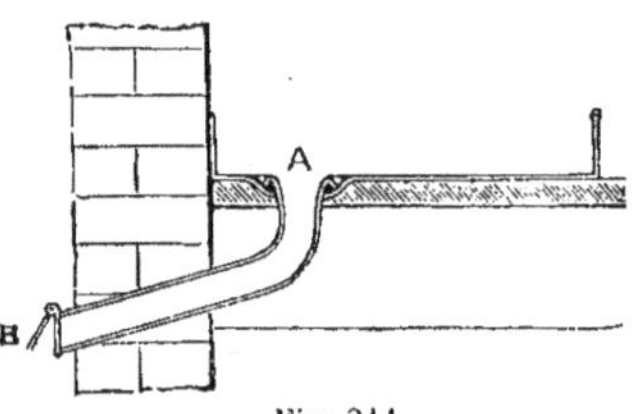

Fig. 211
Coupe d'un terrasson en plomb avec tuyau de trop-plein.

Le mieux est encore de le faire dégager en dehors du mur, comme dans la fig. 211, et de faire ce tuyau le plus court possible. Une section de 0 m. 05 est généralement considérée comme suffisante. Il est bon de souder en *about* (voir B, fig. 211) un petit clapet en cuivre pour empêcher les oiseaux d'y pénétrer. La pente donnée à ce tuyau maintient toujours ce clapet légèrement ouvert.

Dans le cas d'un appareil Optimus installé comme aux fig. 158, 161 et 165, il vaut mieux remplacer le clapet par deux petits croisillons pour faciliter l'accès de l'air, qui, dans la circonstance, n'est pas susceptible de gêner la personne assise, le siège étant complètement calfeutré.

CHAPITRE XXII

VIDOIRS ET LEURS VIDANGES

Vidange des eaux usées dans les water-closets. — Water-closets appropriés comme vidoirs. — Différentes façons d'établir un vidoir. — Eviers pour nettoyages. — Eviers et vidoirs accouplés. — Siphons de vidoirs. — Tuyaux d'écoulement, leur disconnexion et leur ventilation. — Vidoirs pourvus de réservoir de chasse. — Vidoir d'hôpital du Dr Mac Hardy. — Série de vidoirs superposés. — Vidanges d'éviers et leur disconnexion.

Le vidoir, ou appareil servant à vider les eaux sales, n'est pas aussi indispensable, dans une maison, qu'un water-closet, mais il est presque de rigueur dans toute maison un peu importante, autant pour la commodité du service que pour protéger et soulager le water-closet.

Car, à défaut d'autre chose, les domestiques s'en vont au plus proche water-closet, qui n'est pas sans souffrir de ce traitement. Il est rare, en effet, qu'ils prennent la peine de faire fonctionner le réservoir de chasse, de sorte que les eaux de toilette ou l'urine des vases de nuit séjournent dans le siphon, l'encrassent et le font sentir mauvais.

Il y a encore les éclaboussures qui aspergent le siège et passent derrière, entre celui-ci et la cuvette ; qu'il est agréable ensuite de s'asseoir sur de pareils sièges !

S'il n'a rien été aménagé pour ce service spécial, que doivent faire les domestiques des eaux de rebut? les jeter dans leur cabinet à eux? Ce n'est pas à supposer.

Il sera donc nécessaire de disposer le water-closet en conséquence, quand on n'aura pas la latitude d'établir un vidoir.

On en établit de différentes manières, tantôt isolés, tantôt accouplés avec un évier. Si on est limité par la dépense, on peut en construire très simplement avec une cuvette ordinaire en faïence, assez grande pour recevoir le contenu d'un seau, autour de laquelle on fera un encaissement en trois sens de 0 m. 15 de hauteur, armé en plomb et tombant en larmier de 0 m. 05 sur la cuvette, pour arrêter les éclaboussures. On trouve aujourd'hui dans le commerce des modèles bien appropriés à cet usage.

La fig. 212 représente un appareil de ce genre, que j'ai construit il y a quelques années ; il est fait en fonte émaillée et comporte sur les trois faces un relief de 0 m. 10 environ.

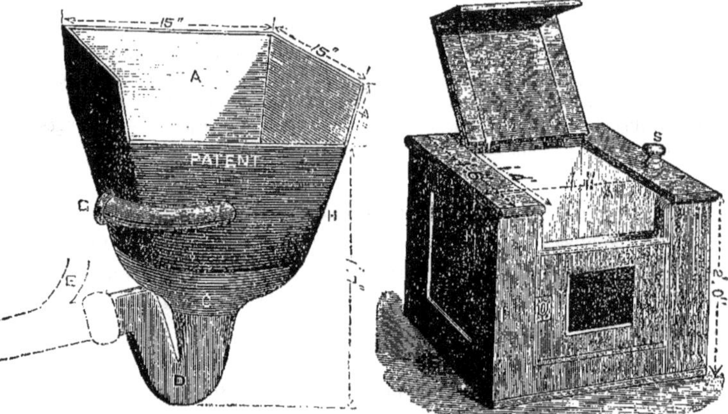

Fig. 212
Vidoir en fonte émaillée.

Fig. 213
Vidoir enfermé dans un entourage en bois.

Au fond est une large grille de départ, en cuivre, pour arrêter les corps étrangers : flanelles, brosses, etc., et autres causes d'obstruction.

La fig. 213 le montre dans une situation isolée et alimenté par un robinet de chasse à soufflet régulateur, avec bouton de tirage en S.

Ce même vidoir peut s'adapter à un évier ou bac, comme aux fig. 214, 215 et 216. Dans ce cas, la vidange de l'évier est raccordée sur la tubulure du vidoir D (fig. 215), faite pour recevoir un tuyau de 0 m. 050.

Il est facile de remplir le bac au moyen de la bonde et de lâcher toute l'eau dans le vidoir pour faire une chasse de nettoyage.

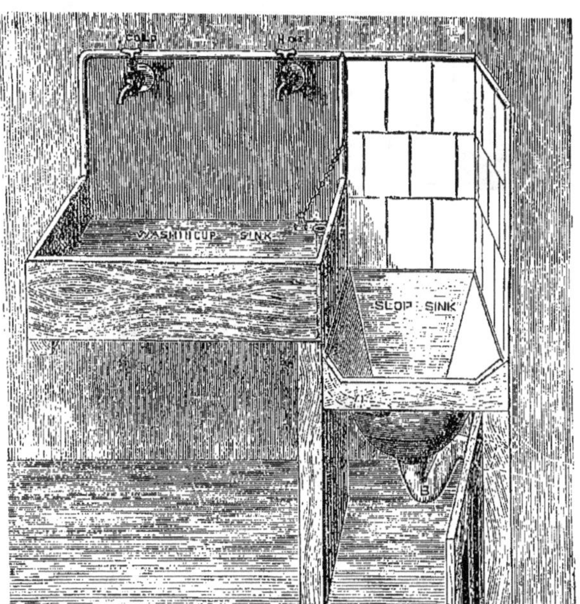

Fig. 214
Bac pour nettoyages et vidoir accouplés.

Le bac (fig. 214) est en bois garni de cuivre, avec dossier au mur et deux robinets de service.

La fig. 215 donne une disposition analogue, mais avec bac en faïence et dossier en marbre E.

Le cuivre et l'étain conviennent mieux aux assiettes, comme étant moins durs et moins cassants, de même que la faïence est plus propre pour les rinçages et les savonnages.

Pour certains services, où ces appareils seraient exposés à être brutalisés, je préfère des éviers en terre réfractaire, émaillée en blanc intérieurement, avec dossier et retour d'une seule pièce, selon le pointillé E de la fig. 216. Cet évier comporte une large bonde de vidange et un trop-plein I. Il est supporté par des consoles et laisse ainsi la place libre en dessous.

La place manque souvent pour ces sortes d'éviers-vidoirs, et

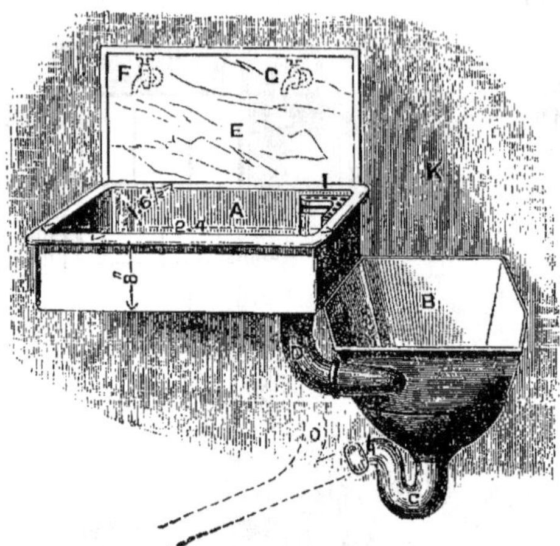

Fig. 215
Même dispositif mais avec bac en faïence, pour les savonnages.

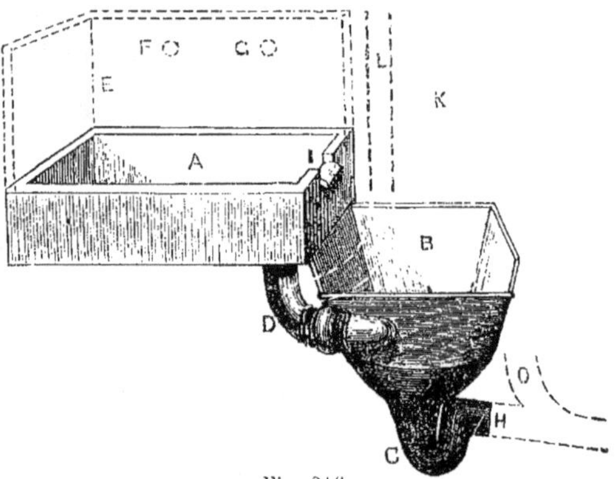

Fig. 216
Evier A en terre réfractaire émaillée, avec dossier E et retour en une pièce, d'une grande résistance, accouplé au vidoir B. — Ce dernier peut être lavé par l'eau coulant de l'évier ou mieux encore au moyen d'un petit réservoir de chasse dont le tuyau L serait fixé à la tubulure D.

comme on ne saurait se passer, dans toute maison de quelque

importance, d'appareil pour vider l'eau et en puiser, le modèle de poste d'eau en fonte émaillée (fig. 217) pouvant se poser en encoignure, est tout indiqué. Les côtés ont 0 m. 45 de hauteur au-dessus de la cuvette; une rampe en cuivre percée de trous, commandée par un robinet vanne E, de 0 m. 025 environ, donne un lavage efficace. Le départ, muni d'une grille, a 0 m. 08 de diamètre. Deux robinets, C et D, donnent l'eau chaude ou l'eau froide. L'appareil peut rester apparent ou, si l'on désire, être enfermé dans une armoire. Un vidoir d'hôpital, avec couronne à chasse d'eau, est représenté par les fig. 218 et 219. Il est fait en faïence ou en terre réfractaire émaillée, d'une grande résistance. La fig. 223 le montre avec installation de robinets d'eau froide et d'eau chaude placés au-dessus. La jonction du tuyau de chasse se fait en B ou B′ (fig. 218), suivant que cela est plus commode; une chasse d'une dizaine de litres suffit à le nettoyer parfaitement.

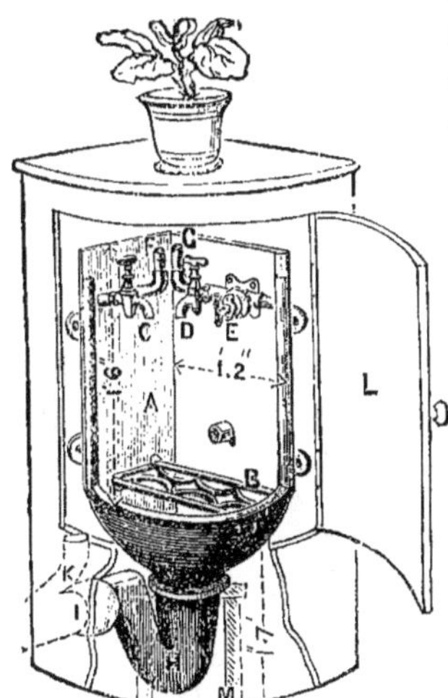

Fig. 217.
Poste d'eau-vidoir d'angle.

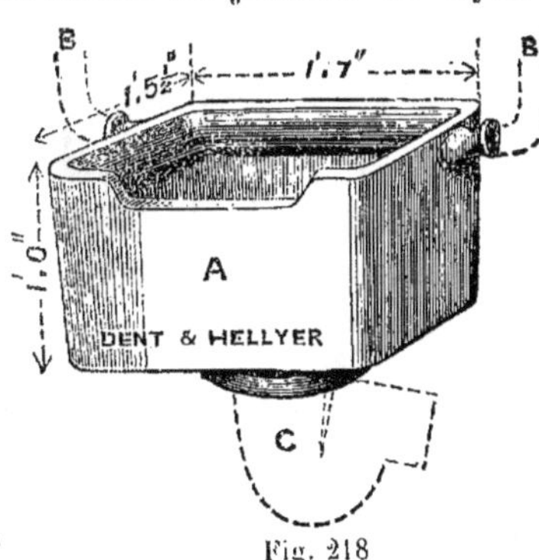

Fig. 218

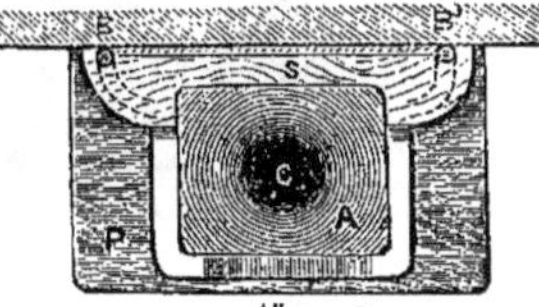

Fig. 219

Le siphon adapté à ces appareils doit être choisi avec soin, à cause des « effets de momentum » produits par la violence de l'eau projetée, lesquels viennent s'ajouter au siphonnage ou à la succion ordinaire des écoulements.

Tout siphon rond, dans la circonstance, devra être modifié de telle façon que sa branche de départ soit presque verticale et que sa

Fig. 220, 221 et 222

Fig. 220. — Vidoir d'hôpital du Dr Mac Hardy et réservoir de chasse à double effet.
Fig. 221. — Coupe de l'appareil A ; bassin plat E, jet de lavage F et O.
Fig. 222. — Plan de l'appareil.

plongée soit portée à 0 m. 06. On pourra aussi, exceptionnellement et pour plus de garantie, greffer la ventilation à son sommet.

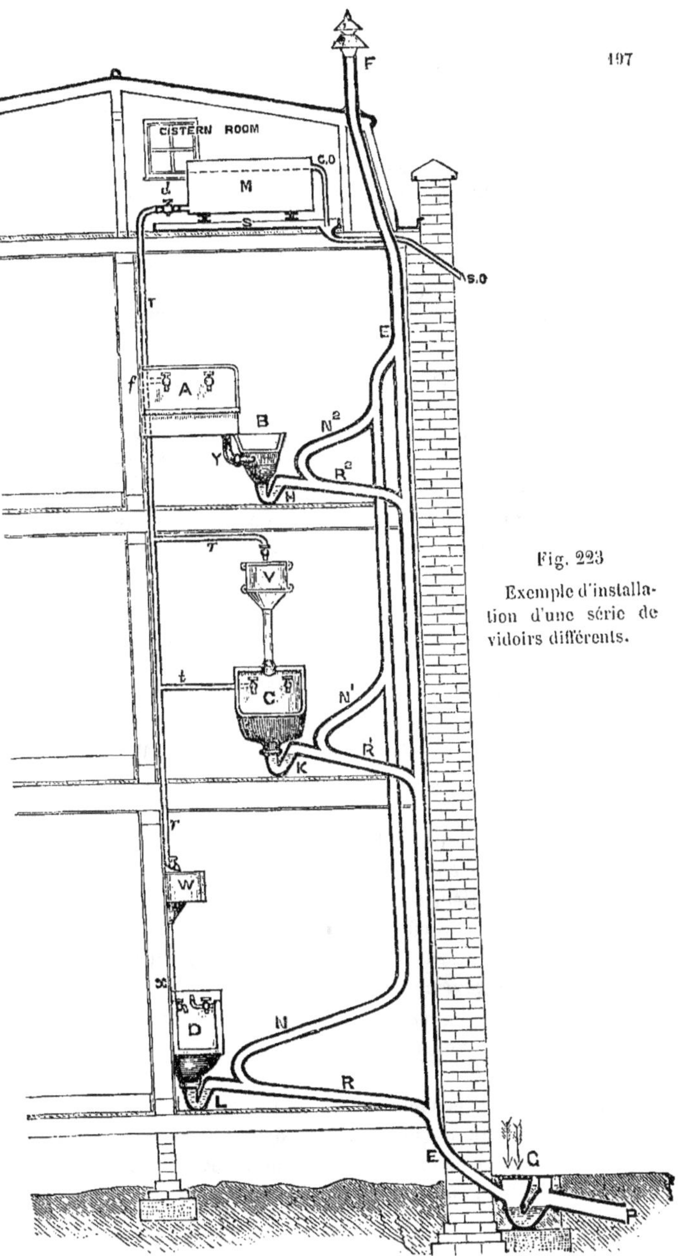

Fig. 223
Exemple d'installation d'une série de vidoirs différents.

A mon sens, je préfère fixer un siphon Anti-D de 0,11/0,08, comme aux fig. 212 et 217. Dans bien des cas, une section moins grande, de 0,075 et 0,050, suffit amplement à l'écoulement des vidoirs installés dans des maisons particulières, où les domestiques sont un peu surveillés ; mais dans les clubs, hôtels, et surtout dans les hôpitaux, où on jette toutes sortes de choses, linges, cataplasmes, cotons, etc., il est mieux d'employer une section maxima de 0 m. 10, en raison de la mauvaise odeur qui se produirait au bout de peu de temps.

Les fig. 220, 221 et 222 représentent un vidoir spécial que j'ai fabriqué sur les indications personnelles du Dr Mac Hardy, le professeur bien connu d'ophtalmologie au King's College de Londres.

Le but cherché a été de pouvoir faire vider les vases plats et urinoirs de malades avec le moins de chance possible de contamination pour les infirmières, considération importante avec des malades atteints de fièvre typhoïde. Dans la coupe (fig. 221), le vase plat E, en pointillé, est indiqué retourné et posé sur trois supports ou taquets en caoutchouc ; la bouteille C, ou urinoir de malade, est prise dans un autre support, cadre *ad hoc* R, mobile et mis en place pour l'opération.

Un jet de lavage D et F est dirigé à l'orifice de chacun d'eux.

La poignée L du réservoir K (fig. 220) donne l'eau au jet inférieur D ; l'autre, M, donne la chasse d'eau au vidoir lui-même ; enfin, les deux robinets réunis en P donnent de l'eau chaude ou froide au jet F destiné à la bouteille.

La planche XV *bis* représente un nouveau vidoir destiné au même usage que le précédent, et qui se fixe sur des consoles. Le réservoir peut alimenter deux effets d'eau distincts, l'un par le jet C, pour le nettoiement des vases plats, l'autre pour celui du vidoir lui-même.

Le *jet « C » peut aussi être actionné par une* PÉDALE reposant sur le sol, afin que les mains souillées à tous moments n'aient pas à toucher des robinets que d'autres personnes seraient susceptibles de manœuvrer à leur tour.

Les tuyaux d'écoulement des vidoirs ont souvent une section trop grande. Comme une petite section est plus économique, moins encombrante et mieux lavée, on peut adopter, en principe, des diamètres de 0 m. 05 à 0 m. 08 pour les maisons particulières et

Pl. XV *bis*

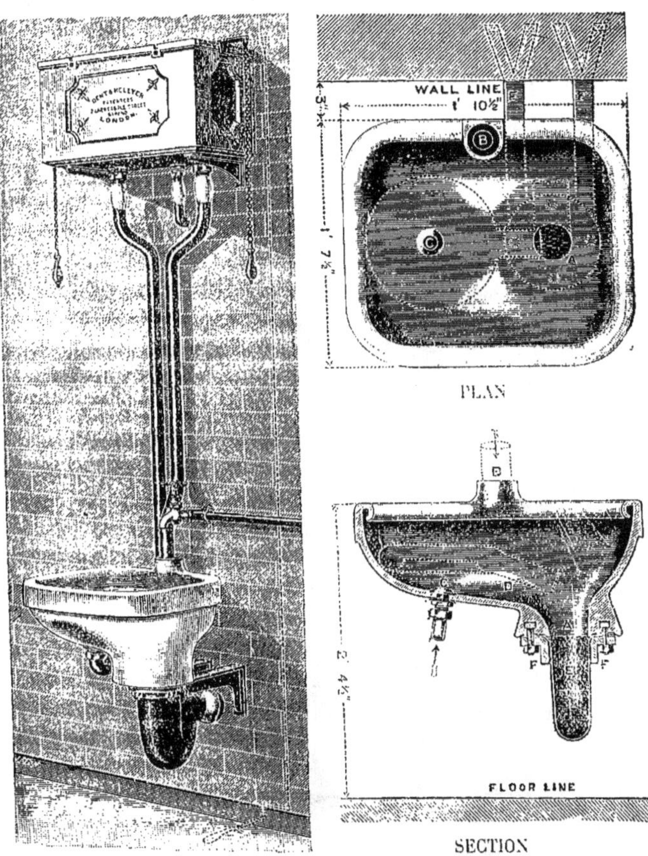

Vidoir à consoles disposé pour le *nettoyage des vases plats*, en terre réfractaire, émaillée blanc intérieurement et vernissée extérieurement, avec couronne à chasse d'eau, siphon Anti-D en plomb, jet de lavage et support pour vase plat, réservoir de chasse à double effet, robinet de puisage, consoles, etc., pédale pour actionner le réservoir.

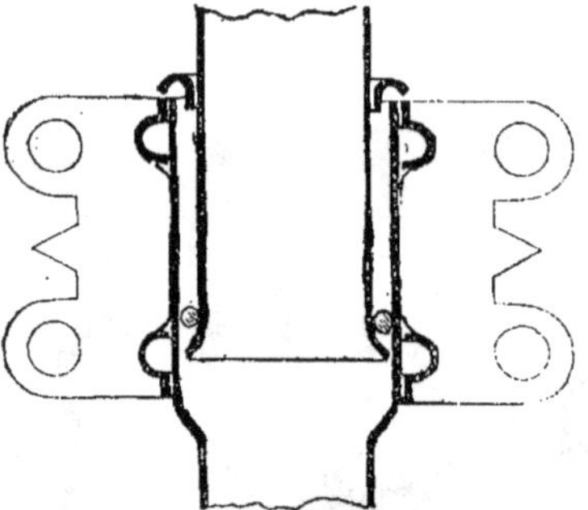

Fig. 224
Joint télescopique ou à dilatation.

0 m. 10 pour les hôtels et les hôpitaux où les engorgements sont plus à redouter. Si ce tuyau n'a pas d'eau chaude à écouler, on peut le raccorder directement sur la chute en plomb des water-closets, considérée comme étant de même catégorie. Quand il est possible de fixer le tuyau extérieurement, on peut employer du plomb de 0 m. 0045 à 0 m. 005 avec joints télescopiques ou à dilatation, comme dans la fig. 224.

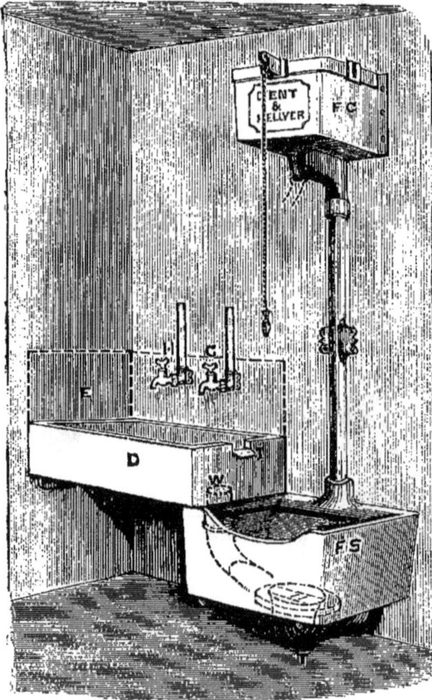

Fig 224¹
Evier ou bac D, accouplé au vidoir avec couronne à chasse d'eau FS, le tout en terre réfractaire émaillée.

Il n'y a pas de tuyau de plomb avec jonctions soudées capable de *résister*, *sans casser*, à *l'action de l'eau chaude* ; lorsque le tuyau est extérieur, et monté avec le joint ci-dessus, il est d'une très grande durée. Si, au contraire, le tuyau est intérieur, on devra faire usage de tuyaux en fer étiré et galvanisé, avec branchements spéciaux en Y, ou bien en fonte enduite, et avec joints à la composition souple de Richardson.

Ces tuyaux devront

être disconnectés de la canalisation, ainsi qu'il a déjà été expliqué à d'autres chapitres, mais en veillant particulièrement au choix de la prise d'air, qui ne devra incommoder personne.

Les installations des fig. 214, 215, 216, bien que très pratiques, ne sont pas de mode chez nous.

Les postes d'eau vidoirs analogues à celui de la fig. 217 sont, par contre, très répandus. Le choix des modèles en grès ou en faïence est très varié, mais il l'est davantage en fonte émaillée, dont la fabrication est plus facile. La fonte convient assez bien pour les étages de combles, mais, pour les appartements, la faïence et le grès cérame sont plus agréables d'aspect, plus propres et plus faciles à entretenir. Le seul reproche à adresser à ces postes d'eau est, en général, que leur départ est beaucoup trop petit, 0 m. 02 et 0 m. 025, alors qu'il faudrait au moins 0 m. 03 à 0 m 035 pour évacuer le débit ordinaire d'un robinet. A cet égard, les fabricants de fonte émaillée comprennent mieux les choses; ils ont donné à leurs modèles de très larges grilles, avec des départs coniques de 0 m. 04 à 0 m. 05 de section à la base.

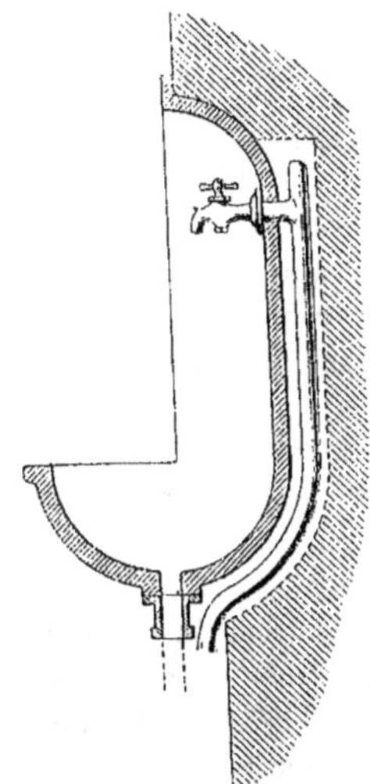
Fig. 41

Les grilles destinées à supporter les seaux ou les brocs ne sont pas indispensables; elles sont toujours malpropres, et, à ce point de vue, gagneraient à être supprimées.

Lorsque l'alimentation du robinet de puisage ne se fait pas en avant sur rosace applique, il est prudent de réserver, dans le mur (surtout si c'est un mur mitoyen) ou dans la cloison, une petite gorge garnie de plomb, dans laquelle passerait le tuyau, en protégeant le mur d'une inondation en cas de fuite du raccord, de l'empattement ou du tamponnage. La fig. 41 représente les deux cas.

La forme des cuvettes des postes d'eau étant surtout sujette à créer des effets de momentum sur les siphons, ainsi qu'il a été vu, l'emploi des siphons Anti-D est particulièrement indiqué pour ces appareils.

CHAPITRE XXIII

BAIGNOIRES ET LEURS VIDANGES

De la baignoire dans l'habitation anglaise. — Baignoire placée dans la cuisine, dans la chambre à coucher. — Baignoire avec ou sans entourage en menuiserie. — Profondeur, dimensions et formes. — Cuivre, fer étamé, fonte, porcelaine et marbre. — Baignoire hydrothérapique. — Vidange rapide servant au lavage de la canalisation. — Appareils de vidange. — Tuyaux d'évacuation. — Terrassons et trop-pleins. — Trop-plein de baignoire. — Modes d'alimentation.

Ce devrait être la règle, et non l'exception, d'installer une baignoire dans toute habitation. Autant vaudrait cependant chercher une source dans un désert qu'une baignoire dans la plupart de nos vieilles maisons anglaises.

Il n'y a pas d'exagération à prétendre qu'un grand nombre de villages, en Angleterre, ne possèdent même pas une baignoire, en dehors, peut-être, de celle du recteur ou du chevalier. Parler salle de bains à un propriétaire, c'est lui faire entrevoir la ruine, et lui parler de circulation d'eau chaude, c'est le plonger dans l'eau bouillante. Il n'est pas nécessaire de dépenser 800 à 1.000 fr. pour établir une baignoire, comme bien des gens se le figurent, mais on peut en faire à tous prix, depuis 250 jusqu'à 2.500 fr.

A défaut de drap fin, on se contente de futaine, car un vêtement quelconque est encore préférable à rien sur le dos. Si on ne peut s'offrir la dépense d'une salle de bains luxueuse, on se borne à faire quelque chose de médiocre ; la propreté devrait être considérée presque comme un culte, et une baignoire quelconque vaut mieux que pas de baignoire du tout.

C'est un confort qu'on commence d'ailleurs à savoir apprécier en Angleterre ; toute maison neuve, à Londres et dans la banlieue, possède aujourd'hui sa baignoire et même quelquefois deux, l'une pour les maîtres, l'autre pour les domestiques.

La cuisine, à défaut d'autre emplacement, pour les nombreuses familles qui par nécessité s'entassent dans une maison, pourrait bien servir à placer une baignoire, car il n'y a pas de domestiques dans ces sortes de maisons, et s'il y en avait, ils n'auraient qu'à s'éloigner momentanément.

On y gagnerait certains avantages : tout d'abord une économie dans l'installation ; la baignoire serait à une tête, — pour prendre moins de place — avec une soupape de 0,035 et une vidange de 0,04. Cette baignoire serait enfermée dans un meuble à couvercle mobile qui, en temps ordinaire, pourrait servir de siège (voir planche XVI) ; la proximité du coquemart et de l'eau froide qui l'alimente mettrait l'eau chaude et l'eau froide à portée de la main pour remplir la baignoire, et le chauffage naturel de la pièce serait fait par le fourneau. Les enfants pourraient ainsi prendre leur bain le samedi sans qu'il en coûte rien à la pauvre mère déjà si chargée de besogne.

(Voir planche XVI l'installation d'une baignoire dans une cuisine).

Il y a peu de chose à dire, à présent, des installations convenant aux maisons plus riches. Il faut, avant tout, bannir la baignoire de toute chambre à coucher, étant donné le peu d'odeur susceptible de se dégager des résidus de savon qui s'attachent aux parois, car la baignoire n'est pas toujours rincée et essuyée à chaque fois. Sa vraie place est dans le cabinet de toilette contigu à la chambre à coucher — pour éviter toute chance de refroidissement — et dans lequel on aurait réservé deux portes, (voir planche IX), l'une sur la chambre, l'autre sur le couloir, donnant accès à d'autres personnes.

La mode s'est trouvée acquise, dans ces vingt dernières années, aux baignoires dites « romaines », posées sans entourage en menuiserie.

Hormis les établissements publics ou les hôpitaux, je ne conçois pas bien l'avantage de ce modèle.

Ces baignoires ne sont pas assez isolées du mur pour qu'on

Pl. XVI

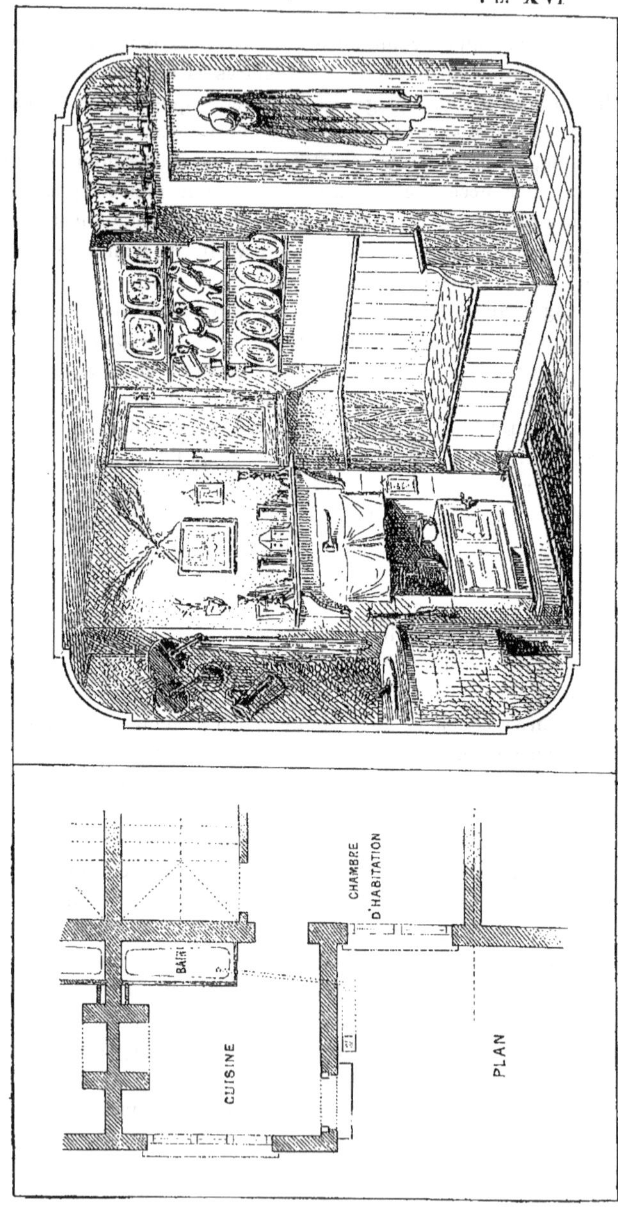

puisse nettoyer derrière, et la gorge n'est pas précisément confortable pour s'asseoir comme l'est, au contraire, l'entourage en menuiserie.

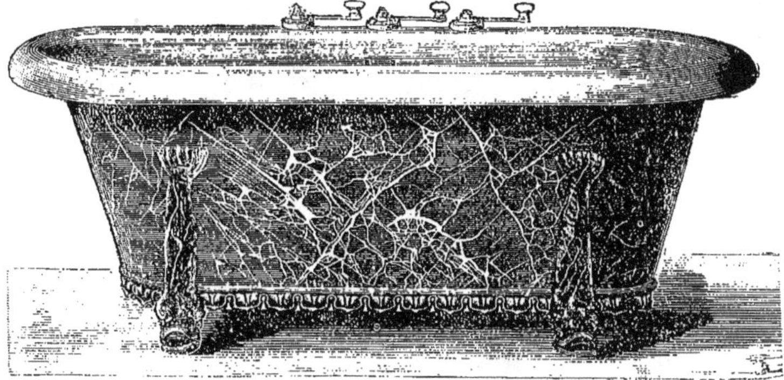

Fig. 225
Baignoire romaine.

Ce dernier doit être, bien entendu, établi de manière à ne rien laisser passer sous la baignoire; la figure 226 et la planche XVII indiquent deux façons de le faire, l'une simple, l'autre plus riche. La différence de quelques francs ne doit pas peser dans le choix

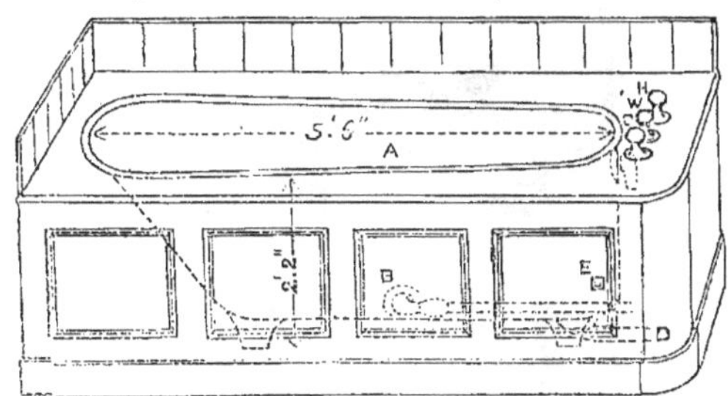

Fig. 226
Baignoire de 1 m. 65 en cuivre, pointue, une tête, avec entourage en menuiserie.

d'une baignoire et faire acquérir, par exemple, un modèle peu profond, dans lequel le corps ne serait pas complètement *immergé* et serait en outre gêné.

La hauteur de l'eau doit, pour cela, atteindre environ 0 m. 48 et

Pl. XVII

PLAN

ANTICHAMBRE

W. C

LAVABO

SALLE DE BAIN ET
CABINET DE TOILETTE

BAIN

la longueur 1 m. 70 à 1 m. 80 ; le fond devra avoir une pente sur la soupape (fig. 227).

La baignoire pointue exige moins d'eau, mais la forme droite est d'un meilleur aspect.

Le cuivre n'a pas son égal pour les maisons d'un certain loyer.

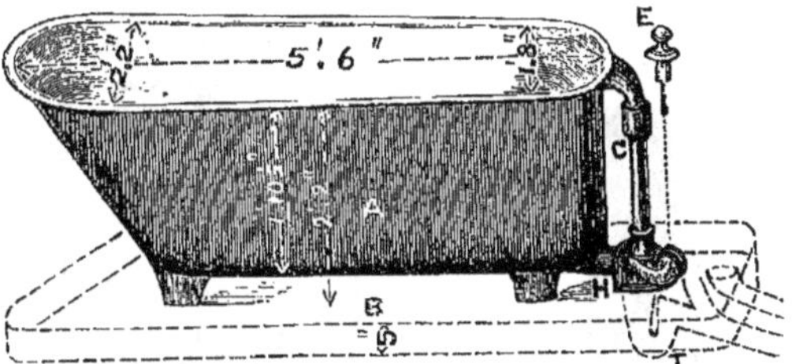

Fig. 227
Baignoire analogue à la précédente, bordée et angles arrondis au fond ; vidange rapide à clapet H, tubulure de trop-plein démontable C et terrasson en plomb B.

Le cuivre est bien meilleur conducteur de la chaleur que la porcelaine et a l'avantage d'être très durable. Une vieille baignoire en cuivre peut être remise à neuf pour une somme insignifiante.

Les angles dans le bas, au fond et dans le haut, doivent être arrondis comme dans la figure 227, et l'intérieur doit être étamé avant d'être émaillé ; il peut aussi être nickelé ou bien simplement poli si l'on doit y mettre des sels. La tôle étamée et bien vernie au four peut donner un certain service et coûte moitié moins que le cuivre, mais elle doit être agrafée.

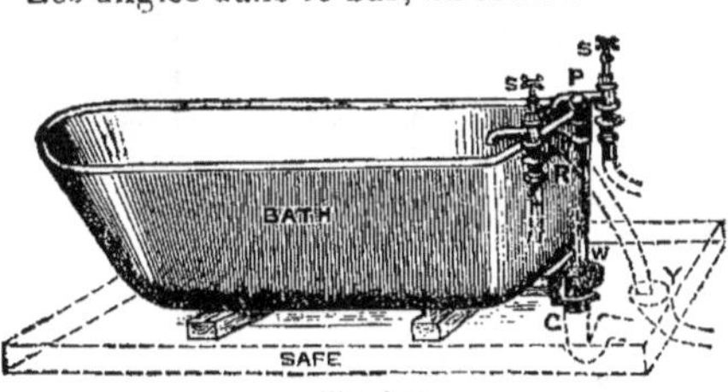

Fig. 228
Baignoire en porcelaine sur terrasson en plomb.

La porcelaine est excessivement propre et durable et n'a pas son équivalent pour bains publics et hôpitaux ; mais, pour les maisons particulières ou les appartements, elle a le défaut d'être lourde, encombrante et très longue à réchauffer ; elle exige beaucoup d'eau chaude, et le fond est toujours un peu froid.

Les maisons Rufford et Cliff fabriquent des baignoires en porcelaine dont l'extérieur est assez décoré pour dispenser de l'entourage en menuiserie.

On trouve, dans la fonte émaillée, un choix de baignoires pouvant satisfaire tous les goûts et toutes les bourses.

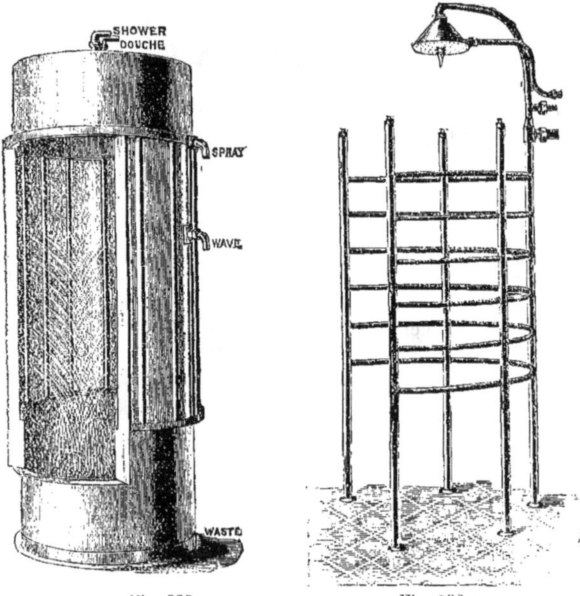

Fig. 229 Fig. 230

Le marbre creusé est très beau mais est aussi très froid, surtout en hiver.

Les appareils d'hydrothérapie ont pris aussi beaucoup d'extension. On en fait de très simples et à très bon marché, comme ceux des fig. 229 et 230, et de plus riches, comme celui de la fig. 231.

La baignoire est un excellent auxiliaire pour laver et entretenir une canalisation. Sa capacité, qui varie de 150 à 400 litres devrait pouvoir être vidée en 2 à 3 minutes.

Lorsqu'une telle baignoire fonctionne tous les jours, on peut se passer de réservoir de chasse.

Que de fois, au contraire, on se heurte à des soupapes de 0,025 à 0,03 se déversant au-dessus d'une boîte d'interception de 0,15 à 0,20 avec écoulement de 0,05.

Fig. 231

Dans cet ordre d'idées, j'ai fabriqué un appareil de vidange à clapet (fig. 232 et 233), émaillé intérieurement et se plaçant au-dessus du siphon; il laisse, à l'écoulement de l'eau, un passage AC absolument libre, et vide une baignoire avec rapidité. Le trop-plein de la baignoire peut y être raccordé sur une tubulure *ad hoc*, comme dans la figure 227. Il doit être pratiqué le plus près possible du bord, pour que l'eau des bains n'y pénètre que rarement, comme en H, (fig. 235).

On peut voir (fig. 234) une installation d'ensemble de quatre baignoires et d'un lavabo, raccordés sur une même vidange de

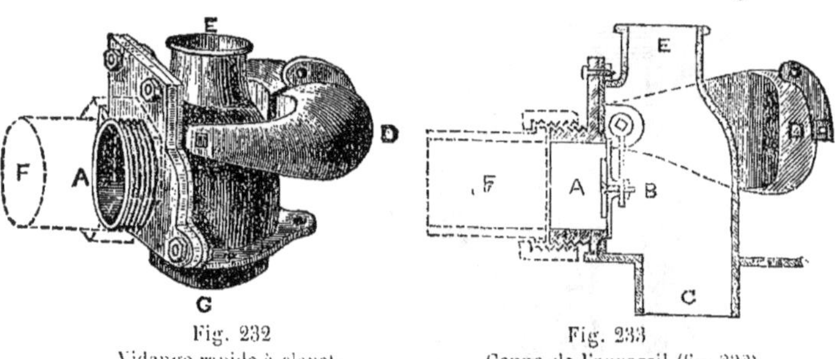

Fig. 232
Vidange rapide à clapet.

Fig. 233
Coupe de l'appareil (fig. 232)

0,050 mm. qui devra, autant que possible, déboucher à l'air libre dans un siphon intercepteur analogue à celui placé en R. Les siphons ou plutôt leurs branchements seront ventilés par un tuyau TV, au moins égal à la vidange même. L'appel ou succion exercé sur les siphons par l'écoulement des baignoires est très grand, à cause du volume d'eau et de la durée de la vidange (Voir chapitre VIII). Aussi je préfère, dans bien des cas, pour diminuer le siphonnage, mettre des siphons anti-D de 0,031 et des branchements de 0,035 à 0,04, raccordés sur une colonne générale de 0,050. La colonne d'évacuation de plusieurs baignoires superposées, dans un hôpital, par exemple, devrait être placée à l'extérieur, afin de pouvoir être fixée avec des joints à dilatation. Tantôt c'est un bain froid, et tantôt un chaud que l'on vide à chaque instant, et ces alternatives de température provoquent des dilatations et des contractions de nature à faire rompre le tuyau et occasionner des fuites nombreuses.

J'ai vu un de ces tuyaux de vidange en fer étiré, posé verticalement, tordu en forme d'S, et j'ai connu beaucoup de fuites se produisant aux jonctions du fer et du plomb. Un tuyau en plomb de 3 mm. 1/2, de 0,06 à 0,08 de section, posé avec joints à glissement ou dilatables, fournira une plus longue durée que ce même tuyau de 0 m. 006 d'épaisseur avec jonctions soudées.

A l'extérieur, les joints dilatables sont de mise; et ce tuyau

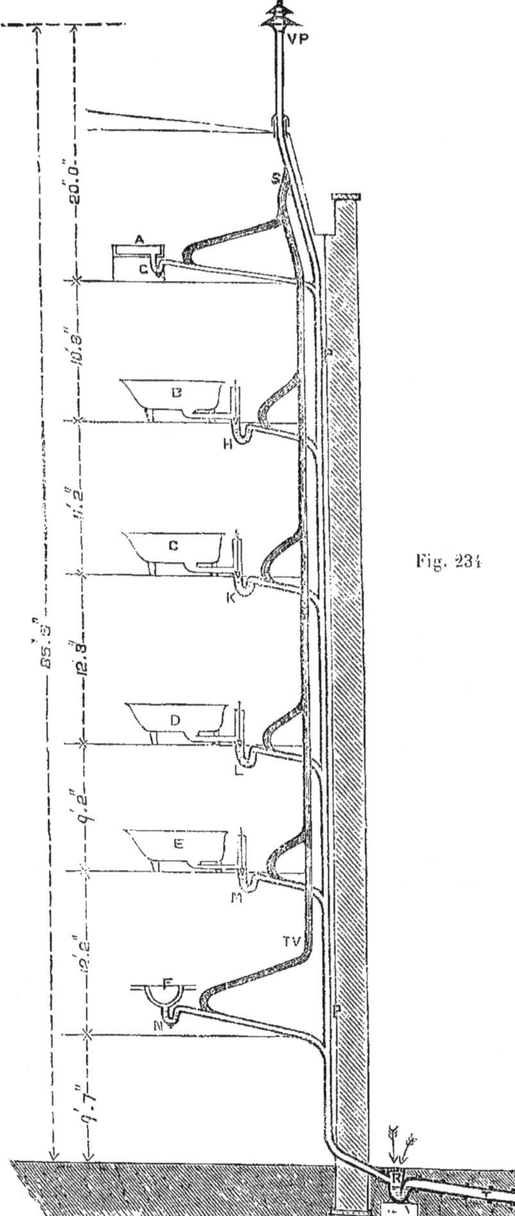

Fig. 234

pourrait, à l'instar d'une descente pluviale, être ouvert aux deux extrémités. Nulle autre vidange ne devrait alors être raccordée sur son parcours. Les branchements devraient aussi pouvoir satisfaire à la dilatation.

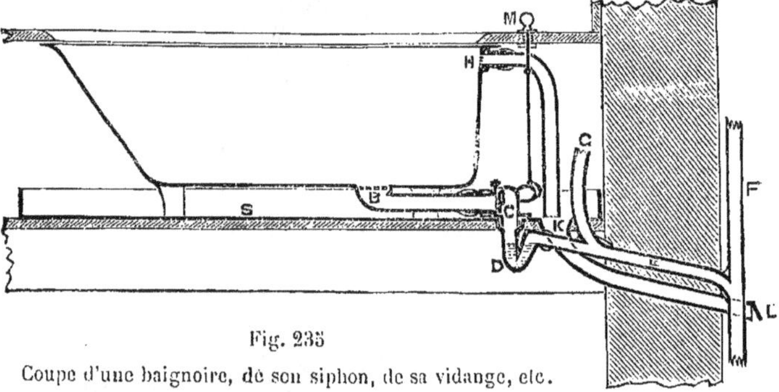

Fig. 235
Coupe d'une baignoire, de son siphon, de sa vidange, etc.

La fig. 235 représente un terrasson en plomb, avec reliefs de 0,15, plus grand que la baignoire et dont le rôle est de protéger le plancher en cas de débordement.

D'une manière générale, on ne pose plus de tuyau d'évacuation quelconque sans siphon à l'origine.

On rencontre parfois des choses curieuses : la fig. 236 en donne

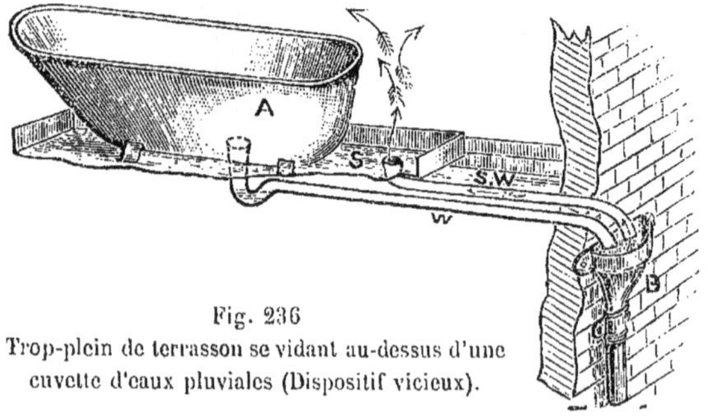

Fig. 236
Trop-plein de terrasson se vidant au-dessus d'une cuvette d'eaux pluviales (Dispositif vicieux).

un exemple. L'écoulement de la baignoire et le trop-plein du terrasson se déversent côte à côte dans une même cuvette extérieure, de sorte que les odeurs trouvent un retour facile par le trop-plein.

Depuis quelques années, beaucoup de fabricants ont adopté des modèles de vidange à trop-plein du genre de la fig. 237. Au point de vue sanitaire, c'est un dispositif très vicieux, surtout si l'on fait usage de beaucoup de savon. Il se forme sur la hauteur du tube intérieur un limon qui, n'étant jamais lavé, finit toujours par sentir mauvais. Une meilleure, une bonne solution tout au moins, est donnée (fig. 238), où le trop-plein est apparent et amovible pour

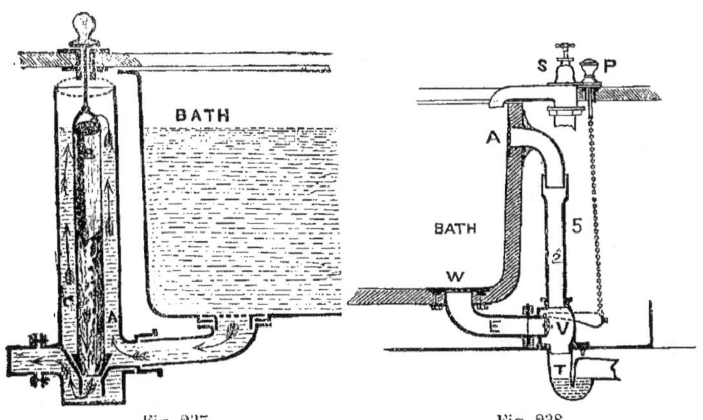

Fig. 237
Trop-plein dissimulé,
(Mauvais dispositif).

Fig. 238
Trop-plein démontable, pouvant
être nettoyé à la demande.

pouvoir être nettoyé. La prise du trop-plein de la fig. 238 est indiquée un peu trop en contre-bas de la gorge, mais c'est parce qu'elle était faite sur une baignoire en porcelaine qui ne permettait pas de la pratiquer plus haut sans risquer de casser; tandis qu'avec le cuivre, la fonte ou le zinc, cet orifice à croisillons devrait être le plus près possible du bord pour que l'eau de la baignoire ne le pénètre pas en temps habituel et par conséquent ne le contamine pas.

Quand il n'y a pas risque de contamination, l'arrivée de l'eau sur le côté et un peu au-dessus du fond présente certains avantages sur l'arrivée par en-dessus, comme en S : le bruit du remplissage est moins fort, la buée se répand moins dans la pièce, surtout si l'on a eu la précaution de mettre au préalable une certaine hauteur d'eau froide, enfin les deux eaux se mélangent et égalisent mieux leur température.

Il faut s'assurer, avant tout, que la pression monte bien jusqu'à la baignoire, lors même que l'eau serait débitée aux robinets inférieurs, car la conduite d'alimentation se convertirait en siphon et entraînerait l'eau sale de la baignoire. Aussi, malgré la buée, il est quelquefois plus rationnel de faire venir l'alimentation au-dessus de la baignoire et tout à fait indépendante.

Il y a deux manières d'évacuer l'eau des baignoires. Dans l'une, l'écoulement est libre au-dessus d'une cuvette surmontant un siphon ; (quand ce n'est pas, hélas, au-dessus d'une boîte d'interception !) Dans l'autre, la vidange est reliée et fixée directement à la baignoire comme à une toilette ou à tout autre appareil.

La cuvette est le plus souvent soudée à un terrasson en plomb, à moins que le sol ne soit carrelé ; dans cette dernière circonstance le plomb devra être battu en collet pour rentrer sous le carrelage de 0 m. 03 à 0 m. 04, comme dans la fig. 42, et être bien garni de ciment.

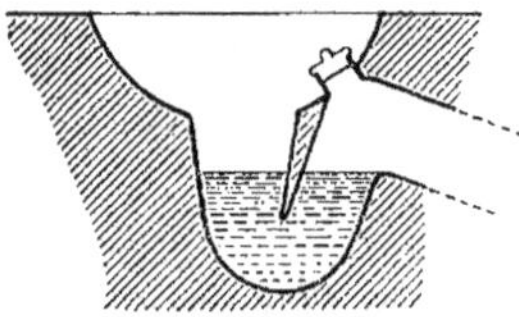

Fig. 42

Un des avantages du terrasson et de la cuvette, ou simplement de celle-ci, est de pouvoir retirer la baignoire pour nettoyer derrière et dessous et de convenir particulièrement aux installations en attente faites dans les maisons de rapport ; n'importe quelle baignoire pourra y trouver sa place et son écoulement sera prêt à fonctionner.

Ce moyen exige, en général, un gros siphon et un gros tuyau si le niveau de départ ou le plan d'eau du siphon est peu en contrebas du sol ; la baignoire est vidée, en effet, par une soupape de 0,035 environ, avec une pression de 0,40 à 0,45, alors que la hauteur de la cuvette est à peine de 0,10 à 0,15, la plupart du temps.

La section moyenne à employer, pour ne pas avoir de surprise désagréable, est de *0 m. 060 à 0 m. 07* suivant la hauteur, la pente, etc. Si le siphon est franchement en contre-bas du plancher, soit 0 m.45 à 0 m.50 du terrasson, le siphon et la vidange peuvent être de 0 m. 050 seulement.

Un inconvénient à signaler, est la possibilité d'une inondation momentanée, en cas d'obstruction de la vidange ou de la descente. Supposons, par exemple, cette vidange branchée sur une descente d'eaux pluviales placée à l'extérieur et que cette descente soit obstruée de glace, dans le bas, au dauphin, comme cela se produit fréquemment en hiver.

Qu'arrivera-t-il? la domestique lève la soupape, accroche la ficelle et s'en va; l'eau s'est bien écoulée le temps nécessaire pour remplir une partie de la descente, mais elle remonte ensuite par la cuvette et inonde le plancher, à moins qu'elle ne ressorte par un appareil, évier ou autre, situé à un étage inférieur.

Cet écueil est moins à craindre avec une descente passant intérieurement et branchée directement sur la canalisation, quoiqu'une obstruction soit toujours possible, même au siphon de la cuvette.

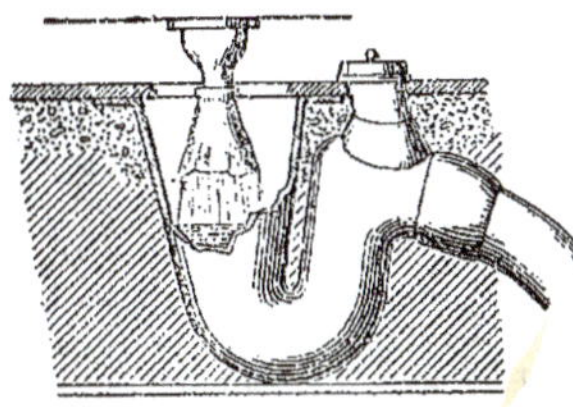

Fig. 43

Le siphon Anti-D de 0,075/0,05 ou mieux celui de 0,11/0,08 convient très bien à ce genre d'installation, (fig. 43). Il est facile de rapporter, sur le dessus, un bouchon de dégorgement qui donne accès sur la vidange elle-même.

Dans le but d'empêcher l'eau qui jaillit de la baignoire d'éclabousser la cuvette, on peut rapporter, à la tubulure de la baignoire, un petit cône ou tuyau de caoutchouc qui conduit l'eau jusqu'au siphon.

On peut comprendre les terrassons de baignoires de bien des façons différentes : tantôt on ne désire qu'une simple protection et par économie on étale une feuille de plomb sur le parquet et sur carton bitumé pour l'isoler du contact du chêne; cette feuille est relevée de 0,10 à 0,20 contre le mur et s'enroule en avant, sur une baguette fixée au plancher et débordant le contour de la baignoire (fig. 44). Tantôt le plomb est battu sur une forme en plâtre avec pentes convergentes sur le siphon, et pistonné sur une frise d'encadrement arrêtant le parquet (fig. 45). D'autres fois ce terrasson est creusé davantage dans le plancher ou surelevé par l'intermédiaire d'une marche, suivant le cas, afin de recevoir un caillebotis ou simplement des lames. Ces caillebotis ou lames doivent pouvoir se retirer facilement pour le nettoyage du terrasson qui, malgré tout, est souvent dans un état de propreté rarement satisfaisant.

Fig. 44

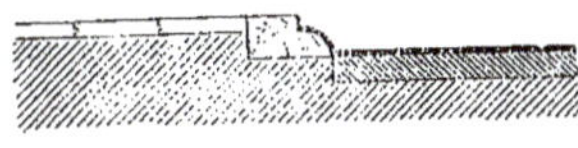

Fig. 45

Un des meilleurs exemples de la vidange directe est donné par les fig. 235 et 238. Le trop-plein de la baignoire devient, dans ce cas, toujours indispensable et doit être capable de débiter un assez grand volume d'eau.

On peut réussir, en rehaussant le fond des baignoires, à avoir le départ fixé *au-dessus du plancher*.

S'il s'agit d'une baignoire en zinc ou en cuivre, il faut avoir soin de laisser du jeu au tuyau de la soupape et au siphon, de façon qu'ils puissent céder et descendre un peu lorsque le fond fléchit sous le poids de la personne et celui de l'eau; sans cette précaution, le fond de la baignoire se déprimerait autour de la soupape et ne pourrait plus se vider entièrement.

Il est souvent préférable, pour éviter pareil écueil, surtout avec les baignoires en zinc, de faire agencer, par le fabricant, la vidange et le trop-plein comportant, en about, un raccord pour la jonction avec le tuyau de vidange ; le fond en zinc est ainsi assujetti sur le fond en bois et ne peut plus varier.

Dans le même but, le tuyau de trop-plein doit emboîter simplement la tubulure de trop-plein et le plus haut possible, pour avoir le jeu nécessaire.

On fait, en fonte émaillée, de nouveaux modèles de baignoires anglaises, montées sur pied, avec tous les accessoires de vidange et d'alimentation y attenant, qui laissent encore le départ du siphon à 0 m. 05 ou 0 m. 06 en contre-haut du plancher et qui simplifient singulièrement les installations.

L'isolement du plancher du fond de la baignoire laisse toute facilité de balayer en dessous mieux que sous un meuble. Mais les baignoires en fonte émaillée ont certains défauts sur lesquels il n'y a pas à revenir.

Par contre, on fait aujourd'hui des baignoires en cuivre, étamées à l'étain fin, montées sur pieds également, de même forme que les précédentes et réalisant les mêmes avantages.

On peut remplacer, le cas échéant, la gorge de la baignoire par une main courante en bois couronnant le bord supérieur (fig. 46).

Cette main-courante, si l'on désirait, pourrait s'appliquer au mur et fermerait un vide entre elle et lui, empêchant ainsi l'eau ou la poussière de passer, (voir fig. 47). Ce dispositif ne vaut pas, à beaucoup près,

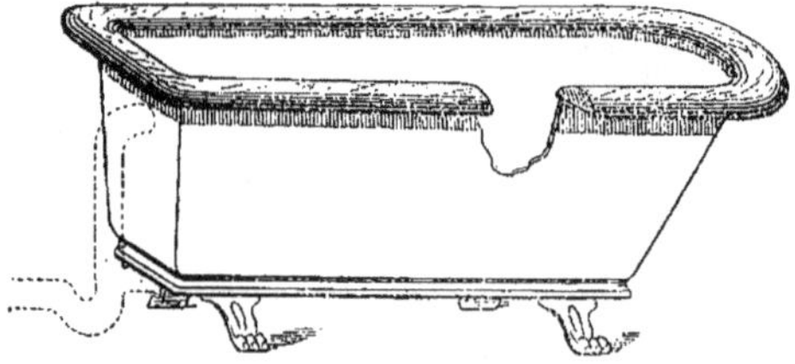

Fig. 46

celui de la fig. 226 qui est malheureusement pratiqué trop rarement ici, mais il est très suffisant et moins coûteux. Il est spécialement indiqué lorsque la tête de la baignoire est butée contre un mur car il ferme l'angle du mur (fig. 47). On fait souvent des panneaux de faïence le long des murs au droit de la baignoire.

Pour les maisons à loyers, la baignoire en cuivre a cet avantage énorme sur les autres baignoires, en zinc ou en fonte émaillée, de pouvoir être étamée à nouveau et être rendue complètement neuve pour un autre locataire.

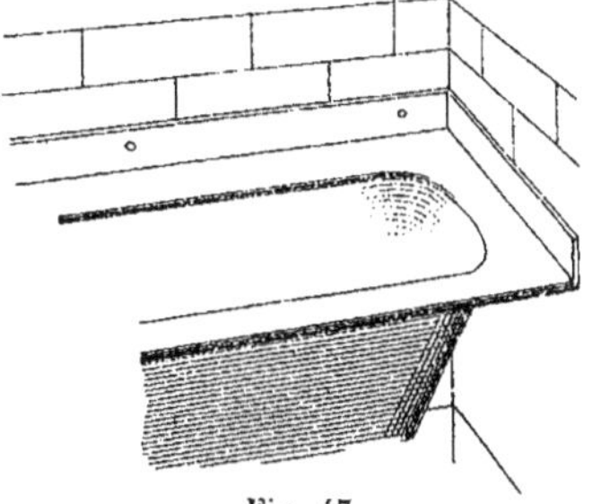
Fig. 47

L'alimentation se fait soit par dessus, soit sur le flanc, à quelques centimètres du fond, mais l'alimentation dite « pompadour » qui se fait par la même tubulure que l'évacuation, ne saurait être admise à aucun prix. Ce défaut est trop évident pour s'y arrêter, et on se demande comment il a pu être si répandu.

Les installations de salles de bains sont devenues très à la mode, surtout depuis l'usage des chauffe-bains instantanés, qui, pour être bien *délicats*, n'en sont pas moins très commodes. Il y aurait beaucoup à dire sur ces appareils et leurs tuyaux d'évaporation si nous n'avions peur de prolonger cette étude; nous rappellerons toutefois qu'une bonne aération directe, indépendamment de la fenêtre, soit par un châssis ouvrant dans celle-ci ou par tout autre moyen, vitre perforée, etc., est le complément indispensable de toute bonne installation.

CHAPITRE XXIV

LAVABOS ET LEURS VIDANGES

Inconvénients possibles des lavabos. — Choix des emplacements. — Installation dans les cabinets de toilette. — Types variés. — Trop-pleins dérobés. — Trop-pleins accessibles. — Système de vidange rapide à levier. — Système de vidange à trop-plein apparent et noyé. — Lavabo en terre réfractaire. — Tuyau d'écoulement en fer. — Branchements se prêtant à la dilatation et à la contraction du métal. — Lavabos d'angle, ovale, de Newcastle. — Soupapes et grilles. — Cuvettes à bascule. — Creusages pour le savon. — Siphons, tuyaux d'écoulement et de ventilation. — Disconnexion des tuyaux d'écoulement. — Lavabos multiples. — Vices d'installation des siphons et des branchements.

De ce que l'usage s'est répandu, dans toute plomberie bien comprise, de disconnecter les évacuations de lavabos de celles des water-closets et des canalisations, on se figure parfois que le choix de l'appareil ou de son emplacement est sans importance.

Un lavabo défectueux peut être cependant nuisible au même degré qu'un water-closet; l'orifice de départ trop petit, le siphon trop grand ou le trop-plein mal établi constituent autant de défauts.

Toute installation de lavabo est à prohiber dans une chambre à coucher. Si la chose est possible, le cabinet de toilette est la vraie place convenable et rien alors n'est aussi pratique et confortable qu'un lavabo avec eau chaude et froide. Souvent aussi il est commode d'avoir un lavabo au rez-de-chaussée pour éviter aux visiteurs la peine de monter.

Dans les hôtels, par exemple, un lavabo placé près de chaque chambre à coucher et donnant au voyageur l'eau chaude à discrétion procurerait une grande économie dans le service.

On ne saurait, par contre, apporter trop de soin à cette installation, comme à celle de tout autre appareil sanitaire situé dans le voisinage d'une chambre à coucher. Les accessoires, le trop-plein, la grille de départ devront être d'une grande propreté. Toute cuvette à bascule serait à écarter en pareil cas.

Fig. 239
Cuvette de lavabo avec trop-plein nettoyable.

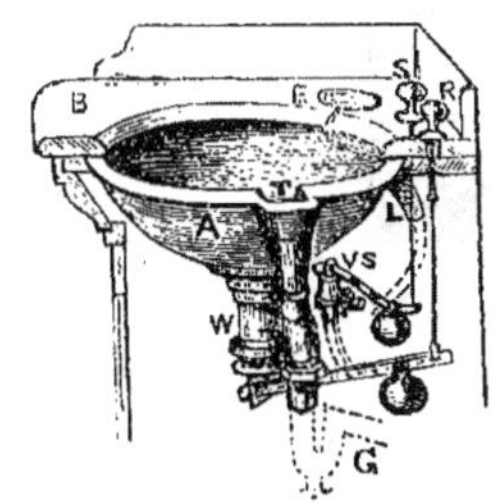

Fig. 240
Trop-plein nettoyable raccordé sur la vidange de façon à être à l'abri du reflux de l'eau d'écoulement.

Les fig. 239 et 240 donnent un dispositif que j'ai appliqué pour permettre le nettoyage des trop-pleins que le savon encrasse toujours rapidement ; l'orifice de ce trop-plein est élargi, et sa tubulure verticale est reliée directement à l'appareil de vidange, évitant

Fig. 241
Lavabo d'angle avec trop-plein comme ci-dessus et meuble en acajou en retraite.

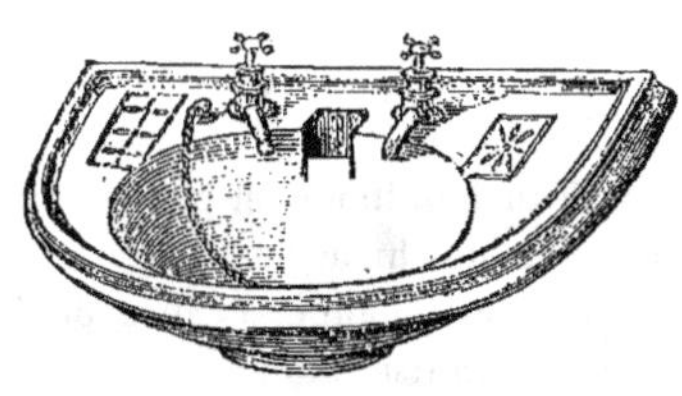

Fig. 242
Lavabo demi-rond.

ainsi le reflux d'eau habituel qui a lieu quand le piquage est fait sur le siphon.

Des cuvettes comme celles de la fig. 239 peuvent se fixer, en série, à un même marbre qui comporte en outre un dossier, et au besoin une tablette.

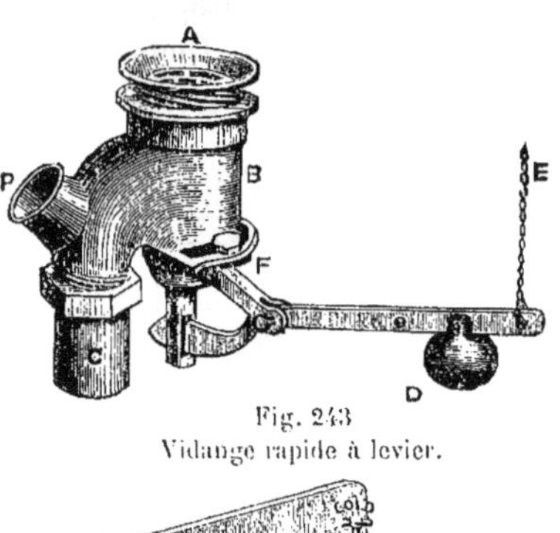

Fig. 243
Vidange rapide à levier.

La fig.244 est un échantillon de lavabo d'angle, avec devant arrondi et cuvette profonde. A cette cuvette est fixé le système de vidange (fig. 243), capable d'écouler l'eau en trois ou quatre secondes.

Le lavabo (fig. 244) est fabriqué en terre réfractaire émaillée, et convient surtout aux hôpitaux. Dans ce modèle, le trop-plein est formé par un tube surmontant la soupape placée à l'arrière de la cuvette contournée à cet effet. Ce trop-plein peut s'enlever à la main facilement, mais il est en cuivre nickelé et demande peu d'entretien.

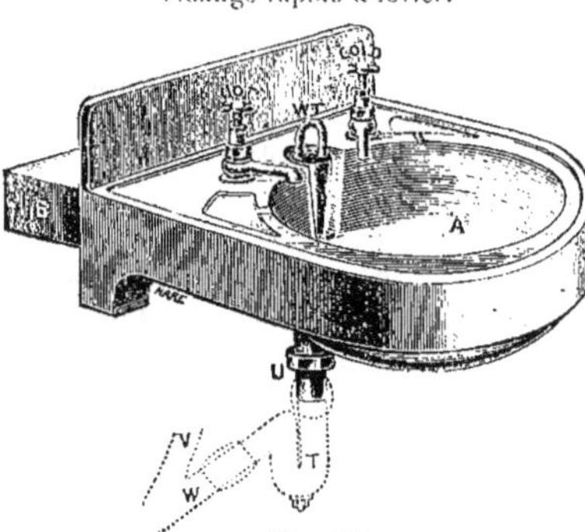

Fig. 244
Lavabo en terre réfractaire émaillée.

La terre réfractaire est assez résistante pour supporter l'eau bouillante et permet, en conséquence, d'y plonger les instruments de chirurgie.

Le tuyau de vidange, à cause de l'eau chaude, devra être en fer étiré et galvanisé, monté avec des T ou branchements en Y, à moins qu'il ne soit placé à l'extérieur avec des joints à dilatation.

Le branchement ou tuyau de raccordement pourra être en plomb, mais infléchi de façon à assurer l'allongement de la dilatation (voir fig. 260).

On peut varier à volonté ces sortes d'installations ; seulement une simple cuvette, bien établie selon les règles sanitaires, est préférable à une toilette coûteuse, où ces règles ne seraient pas observées.

Le diamètre des trous de cuvettes et des feuillures est souvent trop petit et ne peut donner passage qu'à des soupapes de 0,013 ou

Fig. 245
Plaque de lavabo rectangulaire en faïence avec trop-plein nettoyable.

Fig. 246
Toilette en marbre au dossier et tablette, cuvette en faïence et boutons de tirage pour l'alimentation et la vidange fixés au dossier.

0,014, comme à la fig. 247 ; tandis que les raccords sont soudés à des siphons et des vidanges de 0,050.

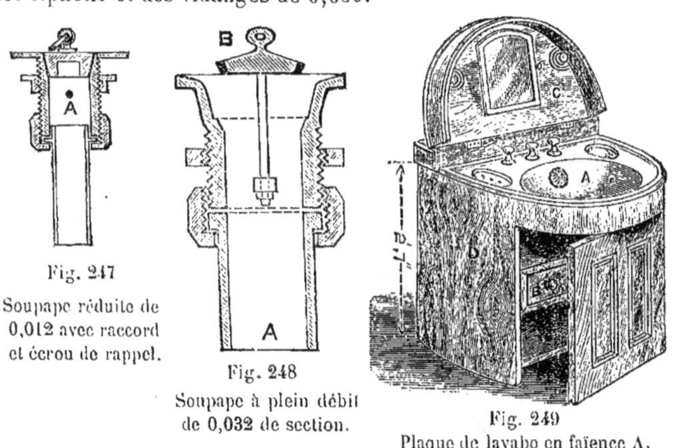

Fig. 247
Soupape réduite de 0,012 avec raccord et écrou de rappel.

Fig. 248
Soupape à plein débit de 0,032 de section.

Fig. 249
Plaque de lavabo en faïence A, cuvette ovale.

Ces soupapes, ainsi que leurs raccords, ne devraient pas avoir moins de 0 m. 031 intérieur, comme à la fig. 248.

Si la cuvette basculante est un moyen rapide de se débarrasser de son eau, elle est loin d'être sanitaire, car cette eau, projetée sur le receveur, l'éclabousse et le couvre de dépôts de savon appelés à y séjourner plus ou moins longtemps. J'ai souvent vu de ces receveurs dans un état de malpropreté indescriptible.

Fig. 250
Toilette avec deux cuvettes à bascule.

Ce genre de cuvette ne peut convenir qu'à des lavabos publics, des lavatories, où un garçon est préposé au nettoyage et à l'entretien journalier des appareils, et certes il n'aura pas à chômer.

Il est bon de noter en passant, à titre de perfectionnement, les nouveaux creusages pour loger le savon avec petite rigole conduisant les égouttures à la cuvette ; ces rigoles remplacent les petits tuyaux d'autrefois, toujours obstrués.

On peut recommander les sections suivantes à employer dans l'installation des lavabos : siphon anti-D de 0 m. 031, tuyau de vidange de 0 m. 031 à 0 m. 040 et 0 m. 050 pour plusieurs lavabos superposés à grande hauteur, branchements de 0 m. 040 et ventilation de 0 m. 040 à 0 m. 060.

L'écoulement d'un lavabo peut, sans inconvénient, se raccorder à une vidange de baignoire à proximité, à condition de bien ventiler le branchement.

PL. XVIII

Pour les cuvettes placées en série, il faut éviter les raccordements à angle droit, comme dans la fig. 251, qui font refluer l'eau

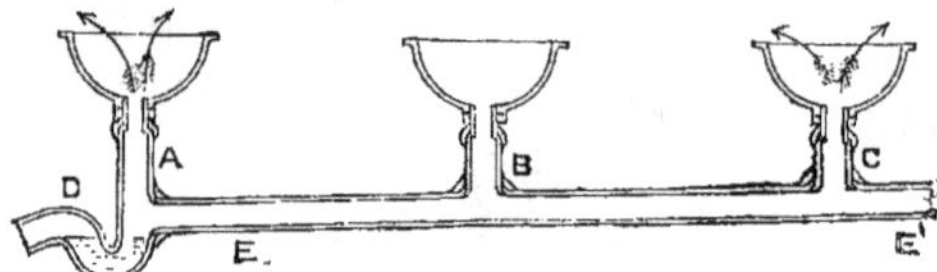

Fig. 251
Façon vicieuse de réunir plusieurs cuvettes de lavabos.

en sens contraire en E', avant qu'elle prenne sa direction ; c'est une cause d'encrassement du tuyau et quelquefois d'engorgement, car les autres cuvettes, plus éloignées, ne sont pas toujours vidées au même moment. On remédie à cet inconvénient en augmentant la pente du tuyau principal EE', et en inclinant davantage la tubulure du branchement.

On a substitué, dans certains cas, un caniveau en métal à ces tuyaux, mais le remède était pire que le mal.

Un autre défaut à signaler est la circulation ou passage d'air d'une cuvette à l'autre par la bonde ou le trop-plein.

La fig. 252 indique une erreur d'un autre genre dans la pose d'un siphon unique placé trop haut à l'extrémité d'une rampe de lavabos ; la chose se passe de commentaires.

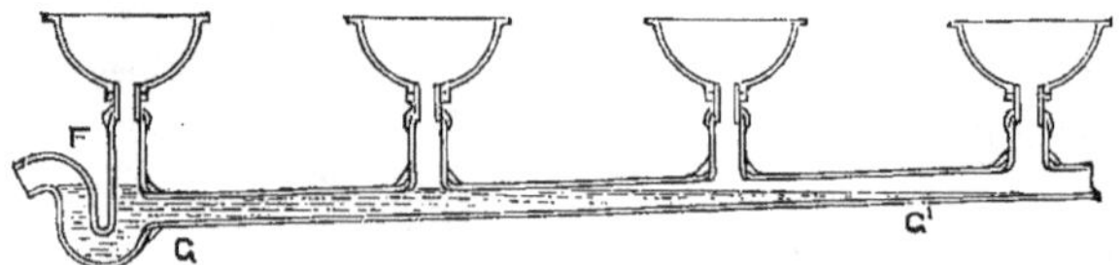

Fig. 252
Inconvénients résultant du raccordement de plusieurs cuvettes sur un seul siphon.

Le raccordement de deux vidanges séparées ne devrait pas, comme dans la fig. 253, laisser l'air circuler de l'une à l'autre de H en K et vice versâ, mais plutôt être fait comme dans la fig. 254, en L; ce moyen, à vrai dire, est encore défectueux, et ne vaut pas le siphon respectif à chaque cuvette, qui la rend tout à fait indépendante de sa voisine (fig. 255); tous ces siphons sont, comme on le voit, ventilés séparément.

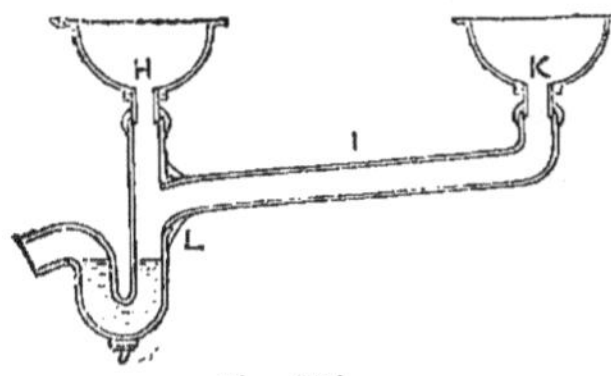

Fig. 253
Mauvais raccordement de vidange.

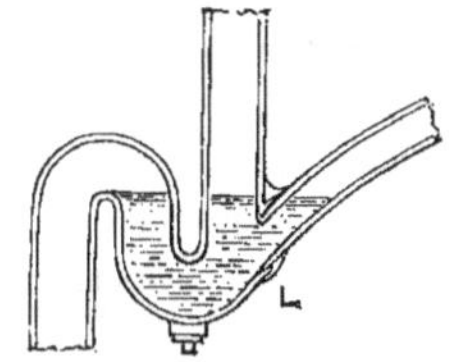

Fig. 254
Meilleur raccordement que le précédent, mais néanmoins imparfait.

Lorsqu'un même siphon sert à plusieurs appareils, il est difficile

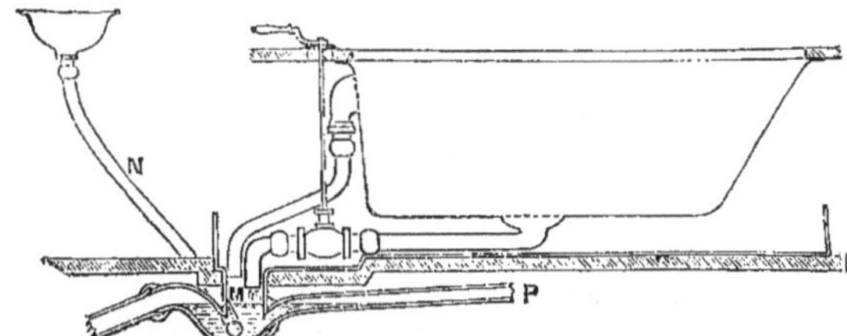

Fig. 254[1]
Inconvénients résultant de la réunion de plusieurs appareils dans un même siphon.

que les tuyaux se conservent propres, comme on peut s'en rendre

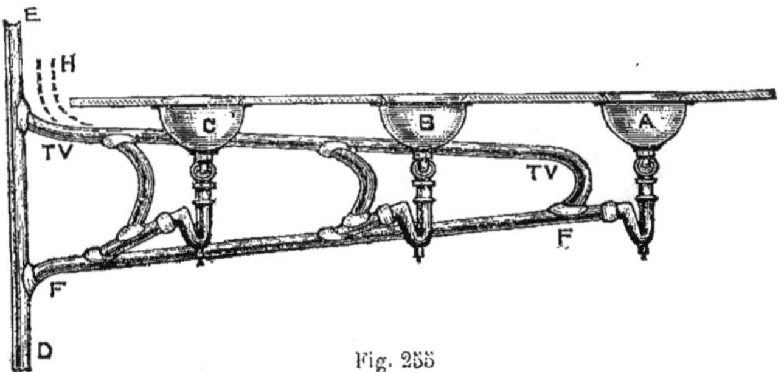

Fig. 255
Lavabos multiples convenablement siphonnés et ventilés

compte sur la fig. 254[1]. Le lavabo fonctionnant, en effet, plus souvent que la baignoire, les dépôts de savon formés en M, à la sortie du tuyau P, ont le temps de sécher avant d'être balayés par la vidange et le lavage de la baignoire, sans compter que la chasse de l'eau a des chances de rester souvent sans effet, en raison de la capacité du siphon et de la section insuffisante du tuyau. Avec le dispositif de la fig. 255, donnant un siphon à chaque cuvette A, B, C, la moindre décharge d'eau propre a son effet sur le siphon et sa vidange. Chacun de ces siphons doit avoir sa ventilation respective.

Le meuble d'une toilette coûte, la plupart du temps, aussi cher à lui tout seul que le marbre, la cuvette et les accessoires qui en constituent, somme toute, le confortable proprement dit.

Il n'est d'aucun intérêt de s'arrêter aux différents types de toilettes plus ou moins luxueuses que l'on peut varier à volonté, selon le crédit dont on dispose, d'autant plus que le mode d'alimentation et de vidange est sensiblement le même que pour des toilettes plus modestes, mais tout aussi pratiques.

La cuvette à bascule, ainsi qu'il a été dit précédemment, est loin d'être parfaite et, malgré la vogue dont elle a joui jusqu'ici, elle est certainement inférieure à une cuvette fixe, pourvue d'une vidange convenable.

Le receveur présente, en effet, une grande surface de contamination qui le condamne à être toujours malpropre, bien qu'aujourd'hui les cuvettes se retirant à la main très aisément, il devrait être constamment nettoyé. Ce receveur prend une place énorme sous le marbre et laisse peu de hauteur pour la plomberie de raccordement, le montage des robinets, etc.; un bâtis à feuillure est, de plus, rendu nécessaire pour le supporter.

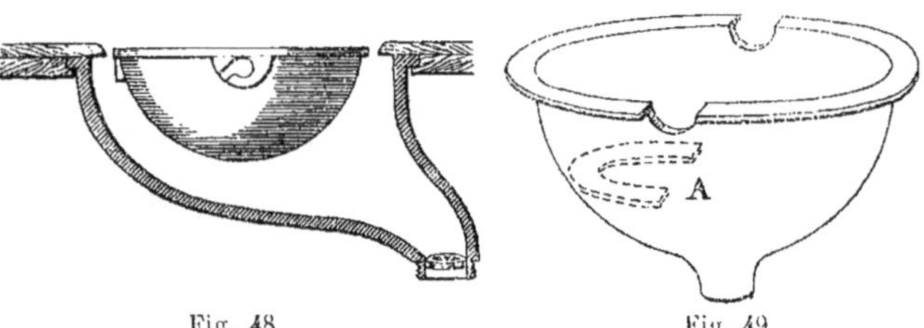

Fig. 48 Fig. 49

Nous n'entendons viser ici, en fait de receveurs, que les receveurs en faïence, grès cérame ou porcelaine, et non ceux que l'on fait en métal, en zinc ou en fonte émaillée, de beaucoup inférieurs à tous égards. Parmi les receveurs céramiques, il faut encore considérer les receveurs dits « pointus » (fig. 48) comme préférables aux receveurs ronds (fig. 49), surtout lorsqu'ils ont cette saillie intérieure A, destinée à arrêter l'eau projetée trop vivement, mais qui arrête aussi les résidus de savon.

Quant à la cuvette même, voyons comment elle répond aux différents usages du lavabo : le robinet qui souvent fait heurtoir à la cuvette, se prête à peine au remplissage d'un verre et ne permet pas de se rafraîchir les mains sous l'eau qui s'en échappe ; le peu d'eau qu'on a fait couler pour une cause quelconque, reste naturellement dans cette cuvette qu'on est obligé de basculer à tous moments.

La cuvette fixe, au contraire, prend très peu de place sous la toilette et laisse beaucoup de hauteur disponible ; étant fixée directement au marbre par des petites pattes à écrous, elle peut être remplacée sans *démonter le marbre*, les robinets, etc.

Le robinet, fixé sur le fond du marbre ou table, peut être rehaussé et avoir la saillie nécessaire pour qu'on s'y lave les mains directement ou qu'on y remplisse un pot à eau, une bouillotte, etc. ; enfin la vidange étant, à volonté, *ouverte ou fermée*, l'eau s'écoule dans la cuvette sans y séjourner et de la même façon que dans un vidoir ordinaire avec grille ; un simple jet du robinet suffit à en opérer le nettoyage sans aucune manœuvre.

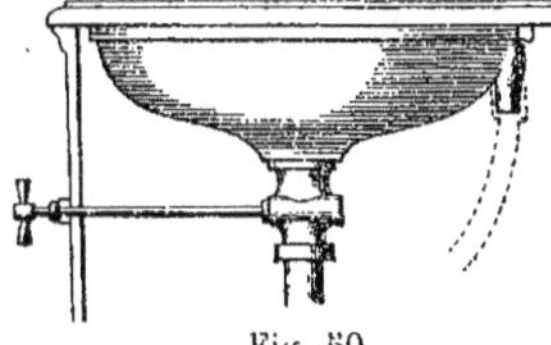
Fig. 50

On fait des plaques de lavabos en faïence, d'une seule pièce, comme celles des fig. 241, 242, d'un très grand choix de formes et de dimensions, à des prix modestes d'acquisition et d'installation. Mais ces plaques font plutôt office de lave-mains et n'ont pas le confortable de la véritable toilette, même petite, sur laquelle on peut poser toutes sortes d'objets et qui, par ses dimensions, préserve le parquet des éclaboussures.

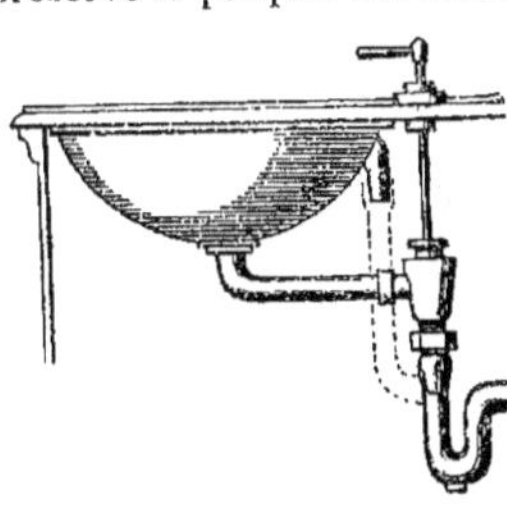
Fig. 51

Ce sont les divers systèmes de vidange adaptés aux cuvettes fixes, défectueux pour la plupart, qui sont cause de leur défaveur en général.

Tel le bouton ou poignée, placé en avant (fig. 50), faisant tourner un robinet de 0,015 à 0,02 surmonté d'une grille percée de petits trous ronds qui sont rapidement bouchés par le savon; d'ailleurs, c'est l'inconvénient inhérent à toutes les grilles à trous.

La section trop faible du robinet fait couler l'eau avec lenteur, et la position du bouton, obligeant à retirer les mains mouillées *en dehors* de la toilette, n'est pas admissible.

Les autres systèmes de robinets, avec béquille ou poignée se manœuvrant sur le fond en marbre (fig. 51) sont en apparence plus pratiques, mais la tubulure reliant la grille au robinet, laquelle est forcément encrassée de savon, contamine l'eau de la cuvette ; ce dispositif force à allonger aussi la tubulure de trop-plein et occasionne de nombreux coudes à la tuyauterie.

Les vidanges avec fourreaux et soupapes, du genre de la fig. 109, sont également vicieuses à cause de la *communication* et du *contact* de l'eau des cuvettes avec des tubulures ou organes *encrassables et souillés*.

L'hygiène et la propreté la plus élémentaire exigent que la fermeture de la cuvette se fasse donc *immédiatement au départ* de celle-ci.

A cet égard, la petite soupape à chaînette n'était pas mauvaise, mais la chaînette était gênante pour les mains.

Toutefois ce système a été perfectionné et est devenu très pratique, tout en restant très simple et très économique.

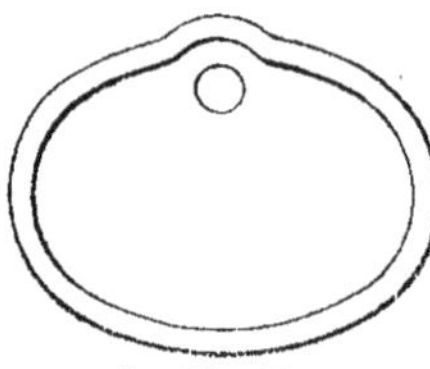

Fig. 52

La cuvette doit alors affecter la forme de la fig. 52, dans laquelle la chaînette se trouve tout à fait abritée; cette forme empêche toute espèce de *tournoiement* de l'eau qui se vide alors avec une grande rapidité; la soupape elle-même doit être en caoutchouc, pour éviter le bruit et les *heurts* sur la porcelaine, et assez lourde pour se placer rapidement sur son siège, sollicitée d'ailleurs par l'entraînement de l'eau.

La chaînette ne convient pas aux cuvettes rondes; c'est le genre de soupape de la fig. 110, à bouton et mouvement de baïonnette, qui doit la remplacer.

Dans le même ordre d'idées que la vidange à levier (fig. 243), j'ai construit un appareil similaire, mais avec cette particularité que la soupape, au lieu de fermer sous la grille à l'orifice, ferme en-dessus, *à fleur même* de l'épaulement et s'enlève à la main, dans le cas où un corps étranger, grain de citron, épingle, coton, etc., se placerait sous la soupape et la ferait perdre.

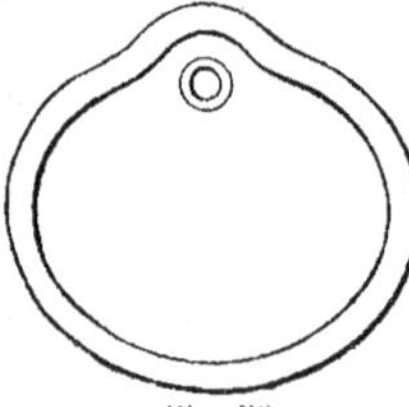

Fig. 53

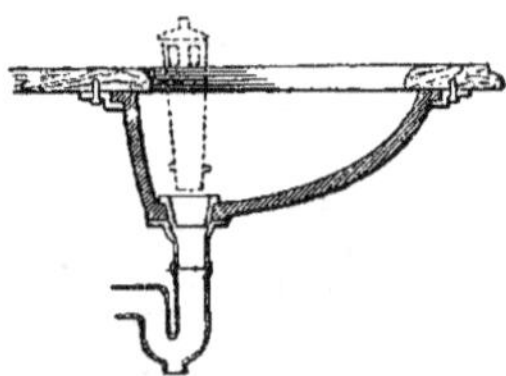

Fig. 54

Le marbre devrait toujours faire une saillie sur le bord de la cuvette et même comporter, en dessous, un petit larmier. La cuvette devrait encore, pour facilité de dépose, être scellée et serrée contre le marbre par des écrous vissés sur boulons scellés dans le marbre, comme dans la figure 54.

Une installation de toilette n'est complète que lorsqu'il existe à proximité, ou même renfermé dans le meuble, un vidoir destiné à recevoir les eaux de bidet ou de bains de pieds. Le soin de vider ces eaux ne doit pas être abandonné aux domestiques qui ne se feraient aucun scrupule de les vider au plus près, c'est-à-dire dans la cuvette même de la toilette.

Il existe un autre type de vidange, analogue à celui de la fig. 244, qui paraît surtout convenir à des lavabos scolaires, pour dortoirs, etc. J'ai eu l'occasion de faire faire en porcelaine un modèle de ce genre de cuvette (fig. 53 et 54); elle laisse assez de dégagement autour du tube pour le nettoyer facilement, et ce dernier est assez en arrière pour ne pas gêner les mains; il se manœuvre et s'enlève complètement par un simple mouvement de baïonnette, et peut être nettoyé à l'intérieur de temps à autre; on peut alors atteindre et frotter la douille et l'entrée du siphon jusqu'au plan d'eau.

Il n'y a donc pas, *en deçà de l'obturation* du siphon, un centimètre de tube ou partie quelconque, y compris le trop-plein, capable d'émettre, à la longue, la plus faible odeur. C'est là un point capital, car, dans une rangée de vingt, trente ou quarante lavabos, le plus petit défaut, étant multiplié un grand nombre de fois, cesse d'être une quantité négligeable.

Cette forme de cuvette a également l'avantage d'annuler le tournoiement de l'eau et de supprimer tout effet de momentum sur le siphon.

Dans une installation de ce genre, afin d'éviter la complication et la dépense de ventiler chaque siphon, on peut adopter une plus grande section pour la vidange générale — ventilée naturellement à l'extrémité — et établir celle ci en tuyaux de laiton démontables, donnant ainsi la ressource de pouvoir être nettoyés à l'eau bouillante, au bout d'un certain nombre d'années, si cela était devenu nécessaire.

CHAPITRE XXV

BACS ET ÉVIERS ET LEURS VIDANGES

Bacs en plomb, en cuivre, en ardoise, pour rincer les légumes. — Evier pour savonnages. — Evier pour maître d'hôtel, trop-plein, grille et bonde. — Siphons et tuyaux de vidange.

Le chapitre suivant traite à lui seul des éviers de cuisine.

Nous n'avons donc à nous occuper ici que des différents bacs servant à puiser l'eau et à faire certains nettoyages.

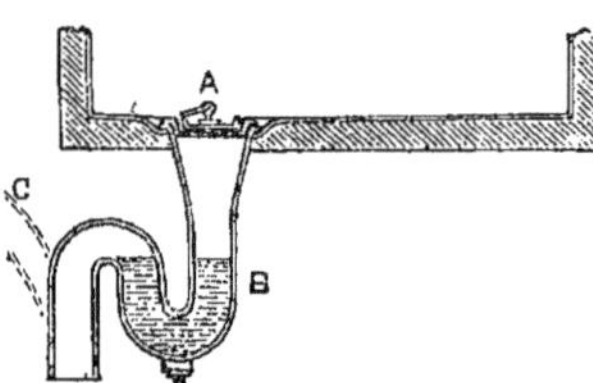

Fig. 256
Soupape et siphon fixés à un timbre en plomb.

C'est une bien faible économie que d'employer du plomb de 2 mm. et 2 mm. 1/2 pour garnir des bacs, au lieu de 3 mm. et 3 mm. 1/2.

Pour l'eau chaude et un service fatigant, l'épaisseur du métal sera portée à 4 mm. ou 4 mm. 1/2 pour le fond et 3 mm. ou 3 mm. 1/2 pour les côtés.

Le cuivre est d'une grande résistance et d'une longue durée.

Il est facile à conserver propre, et n'est pas aussi cassant pour la vaisselle ou la verrerie que l'ardoise, la pierre ou la faïence. (Voir fig. 214 un évier ou bac en cuivre.)

La fig. 257 représente un bac en faïence d'une forte épaisseur, destiné à l'usage des nourrices, pour laver et rincer toutes sortes de choses, linges, flanelles, etc. ; il comporte une soupape A, à raccord en cuivre, et un large trop-plein B.

Les bacs pour maîtres d'hôtels sont ordinairement garnis en plomb, mais sont souvent trop profonds.

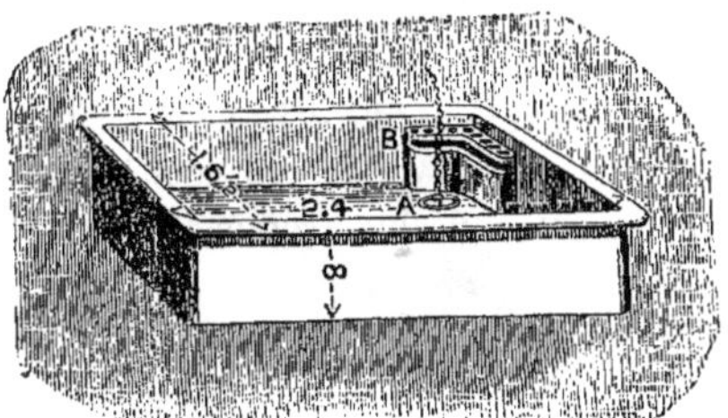

Fig. 257
Bac en faïence à laver, pour nourrice.

Cette profondeur doit être seulement suffisante pour immerger une bouteille debout et peut aller de 0 m. 38 à 0 m. 40.

Comme les autres appareils, tout bac muni d'une bonde ou soupape doit avoir un trop-plein pour éviter les débordements en cas de fuite de robinet. Cela consiste à prendre dans le haut, près du bord, un tuyau de 0 m. 05 ramené au-dessus du siphon; l'orifice d'entrée doit être allongé jusqu'à 0 m. 10 afin de débiter le plus d'eau possible sans diminuer la profondeur utile du bac.

Fig. 258
Grille d'évier à châssis.

Le fond doit être en pente sur la soupape placée dans un angle pour moins gêner les mains.

Beaucoup de grilles d'évier ont des trous trop petits et ne peuvent livrer passage à un bon volume d'eau. La fig. 258 est un excellent modèle ; son diamètre est plus grand de 0 m. 025 que le tuyau même et se raccorde au siphon par une tubulure conique, de sorte que l'eau peut opérer un bon lavage sur le siphon et le tuyau. La fig. 259 est un modèle de large bonde ou soupape capable de vider un bac très rapidement.

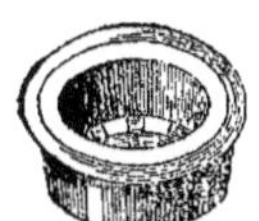

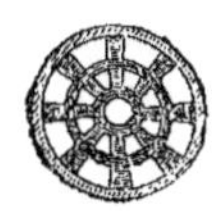

Fig. 259
Bonde de fond, à grille.

Les tuyaux d'évier devraient déboucher à l'air libre au-dessus d'un siphon intercepteur. La section moyenne de ces tuyaux, surtout si le bac est au rez-de-chaussée, peut être de 0 m. 040 avec siphon anti-D de 0 m. 031.

En élévation, ces vidanges seraient naturellement à ventiler.

La pièce dans laquelle sera faite l'installation devra

être aérée et l'armoire de soubassement exempte d'objets quelconques de débarras ou de rebut.

En vue de la dilatation, la vidange, si elle peut être placée à l'extérieur, sera en plomb avec joints à glissement; si elle est à l'intérieur, elle sera en fer galvanisé, comme il a déjà été dit, avec jonctions en Y montées avec des raccords en cuivre soudés aux branchements en plomb qui seront infléchis, comme dans la fig. 260.

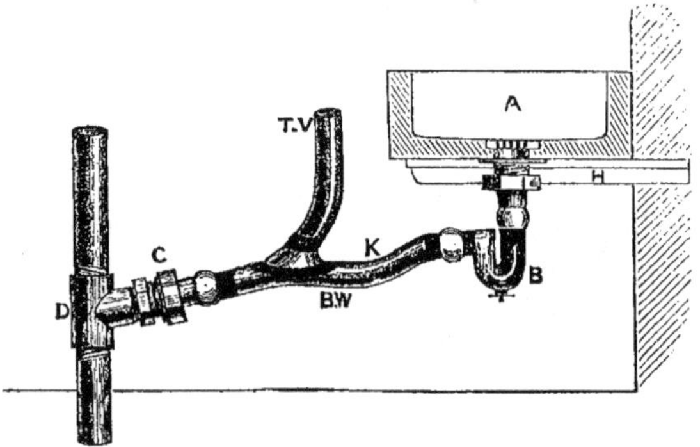

Fig. 260
Raccordement d'un siphon et de sa vidange en plomb avec une colonne de vidange en fer.

Pour une série d'éviers en élévation, les sections seraient les suivantes : tuyau principal de 0 m. 050 à 0 m. 075 et 0 m. 080, branchements de 0 m. 040 à 0 m. 050, siphons anti-D de 0 m. 031 à 0 m. 075/0 m. 050, ventilation de 0 m. 050 à 0 m. 060.

L'évier de cuisine est trop connu pour s'y arrêter. Nous n'avons rien à envier à nos voisins pour ces appareils, ayant à notre disposition de très belles pierres dans lesquelles nous pouvons tailler ce que nous voulons.

La profondeur usitée est généralement un peu faible. Un détail important à observer est le raccordement du revêtement avec l'évier, au droit du mur, cause fréquente d'humidité du côté opposé. Le mode de taille (fig. 55) n'est pas à recommander, car l'eau trouvant un repos en A, se glisse dans le joint et le dégrade ; la fig. 56 montre, entre autres bons moyens, cette même partie A abattue en biseau, ou complètement droite, pour laisser filer la goutte d'eau, et un petit rejingo derrière la plaque du revêtement.

Les petites bavettes de plomb qu'on glisse sous le carrelage et qu'on fait tomber en larmier sur la pierre sont, en général, plutôt malpropres ; la protection du plomb n'est admise que par derrière l'évier, à la hauteur du 1er rang de carreaux et descendant en contre-bas de l'évier lui-même.

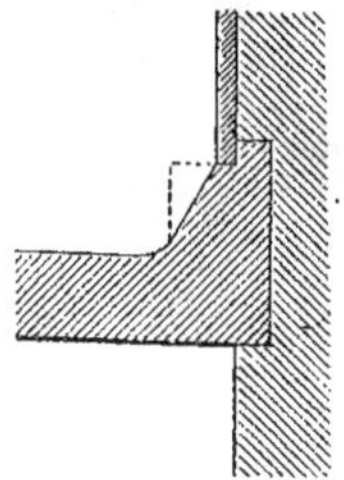
Fig. 56

Fig. 55

Tous les carreaux, ou les premiers rangs, tout au moins, doivent être scellés sur ciment.

Les grilles pour le départ de l'eau doivent être assez larges, 0 m. 07 à 0 m. 08 environ, et percées d'ouvertures du genre de la fig. 258, car les trous ronds sont vite bouchés par la graisse et s'opposent à l'écoulement de l'eau en quantité suffisante pour nettoyer le siphon. Ces grilles sont raccordées au siphon par un cône en plomb ou en cuivre, et portent elles-mêmes un collet tout autour, qui se loge dans la feuillure taillée dans la pierre.

Dans de telles conditions, les obstructions des siphons sont assez rares, et lorsqu'elles se produisent, rien n'est plus simple que de dévisser le bouchon inférieur du siphon, à l'aide d'une pince ou même d'un clou ou d'une pointe quelconque.

On fabrique en *cuivre* des siphons (fig. 56 *bis*) à deux bouchons et à double raccord se montant sur des grilles à tubulure que l'on devrait rencontrer dans toutes les installations, tellement leur prix d'acquisition est devenu bon marché.

Fig. 56 *bis*

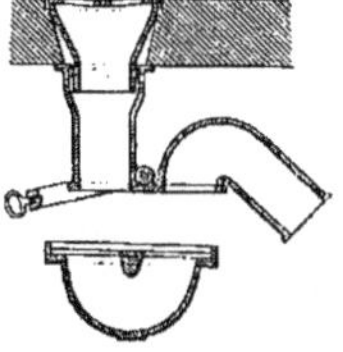
Fig. 56 *ter*

A citer également les siphons dont la panse mobile est maintenue et serrée par un étrier à vis qui rend la visite des plus faciles et en quelque sorte instantanée (fig. 56 *ter*). Malheureusement, la sortie de ce siphon se prête mal au raccordement avec la vidange en plomb ; elle ne permet qu'un joint de ciment ou de mastic qui peut être ébranlé après quelques manœuvres de l'étrier et laisser, alors, passer les odeurs.

Les tuyaux d'évacuation des éviers ou autres appareils, alimentés d'eau chaude, sont exposés à être maltraités par la dilatation ; d'ailleurs l'auteur insiste beaucoup sur ce point et recommande de les établir en fer avec jonctions en Y.

Nous posons le plus souvent ces tuyaux en fonte qui, elle, n'a rien à craindre de la dilatation.

Dans les travaux un peu moins ordinaires, où l'on désire se soustraire aux inconvénients de la fonte, il est une solution qui, sans être beaucoup plus chère que l'emploi du tuyau de plomb, semble devoir résister bien davantage, sinon d'une façon parfaite, à l'influence des écoulements d'eau chaude.

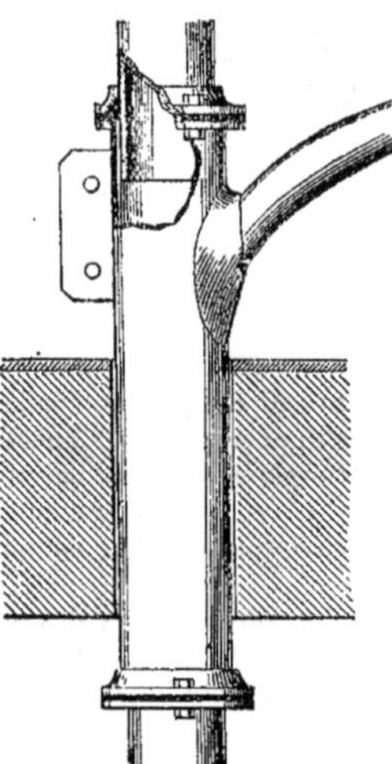

Fig. 57

Elle consiste (fig. 57) à employer des tubes de laiton de 1 mm. 1/2 environ et d'une section variant de 0 m. 08 à 0 m. 10 au plus, mais indemne de tout siphonnage. Ces tubes de laiton, faisant presque toute la hauteur de l'étage, sont reliés à des manchons en plomb épais dans lesquels ils peuvent s'emboîter et coulisser; c'est sur ces manchons que sont soudés les empattements des branchements.

Chaque manchon, solidement fixé au mur, comporte, à la partie basse, une bride à joint plat suspendant le tube en laiton — d'ailleurs assez léger — et, à la partie haute, une autre bride pressant une bague de caoutchouc, (à la façon du joint Lavril), contre la paroi du tube de laiton qui pourrait encore s'allonger, à la rigueur, si la dilatation l'exigeait.

Le manchon en plomb traversant le plancher, comme dans la fig 57, est surtout applicable aux évacuations de baignoires, car on peut souder la vidange le plus bas possible, mais s'il ne doit recevoir que des éviers ou des toilettes, on peut arrêter ce manchon à 0 m.10 ou 0 m.12 au-dessus du plancher et le souder, par un nœud flamand, au tube de laiton passant alors dans un fourreau.

Ce système a, de plus, cette supériorité d'être absolument *démontable* et de permettre le nettoyage des tubes après un certain nombre d'années; il est peut-être, par contre, un peu plus bruyant que la fonte et surtout que le plomb; il vise surtout les évacuations d'éviers qui sont toujours très chargées d'un dépôt de graisse. Ce serait une affaire d'une journée ou deux pour cette opération ; il va sans dire que pour ce faire, ces tuyaux ne devraient pas être emprisonnés derrière les éviers et leur revêtement.

Bien que la première application que nous avons faite de ce système soit récente, et n'ait pour elle la sanction d'un usage de plusieurs années, nous le considérons comme assez intéressant à connaître pour nous être permis d'en faire l'exposé, sous réserve, toutefois.

Les timbres en étain, pour le lavage de la verrerie et de l'argenterie, sont ici très appréciés et très répandus dans toutes nos installations de plomberie. Ils complètent la catégorie d'éviers ou de bacs en plomb ou en cuivre examinés par l'auteur.

Rien ne peut, en effet, lutter avec l'étain, pour ce service spécial, car

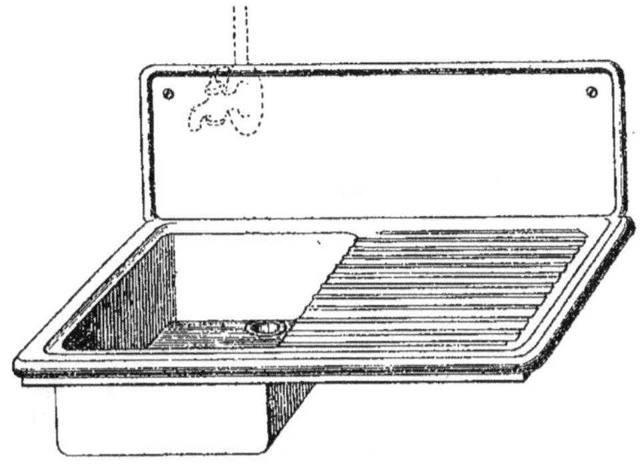

Fig. 58

s'il est aussi doux que le plomb pour les heurts des objets fragiles, il est plus propre, plus agréable à l'œil et plus facile à nettoyer et entretenir.

Ces timbres, fabriqués à la demande des emplacements, se composent généralement (fig. 58), d'une cuvette et d'un ou deux égouttoirs, et d'un dossier au droit des murs. Quelquefois, pour certains services, on les fait à deux cuvettes accouplées. Les bondes ou soupapes doivent être placées dans les angles du fond de la cuvette pour ne pas gêner les mains.

Les orifices et tubulures de trop-plein doivent être assez forts pour écouler le débit total des robinets.

Lorsque ces timbres sont alimentés d'eau chaude, il est prudent d'augmenter le poids, c'est-à-dire l'épaisseur de la cuvette, pour mieux résister à la dilatation.

CHAPITRE XXVI

LAVERIES — EVIERS DE CUISINE ET LEURS VIDANGES

Laverie. — Exemple d'évier installé dans une maison du West-End. — Bac en ardoise. — Rince-légumes. — Evier ordinaire. — Evier ou timbre en cuivre. — Egouttoirs en bois. — Tuyaux d'évacuation et siphons. — Ramasse-graisse à chasse automatique et réservoir de chasse. — Boîte à ordures.

Le mot de laverie éveille à lui seul l'idée de certaines odeurs plus ou moins répugnantes.

Son emplacement, dans l'habitation, est généralement assez à l'écart pour n'être que rarement visitée par la maîtresse de maison, mais point suffisamment encore pour que ses odeurs ne gagnent quelquefois jusqu'au salon, bien que très atténuées et d'une façon vague, comme tant d'autres qui circulent dans l'atmosphère.

L'air est d'ailleurs un si bon véhicule que l'impression résultant de cheveux brûlés, dans cette laverie, serait perceptible dans toutes les autres pièces. D'ailleurs, dans la plupart des maisons, l'odeur du pain grillé et du déjeuner du matin, envolée de la cuisine, suffit à réveiller les gens et exciter leur appétit.

Souvent négligée par l'architecte, mal agencée par l'entrepreneur, abandonnée de la maîtresse de maison, et mal entretenue par les domestiques, la laverie est le coin le plus malpropre de la maison, sans parler des émanations issues de l'évier ou du siphon du sol, bonde siphoïde ou autre.

La fig. 261 est un exemple fourni par une maison importante du West-End : Sur l'évier A était une bonde siphoïde C, fixée au-dessus d'un gros tuyau E, conduisant les eaux dans un grand

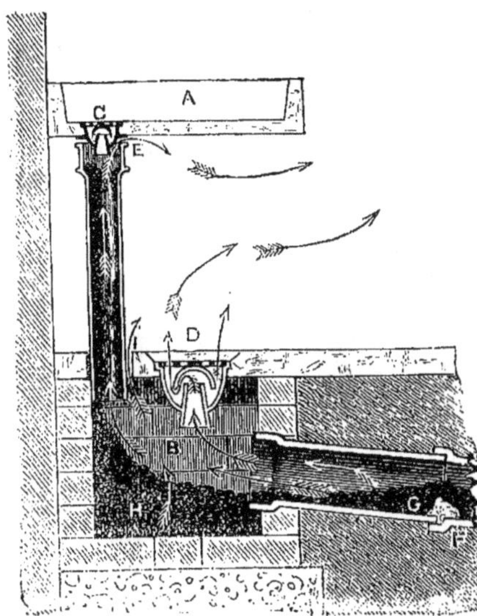

Fig. 261
Coupe d'une installation d'évier rencontrée dans une maison d'un grand quartier de Londres.

regard en briques, sorte de dépotoir ; le dessin dispense de tout commentaire et les flèches en disent suffisamment.

La fig. 262 est un autre exemple du même genre, moins vicieux en ce sens que le regard en briques, servant à former siphon, est placé au dehors.

La cloison intérieure P, en ardoise la plupart du temps, n'est pas jointive dans le haut, et laisse passer en R les émanations de la conduite que ne saurait arrêter la bonde siphoïde, laquelle est toujours levée pour que l'eau coule plus vite.

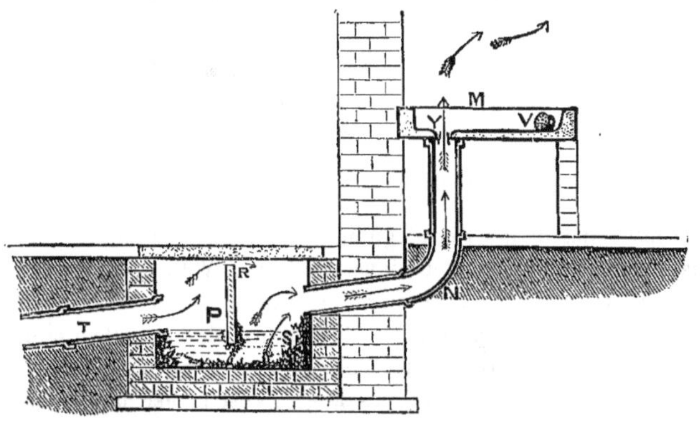

Fig. 262
Coupe d'un évier et d'un regard ramasse-graisse (Mauvais dispositif).

Les revêtements céramiques de 1 m. 30 à 1 m. 80 de hauteur et le carrelage du sol, ou bien, pour raison d'économie, des enduits de ciment s'imposent, tout au moins, pour une laverie.

La fig. 263 montre le plan d'une laverie.

En VB sont des coffres en ardoise pour garder les provisions de légumes, et reposant sur des consoles afin qu'on puisse nettoyer et balayer en dessous.

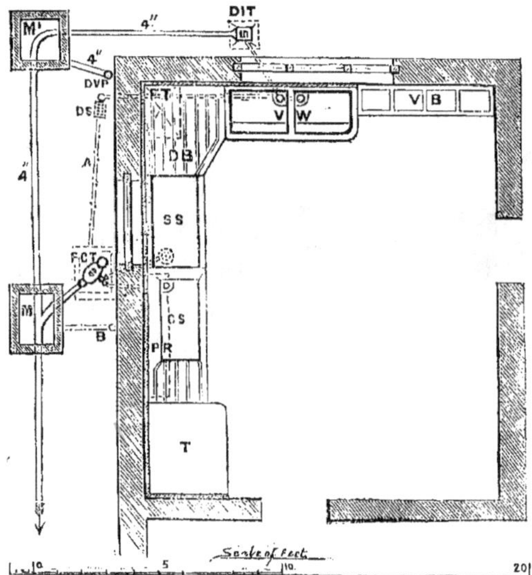

Fig. 263
Plan d'une laverie et des appareils.

Plutôt que de laver ces légumes dans un bac commun à d'autres usages, il est mieux d'employer un bassin VW, à deux compartiments, en terre réfractaire ou en ardoise, permettant de les rincer à deux eaux. Leur profondeur devrait être de 0 m. 32 au moins et leur face devrait être inclinée pour la place des genoux et des vêtements. Au fond, dans un des angles, est placée une soupape à grille et raccords variant de 0 m. 050 à 0 m. 075 et surmontée d'un tube mobile en cuivre étamé formant trop-plein ; ce tube est masqué par un écran en cuivre étamé percé de trous, également mobile, et qui a pour mission d'arrêter au passage les déchets de légumes.

L'évier destiné aux gros récurages, en raison du traitement auquel il est soumis, appelle forcément une nature de matériaux très résistants et surtout non poreux. Sa force et ses dimensions doivent être en rapport avec le service et les circonstances.

Le grès bien vitrifié conviendrait parfaitement, mais il ne permet pas d'obtenir de grandes pièces exemptes de déformations. La terre réfractaire émaillée peut donner plus de rectitude ; elle est d'une grande propreté et d'un aspect agréable.

Il est bon, pour préserver l'émail du heurt de la fonte ou autre corps dur, de fixer, par des agrafes en cuivre, une traverse en bois sur le bord de l'évier. On peut aussi placer, au fond, une claie en bois facile à retirer ou à retourner à la main, pour le nettoyage.

Le tort de ces éviers est d'être très cassants pour la vaisselle, ce qui fait qu'on leur préfère souvent le cuivre étamé posé sur bois et même, dans certains cas, pour la vaisselle fine et les bibelots, le bois de sycomore tout seul.

Le bord de ces éviers ou timbres en cuivre est aussi recouvert d'une baguette en bois fixée par des vis en cuivre à godets.

Les égouttoirs de chaque côté DB (fig. 263), ainsi que le restant, peuvent également être garnis de cuivre étamé comportant des petites cannelures pour écouler l'eau, et un relief contre le mur pour le préserver de l'humidité ; ces égouttoirs doivent faire saillie sur la cuvette et avoir en dessous un coupe-larme. Un grand couvercle en bois, à charnières, vient généralement se rabattre sur le timbre et le fermer.

Les deux rince-légumes de la fig. 263, inoffensifs comme odeur, sont réunis dans un même siphon de 0 m.050, fixé à une vidange de même section, et aboutissant à un siphon intercepteur DIT placé extérieurement.

Cette vidange pourrait aussi, s'il n'y avait pas d'inconvénient, passer intérieurement le long du mur de la laverie, et aller rejoindre un sabot disconnecteur, puis le siphon intercepteur en grès, comme à la fig. 276 ou à la fig. 302.

Elle pourrait encore être conduite, suivant le tracé en pointillé, au ramasse-graisse automatique FCT et supprimer du même coup le siphon et les regards extérieurs DIT et M'.

Le tuyau de ventilation DVP serait alors reporté en B, au regard M.

La vidange du timbre en cuivre CS se fait de la même façon que la précédente et se déverse en FCT.

Celle de l'évier SS n'a pas besoin d'avoir plus de 0 m.050, pourvu que la grille d'entrée d'eau soit assez large, 0 m. 08 par exemple, et raccordée à un siphon de 0 m. 075/0 m. 050.

La bonde serait en fonte de cuivre, très robuste, et maintenue à une forte chaîne solidement fixée ; le trop-plein serait en plomb de 0 m. 05.

Le fond de l'évier doit avoir une bonne pente sur l'écoulement ou la grille.

Le réservoir automatique, indiqué en FT en pointillé, peut être élevé de 1 m. 30 à 1 m. 50 au-dessus du sol, pour donner plus de force à la chasse.

Le plan de la fig. 263 ne représente pas de boîte à ordures, mais il serait facile d'en établir une au dehors, en contre-haut ou en contre-bas du sol, suivant le niveau, et communiquant, à l'intérieur, par un large tuyau s'ouvrant sur une des tablettes au moyen d'un clapet, ou bien par une simple trappe fixée au mur, comme un guichet ; un receptacle en tôle placé dans le bas, sous le tuyau, recevrait tous les détritus.

CHAPITRE XXVII

URINOIRS — LEUR VIDANGE ET LEUR ALIMENTATION

Urinoirs dans les maisons particulières. — Eclairage et aération de la pièce. — Dalles d'urinoirs avec stalles. — Dallage du sol. — Cuvettes ou bassins d'urinoir. — Rangée d'urinoirs. — Cuvette formant siphon. — Cuvette à larmier. — Cuvette à face droite et très ouverte. — Tubulures d'écoulement démontables permettant leur décapage. — Alimentation des urinoirs.

Il faut, autant que possible, s'abstenir de poser dés urinoirs dans les maisons particulières, à cause des odeurs presque inévitables qui en résultent et de l'excessive consommation d'eau exigée par toute installation bien comprise.

Ils sont surtout utiles à proximité d'un fumoir ou d'une salle de billard, et ne sauraient être admis que dans cette circonstance.

L'emplacement choisi ne sera jamais trop bien éclairé ni trop bien aéré.

L'urine étant très corrosive devrait être mêlée à une certaine quantité d'eau avant de passer au tuyau d'écoulement ou bien être *diluée* au *passage* par l'alimentation de la cuvette. La surface de contamination ne devra pas non plus être trop grande si on veut réduire la consommation d'eau.

Les urinoirs formés de dalles droites avec stalles séparatives, soit en fonte peinte, soit en ardoise émaillée ou non, laissent bien à désirer sous ce rapport. On a fait quelques rares applications d'urinoirs de ce système en dalles d'opaline, qui paraissent donner des résultats bien supérieurs à ceux des premiers et qui sont de très bel aspect. L'urine y est répandue un peu partout, tant sur la dalle de fond que sur les séparations, et n'est nettoyée que par le garçon de service, à peine une fois par jour, car l'eau de la rampe, qui arrose déjà imparfaitement les dalles, ne peut même pas mouiller les séparations.

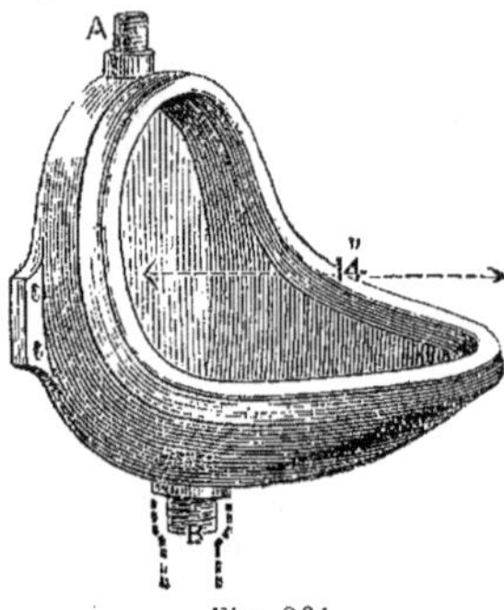

Fig. 264
Cuvette d'urinoir
avec large grille de départ.

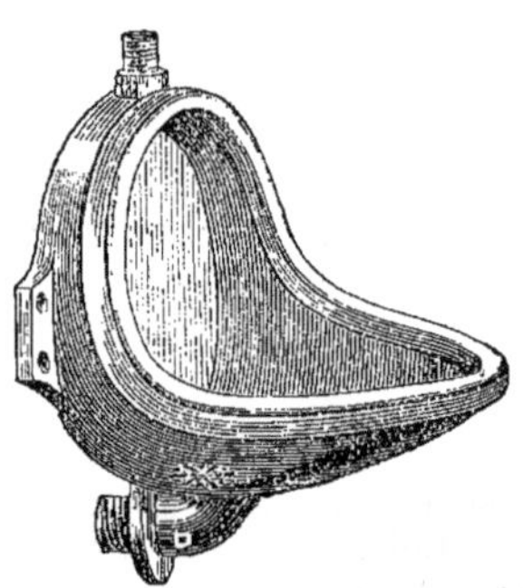

Fig. 265
Cuvette d'urinoir
avec départ à l'arrière.

Le bassin d'urinoir possède, par contre, l'avantage de présenter une très petite surface de contamination, et demande moins d'eau que l'ardoise.

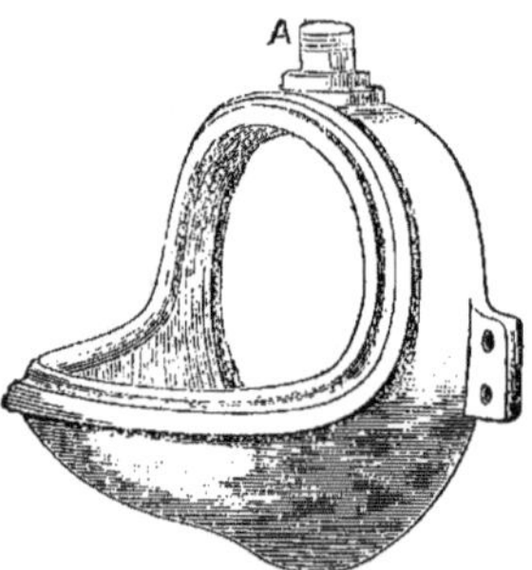

Fig. 266
Cuvette d'urinoir à siphon.

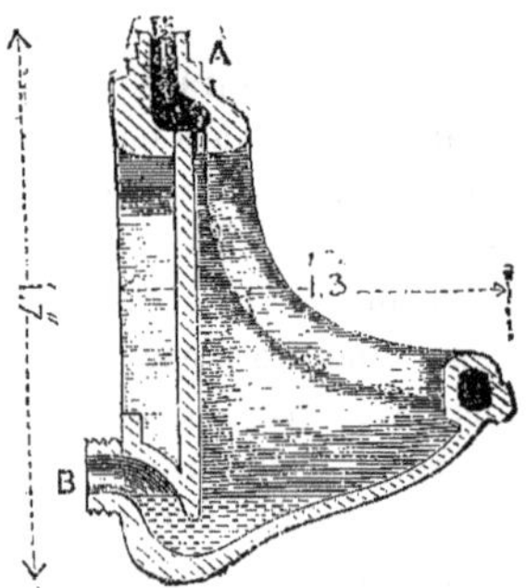

Fig. 267
Coupe de l'urinoir (fig. 266).

J'ai apporté certains perfectionnements à ces sortes de bassins et aux tubulures de départ. La figure 264 est un exemple d'urinoir en faïence avec une large grille de départ B.

La figure 265 représente un autre modèle à départ horizontal D se raccordant au tuyau d'écoulement caché derrière la dalle.

Les figures 266 et 267 représentent une cuvette en faïence formant siphon, dans le but de retenir toujours un certain volume

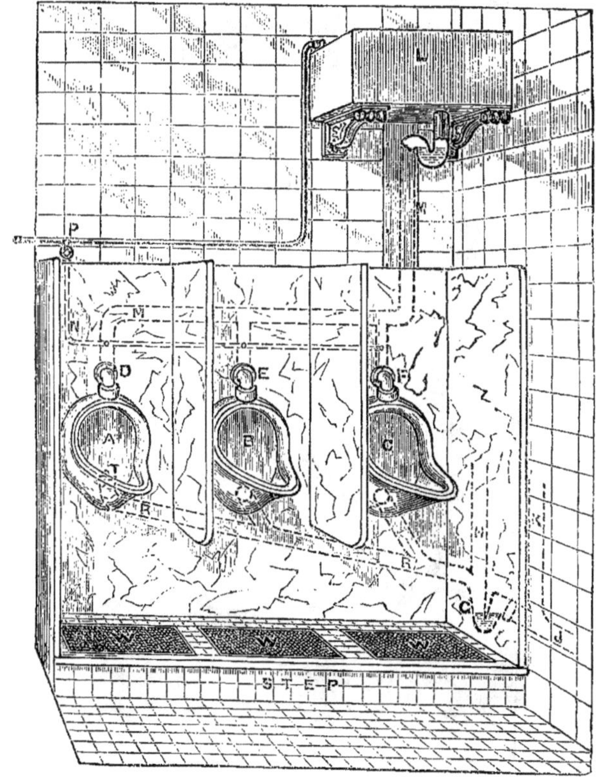

Fig. 268
Rangée d'urinoirs à siphon.

d'eau ; la figure 268 représente l'installation d'une série de ces cuvettes.

Le tuyau commun d'écoulement RR, en plomb de 0 m. 056 intérieur, passe derrière le revêtement en marbre, et comporte un siphon C, qui fait siphonner et vider par aspiration l'eau des cuvettes quand la chasse fonctionne ; il sert en même temps à intercepter l'air de la conduite J, indépendamment des autres obturations, si une cuvette vient être cassée.

Fig. 269
Urinoirs avec terrasson en marbre Sainte-Anne.

Les stalles, comme on peut le remarquer, sont isolées du plancher pour en faciliter le lavage, et ne montent pas à plus de 1 m. 65, qui est une hauteur bien suffisante.

Vu l'impossibilité d'empêcher les gouttes d'urine de tomber sur le sol et de le salir, il est nécessaire d'avoir, au droit de chaque bassin, un dallage assez dur et assez résistant à l'action de l'urine.

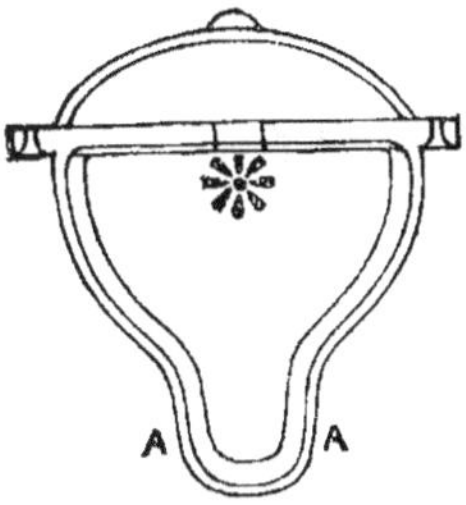

Fig. 270
Urinoir à bec. — Plan.

Le parquet qu'on rencontre quelquefois sous certains bassins isolés est à prohiber de même que les carreaux céramiques, à cause des nombreux joints.

Le sol, comme dans la fig. 269, devrait être fait en ardoise ou en marbre Saint-Anne, d'un seul bloc, si possible, avec parties creusées SS, à l'aplomb des bassins, pour recueillir les gouttes d'urine et les diriger dans le caniveau CC. — Le marbre Saint-Anne est très dur et peut résister, par un bon polissage, à l'action de l'urine.

La marche indiquée au dessin a pour but d'obliger les gens à s'approcher de la cuvette, contrairement à la fâcheuse habitude de quelques-uns.

Le joint des dalles de fond et des retours avec la marche de terrasson devra être absolument étanche, et il sera bon, à cet effet, de réserver tout au long un petit rejingo devant écarter l'urine de ce joint.

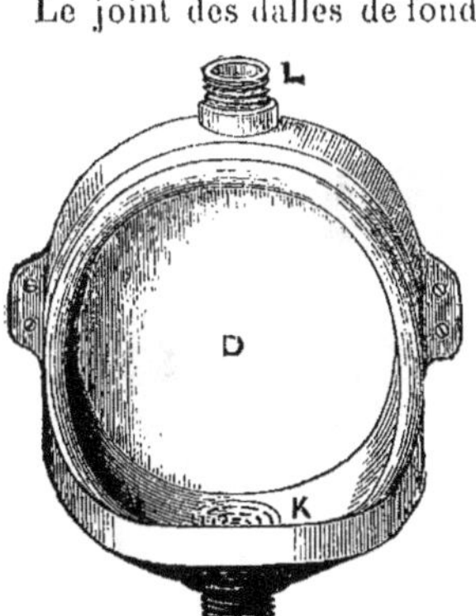

Fig. 271
Urinoir à face élargie.

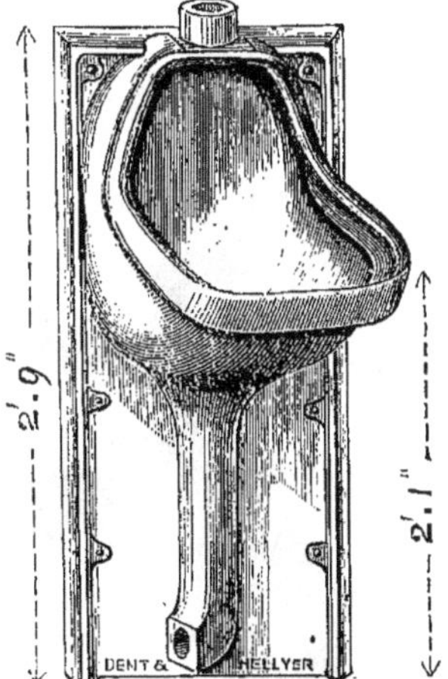

Fig 272
Même urinoir avec tuyau d'écoulement sur applique ; le tout en faïence d'une seule pièce.

Les avis sont différents sur la forme à donner à la face de ces cuvettes. — Feu M. Jennings avait eu l'idée, pour empêcher les gouttes d'urine de tomber sur le sol, de faire un bassin *à bec*, représenté en plan (fig. 270).

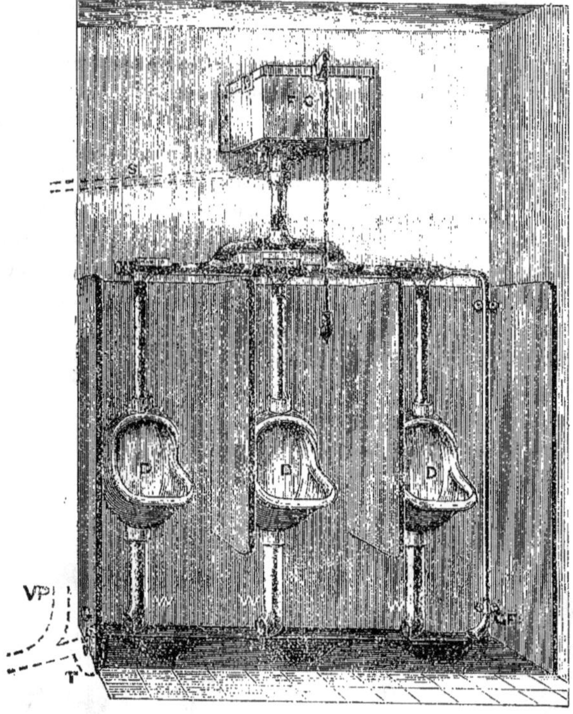

Fig. 273
Installation de trois stalles d'urinoirs, modèle fig. 271 avec tubulures d'écoulement démontables.

Ce dispositif n'eut pas de succès, car la plupart du temps, on se tenait en arrière de l'appareil de peur de salir son pantalon.

Afin de solliciter, au contraire, les gens à s'en approcher davantage, M. G. Taylor, mon inspecteur, me suggéra l'idée de faire un modèle à face droite, très large et très ouverte, qui est d'un usage plus commode. Ce modèle est indiqué, mis en place, aux fig. 269 et 273.

La fig. 272 représente un modèle du même type, mais avec fond

Fig. 274
Installation de lavatory pour salle de billard, comportant le lavabo, le w. c. et l'urinoir fonctionnant par l'ouverture de la porte.

d'applique et tubulure d'écoulement, le tout en faïence d'une seule pièce.

Ainsi que le montre la figure 271, le bord antérieur du bassin présente sur le dessus une arête pour que l'urine ne puisse y séjourner et pour qu'elle glisse à l'intérieur dans la région lavée ; il est, de plus, taillé en larmier en dessous, afin de forcer les gouttes d'urine à se détacher et à tomber sur la dalle du sol disposée pour les recevoir, comme il est indiqué en M et C (fig. 274).

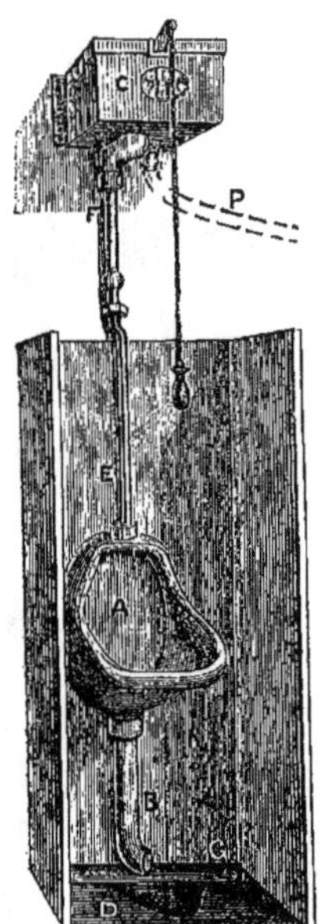

Fig. 275
Urinoir unique avec réservoir de chasse de 5 litres.

Je ne vois pas de meilleur dispositif pour urinoirs que celui de la fig. 273.

Tout y est visible et d'accès facile ; les tubulures d'écoulement sont en fonte, par crainte des heurts, mais cette fonte est revêtue en dedans et au-dessus d'un émail porcelaine pour empêcher la rouille et leur donner bonne apparence Ils peuvent être démontés rapidement, nettoyés, décapés et remis en place ; le tirage de la chaîne du réservoir distribue quatre ou cinq litres à chacune des cuvettes, et lave en même temps le caniveau de pied.

Un filet d'eau constant est en outre accordé à ces cuvettes A, B, C, (fig. 268) et amené par le tuyau figuré en N, en pointillé, et modéré par le robinet P.

Les réservoirs de chasse L (fig. 268) et AC (fig. 269) peuvent se vider automatiquement tous les quarts d'heure, ou plus rarement ou plus souvent.

Afin d'atténuer l'odeur de l'urine et de préserver les tuyaux contre la formation des dépôts, on peut avantageusement placer dans la cuvette un morceau de soude. Telle cuvette, lavée d'une façon insuffisante par une chasse réglée toutes les demi-heures, se tiendrait encore assez propre par l'addition de ce morceau de soude.

CHAPITRE XXVIII

Disconnexion des descentes d'eaux ménagères, des tuyaux de chute de W. C. et des canalisations.

Disconnexion extérieure. — Descentes d'eaux propres et trop-pleins. — Descentes d'eaux usées. — Erreurs commises dans la disconnexion des descentes d'évacuation. — Descentes ouvertes au-dessus de caniveaux ou gargouilles, cuvettes d'eaux pluviales et chêneaux. — Disconnexion des tuyaux de chûte. — Disconnexion des canalisations de l'égout public. — Clapets. — Regards. — Disconnexion de siphons placés à l'intérieur de l'habitation. — Siphons en fonte.

Tout tuyau d'évacuation devrait être disconnecté à sa sortie immédiate de la maison, afin d'être parcouru, ainsi qu'il a déjà été expliqué, par un courant d'air frais, et pour supprimer, autant que

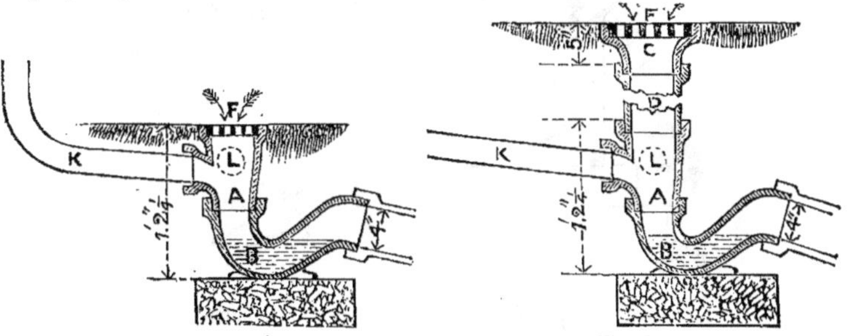

Fig. 276
Disconnexion d'un tuyau de vidange de la canalisation.

Fig. 277
Siphon disconnecteur avec hausse D et entrée d'eau mobile C.

possible, toute production et circulation d'air vicié dans un tuyau intérieur de l'habitation.

Les tuyaux de trop-plein ne servant qu'à écouler l'eau perdue des robinets, des flotteurs, ou les purges des réservoirs, doivent déboucher librement dehors, suffisamment à l'écart pour éviter tout retour possible d'air vicié.

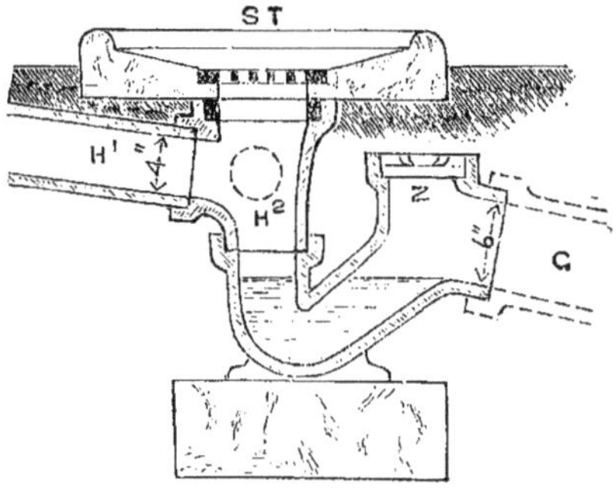

Fig. 278
Siphon disconnecteur avec entrée d'eau mobile logée dans une pierre d'encadrement.

Les descentes d'eaux ménagères, d'éviers, de baignoires, de lavabos devraient jeter leurs eaux à airlibre, au-dessus d'un bon siphon intercepteur, analogue à ceux des fig. 276 à 279.

En cas de gelée, il sera prudent d'enterrer ce siphon assez profondément, comme dans la fig. 277; des pièces de raccord C, D servant à la fois de regard de visite et d'entrée d'air au tuyau K, selon l'indication des flèches, rachèteront la différence de niveau

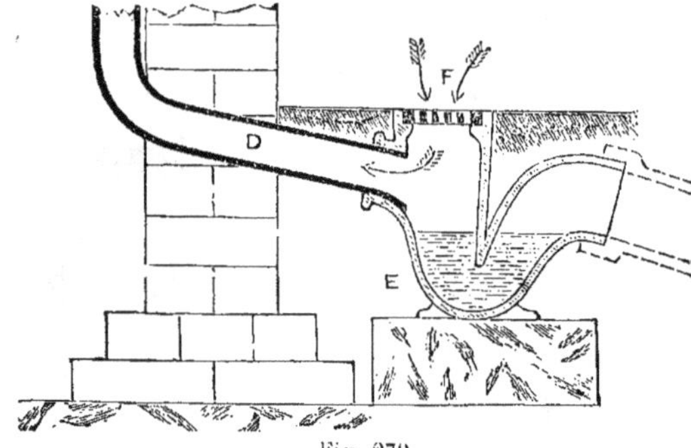

Fig. 279
Tuyau d'eaux ménagères disconnecté de la canalisation.

avec le sol. — Voir chapitres V et IX.

Un siphon de 0,075 de section, semblable à ceux des fig. 276 et 279, convient mieux qu'un siphon de 0,10, à la base des descentes d'éviers ou de toilettes, car son eau sera plus facilement et plus souvent *renouvelée* ; la sortie de ces siphons est néanmoins de 0,10 afin de pouvoir se raccorder aux tuyaux de canalisation.

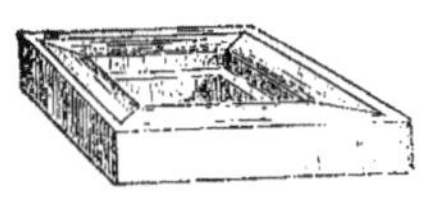

Fig. 280
Couronnement en pierre à feuillure formant cuvette pour entrée d'eau.

La fig. 277 donne un exemple de raccordement de descente K fait en contre-bas du sol et dont la différence de niveau est rachetée au moyen du tuyau de grès D coupé à la demande. La pièce C est faite pour tirer d'embarras le canalisateur souvent ennuyé par le raccordement du sol au pavage, lorsqu'il doit enterrer le siphon.

Je considère comme une erreur de faire déverser ces descentes *au-dessus de la grille* des siphons comme dans la fig. 281 ; bien que ce procédé soit approuvé par certains hygiénistes, dont beaucoup de médecins.

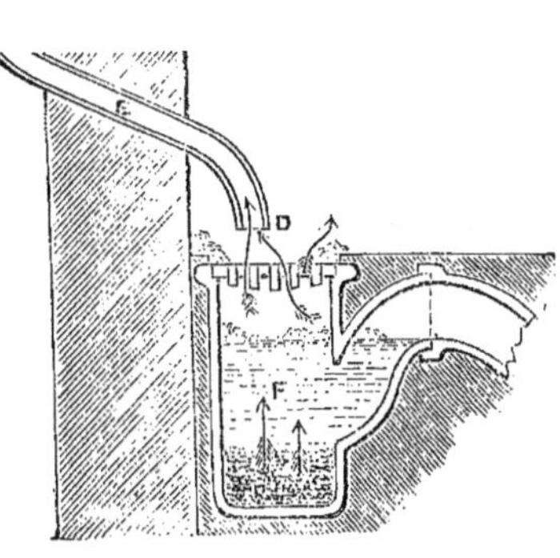

Fig. 281
Tuyau de décharge débouchant au-dessus d'un siphon de cour. (Mauvais dispositif).

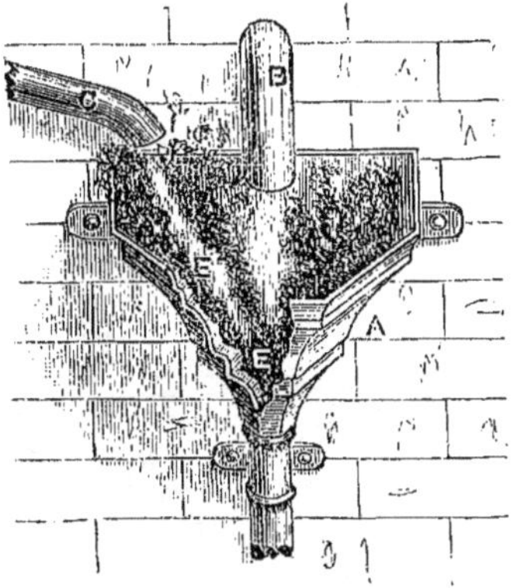

Fig. 282
Tuyau de vidange s'écoulant au-dessus d'une cuvette d'eaux pluviales. (Mauvais dispositif, surtout à proximité d'une fenêtre.

Il est certain que les abouts des descentes sont mieux en vue et plus accessibles que s'ils pénétraient sous la grille, mais s'il faut voir pour croire, les médecins ont à croire en bien des choses qu'ils ne peuvent voir.

Les ordures crachées par le tuyau s'étalent sur cette grille, éclaboussent de tous côtés, et ne tardent pas à devenir encombrantes et à créer un foyer d'infection ; la chose est plus vicieuse encore si elle se produit à proximité de fenêtres.

Il faudrait, quand les descentes sont sujettes à écouler de grandes quantités d'eau, enfoncer ces grilles dans une sorte de couronnement en pierre, assez large et suffisamment profond pour qu'il puisse contenir l'eau et l'empêcher de se répandre tout autour. Les eaux usées devraient donc arriver à l'intercepteur *sous la grille*, laissant à l'air le soin de passer librement et sans occasionner le plus petit amas d'immondices.

Dans ces dernières années, la mode était acquise à la disconnexion à outrance. Peu importait comment, pourvu que la chose eût lieu. Aussi n'était-il pas rare de voir les tuyaux B, C cracher au-dessus de cuvettes d'eaux pluviales, quelquefois voisines de fenêtre, comme dans la fig. 282 dont le dessin est assez expressif.

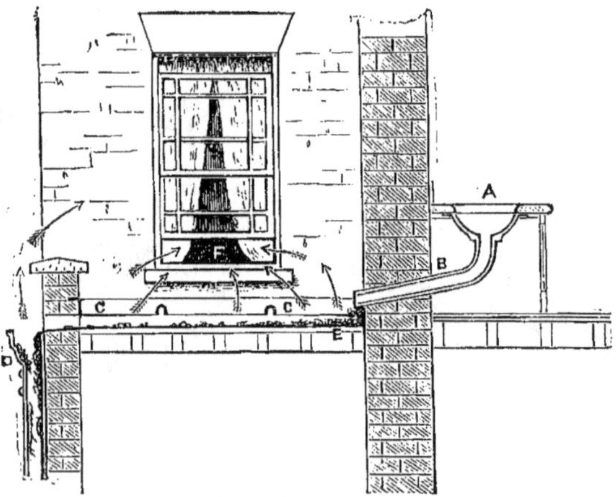

Fig. 283
Décharge s'écoulant dans un chéneau. (Mauvais dispositif).

D'autres fois ces tuyaux s'écoulaient à même sur un terrasson ou un chéneau E, C, G, D, dont la fig. 283 fait voir toutes les conséquences.

D'une façon générale, on a le tort d'employer des intercepteurs *trop gros*, qu'un volume d'eau ordinaire, venant des descentes, ne peut suffire à tenir propres.

La fig. 284 donne un exemple d'installation analogue aux précédentes, et qu'on dût changer à la suite de plusieurs cas successifs de diphterie qui se produisirent chez des enfants.

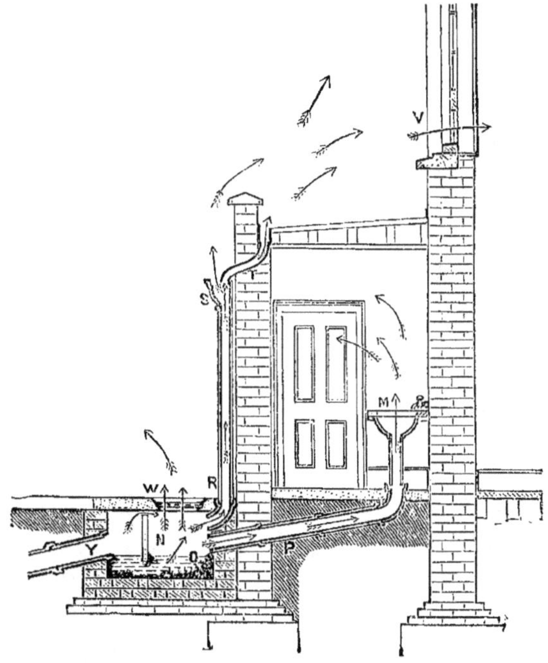

Fig. 284
Tuyau de vidange sans siphon (Mauvais dispositif)

Si la disconnexion des tuyaux d'eaux ménagères est à peu près admise aujourd'hui par tous les ingénieurs sanitaires, celle des tuyaux de chute est plus controversée.

Je l'ai appliquée sur plus d'une centaine de tuyaux de chute avec un plein succès. Tout dépend des circonstances : il est évident que de pratiquer cette disconnexion tout contre une porte ou une fenêtre, ou bien avec des chutes d'un diamètre exagéré, avec des boîtes d'interception ou encore des w.-c. imparfaitement lavés, serait s'exposer à empoisonner les gens même à une certaine distance ; mais il en est tout autrement avec des chutes de 0,075 à 0,10 de section bien ventilées, avec de bons siphons et de bonnes chasses d'eau aux appareils (voir chapitres XI et XXII).

Il est vraiment regrettable que la nécessité de disconnecter de l'égout public chaque canalisation particulière ne soit pas estimée à sa valeur par tous les professionnels. Cela se comprendrait, à la rigueur, si les égouts étaient eux-mêmes divisés en sections ou tronçons isolés les uns des autres et puissamment ventilés ; mais faire communiquer entre elles par l'égout toutes les canalisations des maisons, non seulement d'une rue, mais d'un quartier et d'une ville, est pousser un peu trop loin la solidarité.

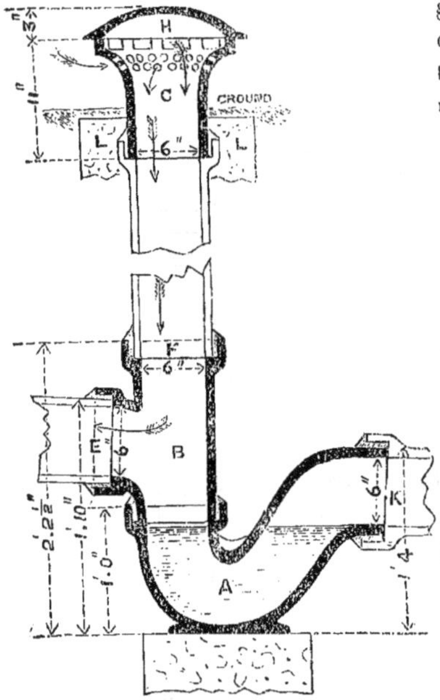

Fig. 285
Siphon disconnecteur avec tuyau et chapeau de prise d'air.

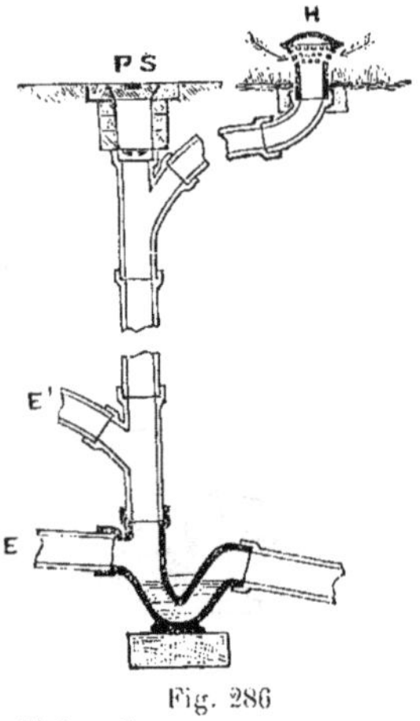

Fig. 286
Siphon disconnecteur avec tuyau de regard PS, raccordements de canalisation E et E', et prise d'air avec chapeau H.

Avec le système d'égouts en usage dans les villes, il vaut mieux soustraire la maison à l'influence de l'égout par l'isolement complet de sa canalisation.

Au chapitre VI nous avons étudié les types des siphons intercepteurs, il ne nous reste plus qu'à examiner comment on doit, au mieux, en faire la pose.

Autrefois, on considérait comme suffisant de placer un clapet B en about C de la canalisation (fig. 287).

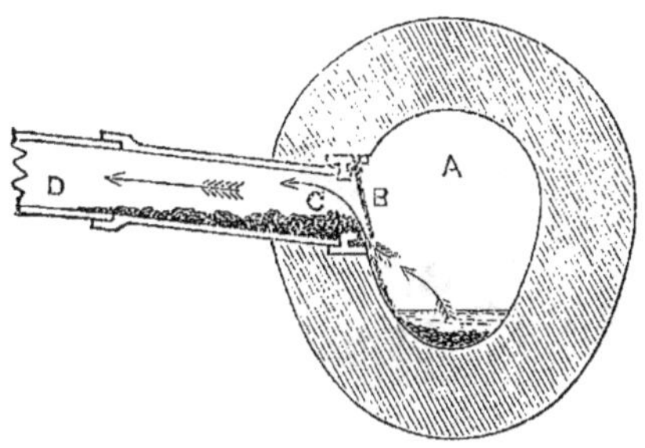

Fig. 287
Coupe d'un clapet en bout de canalisation, en égout.

Ce moyen, par trop rudimentaire, ne pouvait arrêter le passage de l'air, et nuisait au plus haut degré à l'écoulement de l'eau. Il y a encore cependant des inspecteurs pour en exiger l'emploi.

Le nettoyage automatique est une condition essentielle et primordiale pour un intercepteur placé entre l'égout et la canalisation. Son emplacement doit être choisi, autant que possible, *en dehors* de la maison.

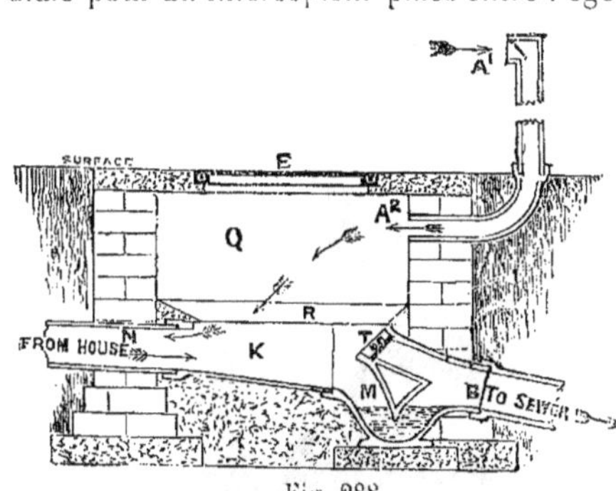

Fig. 288
Disconnexion de l'égout.
Siphon « Terminus » avec caniveau, tampon E et tuyau de prise d'air A.

Pour réaliser d'une façon convenable cette disconnexion, il y a lieu d'enfermer le siphon et l'extrémité de la canalisation dans un regard servant à la fois de prise d'air et de moyen d'accès, comme aux fig. 288 ou 289. La fig. 288 représente le siphon « *Terminus* » avec son caniveau K ouvert à l'air libre, soit directement par la grille A déplacée dans le tampon du regard (fig. 289), soit indirectement par un tuyau A_1A_2 (fig. 290).

Lorsque la plomberie et la canalisation sont établies suivant les principes exposés dans ce traité, c'est-à-dire avec des siphons toujours *propres*, des tuyaux de *section réduite*, bien entretenus et

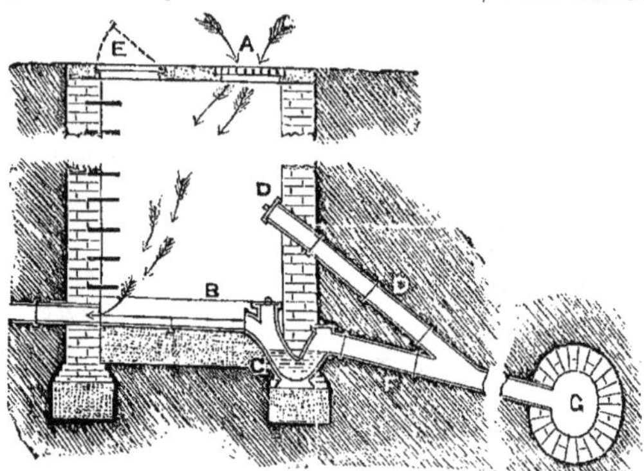

Fig. 289
Regard d'aération par la grille A et siphon intercepteur.

bien lavés, les prises d'air placées même à proximité des maisons ne donnent lieu à aucun inconvénient ; mais faut-il encore que les con-

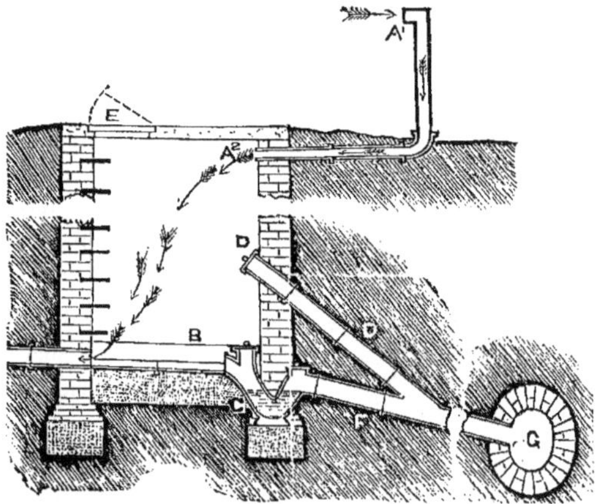

Fig. 290
Aération de la canalisation par le conduit A^1 A^2, passant sur le tampon.

ditions ci-dessus soient remplies ! Le choix de l'emplacement de ces prises d'air demande une certaine pratique.

Si cette prise d'air ne peut être faite directement au-dessus du siphon comme il est indiqué aux fig. 90, 285, 286 ou 289, par crainte pour le voisinage du chassis, fenêtre ou soupirail, du dégagement de mauvaise odeur, à la suite de refoulement dans la canalisation, ou bien si elle est située dans un passage très fréquenté ou à couvert, on n'a qu'à fermer hermétiquement le tampon E (fig. 288), et prendre l'air par un conduit $A^1 A^2$, ainsi qu'il a déjà été dit, en un point plus éloigné et plus judicieux. Si la construction d'un regard en briques est jugée trop chère, on peut faire ce qui est indiqué par la fig. 291. Faute de disposer de l'emplacement désiré, il reste la ressource de coiffer la tête de ce conduit d'une soupape mica, atténuant dans une certaine mesure les retours d'odeurs brusques et momentanés.

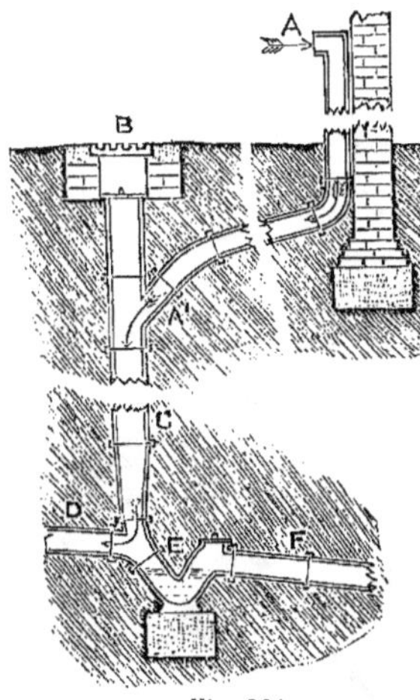

Fig. 291
Tuyau d'inspection avec prise d'air A.

Le dispositif de la fig. 285 est indiqué comme pouvant remplacer celui des fig. 288, 289 et 290 qui peut être jugé trop dispendieux.

J'ai eu recours de temps à autre, par économie, au procédé des fig. 285 et 286, qui a, du reste, toujours bien fonctionné.

Il offre, par contre, une certaine difficulté, si l'on veut éprouver la canalisation en la remplissant d'eau.

Le dégorgement du siphon peut se faire au moyen d'un tampon formé au bout d'un bâton, mais cela doit arriver rarement dans toute canalisation bien établie et bien lavée.

Le terrain, à Londres, a pris une telle valeur, qu'on cherche à en utiliser le moindre coin, et il est parfois difficile de trouver une courette ou un emplacement convenable à un siphon disconnecteur ; on est alors obligé de le placer à l'intérieur. J'ai construit, à cet effet, un « siphon disconnecteur à combinaisons » (fig. 292) en fonte et à emboîtement, se posant dans une chambre d'inspection dont on peut retirer le tampon sans donner issue à l'atmosphère de la canalisation.

Cette chambre peut être montée en briques émaillées et être aérée par deux ventouses.

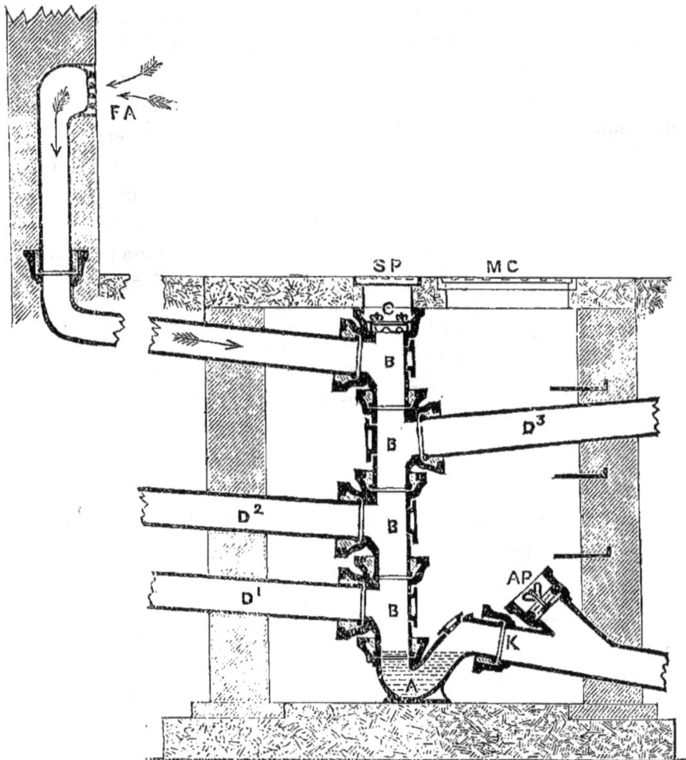

Fig. 292
Regard en briques renfermant le siphon disconnecteur en fonte lourde, à combinaisons.

Plusieurs tuyaux peuvent être raccordés au même aplomb, au moyen d'une suite de tés ou culottes superposées, D¹B, D²B, D³B, du modèle de la fig. 97¹, ou bien au même niveau, avec des pièces à deux emboîtures.

L'admission d'air se fait en FA.

Tous les joints sont exécutés au plomb maté.

La fig. 293 représente le siphon en fonte à tampon d'inspection

Fig. 293
Siphon en fonte,
de Scott-Moncrieff.

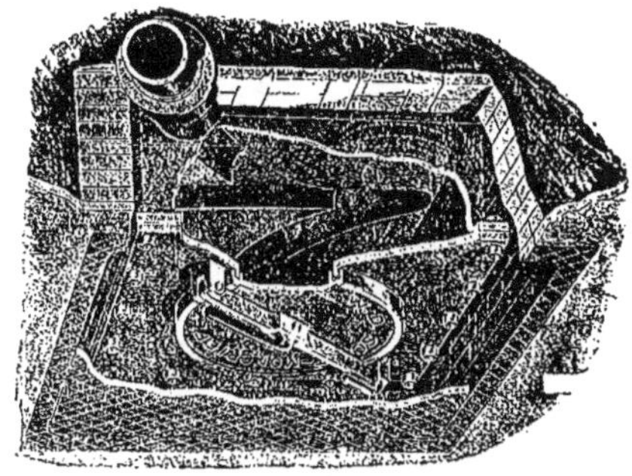

Fig. 294
Siphon de canalisation en fonte,
de Scott-Moncrieff.

à levier, de M. Scott-Moncrief, et comportant plusieurs entrées d'eau.

Une autre forme est donnée par la fig. 294 combinant à la fois le siphon, la chambre d'inspection et le tampon de sol sur châssis.

Il se fait divers modèles de ces siphons pouvant se prêter à différentes situations.

CHAPITRE XXIX

CANALISATIONS DES HABITATIONS ET LEUR VENTILATION

Inconvénients des canalisations nonsiphonnées. — Parcours sous plancher. — Caniveaux. — Canalisation apparente. — Tracé extérieur pour maison isolée. — Règles pour l'établissement d'une canalisation. — Tuyaux en grès. — Joints en ciment. — Joints Stanford. — Tranchées. — Épreuve hydraulique. — Canalisation en fonte. — Sections et pentes à observer. — Tracés de canalisation appliqués à une maison de ville et à une maison de campagne. — Regards de visite. — Siphons pour les eaux superficielles. — Ventilation des canalisations.

Il n'est pas nécessaire d'insister ici à nouveau sur les avantages de l'interception et de la disconnexion, car le chapitre précédent en a dit assez pour convaincre de leur importance. Il ne nous reste plus qu'à parler des canalisations elles-mêmes et de leur ventilation.

Le fait pour une canalisation d'être raccordée directement à l'égout public sans interposition de siphon, constitue, pour la maison, une *porte d'entrée* à tous les germes morbides, fièvre typhoïde, choléra, etc., pouvant circuler dans l'égout à un moment donné, et provenir d'une maison voisine ou même très éloignée, puisque toutes les canalisations sont ainsi reliées souterrainement.

Le siphon, placé alors près de l'égout, isole la maison en rendant toute communication impossible, et interdit tout passage à ces germes.

J'ai même appliqué ce principe, avec succès, aux diverses canalisations d'une même habitation en les sectionnant les unes des autres, ce qui me permet d'isoler un corps de bâtiment d'un autre.

Toute canalisation condamnée à passer sous plancher ou en terre-plein demandera à être couchée dans un caniveau en briques ou en béton (fig. 295 ou 296) recouvert de dalles en pierre, dans le but de soustraire les tuyaux aux secousses et aux chocs. Ce caniveau pourra être prolongé jusqu'au mur de face avec une grille en about, sui-

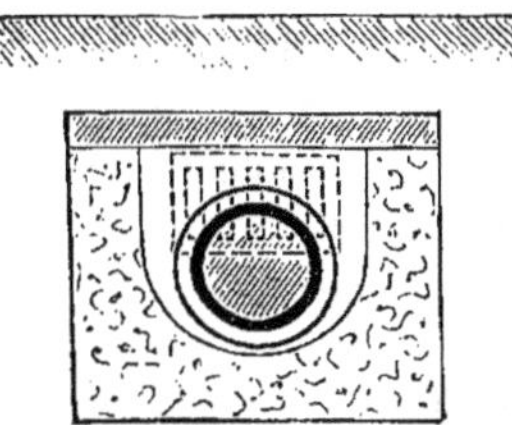

Fig. 295
Coupe transversale d'une conduite en fonte posée dans une enveloppe de béton.

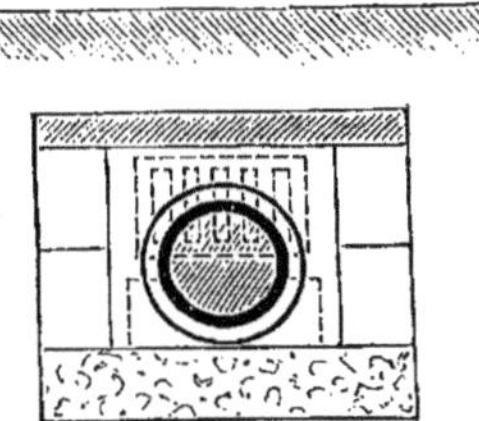

Fig. 296
Même conduite posée dans un caniveau en briques.

vant le pointillé, pour en faciliter l'inspection ; de sorte qu'une lumière, placée à l'extrémité, permettra de voir d'un bout à l'autre sans rien déranger à l'intérieur. On pourrait, dans la construction de certaines maisons, réserver un caniveau analogue dans lequel passeraient, en outre, toutes les conduites d'eau, de gaz, d'électricité, etc.

Il suffirait souvent de déplacer, dans le tracé d'une canalisation, un w.-c. ou tel autre appareil pour que celle-ci pût être fixée au mur, *en élévation*, ou sous le plancher de façon bien apparente. Un peu de bon sens et de réflexion éviteraient bien des parcours en terre-plein.

Le tracé de la canalisation d'une maison isolée ou de deux maisons réunies devra toujours être extérieur, et placé à une certaine distance des fondations : les descentes d'eaux ménagères auront le mur de face à traverser, et seront disconnectées avant d'être raccordées ; les tuyaux de chute, en plomb ou en fonte, seront aussi raccordés à leur sortie du mur ; un fourreau, un bout de linteau ou un arc formé dans l'épaisseur du mur au passage du tuyau aura mission de soulager ce dernier et de le soustraire aux tassements.

J'ai exposé de la façon suivante dans mon livre « Traité théorique et pratique de la Plomberie » les principales conditions d'une bonne canalisation : « Elle devra être solidement établie et étanche à la fois à l'air et à l'eau sous une pression supérieure à celle de la pratique habituelle ; cette solidité ne devra pas être que passagère, mais bien effective pendant un assez grand nombre d'années ; elle sera disconnectée de l'égout public ou du puisard, et bien ventilée ; son nettoyage devra être assuré quasi automatiquement par une pente convenable et l'absence de saillies, de ressauts ou autres prétextes à dépôts et encrassement ; son tracé sera composé de parties rectilignes avec un regard ou tampon d'accès à chaque tournant, en vue d'une inspection facile de la conduite à l'aide d'une simple lumière ».

« Je n'accorde, dans mes chantiers, qu'une confiance très limitée à l'emploi du grès pour les *canalisations intérieures*.

Des milliers de tuyaux ont été mis de côté par mon personnel dans ces dix dernières années, pour différents défauts, soit qu'ils eussent des fissures, des trous ou des soufflures, qu'ils fussent gauchis ou que leur collet fût déformé, soit encore qu'ils fussent mal vernissés ou poreux ».

Bien que la fabrication du grès soit aujourd'hui plus soignée, il est encore difficile de se procurer des tuyaux irréprochables, surtout dans les usines de province. Je préfère ceux qui proviennent des fabriques de Londres, choisis dans la catégorie des tuyaux *essayés et poinçonnés*.

Une autre difficulté réside dans la solidité et la sécurité du joint, et dans le grand nombre de ces joints comparativement à la fonte. La confection des joints en ciment, des regards, etc. demande de la pratique et une certaine habileté sans laquelle on doit s'attendre à des mécomptes.

La nature et la qualité du ciment, très variables dans le Portland, sont d'autres facteurs dont il faut aussi tenir compte.

Avant de rapprocher les tuyaux, les extrémités à emboîter devront être écornées ou tailladées tout autour pour faire adhérer le ciment qui devra être d'égale épaisseur partout. On aura soin de chasser les bulles d'air du ciment et de bien le tasser à fond dans le collet avec les doigts, puis de bien le lisser en dehors à la truelle, en glacis, à 45°.

Quelques personnes inclinent pour les joints faits à la filasse et au ciment. A cet effet, on prend un cordon de filasse assez long pour être enroulé deux ou trois fois sur le tuyau, on le trempe dans du mortier de ciment, puis on l'enfonce et on le mate dans le joint ; le vide de l'emboîtement est ensuite comblé avec du ciment.

Quelques autorités recommandent l'emploi de compositions telles que celles de Stanford, de Doulton, etc.

J'avouerai que je ne voudrais compter sur ces joints qu'autant qu'ils seraient cimentés après coup.

Dans la pose d'une canalisation, il faut, avant tout, déterminer les pentes, puis creuser la tranchée de la profondeur nécessaire pour couler le béton sur le bon sol.

Le fond de la tranchée doit être bien réglé et pilonné avant d'y mettre le béton, dont l'épaisseur sera répartie plus fortement aux points du terrain paraissant douteux.

Chaque bout de tuyau doit reposer sur un lit de béton composé d'une partie de chaux contre six de cailloux.

Dans les tranchées situées à l'intérieur ou dans le voisinage de l'habitation, l'épaisseur du béton peut varier de 0,15 à 0,225 et 0,30 suivant la nature du sol, et sa largeur doit excéder de 0,20 le diamètre du tuyau ; il est d'usage de réserver de distance en distance, au moyen d'un calibre, des vides, au droit des collets, pour le passage de la main et la confection du joint.

La canalisation devra être bien droite d'un point à un autre, et d'un regard à l'autre.

La pose terminée, l'abandonner pendant vingt-quatre heures,puis la remplir d'eau pour l'essayer ; le niveau de cette eau devra se maintenir environ une demi-heure sans baisser. Enfin l'épreuve étant reconnue concluante, il ne reste plus qu'à faire sur les côtés du tuyau un solin en ciment de Portland, ou bien de le recouvrir d'une couche de béton de 0,06 à 0,12 de hauteur. Les raccordements ou branchements à angle droit et les coudes brusques ou angulaires sont des choses à éviter.

A défaut de chambre d'inspection comportant des caniveaux pour les raccordements, il faudra incliner et relever légèrement ces embranchements de tuyaux pour qu'ils ne soient pas atteints par les remous des écoulements.

Quand il s'agit de passer près des caves ou dans les fondations, je préfère employer de la fonte à cordon, de même épaisseur que pour les eaux forcées, et enduite de solution ; chacun des tuyaux étant, au préalable, sonné au marteau à titre d'essai.

Les joints sont faits au plomb maté sur 0,050 à 0,060 de profondeur, et si l'emplacement ne doit pas permettre un nouveau matage ultérieur il faut, par prudence et quand on peut, adopter les tuyaux dont l'emboîtement possède une rainure sur la paroi interne, comme à la fig. 127.

Les tuyaux en plomb ou en fer devront être préservés du contact de la chaux ou du mortier susceptible de les altérer. La fonte posée sur massif en briques, de 0,60 à 3,00 de longueur, avec assise en pierre évidée au diamètre du tuyau, fournit un excellent travail.

Bien que les sections de tuyaux en usage aujourd'hui soient mieux raisonnées qu'autrefois, elles sont encore souvent trop grandes. Le 0,15 est assez gros pour les 80/100e des maisons de Londres ; le 0,125, comme dans la planche XIX, et même le 0,10, conviennent à un grand nombre de petites maisons.

En revanche, la pente, pour de telles sections, doit être de 1/30e à 1/40e, sinon il faut alors recourir à un réservoir de chasse, lorsqu'on n'a pas à compter sur le fonctionnement d'une baignoire.

Les regards de visite ou chambres d'inspection sont d'une telle utilité, pour vérifier et éprouver les canalisations, qu'ils en sont le complément presque indispensable. Cela ne veut pas dire qu'il faut en établir à chaque coude ou à chaque embranchement. La canalisation devra seulement être composée de parties droites se raccordant suivant un angle donné avec le caniveau de la chambre d'inspection, comme à la planche XIX et aux figures 297, 142, 143 et 145.

Fig. 297
Plan d'une chambre d'inspection avec caniveaux.

Malgré leur commodité, je n'aime cependant pas les voir placés à l'intérieur d'une maison, sauf dans les courettes, craignant toujours quelque odeur, soit qu'on oublie de remettre le tampon, ou qu'on le replace mal — l'étanchéité n'étant pas facile à

XIX.

Légende de la planche XIX

A. — Disconnecteur d'eaux pluviales comme (fig. 61).
B. — Siphon intercepteur comme (fig. 50).
D. — Disconnecteur de tuyaux de chute de w.-c. (fig. 64).
E. — Chambre de disconnexion avec siphon (fig. 288) et prise d'air H.
F. — Tuyau de chute prolongé en ventilation de 0,10 de section.
FT. — Réservoir de chasse automatique de 200 litres environ.
G. — Prise d'air pour éviter la stagnation de l'air sur une partie du tracé de la canalisation.
GT. — Ramasse-graisse automatique (fig. 98).

En face de la page 264.

obtenir. Les simples tampons d'accès en usage sur les tuyaux en fonte, comme ceux de la fig. 301, ne sont pas passibles de la même critique, car ils sont boulonnés, et nécessitent l'intervention d'un outil pour les ouvrir ou les fermer.

On ne pourrait cependant les multiplier sans un certain danger à moins que la canalisation ne soit remplie d'eau pour affirmer leur étanchéité.

Quand un regard est jugé indispensable sur le parcours d'une canalisation intérieure, il vaut mieux prendre le parti de poser, dans le bas de cette chambre, un autre tampon supplémentaire donnant une garantie plus effective, lequel pourrait être en ardoise, assujetti et serré par des boulons sur une garniture de feutre.

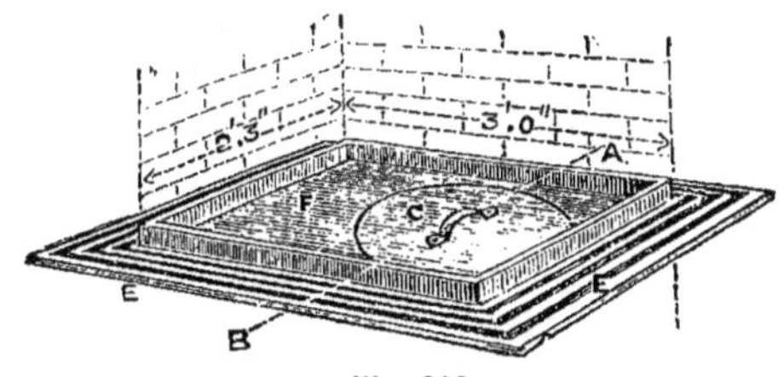

Fig. 298
Tampon absolument hermétique pour l'intérieur des habitations.

Pour simplifier les choses j'ai imaginé un modèle de tampon en fonte représenté par les fig. 298 et 299, à triple fermeture, s'opposant au passage de l'air vicié, et se prêtant en outre à l'application de

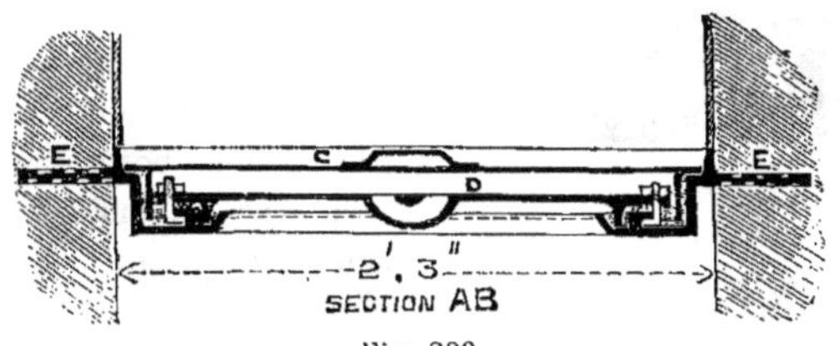

Fig. 299
Coupe suivant AB (fig. 298).

l'épreuve hydraulique à l'extérieur du couvercle ; opération bien plus facile que de remplir d'eau la canalisation. La place est assez grande pour qu'un homme puisse s'y tenir et accéder aux tuyaux.

Sa position doit être dans le bas de la chambre d'inspection, et tout contre les tuyaux, afin de réduire au minimum la capacité ou le volume d'air vicié, à demeure sous ce couvercle.

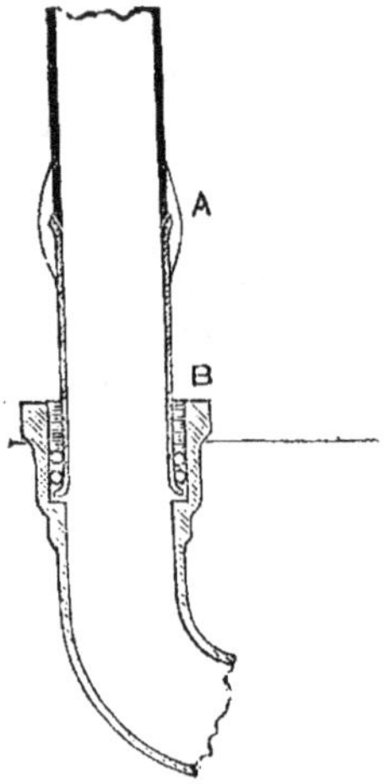

Fig. 300
Jonction d'un tuyau en plomb avec conduite en fonte.

La fig. 300 est un exemple de raccordement de tuyau ou descente en plomb avec de la fonte à cordon. Le plomb est soudé à un manchon en cuivre qui pénètre dans l'emboîtement, et supporte le coulage et le matage du plomb fondu.

Toutes ces descentes doivent, par besoin de ventilation, déboucher en un point quelconque, judicieusement choisi.

La fig. 301 montre un tampon d'accès pour canalisation en fonte, solidement boulonné et serré.

La planche XIX représente le tracé imaginaire d'une maison urbaine quelconque.

Ce serait une bonne chose que d'avoir les vidanges de baignoires en tête de la canalisation, mais il serait mieux encore d'y placer un réservoir automatique, comme en FT, pour opérer un lavage périodique toutes les dix, douze ou vingt heures.

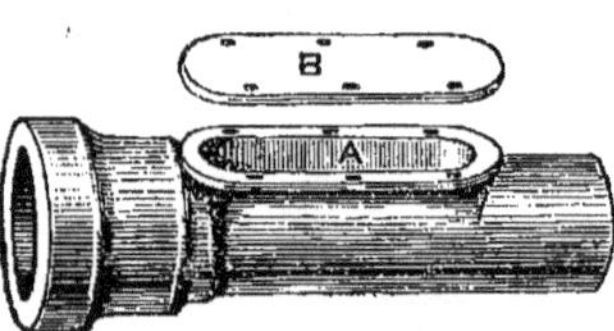

Fig. 301
Tampon de visite sur conduite en fonte.

Lorsque la pente des tuyaux est rapide et que la chasse est abondante, l'eau peut remplir ces tuyaux dans une certaine mesure, et exercer un certain siphonnage sur les siphons posés directement sur le tracé, à moins qu'ils ne soient *ventilés* ou directement raccordés au regard de visite.

Les réservoirs automatiques ont une contenance souvent exagérée.

Dans certains cas un réservoir d'une capacité égale au 1/3 ou au 1/4 donnerait un meilleur résultat, la chasse étant renouvelée plus fréquemment.

LÉGENDES

- Siphon à combinaisons pour tuyau de chute (fig. 1).
- Sabot disconnecteur pour eaux pluviales (fig. 2).
- Siphon intercepteur de canalisation (fig. 3).
- Siphon intercepteur ventilant la canalisation (fig. 4).
- Tuyaux de ventilation de 0,125 s'élevant au-dessus du toit et coiffés d'un ventilateur.
- Conduite des eaux pluviales.
- Conduite des eaux usées.

Échelle de 30 mètres

0 5 10 15 20 25 30 M.

En face de la page 266.

D'autre part, un gros volume d'eau déchargé à la fois par un gros orifice de départ, remplissant les tuyaux jusqu'à une certaine distance, a le tort de pousser et de faire pénétrer toutes sortes d'ordures dans les embranchements, à moins que ceux-ci ne soient très élevés au-dessus du tracé général.

La planche XX montre le plan de la canalisation d'une maison de campagne, établie depuis treize années, dont le succès ne s'est jamais démenti. Tout le tracé est extérieur à la maison. Il est divisé, dans son ensemble, en trois portions ayant chacune leur ventilation distincte, pour qu'elles soient mieux isolées, indépendantes les unes des autres, et aussi afin de raccourcir, pour obtenir une meilleure ventilation, la distance entre la prise d'air et le tuyau d'appel qui, sans ce moyen, aurait dû être énorme.

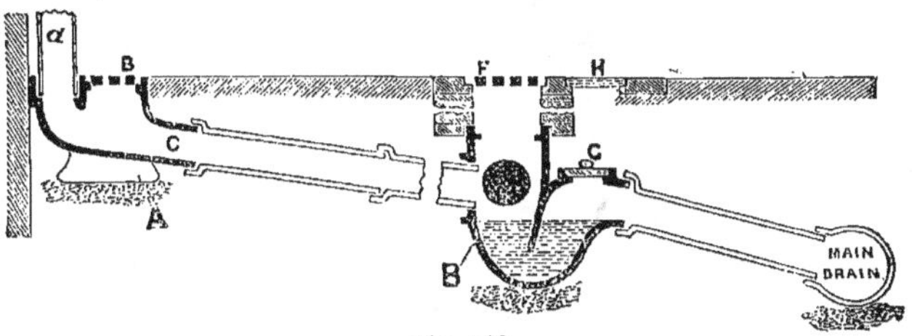

Fig. 302
Disconnexion d'une descente d'eaux pluviales de la canalisation.

Le parcours suivi par la canalisation principale a été étudié en vue d'éviter les branchements ou raccordements secondaires d'une grande longueur, pour ne pas avoir à les ventiler. L'évacuation finale se fait dans un fossé à une distance de 800 mètres environ de l'habitation et tous les 25 ou 30 m. sont établis des ventouses ou « relais de ventilation » E.

Les tuyaux de chute sont aussi disconnectés de la canalisation de la façon indiqué au chapitre XXVIII. Les eaux pluviales sont en général rassemblées dans un réservoir spécial ; mais certaines descentes sont ramenées — tracé en pointillé — sur des siphons disconnecteurs I, O, K, situés en tête de chacune des trois parties de la canalisation, et produisent, en cas de pluie ou d'averse, un lavage efficace.

La fig. 302 montre la façon de réunir une ou plusieurs descentes à un siphon disconnecteur placé près de la canalisation principale.

VENTILATION DES CANALISATIONS

Dans les vieilles canalisations établies suivant les errements d'autrefois, l'air y était aussi confiné que possible. Ce n'était qu'une forêt de tuyaux de toutes sortes branchés sur un enchevêtrement de canalisations courant dans toutes les directions, et des siphons dans tous les coins.

L'air, ainsi emprisonné dans ces tuyaux, n'avait d'issue possible que par les défectuosités des tuyaux, des joints ou des siphons vides de leur plongée.

Une canalisation ne sera, de fait, bien ventilée qu'autant que l'air y sera *renouvelé* dans tous les coins ; résultat qu'on obtient en pratiquant une ou plusieurs ouvertures au passage de l'air. Un seul tuyau, quelle que soit sa section, ne peut ventiler une canalisation sans le secours d'un autre tuyau pour la prise d'air ; ceci a d'ailleurs été démontré au chapitre de la « Ventilation des tuyaux de chute ».

Donc, toute canalisation doit être pourvue d'une *prise d'air en aval* et d'un tuyau *d'appel ou de ventilation en amont ;* les sections de ces tuyaux devraient être de 0,10 pour une canalisation de 0,15 et la distance qui les sépare inférieure à 30 ou 40 m., bien qu'à une centaine de mètres la ventilation se fasse encore sentir, ce qu'il est facile de constater en faisant brûler du papier à l'orifice de la prise d'air.

Il faut s'attacher à répartir les « entrées » et « sorties » de l'air de telle sorte qu'il n'y ait pas de parties du tracé « closes » ou laissées en cul-de-sac.

Dans les raccordements de petite longueur, les écoulements d'eau peuvent être considérés comme suffisants pour entraîner et changer l'air ; mais il en est tout autrement dans un grand parcours.

On utilise aussi quelquefois, par économie, les tuyaux de descente pour ventiler la canalisation ; dans ce cas les joints de ces tuyaux devront être étanches, et leurs moignons distants de toute fenêtre, châssis et ouverture quelconque d'une dizaine de mètres.

RACCORDEMENTS DES TUYAUX D'APPEL OU DE VENTILATION AVEC LA CANALISATION

Il est important de bien faire ces raccordements pour ne pas pro-

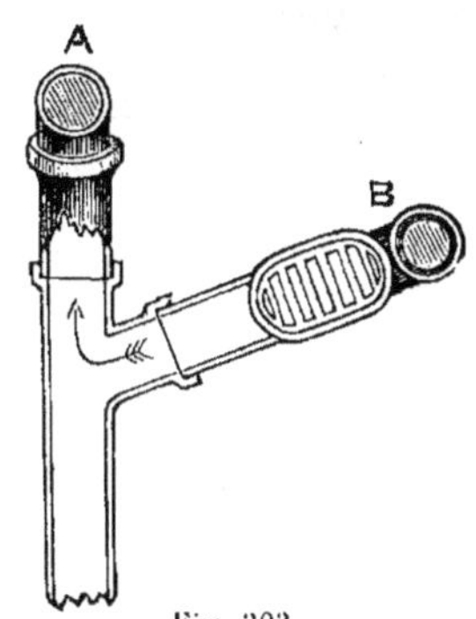

Fig. 303
Mauvaise manière de placer le tuyau de ventilation sur la canalisation.
Vue en plan.

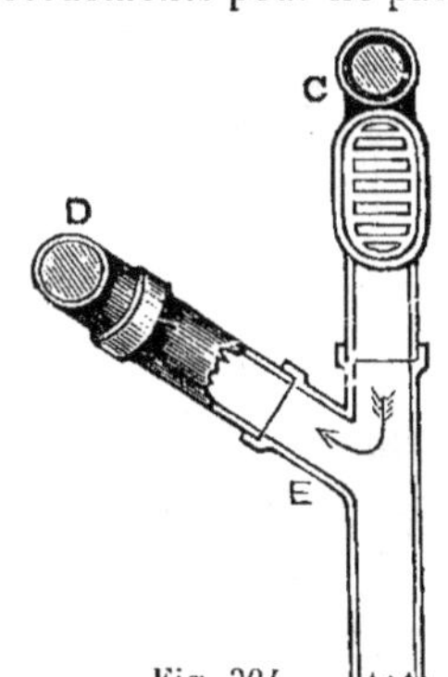

Fig. 304
Autre façon vicieuse de brancher ce tuyau de ventilation sur la canalisation.

duire d'encrassement, ni mieux d'obstruction au droit de ces tuyaux. Ainsi les fig. 303 et 304 donnent, en plan, deux exemples vicieux qu'il faut toujours se garder d'exécuter; la flèche des figures indique comment l'eau peut refluer en ED et y déposer des immondices condamnées à y séjourner, puisqu'il ne coulera jamais d'eau du tuyau de ventilation pouvant les enlever et les entraîner.

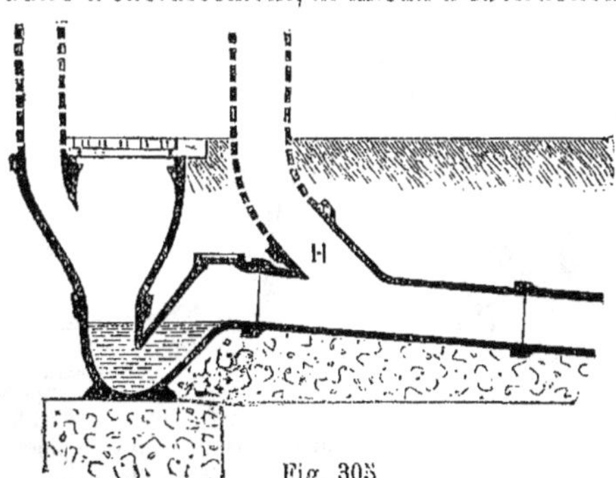

Fig. 305
Coupe verticale montrant comment on doit raccorder ce tuyau de ventilation.

La fig. 305 fait voir que ce tuyau de ventilation doit être pris

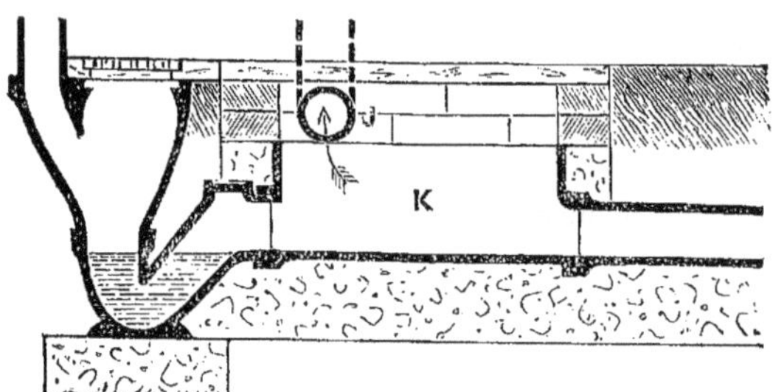

Fig. 306
Tuyau de décharge disconnecté de la canalisation, et tuyau de ventilation pratiqué dans le haut du regard de visite.

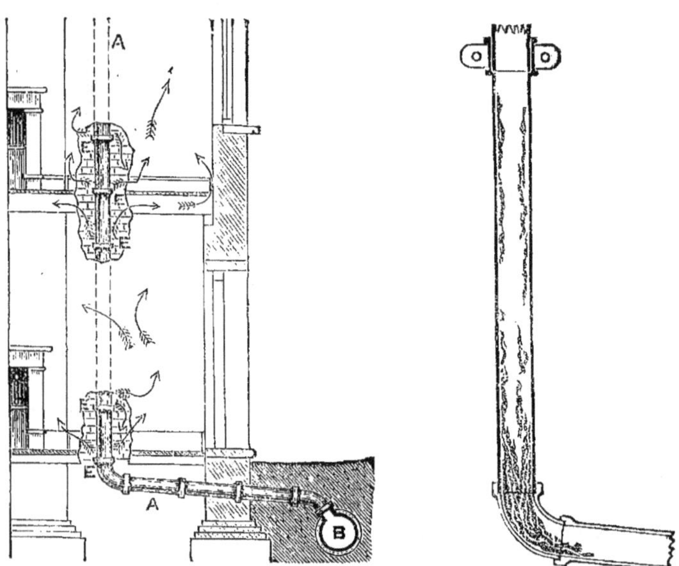

Fig. 307
Tuyaux et joints défectueux laissant l'air de la canalisation envahir la maison.

Fig. 308
Tuyau de canalisation obstrué par les dépôts de rouille.

en **H** sur le dessus du tuyau, ou bien en J (fig. 306), par l'intermédiaire d'un petit regard de visite.

Ces tuyaux de ventilation devront, autant que possible, être en plomb d'une épaisseur convenable, 0,03 à 0,035 et placés à l'extérieur.

La section de 0,10 est, en général, assez grande pour une canalisation de 0,15.

La fig. 307 est la reproduction de ce qui fut trouvé dans une maison où l'on avait posé un de ces tuyaux de grès ; les odeurs, malgré la chemise en plâtre qui les entourait, s'échappaient de tous les joints.

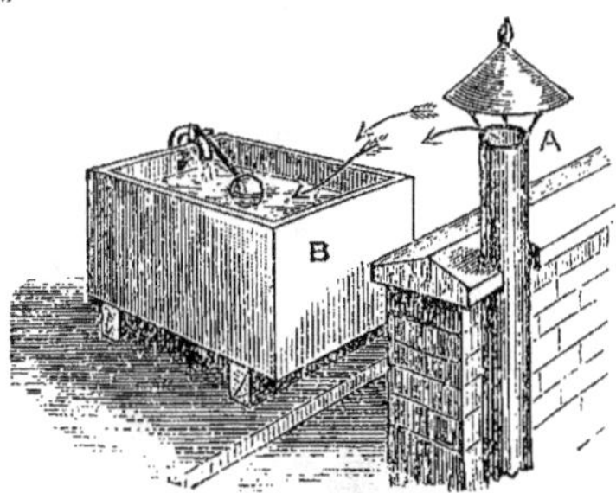

Fig. 309
Contamination de l'eau d'un réservoir.

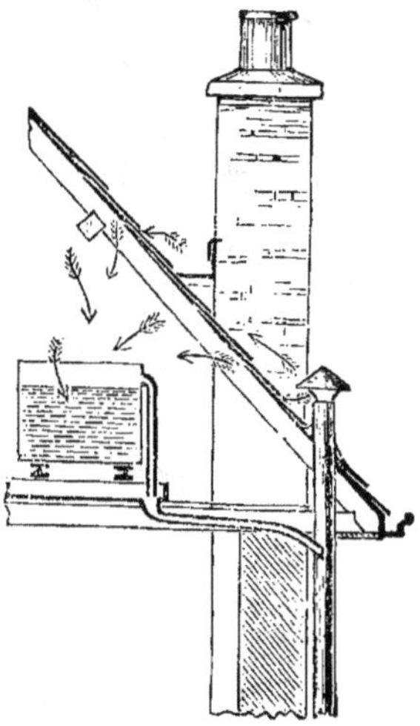

La fonte n'est pas non plus sans inconvénient, à cause de l'oxydation et de la rouille qui se rassemble à la longue, dans le bas du tuyau, comme le montre la fig. 308.

Fig. 310
Mauvaises odeurs passant sous les ardoises du comble.

Tous ces tuyaux de ventilation devraient être conduits au point le plus élevé de la toiture et loin de toute ouverture intérieure.

Leur terminaison doit être bien *exposée à tous les vents*.

Un bon ventilateur, fixé au sommet, contribue à activer le tirage et à préserver des contre-courants.

La position de ces terminaisons de tuyaux demande quelque réflexion. Il ne faudrait pas que l'air vicié qui s'en échappe pût infecter l'eau d'un réservoir à proximité, comme dans la fig. 309, ou bien en passant sous les ardoises, comme dans la fig. 310 ; on serait encore exposé à des retours par la cheminée, avec certains vents, en les montant en contre-haut des mitrons.

Quand on est obligé de les adosser à une souche, il faut les arrêter de 0,30 à 0,50 en *contre-bas* et cintrer le tuyau pour l'en écarter un peu. La fig. 311 est un autre exemple de mauvaise terminaison. Le voisinage d'une fenêtre, comme dans la fig. 312, à un mètre environ de distance, ne saurait subsister, sans retour d'odeurs dans la maison; de même un tuyau de cheminée, en pareille situation, ne manquerait pas d'envoyer sa fumée d'une façon par trop appréciable. En conséquence, ainsi qu'il a été dit, on devra chercher les points les plus hauts et les moins gênants de la

Fig. 311
Odeurs pénétrant dans une habitation.

Fig. 312
Autre exemple d'odeurs pénétrant par un châssis.

toiture. Enfin, on devra observer, autant que possible, de ne pas incommoder la maison voisine, sous prétexte de ne pas trouver d'emplacement convenable sur la sienne.

Dans nos maisons où les caves sont pour la plupart continuées jusqu'à l'égout par une galerie dite branchement d'égout, il est presque toujours possible d'établir dans leur entier, les canalisations en élévation, — ce qui est la meilleure solution — en les accrochant le long des murs sur des corbeaux en fer.

On peut, de la sorte, faire l'inspection des conduites et réparer, sans aucun délai, ce qui paraît défectueux.

Lorsqu'on ne peut éviter de les faire passer en tranchée, il est sage de les coucher dans un caniveau enduit de ciment, protégeant les murs et les fondations de toute infiltration accidentelle, souvent d'autant plus nuisible qu'elle reste ignorée longtemps ; on recouvre ce caniveau de dalles ou de toute autre chose laissant la facilité d'y accéder.

On peut multiplier, sans inconvénient, les tampons de visite du genre de celui de la fig. 59, et en placer à chaque coude, à proximité de chaque branchement et de distance en distance sur les parties droites, à la condition qu'ils soient placés sur le dessus du tuyau ou à peu près.

Ce qui a été signalé dans ce chapitre, comme défauts et comme précautions concernant la pose des canalisations en tranchée, s'applique aux canalisations en élévation.

Les branchements, ou culottes, devront toujours être plus ou moins relevés (fig. 60), pour ne pas être atteints par le reflux des écoulements habi-

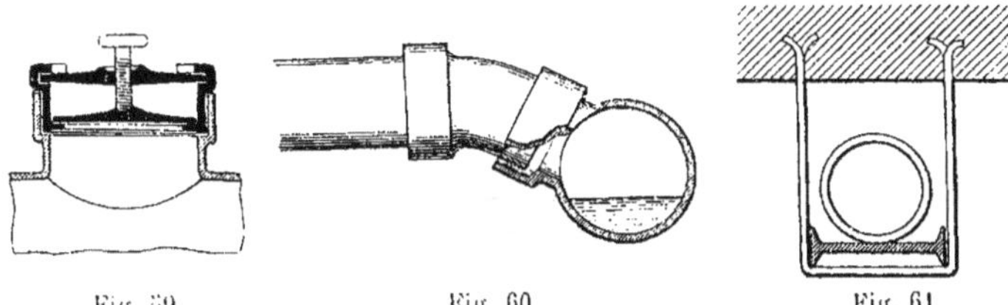

Fig. 59 Fig. 60 Fig. 61

tuels ; les tuyaux, dans le passage des murs, devront être soulagés par un fourreau, un arc ou un bout de linteau ; quand ils seront suspendus, comme dans la traversée d'un couloir ou autrement, ils devront reposer sur un fer à I fortement scellé aux deux extrémités (fig. 61). Il est d'usage de faire le long des murs un solin en glacis pour éviter la saleté et les toiles d'araignée entre les murs et les tuyaux.

Si l'égout est assez bas pour permettre une bonne pente et si cet égout est susceptible de s'emplir par les fortes averses, il est préférable de diminuer la pente disponible et de tenir le point bas et le siphon principal, dit siphon Terminus, suffisamment élevés au-dessus du radier pour que le siphon ne soit pas envahi par la crue de l'égout.

La prise d'air à proximité, quoique volontiers omise, est toujours indispensable.

La disconnexion des descentes ménagères, ainsi que celle de certains raccordements, est plutôt rarement applicable dans nos maisons à cause de la difficulté de l'aération qui ne saurait être faite qu'à bon escient.

TABLEAU GRAPHIQUE

des débits (à la seconde) des tuyaux en grès pleins, en raison des diamètres et des pentes par mètre.

(D'après les formules de Bazin).

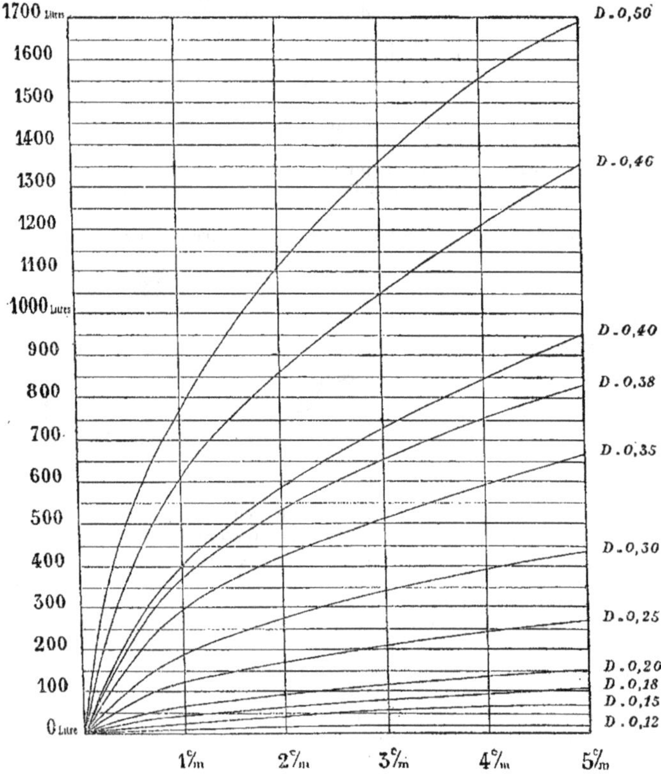

Nos canalisations sont, pour cette raison, traitées plus simplement, en général; on se contente d'avoir seulement un siphon terminus et un siphon aux eaux pluviales ou aux entrées d'eau superficielles.

Il ne faut pas exagérer les pentes des tuyaux ; celles de 0,08, 0,10 ou même 0,12 par mètre sont préférables à d'autres plus fortes qui laissent couler l'eau trop rapidement ; celle-ci n'a plus le temps, en effet, de char-

TABLEAU GRAPHIQUE

des débits (à la seconde) des tuyaux en grès demi-pleins, en raison des diamètres et des pentes par mètre.

(D'après les formules de Bazin).

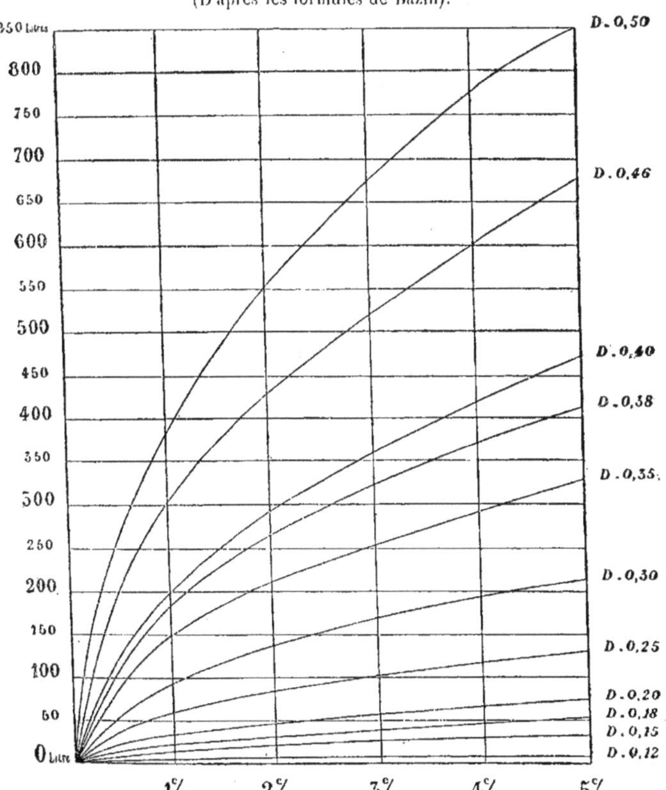

rier et d'accompagner assez loin les ordures à entraîner. Il est surtout utile d'accentuer cette pente au *droit des coudes* afin d'*augmenter la vitesse* de l'eau aux points où elle est naturellement ralentie.

Les deux tableaux ci-dessus indiquent les débits des tuyaux suivant les sections et les pentes.

Il suffirait de bien petites sections, si on n'avait qu'à se débarrasser des eaux souillées, mais c'est le volume des eaux pluviales, à un moment donné, qui doit guider dans le choix d'une section.

La fonte et le grès ont leurs partisans et leurs détracteurs. La fonte semble cependant avoir gagné beaucoup de terrain depuis un certain nombre d'années.

Elle est plus facile à poser, ses joints de ciment sont plus certains, elle

Fig. 62

est moins encombrante et possède surtout cette supériorité d'être absolument régulière et exempte des gauchissures que les tuyaux de grès présentent quelquefois dans leur longueur et dans leur section. Ce dernier défaut oblige l'ouvrier à choisir ses tuyaux et à en placer les courbes dans le plan horizontal s'il veut éviter des inflexions fâcheuses, comme celles de la fig. 62.

Cette question de la comparaison du grès et de la fonte a d'ailleurs été exposée déjà si souvent qu'il serait, peut-être, fastidieux d'en parler davantage et de prolonger inutilement ce chapitre.

CHAPITRE XXX

PUISARDS ET LEURS TROP-PLEINS

Dans les éditions précédentes de cet ouvrage, il n'a rien été dit des déversoirs des canalisations. Ce sujet est trop important et trop vaste pour être traité dans le peu d'espace que laisse un ouvrage déjà assez volumineux et tout juste maniable; cette question y serait-elle d'ailleurs à sa place que l'auteur ne se reconnaîtrait pas la compétence requise, n'étant ni un chimiste, ni un bactériologiste. C'est pour céder aux instances du traducteur de cette nouvelle édition française qui lui demandait de faire part quelque peu de son expérience personnelle, qu'il a consenti à écrire ce chapitre sur les puisards et leurs trop-pleins, pour des habitations à la campagne, bien qu'à son avis, ces puisards devraient être complètement abandonnés aujourd'hui.

L'état des connaissances et l'expérience acquise sur cette matière doivent permettre d'appliquer aux eaux souillées de la maison de campagne tel procédé capable de les transformer en un liquide comparativement épuré,sans coûter beaucoup plus cher que les systèmes défectueux d'autrefois; mais le déversoir des eaux rejetées par de grands établissements, des villages, des villes, etc.,demeure encore sur un terrain brûlant.

Etant donné, cependant, l'effort d'intelligence et de savoir dépensé à résoudre ce problème, ainsi que l'expérience que doit donner l'application, un peu partout, de tant de systèmes différents, il n'est pas douteux que, dans un avenir peu éloigné, les opinions se rapprochent et qu'on finisse par trouver un ou plusieurs systèmes à même de satisfaire à la fois tous les cas de la pratique de la façon la plus désirable.

A en juger dès à présent par les résultats merveilleux de certains procédés décrits dans les rapports des journaux et les prospectus, on souhaiterait de posséder plusieurs habitations pour les essayer tous. A côté de l'épuration par le sol, irrigation à ciel ouvert ou dans le sol, il existe plusieurs systèmes fort efficaces pour filtrer et purifier ces eaux souillées, dites « *sewage* ».

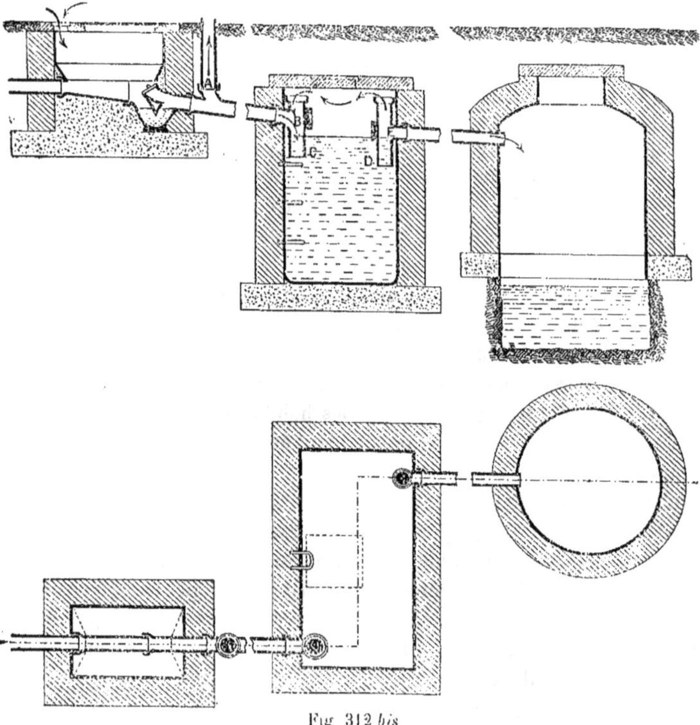

Fig 312 *bis*

On peut citer le système Dibdin, la fosse *septique*, les systèmes Exeter, Ducal, Oxygène, Magnetite, enfin, l'épuration bactérienne dans laquelle de voraces bactéries sont assez complaisantes pour tout dévorer, comme à la façon d'un roman, et laisser couler ensuite du réservoir une eau purifiée.

Autrefois, les eaux souillées des maisons n'étaient soumises dans beaucoup de cas, à aucun traitement préalable.

Elles étaient conduites aussi loin que des canalisations défectueuses étaient susceptibles de le faire, aboutissant à un puisard profondément creusé et dont le trop-plein se perdait où il pouvait, à sa guise, sans aucune considération pour la vue comme pour l'odorat, et n'était déclaré gênant qu'autant qu'il était assez bouché pour arrêter l'écoulement des eaux.

Lorsqu'on est en présence d'un propriétaire qui se refuse à adopter un système convenable d'épuration et qu'on est contraint d'en venir au puisard, il y a encore moyen d'améliorer les choses.

Les eaux de la canalisation devraient être reçues dans une première fosse ou séparateur et y pénétrer par un tuyau bien immergé tel que C, suivant la coupe (fig. 312 *bis*) afin de ne pas troubler la surface liquide et provoquer des dégagements de gaz et des exhalaisons malsaines.

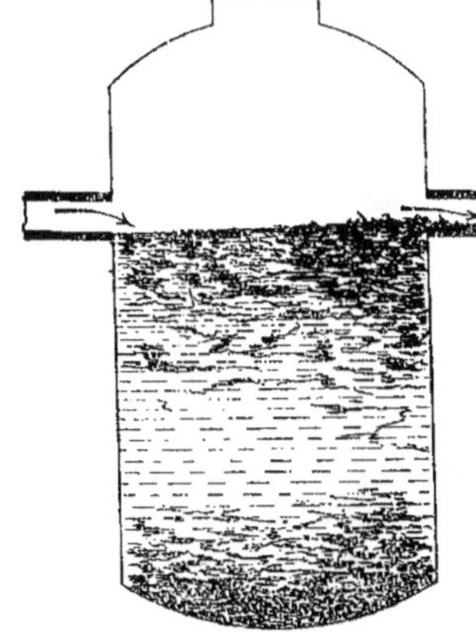

Fig. 312 *ter*

La sortie devrait plonger également comme en D, et le tuyau de trop-plein E devrait être disposé de façon à ne livrer passage qu'aux liquides. Les parties lourdes descendent et tombent au fond, les parties légères flottent à la surface. Les matières solides, les papiers, les graisses, etc., finissent par former, au-dessus du niveau du trop-plein, une couche ou écume assez épaisse agissant comme un couvercle qui empêcherait les fortes odeurs de se dégager des liquides ou « sewage ».

L'arrivée et le départ, au lieu d'être placés vis-à-vis, comme dans la fig. 312 *ter*, ce qui se fait généralement, devraient être éloignés le plus possible l'un de l'autre, suivant le plan de la fig. 312 *bis*, pour abandonner davantage les matières solides dans le séparateur.

Il est curieux de remarquer le temps que met l'écume superficielle pour augmenter sensiblement d'épaisseur, après les premières semaines de formation, dans un puisard recevant journellement le produit d'une canalisation ; cela semblerait donner raison au système d'épuration bactérienne préconisé par M. Scott-Moncrieff.

Un certain manque de jugement n'a pas été sans accompagner ces sortes d'applications. C'est ainsi qu'au lieu d'arrêter les solides et les graisses comme on vient de le voir, on les laissait s'engager, avec toutes les autres matières flottantes, dans les tuyaux de trop-pleins dont les parois étaient vite garnies de dépôts en décomposition à divers degrés.

Ce même trop-plein (fig. 312 *ter*), prenant son ouverture au plan d'eau du puisard, répandait une réelle infection dans un grand rayon. Il a été souvent constaté par l'auteur, que ces exhalaisons portées par certains vents, se faisaient sentir dans des maisons situées à plus de 300 à 400 mètres à l'écart.

Le liquide sortant du trop-plein plongeant est tout aussi chargé que celui à orifice libre dont nous venons de parler, car le fait de barrer la route aux matières solides ne saurait en diminuer l'odeur ; de même qu'en tuant un chien enragé on n'enrayerait pas le mal laissé par sa morsure. La difficulté est de le faire disparaître.

Quelquefois, on peut s'en débarrasser en le déversant dans un fossé qui serait très éloigné de tout puits ou autre endroit servant à prendre l'eau. Les circonstances peuvent encore permettre de l'envoyer sur un terrain par intervalles, au moyen d'un réservoir automatique, ou bien de le conduire au potager à la disposition du jardinier.

Si l'irrigation superficielle ou dans le sol n'était pas possible, on pourrait le faire aboutir à un puisard absorbant creusé dans un banc de sable, de calcaire ou de roche convenable.

Dans un grand nombre de cas, il a suffi à l'auteur de diviser les matières au moyen d'un crible placé dans un réservoir automatique approprié et de soumettre le « sewage », par quelque procédé d'irrigation, à une filtration ascendante ou descendante en régularisant les décharges du réservoir limitées à de petites quantités.

Avec le *puisard absorbant*, il ne doit pas y avoir de puits profond aux environs, si ce n'est à une distance de plusieurs kilomètres ; les graisses et les matières solides doivent être écartées avec soin afin d'éviter le colmatage à la base. Les parois et la voûte devraient être rendues étanches à l'air, au moins jusqu'à une certaine distance en contre-bas du sol.

Le tuyau de trop-plein E reliant le séparateur au puisard absorbant peut servir d'évent à ce dernier, l'air ou le gaz voyageant suivant les flèches de la fig. 312 *bis*, ils se dégageraient par le tuyau d'arrivée A, lequel devrait monter au-dessus du toit, loin de toute ouverture de la maison.

Ce tuyau d'évent pourrait encore, et avec avantage, prendre naissance dans le haut du séparateur, surtout lorsqu'il existe une certaine hauteur entre l'arrivée et le tampon, créant un volume appréciable de gaz de fermentation qui ne peuvent s'échapper.

Les dimensions de ce séparateur devraient être réduites et seulement suffisantes pour qu'un homme puisse y descendre pour le nettoyer une fois ou deux par an ou davantage, étant entendu que des boîtes à graisse seraient placées aux éviers ou descente d'éviers.

Si la graisse est admise dans le séparateur par suite de l'emploi de boîtes à graisse automatiques, un nettoyage plus fréquent sera nécessaire pour obtenir un parfait fonctionnement.

Le tampon du séparateur devra être scellé le plus près possible du plan d'eau, comme dans la fig. 312 *bis*, dans le but d'éviter une plus grande formation de gaz.

L'auteur a eu dans son jardin, un puisard filtrant, utilisé pendant une dizaine d'années, c'est-à-dire jusqu'au moment où on a construit des égouts dans le voisinage. Il a employé un dispositif analogue à celui de la fig. 312 *bis* qui n'a jamais donné lieu à la moindre plainte de la part de ses voisins et sans qu'aucun visiteur, même au courant des questions de drainage, ait pu seulement s'apercevoir de son existence.

L'entretien ne lui a pas coûté un centime pendant toute cette durée.

Le seul ennui provenait du curage du séparateur; les boîtes à graisse étaient nettoyées chaque semaine par le jardinier.

Beaucoup de ses voisins avaient aussi des puisards à fond perdu dont quelques-uns, à une plus grande profondeur que le sien, voire même à une trentaine de mètres, n'en causèrent pas moins beaucoup d'ennuis et une plus grande dépense.

Au bout de quelques années ces puisards se remplirent et débordèrent dans les maisons par les orifices des canalisations.

Cela tenait à l'absence du séparateur et aussi à certains dispositifs vicieux.

Ainsi qu'il a été recommandé plus haut, il est cependant préférable de renoncer au puisard quand on peut traiter le « sewage » par quelque bon procédé d'épuration, toujours facile a établir quand on n'est pas limité par la question d'argent et qu'on est à même d'apporter au système tout le soin nécessaire à son parfait fonctionnement.

CHAPITRE XXXI

DE L'EAU ET DE SON EMMAGASINAGE

Eau pure. — Eaux de rivière, d'étang, de puits, de pluie. — Choix de l'emplacement du réservoir. — Contamination de l'eau. — Absorption de l'air. — Infection de l'eau des réservoirs par certains tuyaux de distribution ou certains dispositifs vicieux de la plomberie. — Réservoirs de distribution. — Alimentation constante. — Nécessité de nettoyer les réservoirs. — Trop-pleins de décharge. — Réservoir pour eau potable. — Tuyaux en étain, en plomb doublé d'étain. — Maladies causées par l'impureté de l'eau. — Filtres. — Eau bouillie. — Action chimique de l'eau sur le plomb.

La question de l'eau pure est tellement importante qu'elle devrait primer toutes les autres, dans la location ou la construction d'une maison.

L'eau d'un ruisseau ou d'une rivière qui sert de déversoir aux canalisations d'un village ou d'une ville ne peut être regardée comme eau potable, car son degré d'impureté est tel qu'il n'est pas de filtre capable de la purifier. En supposant même qu'elle soit filtrée, comment s'empêcher de penser que cette eau a déjà été bue antérieurement et plusieurs fois peut-être. Ce serait-là, pour un malade, une idée bien peu réconfortante.

L'eau d'un étang, toujours stagnante, est infectée bien davantage encore. Tantôt ce sont les eaux des cours, des ruisseaux, des gargouilles ou même le purin qui s'y jettent ; tantôt ce sont les bestiaux, les chiens ou les canards, etc., qui s'y désaltèrent, s'y baignent ou y barbotent.

Il n'est pas rare cependant de voir l'eau de ces étangs alimenter, non pas de pauvres chaumières, mais bien de riches habitations et quand ce même étang reçoit par hasard le produit des canalisations, on a pleinement réalisé le principe de la circulation continue ! — C'est ainsi que les choses se passent dans une installation dont je m'occupe en ce moment.

Il serait si simple, dans bien des cas, de creuser un puits pour trouver l'eau potable à 5 ou 6 mètres de profondeur. Faudrait-il descendre à 15, 30 et même 60 mètres que cela vaudrait toujours mieux que de boire une eau polluée.

On devrait rendre étanches les parois des puits dans toute leur hauteur s'ils sont peu profonds, et sur une certaine hauteur seulement pour les autres, afin d'en écarter les eaux superficielles ; il faudra de même en détourner à tout prix les eaux de lavage ou de purin et se tenir au moins à une centaine de mètres de toute fosse ou puisard.

A défaut d'eau de puits, on peut trouver dans les eaux pluviales convenablement filtrées, une alimentation abondante. En l'espèce il serait même avantageux d'en faire deux catégories : l'une, parfaitement filtrée destinée à la boisson et à la cuisine, l'autre affectée aux usages domestiques.

L'eau pure étant acquise il reste à l'emmagasiner et à la conserver à l'abri de toute contamination et infection de conduite quelconque.

Certaines recherches récentes ont démontré que la lumière était nécessaire comme empêchant ou détruisant certains germes de maladies. Il est donc important de faire les chambres de réservoirs claires et bien aérées, et de substituer le verre au bois des anciens couvercles de réservoirs.

Il faut aussi éviter de placer un réservoir de distribution au-dessus et en compagnie de w.-c. et urinoirs, car l'eau absorbe rapidement les impuretés de l'air ambiant comme une éponge s'imbibe d'eau.

On commet bien des erreurs à ce sujet, si on en juge par la fig. 313.

L'eau potable et celle des w.-c. est contenue dans deux compartiments distincts, mais qui sont à air libre et qui communiquent parfois par le même trop-plein, de sorte que la cloison qui les sépare ne protège pas davantage l'eau potable que la pierre ne doit cacher l'autruche à la vue du chasseur.

D'ailleurs, cette contamination de l'eau par le tuyau F ou par le tuyau d'air C n'est spéciale qu'au système à soupape de la fig. 313 ; elle est entièrement négative dans le cas d'un robinet d'alimentation branché sur conduite en charge, dont le clapet à l'état de repos est toujours fermé.

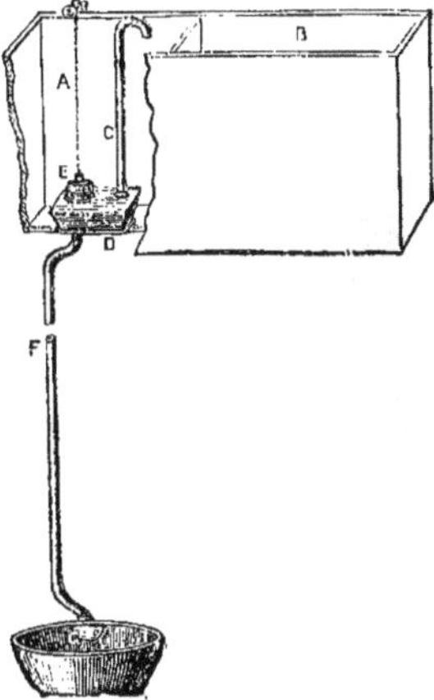

Fig. 313
Compartiment de réservoir pour l'alimentation d'un w.c.

Le tuyau C serait-il conduit loin du réservoir que les gaz cantonnés dans la boîte D trouveraient encore une issue à chaque levée de soupape. Aussi devrait-on prendre comme règle de ne jamais placer, dans un cabinet d'aisances, un réservoir alimentant un évier ou autre appareil semblable.

On trouvera aux fig. 314 et 315 des exemples d'infection d'eau par le fait de dispositions vicieuses ; les flèches des dessins sont assez significatives par elles-mêmes. Les odeurs du w.c. M se répandent par la soupape C ou le tuyau d'air E au-dessus de l'eau du réservoir, quelquefois un siphon fuit au-dessus de ce même réservoir (fig. 314). Le trop-plein du terrasson du w.c. supérieur se perd dans le tube K de trop-plein du réservoir, dont le tuyau aboutit à un mauvais siphon en briques, le mettant ainsi en communication avec la canalisation.

Le réservoir E (fig. 315) est aussi exposé à l'air de la canalisation, par sa vidange F.

Dans la fig. 316, ce sont les émanations de la boîte siphoïde et de la canalisation elle-même qui cheminent dans le tuyau de trop-plein F jusqu'à la bâche B du réservoir d'eau chaude ; Il est la décharge d'une toilette se faisant au-dessus de ladite boîte siphoïde à côté de ce trop-plein. Remarquons, en passant, que cette décharge est fort capable, par son petit diamètre, de vider le siphon de la toilette.

Comme les choses de peu d'importance, les bâches à flotteur des réservoirs d'eau chaude sont souvent négligées, et par conséquent rarement nettoyées ; elles se garnissent donc rapidement d'un dépôt vaseux et de tartre.

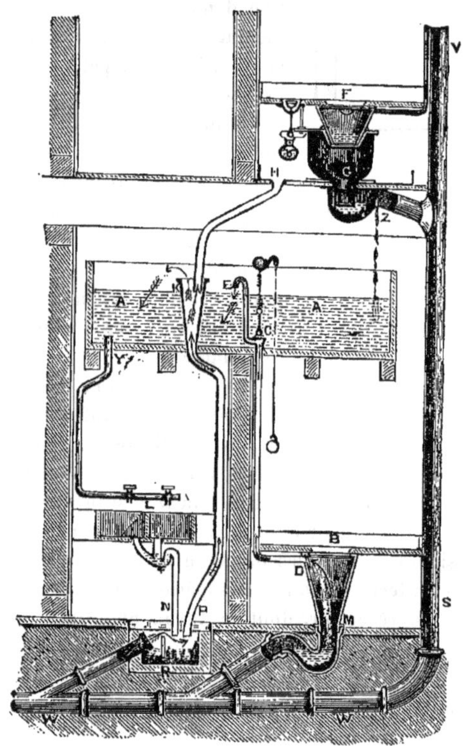

Fig. 314
Contamination de l'eau par l'emploi de mauvais appareils et d'erreurs commises dans leur installation.

Quand le service d'eau est permanent, c'est-à-dire que les conduites sont toujours en charge, les réservoirs ne servent plus qu'aux appareils w.-c., pour couper la pression et la rendre plus régulière sur les robinets de chasse.

Quand, au contraire, le service d'eau est intermittent, l'emploi des réservoirs est de rigueur, et leur capacité doit pouvoir assurer la consommation pendant deux journées au moins en cas d'inter-

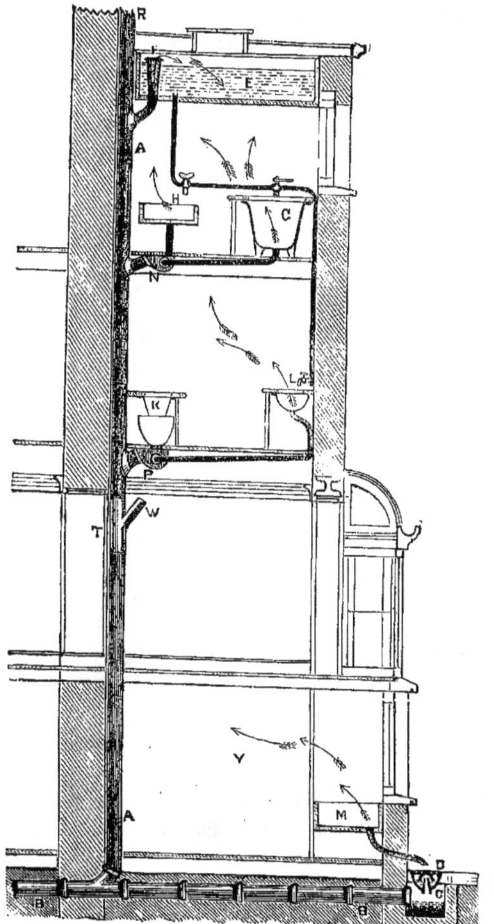

Fig. 315
Contamination de l'eau par la vidange F du réservoir.

ruption de la compagnie pour réparation ou toute autre cause.

Pour être certain de ne pas manquer d'eau à un moment donné, par suite de fuite de robinet ou autrement, car si une voie d'eau peut couler un navire une fuite de robinet peut vider un réservoir, il est même prudent d'avoir deux réservoirs, de même qu'il est sage de ne pas mettre tous ses œufs dans le même panier.

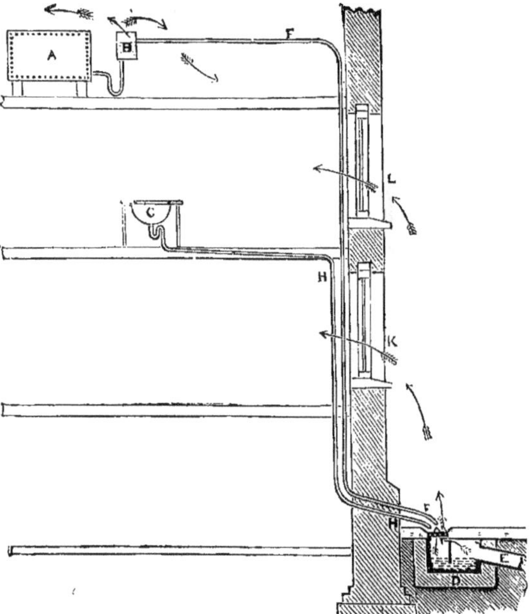

Fig. 316
Pollution de l'eau d'un réservoir d'alimentation.

Comme les cheminées, les réservoirs ont besoin d'être nettoyés périodiquement et ils doivent être disposés en conséquence ; ceux d'eau potable devraient surtout pouvoir être visités à tous moments.

Il suffit, pour être convaincu de la nécessité de ce nettoyage, de remuer avec un bâton le fond d'un réservoir après quelques mois de service et d'en puiser un verre d'eau.

Nos compagnies d'eau exigent que les trop-pleins des réservoirs se déversent en un point visible de tout le monde, pour qu'une fuite de flotteur ne puisse se prolonger indéfiniment. La section de ces trop-pleins doit être proportionnée à celle de l'arrivée et à la pression, mais on lui donne généralement le double de celle-là et jamais au-dessous de 0,030.

Ainsi que les purges de réservoirs, ces trop-pleins ne devront jamais être branchés sur aucune conduite d'eaux souillées, mais être menés, autant que possible, de l'autre côté du mur, s'ouvrant à gueule-bée à l'extérieur ; ils ne devront pas davantage s'arrêter au-dessus d'un siphon intercepteur, mais, à quelque distance, par crainte de retour de l'air vicié, en cas d'évaporation de l'eau de ce siphon par suite de sécheresse prolongée.

Le meilleur moyen est encore, si l'on peut, de conduire le trop-plein sur le toit ou au-dessus d'un chéneau et de lui mettre, en about, un petit clapet en cuivre qui fermera l'entrée aux oiseaux et empêchera la rentrée de l'air froid.

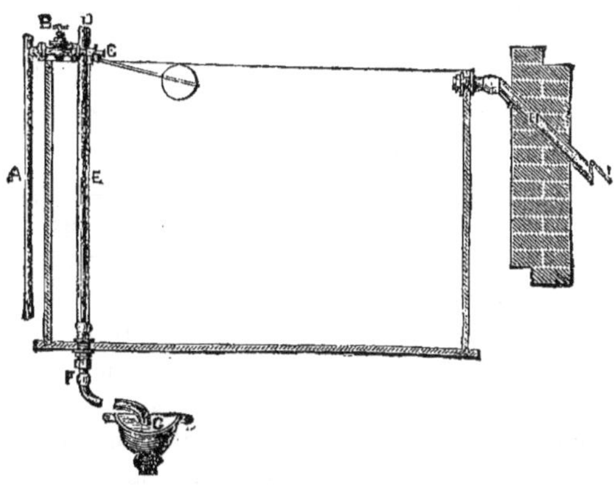

Fig. 317
Tuyau de purge et trop-plein.
Le tuyau à la suite de la cuvette G, doit déboucher à l'air libre, à l'abri de toute contamination possible.

Ce petit tuyau H (fig. 317) fera saillie de 0,05 à 0,08 sur le nu du mur avec une bonne inclinaison de 0,30 à 0,40 au total, afin de donner à l'eau la pression nécessaire pour ouvrir le clapet.

La tubulure F de cette même figure, soudée à une « *bonde de fond* » et tamponnée en E, constitue la purge du réservoir ; le tuyau à la suite aboutit au chéneau ou à la cuvette d'eaux pluviales. Une soupape à chaînette pouvant se refermer à volonté ferait, si l'on préférait, le même office, mais il serait difficile de replacer la soupape si l'on voulait arrêter l'écoulement tandis que cela est très simple avec le tube E.

Tous ces tuyaux de trop-plein ou de vidange devraient avoir, en about, de ces petits clapets en cuivre contre l'accès du froid et l'entrée des oiseaux.

L'usage est aussi de placer, sous ces réservoirs, des terrassons avec écoulement, comme à la fig. 185.

Quand l'eau qu'on doit emmagasiner est susceptible d'exercer une action chimique sur le plomb du réservoir, il faut mettre l'eau potable dans des cuves en terre émaillée qu'on fait aujourd'hui jusqu'à 250 litres ou en terre vernissée jusqu'à 400 litres. Ces cuves doivent être examinées attentivement, au préalable, car la glaçure a quelquefois des défauts ou crevasses qui les rendent poreuses.

Au-dessus de cette capacité, on construit ces réservoirs en ardoise ou bien, pour des cubes importants, en tôle convenablement badigeonnée à la chaux intérieurement.

L'action de l'eau sur le plomb dépend de la nature et de la composition chimique de celle-là et l'analyse peut toujours faire connaître, à l'avance, le risque à courir. Si le plomb est à éviter, la tôle galvanisée n'est pas non plus exempte de danger, car la galvanisation s'en va à la longue, le zinc se trouvant ainsi dissous dans l'eau. L'épaisseur de ces réservoirs varie de 3 à 5 mm. suivant les dimensions.

En cas d'altération possible de l'eau par le plomb, on peut employer des tuyaux en étain ou, par économie, des tuyaux en plomb doublés d'étain. Cette sorte de tuyaux exige beaucoup de précaution et d'habileté pour que l'étain, à la soudure, ne coule pas à l'intérieur. Il existe même des raccords spéciaux pouvant réunir les tuyaux sans intervention de soudure.

Il se fait encore, depuis peu de temps, des tuyaux en fer étiré, doublés d'étain, avec toutes pièces accessoires, raccords, coudes, manchons, etc., préparés à l'avance et doublés d'étain également.

Il est singulier de constater le degré d'impureté qu'une eau peut atteindre, sans être dangereuse à boire.

Il m'est arrivé de reconnaître et de vérifier qu'une eau déclarée, à l'analyse, absolument impropre à la boisson avait pu être consommée pendant 20, 30 et 40 années sans occasionner le moindre accident. Je n'ai nullement l'intention, par là, de conseiller l'usage d'une eau quelque peu impure, mais plutôt de rassurer ceux qui souvent sont obligés de se contenter d'une eau médiocre.

L'importance de l'alimentation de l'eau est telle qu'il devrait incomber au soin de l'Etat d'en pourvoir abondamment chaque maison.

Quand il m'est donné d'inspecter une maison et de me rendre compte de ses conditions sanitaires, je n'oublie jamais de donner un coup d'œil au filtre et à la boîte aux ordures, deux choses généralement négligées parce qu'elles semblent sortir du domaine de la plomberie et de la canalisation. On est trop bien fixé sur ce que sont les boîtes à ordures pour qu'il soit besoin d'insister, mais la question des filtres, pour être très en faveur dans le public, est la plupart du temps fort mal comprise ; à en juger par certains exemples.

Que de fois n'ai-je pas vu, placés au-dessus des filtres, à l'entrée de l'eau, des morceaux d'éponge, absolument sales ou bien les bouchons servant à fixer les robinets, complètement pourris ; des filtres posés à fond de réservoir, présentant un état de malpropreté incroyable et dont la matière filtrante n'avait pas été changée depuis des années, de sorte qu'ils devaient plutôt infecter l'eau que la purifier.

Un filtre ne saurait être regardé comme un instrument magique et il n'est pas possible de supposer un instant qu'une eau puisse chaque jour abandonner ses impuretés à une matière filtrante sans que celle-ci ne demande à être *changée* ou *nettoyée* de temps à autre.

Tous les filtres réclament de l'entretien. Le charbon animal, entre autres, au dire d'autorités compétentes, perd ses propriétés au bout d'un certain temps, assez court, et cesse d'être efficace. C'est donc à tort que certains fabricants proclament qu'il n'est besoin de renouveler le charbon que tous les deux ans. Le fer spongieux peut fonctionner une année, mais cela dépend encore du service et de la nature de l'eau.

Dans certains cas, ayant eu à faire usage, faute de mieux, d'une eau très chargée d'impuretés, j'ai pris le parti de la clarifier d'abord et de la filtrer ensuite.

Comme il est difficile de compter d'une façon certaine sur le nettoyage des filtres, — car ce qui incombe à tout le monde n'incombe à personne, — il est souvent préférable de passer, avec le fournisseur ou le fabricant, un abonnement d'entretien et de consigner sur un livre chaque visite ou chaque opération.

Il peut être intéressant de signaler certains défauts, communs à beaucoup de filtres, parce que le public n'étant pas toujours apte à distinguer le bon du mauvais, s'en rapporte plutôt à la réclame qui en est faite.

La condition essentielle d'un filtre est de *purifier*, d'une façon absolue, toutes les gouttes d'eau qui s'en échappent, car la moindre goutte peut contenir, à elle seule, des germes de maladie :

1° Certains filtres, par leur construction ou leurs organes intérieurs, peuvent laisser passer de l'eau qui ne soit pas filtrée, soit entre les parois et la matière filtrante, soit par des raccords défectueux ou mal serrés, comme cela arrive avec des filtres plongeant dans un réservoir ;

2° La couche de matière filtrante est quelquefois trop mince pour être efficace ;

3° Tout filtre comportant des éponges, ou bien des bouchons de liège ou de caoutchouc pour le montage du robinet de puisage, doit être laissé de côté, pour les raisons déjà indiquées ;

4° Il en est de même de ceux dont la matière filtrante est scellée au ciment et ne peut, par conséquent, être remplacée ou nettoyée facilement ;

5° Un filtre ne doit pas se borner au rôle de clarifier l'eau, mais il doit la purifier entièrement ;

6° L'importance du filtre et de son débit doit être en rapport avec les exigences du service de peur que les domestiques, impatients d'attendre, ne puisent ailleurs, sans scrupule, de l'eau ordinaire non filtrée ;

7° La recharge du filtre devrait pouvoir se faire automatiquement et ne pas dépendre des domestiques, à cause de leur négligence.

Ces remarques s'appliquent également aux filtres fonctionnant sous pression d'air, qui ont pour but d'aérer l'eau en même temps.

La lenteur de la filtration étant un élément d'efficacité, on est obligé de recueillir l'eau filtrée dans un petit réservoir, afin d'en avoir toujours sous la main. Exception sera faite, cependant, pour l'eau filtrée par charbon animal, car, suivant un rapport officiel, elle ne tarderait pas à donner naissance à des micro-organismes.

Je préfère donc, à cet égard, le fer spongieux qui exige aussi un changement moins fréquent.

A une époque troublante comme la nôtre, où le doute apparaît à chaque pas, et où la tour penchée de Pise pourrait donner l'image de la sécurité, il est rassurant de savoir que l'ébullition de l'eau de boisson est une excellente précaution.

Tous les microbes ne sont pas détruits cependant par l'ébullition ordinaire, et il faudrait pour cela atteindre jusqu'à 150°.

On peut néanmoins admettre, d'après le professeur Church, que l'ébullition suffit à détruire les germes des fièvres et des diarrhées.

L'eau bouillie a le défaut de laisser un goût fade et d'être indigeste, mais on peut y remédier en l'aérant et en la transvasant plusieurs fois de suite ; tout le monde sait la saveur agréable qu'on lui donne en la versant, à l'état d'ébullition, sur une tranche de pain bien grillée.

La « dureté » de l'eau est principalement due à la présence des sels de chaux et du bicarbonate en particulier.

Les sels de fer et de magnésie contribuent aussi à la durcir.

Plusieurs réactifs sont utilisés pour faire précipiter les carbonates et les sulfates de chaux, mais le plus efficace et le moins coûteux, à l'égard du bicarbonate de chaux, est celui du docteur Clarke, qui consiste à précipiter le carbonate en mélangeant, à l'eau, une solution de chaux.

Cette chaux s'unissant à l'acide carbonique en excès dans le bicarbonate, a l'avantage d'être elle-même précipitée en carbonate.

C'est le rôle des compagnies d'eau d'adoucir leur eau avant de la distribuer, car c'est une dépense insignifiante dans l'ensemble. Il peut arriver que des particuliers, consommant de l'eau de puits ou de source, aient à pratiquer cette opération et alors le procédé « Porter-Clarke » leur est tout indiqué. Ce procédé consiste à préparer, dans un premier bassin, un lait de chaux qu'on fait verser d'une façon continue dans un deuxième réservoir contenant l'eau à adoucir ; cette eau passe ensuite dans un filtre où le précipité de carbonate de chaux est utilisé comme milieu filtrant ; à sa sortie du filtre, l'eau gagne le réservoir placé dans le haut de la maison.

L'opération se faisant dans des réservoirs clos et la filtration ayant lieu sous pression, il n'y a dès lors aucun danger de contamination accidentelle dans le trajet du puits au réservoir supérieur. C'est là une considération bonne à retenir pour certains grands établissements.

On n'a pas, en outre, la peine de pomper une deuxième fois.

Le rapport de la Commission royale de 1874, sur l'alimentation d'eau dans la Grande-Bretagne, met en valeur « *l'action chimique du lait de chaux sur les matières organiques en solution.*

Ce système d'adoucir l'eau a pour effet de la dépouiller incidemment des impuretés organiques qu'elle contient ; le précipité de chaux forme, en effet, un milieu filtrant qui est *enlevé journellement* du filtre avec les impuretés qu'il a fixées.

Lorsque je ne connais pas, à la campagne, le caractère de l'eau que j'ai à installer dans la maison, j'ai pour habitude d'en prélever un échantillon que je fais analyser.

Il m'arrive souvent d'être très embarrassé, car l'analyse déclare quelquefois l'eau tout-à-fait impropre à la boisson, alors qu'il est avéré qu'elle est consommée depuis longtemps sans inconvénient par beaucoup de personnes.

Un vieux proverbe dit que « c'est au goûter que se juge le pudding » ; s'il en est ainsi, c'est à boire l'eau qu'on doit la juger.

Que faire en pareille circonstance? Laisser l'analyse pour compte et exposer son client à boire une eau capable de lui nuire ainsi qu'aux siens? C'est une responsabilité qu'on ne saurait prendre !

Faudrait-il, d'autre part, lui en faire connaître le résultat et le pousser peut-être, à se procurer, à grands frais, une autre eau qui aurait des chances de ne pas être meilleure?

L'essentiel est de pouvoir dire d'une façon certaine si l'eau est réellement saine ou non. Il serait à souhaiter que les analyses soient à ce sujet un peu plus affirmatives et moins contradictoires.

Espérons qu'avec l'aide des nouvelles méthodes des docteurs Kock et Frankland, les analyses seront mieux en droit de préciser si une eau est ou n'est pas dangereuse à boire.

Voici un passage tiré de l'essai de Belgrand intitulé « Action de l'eau sur les tuyaux de plomb ».

« Les chimistes savent depuis longtemps avec qu'elle facilité le plomb s'oxyde quand il est plongé dans l'eau distillée en contact avec l'air. De très petits cristaux brillants et blancs d'*oxyde de plomb hydraté* se forment rapidement; le nombre s'en accroît jusqu'à ce qu'une couche abondante se soit déposée au fond du vase ; la même chose s'obtient avec de l'eau de pluie pure.

« Au contraire, l'eau contenant une quantité donnée de sels, principalement celle de sources séléniteuses, n'attaque pas le plomb dans les mêmes conditions.

« Tels sont les résultats d'expériences faites par des professeurs de chimie, pendant les quarante dernières années, dans les cours publics, et M. Dumas n'a jamais omis de les répéter à son cours de la Sorbonne.

« Les chimistes ont souvent remarqué que le plomb était inoffensif pour les eaux potables circulant dans les tuyaux de ce métal à cause des matières salines qui préservent le métal de l'oxydation ».

Sans aucun doute, il serait difficile de donner une explication de ces faits mais ils semblent être de même espèce que ceux déjà établis pour le fer, qui peut être préservé de l'oxydation dans l'eau distillée, même quand elle est aérée, si l'on y ajoute seulement quelques gouttes d'alcali ; tandis qu'il s'oxyde rapidement dans l'eau pure aérée. Mais il est très curieux d'observer qu'en augmentant la proportion d'alcali à un certain degré, on peut faciliter l'oxydation.

Quels sont les sels les plus efficaces, quand ils se présentent en quantités minimes, pour empêcher l'oxydation du plomb en contact avec l'air? Les sels de chaux sont les seuls qui le soient incontestablement, même en très petite quantité. A défaut de la chaux, d'autres sels peuvent protéger le plomb à raison de 0,1 gramme par litre. Néanmoins, au bout de vingt-quatre à trente heure, l'eau se colore faiblement, mise en contact avec de l'hydrogène sulfuré; mais l'oxydation cesse bientôt. Les expériences suivantes ont été faites pour déterminer l'action particulière des différents sels.

« Des solutions furent préparées avec le sulfate de soude, le chlorure de sodium, le chlorure de potassium, le sulfate de magnésie; la dose de chaque solution était de 0,1 gramme par litre. Le plomb fut plongé dans ces solutions pendant vingt-quatre heures; l'eau se colora, par l'hydrogène sulfuré, mais l'action dissolvante s'arrêtait et on peut dire que les solutions en question sont sans action notable sur le plomb, car, au bout de dix jours, le réactif ne donnait aucun précipité ».

Tout bien considéré, il n'y a absolument aucun danger d'empoisonnement par l'usage de l'eau circulant à travers les tuyaux de plomb (M. Belgrand).

De plus, on trouve dans le journal des *Savants* « octobre 1871 » : « *Il peut être intéressant d'attirer l'attention du public sur ce fait, généralement ignoré, que les eaux de pluie altèrent le plomb et le zinc plus que celles qui tiennent des sels en dissolution comme les eaux de puits, par exemple. Comme conséquence, ces dernières peuvent être contenues, sans danger, dans des réservoirs en plomb, alors que les eaux de pluie, exemptes de matières salines, dissolvent l'oxyde de plomb et deviennent toxiques.*

Cette remarque, citée par Guyton de Morveau, est absolument exacte.

CHAPITRE XXXII

ALIMENTATION DES WATER-CLOSETS

Importance capitale de l'alimentation. — Eau distribuée par les Compagnies. — Appareils défectueux. — Nécessité du nettoyage et de l'entretien des w.-c. — Nettoyage du siphon. — Colonnes montantes et conduites de distribution. — Congélation des tuyaux. — Alimentation des w.-c. par robinets de chasse et réservoirs de chasse. — Réservoirs à double effet. — Réservoirs à siphon.

Dans les drainages des eaux résiduaires, l'alimentation des w.-c., comme celle de tous autres appareils servant aux eaux usées, est de la dernière importance ; il peut en résulter de graves inconvénients.

On peut considérer comme un axiome que le volume nécessaire au nettoyage d'un appareil sanitaire quelconque et de son tuyau doit être au moins égal et plutôt supérieur à celui de l'eau souillée qu'il est appelé à recevoir.

L'eau, comme presque tout le reste aujourd'hui, est distribuée à domicile par des compagnies, dans toutes les villes et dans beaucoup de villages. Cela évite la peine d'aller la chercher au puits ou à la fontaine voisine, ou de la pomper pour son service.

Ces compagnies ont naturellement le droit d'établir tel règlement qui leur convient, mais ce règlement ne devrait pas viser exclusivement l'intérêt des actionnaires.

Elles apportent, la plupart du temps, trop de parcimonie dans la répartition des volumes d'eau alloués aux différents services.

Le volume accordé par les différentes compagnies, et rendu officiel par un acte du Parlement, est de 10 litres pour chaque usage de w.-c. C'est bien peu, 10 litres, pour entraîner des matières à travers un appareil, un tuyau de chute, une canalisation, et nettoyer le tout !

On se demande ce qui a servi de base à ce calcul, et sur quel appareil l'essai a été fait.

Mais pratiquement, un appareil placé aux étages supérieurs doit demander plus d'eau qu'au rez-de-chaussée, puisqu'il doit nettoyer la chute dans sa hauteur !

Au lieu de limiter l'emploi de l'eau, pour tous les appareils, à une quantité *uniforme*, les compagnies devraient au contraire, dans leur règlement, recommander une alimentation *proportionnée* au service et à la position de l'appareil.

A voir la façon dont certaines personnes, les domestiques surtout, se servent des w.-c., on serait tenté de croire qu'ils considèrent ces appareils comme des *désodorisants* ; ils se soucient peu d'y vider toutes sortes de choses, sans les nettoyer après coup, et de les y laisser séjourner ; mais un simple vase de nuit, à moitié plein d'urine, ne sera pas long à sentir mauvais et à empoisonner une chambre !

L'entretien et le nettoyage des appareils de plomberie, w.-c. et autres, devraient être faits tous les jours en même temps que le vestibule, la galerie, les meubles, etc.

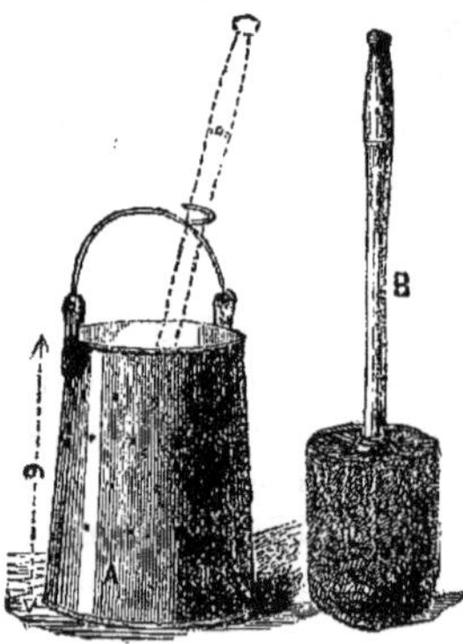

Fig. 318
Balai de nettoyage et son seau.

Dans toute maison, il devrait y avoir un balai ou hérisson du genre de celui de la fig. 318, permettant le nettoyage à fond du siphon et de l'appareil ; ce balai serait mis dans un seau percé de trous et placé dehors ou dans le cabinet des domestiques.

L'eau distribuée à un appareil ne doit pas s'écouler lentement mais sous un certain volume, à la fois, afin de faire « chasse » ; cette chasse, ainsi qu'il a été dit, doit être supérieure, en force et en volume, à l'eau sale projetée dans la conduite.

Si la chasse est insuffisante, il se forme, sur les parois du tuyau, un limon adhérent que nulle chasse subséquente ne pourra entraîner.

Bien souvent une seule chasse ne suffit pas au lavage complet de l'appareil et du siphon. Afin qu'on n'oublie pas de tirer la poignée du réservoir, je fais placer quelquefois en face du siège, une plaque en faïence avec une notice écrite en lettres dorées.

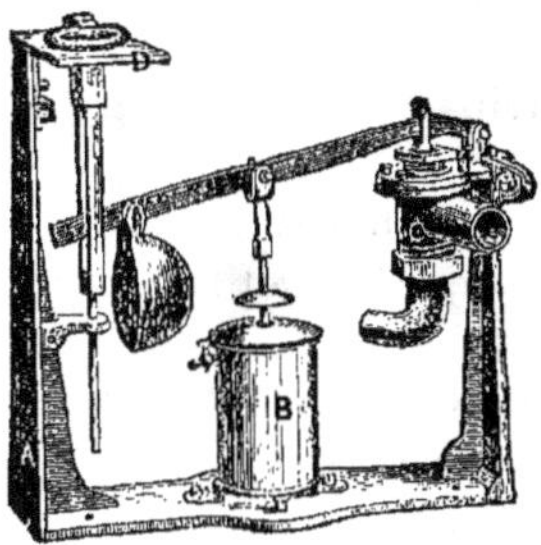

Fig. 319
Robinet de chasse et régulateur pour water-closets.

Les conduites d'arrivée des compagnies sont en plomb et comportent un robinet d'arrêt ou bouche à clef en dehors de la maison ; aussi on a coutume de placer à l'intérieur un autre robinet d'arrêt pour barrer les eaux en cas de fuite. Il est bon d'en mettre un autre à chaque flotteur ou réservoir, comme à la fig. 317, pour rendre les services indépendants.

Tout réservoir de distribution doit être muni d'un robinet d'arrêt immédiatement au départ, et les robinets des branchements ou conduites alimentant directement les w.-c. devraient être à *libre débit*, pour ne pas réduire ou affaiblir la chasse de l'eau.

Les parcours horizontaux auront un diamètre légèrement supérieur au diamètre du tuyau même. Les raccords devront avoir, aussi, une section correspondante.

Avec des précautions bien prises, la gelée ne peut donner d'inconvénients. A cet effet, ne jamais poser une conduite sur un mur de face, surtout s'il est exposé au Nord ou à l'Est, à moins qu'il ne soit complètement enveloppé, ou bien interposer entre le mur et le tuyau une planchette en bois de 0,075, et recouvrir le tuyau par un caisson rempli de fibre de coco. Il devrait en être de même pour les tuyaux passant dans un grenier. La fibre de coco est bien supérieure à la sciure et au feutre qui s'altèrent. Sous le siège, où on ne peut mettre de coffre, on se contente d'enrouler autour du tuyau de larges bandes de laine et de toile de chanvre, car l'air qui souffle par le trop-plein peut geler rapidement un tuyau laissé sans protection.

Le meilleur mode d'alimentation pour un w-c. est celui du robinet à soufflet régulateur, du système Underhay, dont le brevet est depuis longtemps tombé dans le domaine public.

Il se compose essentiellement d'un robinet ordinaire à soupape et d'un régulateur formé par un soufflet renfermé dans une enveloppe en cuivre qui sert à limiter le débit de l'eau ou de la chasse. On le voit représenté en GF (fig. **152**) ou bien indépendant et monté sur bâti en fonte (fig. 319).

Une même conduite peut, avec ces appareils, desservir autant de closets qu'on le désire.

Les fabricants donnent à ces robinets, en général, des sections trop petites, mais il les ont augmentées depuis que j'en ait fait de 0,032 et 0,038.

On peut voir, au tableau ci-après, les sections à donner aux tuyaux, suivant les pressions, pour produire une chasse efficace sur les appareils à couronne de chasse d'eau.

Hauteur du réservoir au-dessus de l'appareil	Sections des tuyaux et robinets pour closets avec bords à effet d'eau	Sections des tuyaux et robinets pour effet d'eau par queue de carpe
de 1,21 à 1,82	tuyau 0,038, robinet 0,031	tuyau et robinet 0,031
de 2,13 à 3,65	» » » »	» » 0,025
de 3,92 à 5,48	» 0,025 » 0,031	» » 0,020
au-dessus de 5,48	» 0,025 » 0,025	» » 0,020

On peut remarquer qu'on supplée au manque de hauteur par une augmentation de section.

Dans la fig. 319, A est le bâti en fonte, B le soufflet régulateur, C le robinet proprement dit, D la poignée de tirage. Le petit robinet d'air, figuré sur le régulateur B, permet de régler, par son ouverture, le débit et la durée de la chasse.

La section de 0,038 fournit encore une chasse très vigoureuse avec un réservoir placé à la hauteur de 1 m. à 1 m. 50.

Ce système a l'avantage de pouvoir donner plusieurs chasses de suite, si c'est nécessaire.

Etant donné que ces robinets fonctionnent mieux et fatiguent moins, sous les pressions inférieures à 6 ou 7 mètres, il est recommandé de placer un réservoir intermédiaire, tel qu'en B (fig. 169).

La figure 320 représente un réservoir en bois doublé de plomb, d'une trentaine de litres, pouvant prendre place, facilement, dans une encoignure et servir à alimenter plusieurs appareils.

La figure 321 est un type d'installation de closet ordinaire avec réservoir de chasse à débit réglé, mais avec cette particularité qu'on détermine, en s'asseyant sur le siège, l'arrivée d'une petite quantité d'eau pour mouiller les parois de la cuvette.

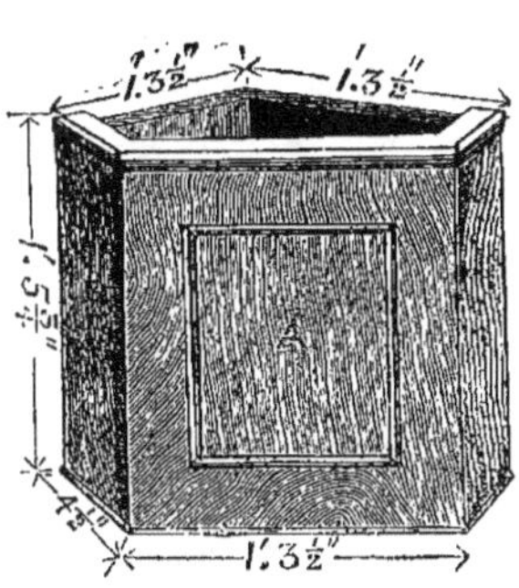

Fig. 320
Réservoir d'angle, en bois garni de plomb, pour couper la pression et isoler l'alimentation du closet.

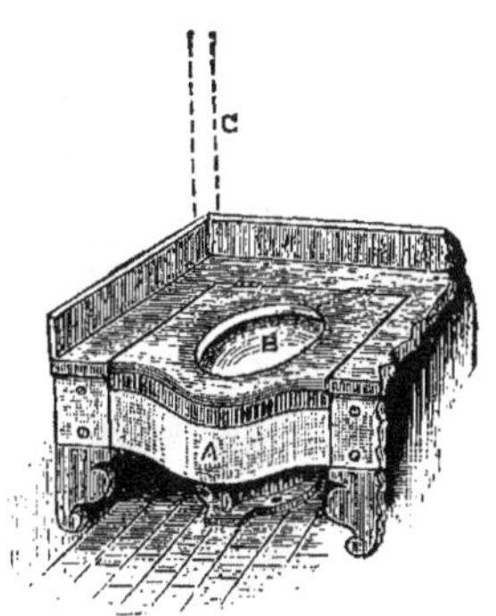

Fig. 321
Closet « hygiénique » avec action de siège.

Ainsi que je l'ai répété à satiété, l'alimentation joue un rôle capital dans le fonctionnement d'un closet. La variété des réservoirs est si grande que je n'en décrirai que deux ou trois. A mon sens, le ré-

Fig. 322
Réservoir de chasse donnant une deuxième chasse après coup, pour w.c. à retenue d'eau.

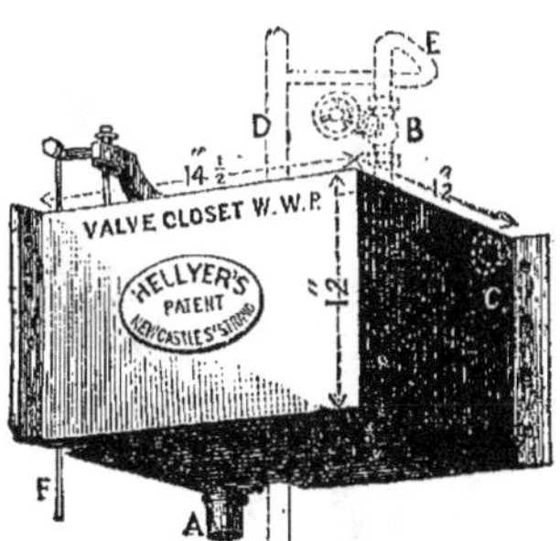

Fig. 323
Réservoir de chasse à débit réglé pour appareil à clapet.

servoir consomme plus d'eau qu'un robinet à régulateur bien construit, excepté dans certains cas : cabinets publics, cabinets pour écoles, etc.; ce dernier est moins sujet à réparation et n'a pas l'ennui d'un robinet flotteur.

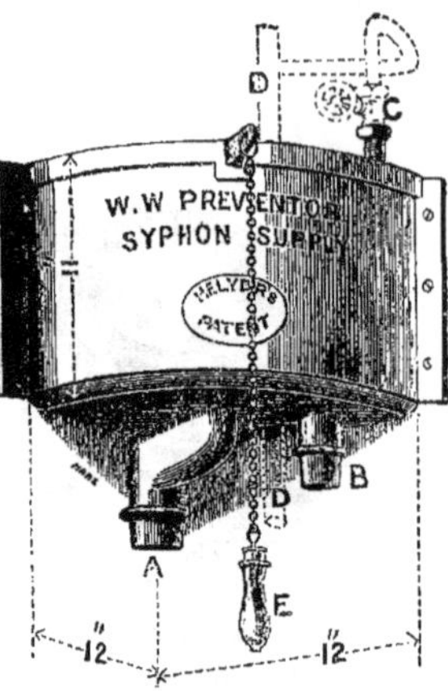

Fig. 324
Réservoir de chasse, d'angle, à siphon.

Les réservoirs des fig. 322 et 323 sont à deux compartiments à soupape dont l'une est ouverte pendant que l'autre est fermée, pour répondre aux demandes de certaines compagnies d'eau. Avec celui de la figure 322, on est obligé de tenir la poignée pendant toute la durée de la chasse, mais cela ne prend pas plus de 3 à 4 secondes. Celui de la figure 323 est construit pour fonctionner avec des appareils à clapet et donner une dizaine de litres.

Au tirage de la poignée, l'eau, avant de couler dans le tuyau et d'arriver à la cuvette, passe dans un compartiment qui a pour fonction de retenir une quantité d'eau

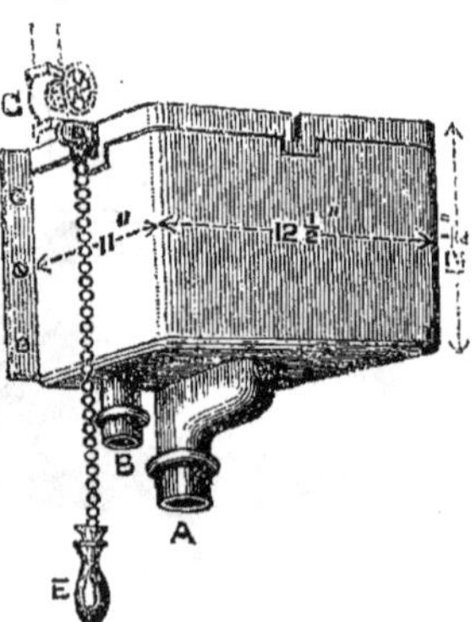

Fig. 325
Réservoir de chasse à siphon, dos plat.

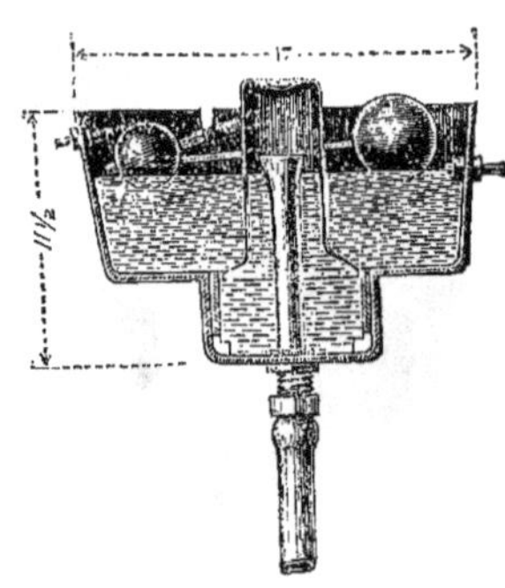

Fig. 326
Siphon de « Bean »

suffisante destinée au remplissage, après coup, de la cuvette (voir figure 164, l'installation complète).

Les fig. 324 et 325 représentent deux modèles de mon réservoir de chasse ordinaire, l'un d'encoignure, l'autre à dos plat. La chasse se fait à raison de 3 litres environ à la seconde. Leur capacité varie de 10 à 13 litres.

La fig. 326 indique un autre genre de réservoir de chasse connu sous le nom de « Bean » son inventeur, et qui fonctionne sans soupape par le simple déplacement ou refoulement d'eau. Il peut, si on le désire, donner également de 10 à 12 litres.

Un grand nombre de plombiers et de fabricants construisent des réservoirs de tous systèmes et de toutes les formes possibles à partir de 5 fr. jusqu'à 70 et 80 fr., mais le réservoir le moins cher n'est pas toujours celui dont le prix est le moins élevé.

Les réservoirs de chasse, malgré leur grande variété, peuvent être à peu près classés en trois catégories, suivant le mode d'amorçage du siphon, à savoir : 1° amorçage par une soupape placée au fond du réservoir, qui laisse passer rapidement, dans le tuyau, une certaine quantité d'eau ; 2° amorçage par déplacement ou refoulement de l'eau dans le siphon lui-même ; 3° amorçage par compression d'air et détente.

Le moyen le plus ancien, et aussi le plus répandu, est la soupape ; vient ensuite celui par déplacement ; quant au troisième, on n'en rencontre que de temps à autre et d'ailleurs de moins en moins.

Au premier abord, le premier de ces systèmes semble avoir un inconvénient dans la soupape elle-même, susceptible de fuir à un moment donné ; mais une soupape bien comprise et bien faite donne si rarement des ennuis que cela ne vaut pas la peine de s'y arrêter.

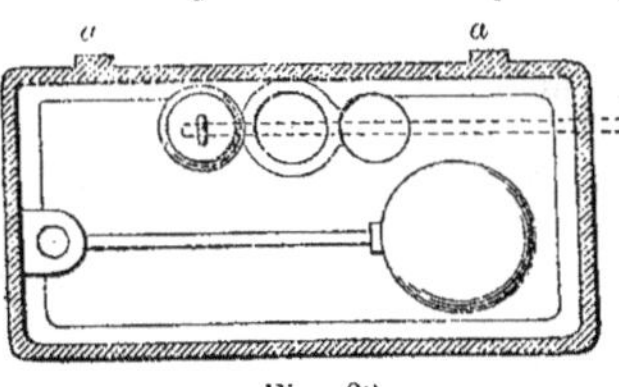

Fig. 63

Par contre, il en résulte pour le réservoir de sérieux avantages : une plus grande place laissée libre pour le jeu de la boule du flotteur surtout si, comme dans la fig. 65, le siphon et la soupape sont adossés à une même paroi ; moins de bruit que dans les autres systèmes ; réglage facultatif du niveau normal (jusqu'à 0,06 ou 0,07 en contre-bas du trop-plein) et, par conséquent, réglage de la quantité d'eau dépensée ; écoulement possible de l'eau, quel que soit son niveau ; facilité de réglage et de réparation par le premier venu ; — tel que cela devrait toujours être pour les réservoirs qu'on expédie en province ou ailleurs et où on n'a pas d'ouvriers spéciaux à sa disposition.

Dans le deuxième mode, un des écueils est précisément l'emploi, dans la caisse du réservoir, de cloches ou d'organes encombrants et bruyants ; la nécessité d'un niveau presque invariable et assez voisin du trop-plein, de sorte que, si l'eau s'arrête quelque peu en contre-bas de ce niveau, l'amorçage ne se produit pas et, si elle le dépasse un peu, il n'y a plus assez de marge pour les variations du flotteur qui risque, à tout moment, de couler en trop-plein ; cela occasionne, en somme, un certain tâtonnement qu'on ne saurait demander à des ouvriers étrangers.

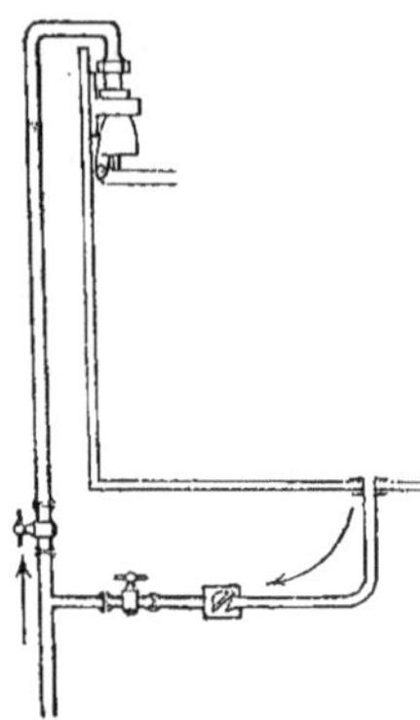

Fig. 64

La fig. 526 est un type de réservoir à déplacement ou refoulement.

Le troisième mode donne encore moins de latitude pour le réglage du niveau normal. Il se produit, en outre, certains mélanges d'air et d'eau qui le rendent très capricieux, principalement quand le réservoir est longtemps sans fonctionner.

Dans tous les réservoirs, c'est presque toujours du flotteur que viennent les fuites et les ennuis.

Il faut donc s'attacher à avoir de bons flotteurs et savoir y mettre un peu le prix, éviter tout ce qui peut en gêner le fonctionnement, faire que le levier soit bien rigide et bien droit, que la boule ait suffisamment de jeu pour ne pas frotter ou accrocher quoi que ce soit, lui accorder une certaine marge de variation de niveau, etc., etc.

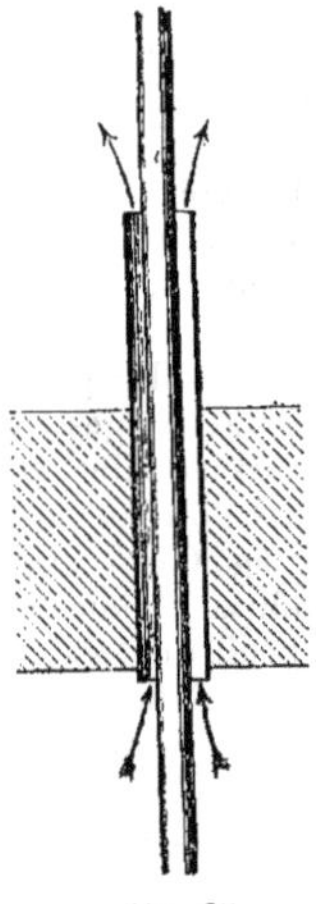

Fig. 65

Les caisses des réservoirs doivent ou devraient toutes porter au dos trois ou quatre petits talons *a a* (fig. 65), de 0 m. 005 à 0 m. 01 environ, pour les isoler complètement des murs ; alors, s'il y a une cassure ou seulement une fêlure donnant un léger suintement, l'eau ne pénètre pas dans le mur et ne le tache pas.

Ces caisses devraient être assez évasées pour que la glace ne les brise pas.

Comme complément aux réservoirs de chasse, il est une précaution que l'on prend rarement et qui a son utilité. Elle consiste à placer, à l'étage des combles, un assez grand réservoir, avec alimentation et retour sur la colonne montante, pouvant donner l'eau à cette colonne, en cas d'arrêt par la compagnie des eaux.

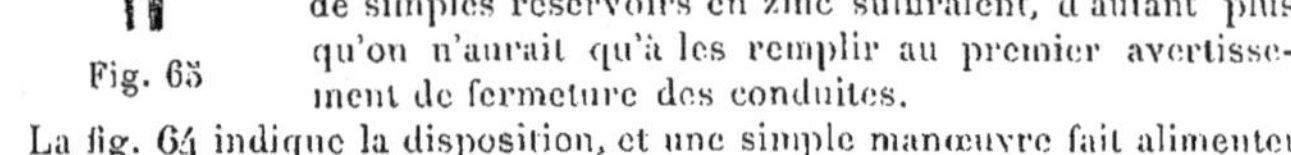

Cela peut s'établir très simplement et à peu de frais ; de simples réservoirs en zinc suffiraient, d'autant plus qu'on n'aurait qu'à les remplir au premier avertissement de fermeture des conduites.

La fig. 64 indique la disposition, et une simple manœuvre fait alimenter la colonne par le réservoir, comme elle l'était par le compteur ; il faut, par exemple, avoir soin de barrer la colonne dans le bas, et pour plus de précaution, mettre au départ de la colonne de distribution, près du réservoir, un clapet de retenue permettant à l'eau de descendre et non de *remonter* par le fond.

Il est de règle de faire passer toute conduite montante d'alimentation dans des fourreaux, au droit des épaisseurs de planchers. Ces fourreaux laissent toujours, autour de la conduite, un certain jeu qu'il est important de tamponner avec soin à la partie haute, si l'on ne veut pas établir de communication atmosphérique entre les pièces des différents étages.

Il m'est arrivé, dans un château, d'avoir à rechercher la cause d'odeurs intolérables qui se faisaient sentir au deuxième étage et qui provenaient d'un joint de canalisation au sous-sol ; ces odeurs montaient au plafond du sous-sol, pénétraient par les fourreaux dans une armoire au premier étage, puis gagnaient de même le deuxième et aussi le troisième étage (fig. 65).

CHAPITRE XXXIII

EAUX PLUVIALES

Citernes. — Réservoirs en élévation. — Filtres pour eaux pluviales. — Canalisations pour eaux pluviales. — Nécessité d'un tracé spécial aux eaux pluviales lorsque les eaux souillées servent à l'épandage. — Accès réservé au bas des descentes. — Descentes d'eaux pluviales placées à l'intérieur. — Cuvettes et descentes d'eaux pluviales.

Lorsqu'on est desservi par une Compagnie, ou bien qu'on a, à sa disposition, un puits profond dont l'eau n'est pas dure, il est inutile de capter les eaux pluviales ; mais, dans le cas contraire, il faut les recueillir en assez grande quantité en prévision de la sécheresse. Les citernes sont très employées à cet effet ; mais il est indispensable de filtrer ces eaux avant de les emmagasiner, car, même à la campagne, les toitures sont toujours couvertes de poussières, de suies, de feuilles, etc..., qui sont entraînées dans les descentes par les averses. — La difficulté de filtrer ces eaux, avant de les faire pénétrer dans un réservoir placé en élévation, fait envisager cette solution comme défectueuse.

La fig. 327 indique un bon dispositif de filtre applicable aux citernes ; les dimensions en sont naturellement régies par les circonstances.

Ce réservoir construit en briques et enduit de ciment, est divisé en deux compartiments par une cloison en ardoise E ; la matière filtrante est composée de couches de sable fin, bien lavé, de graviers et de cailloux. Afin de pouvoir retirer plus facilement les matières étrangères amenées dans le filtre par une averse, on étale des briques ou des tuiles placées à intervalles dans le premier compartiment, en A.

La partie supérieure du filtre devrait dépasser un peu le niveau du

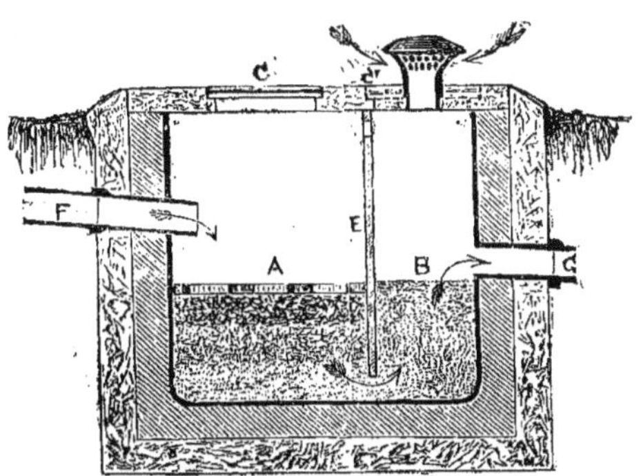

Fig. 327
Filtre pour eaux pluviales.

sol pour que les eaux superficielles n'y puissent pénétrer ; un tampon d'accès C est logé dans la pierre. Un trop-plein ménagé dans le haut du premier compartiment a pour but d'enlever l'eau en excès qui, en cas de grande averse, pourrait passer à la citerne sans être filtrée.

Les canalisations d'eaux pluviales doivent être étanches à l'égal des autres, et leur tracé placé en *contre-haut* de celui des canalisations d'eaux souillées à proximité, par crainte de fuite.

De la citerne, les eaux pourraient être refoulées dans un réservoir supérieur, d'où partirait la distribution.

Si on n'a pas à capter les eaux pluviales pour les usages domestiques, il est tout indiqué de les réunir en certains points hauts de la canalisation résiduaire, plutôt que de les raccorder simplement au passage ; on réduit par là le nombre de raccordements sur cette canalisation, et on lui assure un meilleur lavage en temps de pluie. (Voir planche XX, le tracé pointillé H, H, I ; J, J, J, K ; et de N à O). — Il va sans dire que ces canalisations d'eaux pluviales doivent être soigneusement siphonnées des autres conduites (voir fig. 302).

Lorsque les eaux résiduaires servent à l'épandage ou qu'elles sont rassemblées dans un puisard, il est préférable d'écouler les eaux pluviales à part, en un point quelconque et à ciel ouvert, d'où elles peuvent se perdre à volonté.

En raison des immondices qui s'accumulent toujours au pied des descentes, l'emploi de sabots d'accès tels que ceux des fig. 60, 61 et 302 est à recommander.

Si la descente doit passer intérieurement, le tuyau de plomb posé

Fig. 328
Attaches avec astragales soudées avec un tuyau en plomb.

avec nœuds de jonction s'impose tout à fait, et on ne devrait admettre d'autres branchements que ceux de même nature.

Les eaux pluviales sont encore rassemblées, quelquefois, dans un réservoir automatique pour le lavage des conduites.

Il est regrettable qu'on ne fasse pas davantage, au sommet des descentes, de ces jolies cuvettes en plomb ouvré, lequel se prête si bien à la décoration. Malheureusement le bon marché a raison de tout, et c'est par milliers qu'on voit des descentes et des cuvettes en fonte.

On sait que les tuyaux à section rectangulaire peuvent s'obtenir à la presse hydraulique comme les autres. Il s'en fabrique de toutes dimensions, et on les fixe généralement avec attaches et emboîtures ornées, rapportées et soudées.

CHAPITRE XXXIV

VENTILATION ET ESSAIS COMPARATIFS DE DIVERS VENTILATEURS

La ventilation devrait être le souci constant de l'hygiéniste, et comme le mot « ventilation » signifie, ainsi que nous l'avons vu précédemment, *changement* ou *circulation d'air*, rappelons, en passant, ce qu'est l'air atmosphérique, avant de vouloir le changer.

L'air, comme tout le monde sait, est composé en volume de 4/5 d'azote, 1/5 d'oxygène et de traces de gaz carbonique.

Les densités de ces trois gaz sont pour l'azote de 0,9713, l'oxygène de 1,1056 et le gaz carbonique 1,5203.

Ces trois gaz, au lieu de former trois couches superposées, comme on serait tenté de le croire, ainsi que l'huile, l'eau et le mercure, ne forment qu'un mélange toujours uniforme ; l'air pèse 1 gr. 293 par décimètre cube et la pression qu'il exerce est de 1 kil. 033 par centimètre carré de surface.

Un des principaux devoirs de l'hygiéniste est d'assurer, avec ou sans le concours d'appareils mécaniques, un *renouvellement d'air complet*, non seulement dans toutes les pièces de l'habitation, mais dans toutes les conduites d'évacuation.

Ce but peut être atteint sans de trop grandes difficultés, car l'air, contrairement à l'eau, est partout à discrétion, prêt à servir.

La difficulté n'est pas de l'amener, mais de l'évacuer.

La ventilation des conduits étant principalement celle qui nous concerne de plus près, nous laisserons de côté celle des appartements, et nous examinerons les avantages donnés par les ventilateurs.

PL. XXI

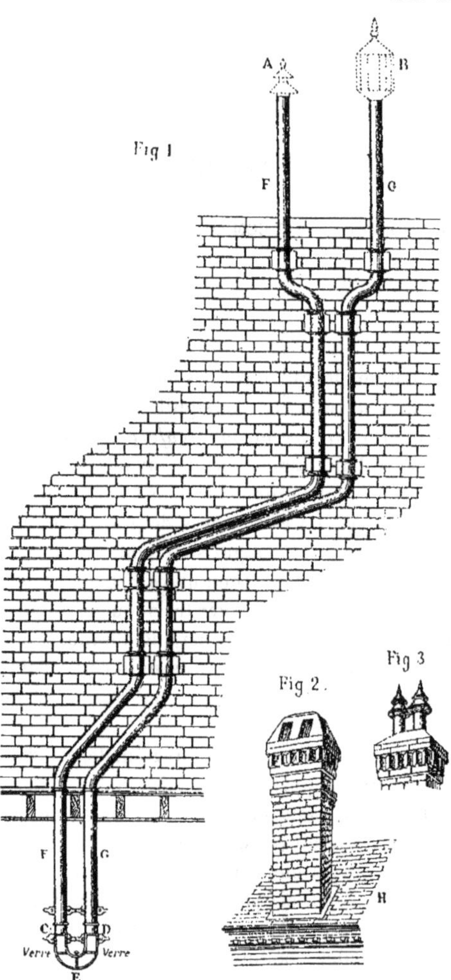

Expériences sur différends ventilateurs.
(La hauteur des tuyaux, de A en E, était d'environ 10 m.).

Si l'habit ne fait pas le moine, le ventilateur ne fait pas la ventilation, mais comme le capuchon il coiffe le tuyau. Le rôle du ventilateur est moins de produire une aspiration que de protéger le tuyau contre les vents plongeants capables de refouler l'air de haut en bas.

Je me suis livré, pendant trois années consécutives, à des essais sur les différents ventilateurs, pour rechercher le meilleur système; mais n'ayant pas eu l'intention, de prime abord, d'en publier les résultats, je n'avais pas pris de notes sérieuses. J'ai repris depuis ces expériences avec beaucoup de soin, et on trouvera à la suite de ce chapitre des tableaux indiquant les lectures des anémomètres.

J'ai établi, à cet effet, deux tuyaux en plomb comme à la planche XXI, avec jonctions soudées pour avoir une étanchéité absolue. Ces deux tuyaux sont adossés sur le nu extérieur du mur de mes ateliers pour qu'ils soient dans des conditions identiques.

Leur hauteur totale est de 18 à 20 m.

Ils sont cintrés à la demande du bâtiment, et par suite se rapprochent davantage des conditions de la pratique que s'ils montaient verticalement.

Ils sont distants l'un de l'autre de 0,30, sauf à la partie supérieure où ils sont écartés de 1m20 environ, afin de ne pas s'abriter mutuellement.

Un tuyau de section rectangulaire, cintré en U, les réunit dans le bas, avec un petit châssis en verre, pour y introduire l'anémomètre ou tout autre appareil enregistreur ; il permet aussi de ménager, pour varier les expériences, une entrée d'air à la base de ces tuyaux, soit séparément, soit aux deux à la fois. Deux papillons peuvent les rendre à volonté indépendants ou non l'un de l'autre.

J'opérai d'abord successivement sur l'un et l'autre de ces deux tuyaux ouverts à leur base, et les observations que je recueillis, bien que suffisantes à m'édifier personnellement, ne m'autorisaient pas à citer des chiffres à l'appui des comparaisons.

Je résolus, en fin de compte, de placer en B et C, un anémomètre dans chacun d'eux. Les indications relevées ont été consignées aux tableaux ci-après :

Les tableaux 1 et 2 montrent à quel point un même ventilateur est sujet à variations à différents moments, mais n'établissent rien

Pl. XXII

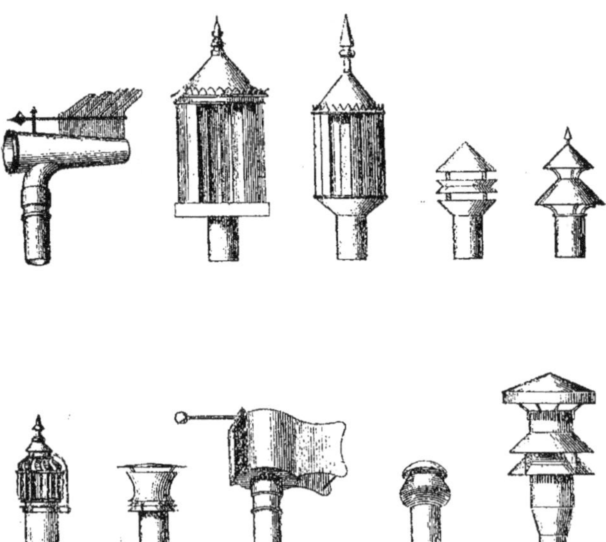

Différents modèles de ventilateurs.

quant à sa valeur relative, car les conditions changent trop rapidement d'un essai à l'autre.

Tableau n° 3. Dans cette expérience un chapeau ventilateur fut fixé sur l'un des tuyaux tandis que l'autre en était exempt et un anémomètre fut placé en E.

On prit lecture au bout d'une heure, on renversa les rôles, et on reprit encore lecture une heure après.

Si dans les deux cas, le courant s'est prononcé plus souvent sur le ventilateur, c'est que celui-ci est supérieur au tuyau librement ouvert.

Tableau 4. Les ventilateurs de la planche **XXII** ont tous été essayés l'un contre l'autre alternativement comme ci-dessus, suivant ce que l'auteur appelle « à toi diable ! à toi mendiant ! »

Peu importe, en effet, les péripéties de la lutte, celui qui aura donné le meilleur tirage aura affirmé sa supériorité et sa valeur pour favoriser un *appel* ou éviter des refoulements par vents plongeants : si deux hommes se cramponnent l'un à l'autre en essayant de s'entraîner dans des directions opposées, vainqueur sera celui qui, finalement, aura attiré l'autre de son côté, quel qu'ait été le terrain perdu.

Les tableaux 5, 6, 7 et 8 relatent les différentes épreuves sur ces ventilateurs, simultanément dans les mêmes conditions.

TABLEAUX

des nombreuses expériences faites sur des ventilateurs de divers systèmes.

Abréviations employées dans les tableaux suivants :

Ba.	Banner.	Hel.	Hellyer.	S.-D.	Scott-Dunn.	T.O.	Tuyau ouvert.
Bo.	Boyle.	Ho.	Howorth.	Vac.	Vacuum.	T.F.	Tuyau F.
Bu.	Buchan.	Ll.	Lloyd.	W.	Weaver.	T.G.	Tuyau G.
Ham.	Hamilton.						

TABLEAU N° 1.

RÉSULTAT DE CINQ ÉPREUVES DE DIX MINUTES, DE DIFFÉRENTS VENTILATEURS ET D'UN TUYAU OUVERT, L'UN ESSAYÉ SUR UN TUYAU AVEC UN ANÉMOMÈTRE, AVEC SUCCESSION RAPIDE.

NOTA. — Ce tableau n'a pas, par lui-même, une grande utilité pour déterminèr la valeur relative des ventilateurs essayés ; ceux-ci, en effet, ne l'ayant pas été en même temps, les conditions atmosphériques n'étaient plus les mêmes.

DATE.	VENT.	ATMOSPHÈRE.	TEMPÉRATURE en degrés centigrades.		VENTILATEURS ESSAYÉS. — RÉSULTAT.					
					BA.	BU.	HAM.	HO.	VAC.	T. O.
1879.			minim.	maxim.	mètres	mètres	mètres	mètres	mètres	mètres
29 décemb.	O.	Pure.	1°,11	7°,78	804,2	862,8	893.9	866.5	839.3	953,1
31 —	O. fort	Lourde et pluie.	7°.22	10°	958,9 (1)	1159,6	1117,5	1097,0 (2)	820,4	979,6
1880.										
6 janvier.	O. léger	Nuageuse.	— 1°,11	1°,57	598,1	821,3	646,2	729,2	473,6	678,3
8 —	E.-S.-E	Id. et humide.	— 1°,67	0°	559.9	698,1	600,5	686,8	477,6	672,5
27 —	S.-E.	Brouillard épais.	7°,78	— 0°,56	70,7 (3)	156,1 (4)	145,4 (5)	» (6)	»	33,2 (7)

(1) Interrompu 2 secondes.
(2) Interrompu 2 secondes, refoulement de 1m,82.
(3) Interrompu 6 minutes 1/2.
(4) Interrompu 3 minutes 1/2.
(5) Interrompu 3 minutes.
(6) Interrompu 8 minutes 3/4, refoulement de 31 mètres.
(7) Interrompu 8 minutes, refoul. pendant 20 secondes.

TABLEAU N° 2.

(Voir le titre et le nota du Tableau n° 1.)

DATE.	VENT.	ATMOSPH.	TEMPÉRAT en degrés centigrades.	VENTILATEURS ESSAYÉS. — RÉSULTAT.									
				BA.	BO.	BU.	HAM.	HEL.	HO.	S.-D.	VAC.	W.	T. O.
1880.			max.	mètr.	mètr.	mètr.	mètr.	mètr.	mètr.	mètr.	mètr.	mètr.	mètr.
11 février.	N.-O.	Pure.	4°,44	377,2	348,9	480,6	362,0	397,1	317,5	328,7	292,8	390,7	378,2
12 —	O.	Pluie.	7°,78	420,1	475,8	466,9	417,2	580,1	505,9	480,3	363,5	298,2	484,9
13 —	O.	Brumeuse.	5°,0	415.9	322,6	283,3	406,2	425,4	324,8	394,9	275,4	472,4	302,8
14 —	S.-O.	»	6°,11	913,4	1066,5	1186,1	818,6	1037,3	1063,5	962,2	888,1	1203,2	1082,7
18 —	S.-O.	»	9°,44	423.9	716,1	1181,2	326,0	767,6	875,9	778,3	544,1	797,8	785,9
				2589,5	2929,9	3598,1	2330,0	3207,5	3087,6	2944,4	2363,9	3162,3	3031,5

TABLEAU N° 3.

RÉSULTATS DE DEUX ÉPREUVES D'UNE HEURE DE DIFFÉRENTS VENTILATEURS, COMPARÉS AVEC DES TUYAUX OUVERTS, ESSAYÉS DANS LE TUBE EN U.

N. B. — On comparera seulement les résultats des épreuves séparées entre les lignes horizontales : l'état atmosphérique variant à chaque épreuve, les conditions des essais ne sont pas égales.

DATE.	VENT.	ATMOSPHÈRE.	VENTILATEURS comparés et des tuyaux ouverts.		RÉSULTAT. 1re HEURE. Tuyau F		2e HEURE. Tuyau F	
					Tuyau F	Tuyau G	Tuyau F	Tuyau G
					mètres	mètres	mètres	mètres
1880. 28 mai.	O.	Pure.	Banner.	v. Comparaison avec un tuyau ouvert et tirage de chaque tuyau.	Ba. 415,7	T. O. »	T. O. »	Ba. 677,7
4 mai. 5 —	N.-E.	Nuageuse.	Boyle.	Id.	Bo. 161,3	»	»	Bo. 209,8
26 mai.	S.-O.	Pure.	Buchan.	Id.	Bu. 295,8	»	»	Bu. 86,3
29 avril. 30 —	E.	Pure. Nuageuse.	Hellyer.	Id.	Hel. 1.616,5	»	»	Hel. 597,7
31 mai.	N.-E.	Pluvieuse.	Lloyd.	Id.	Ll. 3,1	»	»	Ll. 0,91
11 mai.	S.-E.	Pure.	Scott-Dund.	Id.	S.-D. 843,3	»	»	S.-D. 775,6
27 mai.	S.-O.	Id.	Vacuum.	Id.	Vac. 612,1	»	»	Vac. 1.384,0
19 mai.	N.-O.	Id.	Weaver.	Id.	W. 44,5	»	»	W. 145,7
8 juin.	S.-O.	Pluie.	Hamilton.	Id.	Ham. »	T. O. 1.373,7	T. O. 1.460,9	Ham. »
8 juin.	S.-O.	Averse.	Howorth.	Id.	Ho. »	T. O. 675,5	T. O. 849,7	Ho. »

TABLEAU N° 4.

RÉSULTATS D'UNE SÉRIE D'ÉPREUVES D'UNE HEURE FAITES PAR DEUX A LA FOIS SUR LE TUYAU EN U (voir *Pl.* XXI).

N. B. — Le ventilateur qui avait été fixé la première heure sur le tuyau F, le fut pendant la seconde sur le tuyau G et *vice versâ*. — Comparez seulement les résultats entre les lignes horizontales, les conditions de toutes les épreuves n'étant pas égales.

DATE.	VENT.	ATMOSPHÈRE.	VENTILATEURS essayés.			RÉSULTAT.			
						1re HEURE.		2e HEURE.	
						Tuyau F	Tuyau G	Tuyau F	Tuyau G
1880.						mètres	mètres	mètres	mètres
1 mai.	S.-E.	Pure.	Banner.	(1)	v. Boyle	Ba. 19,8	Bo. »	Bo. 11,8	Ba. »
28 id.	O.	Id.	Id.	(2)	v. Hamilton. .	987,5	Ham. »	Ham. »	1.129,7
22 id.	N.-O.	Nuageuse.	Id.	(2)	v. Howorth . .	316,5	Ho. »	Ho. »	528,2
21 id.	Id.	Pure.	Id.	(2)	v. Lloyd. . . .	250,1	Ll. »	Ll. »	89,3
21 id.	Id.	Id.	Id.	(3)	v. Scott-Dunn.	»	S.-D. 30,5	S.-D. 31,1	»
22 id.	O.	Nuageuse.	Id.	(3)	v. Vacuum. . .	»	Vac. 292,1	Vac. 320,9	»
20 id.	N.-N.-E.	Pure.	Id.	(1)	v. Weaver. . .	1,5	W. 54,5	W. »	»
3 id.	S.-E.	Nuageuse.	Boyle.	(2)	v. Howorth . .	Bo. 31,1	Ho. »	Ho. »	Bo. 14,9
3 id.	N.-E.	Brumeuse.	Id.	(1)	v. Lloyd	0,6	Ll. »	Ll. »	»
30 avril.	E.-S.-E.	Pure.	Id.	(3)	v. Scott-Dunn.	»	S. D. 441,6	S.-D. 236,3	»
4 mai.	N.-E.	Nuageuse.	Id.	(3)	v. Vacuum. . .	»	Vac. 617,3	Vac. 744,8	»
1 id.	S.-E.	Pure.	Id.	(3)	v. Weaver. . .	»	W. 37,8	W. 20,5	»
24 id.	O.	Nuageuse et humide.	Buchan.	(2)	v. Banner. . .	Bu. 169,5	Ba. »	Ba. »	Bu. 668,8
6 id.	N.-E.	Nuageuse.	Id.	(2)	v. Boyle	384,3	Bo. »	Bo. »	368,4
26 id.	S.-O.	Pure.	Id.	(2)	v. Hamilton. .	1.122,4	Ham. »	Ham. »	1.267,8
25 id.	O.	Id.	Id.	(2)	v. Heilyer. . .	243,6	Hel. »	Hel. »	148,5
24 id.	Id.	Nuageuse et humide.	Id.	(2)	v. Howorth . .	445,3	Ho. »	Ho. »	1.156,5
24 id.	Id.	Pure.	Id.	(2)	v. Lloyd. . . .	2.406,4	Ll. »	Ll. »	1.560,0
12 id.	E.	Id.	Id.	(2)	v. Scott-Dunn.	511,6	S.-D. »	S.-D. »	480,0

(1) Entraîne l'air dans le ventilateur placé sur les deux tuyaux.
(2) Id. id. placé sur un tuyau seulement.
(3) Laisse passer l'air sur les deux tuyaux.

DATE.	VENT.	ATMOSPHÈRE.	VENTILATEURS essayés.		RÉSULTAT. 1re heure. Tuyau F	Tuyau G	2e heure. Tuyau F	Tuyau G
					mètres	mètres	mètres	mètres
1880. 25 mai.	O.	Pure.	Buchan. (3)	v. Vacuum....	Bu. »	Vac. 41,7	Vac. 519,4	Bu. »
14 id.	N.-E.	Id.	Id. (2)	v. Weaver.....	338,5	W. »	W. »	78,3
28 avril.	Id.	Nuageuse.	Hellyer. (2)	v. Banner.....	Hel. 399,5	Ba. »	Ba. »	Hel. 417,7
27 id.	Id.	Brumeuse.	Id. (2)	v. Boyle.......	623,1	Bo. »	Bo. »	798,4
27 mai.	N.	Pure.	Id. (2)	v. Hamilton...	653,6	Ham. »	Ham. »	1.114,7
27 id.	N.-O.	Pluie.	Id. (2)	v. Howorth . .	244,3	Ho. »	Ho. »	501,7
29 avril.	E.	Nuageuse.	Id. (2)	v. Lloyd.	831,7	Ll. »	Ll. »	761,5
8 mai.	N.-E.	Brumeuse.	Id. (1)	v. Scott-Dunn.	»	S.-D. 7,3	S.-D. »	31,4
27 avril.	E.-N.-E.	Id.	Id. (2)	v. Weaver. ...	396,5	W. »	W. »	360,5
12 mai.	E.	Pure.	Scott-Dunn. (2)	v. Hamilton...	S.-D. 328,7	Ham. »	Ham. »	S.-D. 441 3
11 id.	Id.	Humide.	Id. (2)	v. Howorth . .	161,8	Ho. »	Ho. »	194,5
10 id.	N.-E.	Pure.	Id. (2)	v. Lloyd.......	34,7	Ll. »	Ll. »	55 8
7 id.	Id.	Id.	Id. (2)	v. Weaver. . .	64,6	W. »	W. »	110,4
11 id.	S.-E.	Id.	Id. (3)	v. Vacuum. . .	»	Vac. 163,4	Vac. 208,3	»
26 id.	S.-O.	Id.	Vacuum. (2)	v. Hamilton...	Vac. 1.805,7	Ham. »	Ham. »	Vac. 1.619,1
27 id.	O.	Id.	Id. (2)	v. Hellyer.....	140,9	Hel. »	Hel. »	858,8
26 id.	S.-O.	Id.	Id. (2)	v. Howorth ...	429,1	Ho. »	Ho. »	169,8
27 id.	Id.	Id.	Id. (2)	v. Lloyd. . . .	1.925,7	Ll. »	Ll. »	2.355,8
14 id.	N.-E.	Id.	Id. (2)	v. Weaver. . .	130,2	W. »	W. »	529,1
28 id.	N.-O.	Id.	Weaver. (2)	v. Hamilton. .	W. 987,5	Ham. »	Ham. »	W. 575,2
13 id.	E.	Id.	Id. (1)	v. Howorth . .	224,5	Ho. 258,6	Ho. »	»
15 id.	N.-E.	Id.	Id. (2)	v. Lloyd. . . .	122,3	Ll. »	Ll. »	272,3

(1) Entraine l'air dans le ventilateur placé sur les deux tuyaux.
(2) Id. id. placé sur un tuyau seulement.
(3) Laisse passer l'air sur les deux tuyaux.

TABLEAU N° 5.

RÉSULTAT D'UNE SÉRIE DE DEUX EXPÉRIENCES SIMULTANÉES, DE VENTILATEURS COMPARÉS A DES TUYAUX OUVERTS, AU MOYEN DE DEUX TUYAUX ET DE DEUX ANÉMOMÈTRES.

DATE.	VENT.	ATMOSPHÈRE.	VENTILATEURS comparés à des tuyaux ouverts.	1 HEURE — Tuyau F.	1 HEURE — Tuyau G.	RÉSULTAT total des 2 heures.	DIFFÉRENCES.	EN FAVEUR DE
1880.				mètres	mètres	mètres		
12 mars	E.-S.-E.	Brouillard.	Banner	3955,5 4431,0	3794,2 = 3535,2 =	7749,7 7966,2	216,5	T. O.
12 —	»	»	Boyle	5186,5 4094,6	4601,2 = 4626,2 =	9787,7 8720,8	1066,0	Bo.
6 —	N.-O.	Nuageuse.	Buchan. . . .	5978,9 5149,0	5821,8 = 4941,9 =	11800,7 10090,9	1709,8	Bu.
15 juin. 16 —	N. N.-E.	Brumeuse et humide, pluie.	Hamilton . . .	2438,1 1549,0	2515,9 = 2809,4 =	4954,0 4358,4	595,6	Ham.
11 mars	E.	Brouillard.	Hellyer	4377,6 4475,5	5396,6 = 4462,7 =	9774,2 8938,2	836,0	Hel.
15 juin.	N.	Brume, Humidité.	Howorth . . .	2097,1 3143,6	3631,3 = 2703,5 =	5728,4 5847,1	118,7	T. O.
15 avril.	E.	Humide.	Lloyd	4113,8 3681,3	4127,5 = 3821,3 =	8241,3 7502,6	738,7	Ll.
15 juin.	N.	Brume et humidité.	Scott-Dunn. .	2589,4 2372,5	3059,7 = 3002,4 =	5649,1 5374,9	274,2	S. D.
16 —	N.-E.	Pluie.	« Vacuum ». .	1687,5 1629,0	1868,4 = 2206,0 =	3555,9 3835,0	279,1	T. O.
17 —	S.-E.	Humide.	Weaver. . . .	4006,4 3553,5	4463,9 = 3633,4 =	8470,3 7186,9	1283,4	W.

TABLEAU N° 6.

RÉSULTAT D'UNE SÉRIE D'ÉPREUVES DE DEUX HEURES. — DEUX A LA FOIS AVEC DEUX ANÉMOMÈTRES.

NOTE 1. — On n'a pas employé, dans cette expérience, le tube en U (voir Planche XXXII). Les deux tuyaux étaient indépendants. L'anémomètre (76 millim. de diamètre) était placé à l'extrémité inférieure de chacun des deux tuyaux.

NOTE 2. — Le ventilateur, placé pendant la première heure sur le tuyau F, l'était, pendant la seconde, sur le tuyau G, *et vice versâ*, pour égaliser les conditions.

NOTE 3. — Comparez seulement les résultats entre les lignes horizontales; les conditions des épreuves varient avec l'état de l'atmosphère.

DATE.	VENT.	ATMOSPH.	VENTILATEURS.	1 HEURE — T. F.	1 HEURE — T. G.	RÉSULTAT total des 2 heures.	DIFFÉRENCES.	EN FAVEUR DE
1880.				mètres	mètres	mètres		
29 juin . .	O.	Pure.	Banner	4685,4	3596,8 =	8282,2	206,1	Ham.
			Hamilton . . .	4269,3	4219,0 =	8488,3		
29 —	O.	»	Banner	5298,1	5283,8 =	10581,9	1121,7	Hel.
			Hellyer	5805,6	5898,0 =	11703,6		
13 mars. .	N.-E.	»	Banner	3000,2	3740,5 =	6740,7	755,2	Hel.
			Hellyer	3453,5	4042,4 =	7495,9		
9 juin .	S.-O.	Pluvieuse.	Banner	3876,2	3400,4 =	7276,6	670,7	Ba.
			Howorth . . .	4136,4	2469,5 =	6605,9		
26 —	N.-E.	Brume.	Banner	2350,6	330,9 =	2681,5	2,5	Ba.
			Lloyd	1720,0	950,0 =	2670,0		
9 —	S.-O.	Pluie.	Banner	1373,7	1542,3 =	2916,0	280,3	S. D.
			Scott-Dunn . .	2143,8	1052,5 =	3196,3		
9 —	N.-O. S.-O.	»	Banner	1814,1	2415,9 =	4230,0	151,3	Ba.
			Vacuum. . . .	1009,8	3068,9 =	4078,7		
18 —	S.-E.	Pure.	Banner	5622,9	7080,2 =	12703,1	2904,6	W.
			Weaver	7223,9	8383,8 =	15607,7		
12 juillet.	O.	Pure.	Boyle	6826,2	3677,6 =	10503,8	2379,9	Bo.
			Banner	5931,6	2192,3 =	8123,9		
12 —	O.	Pure.	Boyle	4955,0	3655,4 =	8610,4	1546,4	Bo.
			Hamilton . . .	3422,7	3641,3 =	7064,0		
9 —	S.-O.	Pure.	Boyle	9180,8	8628,1 =	17808,9	546,6	Bo.
			Howorth. . . .	8480,8	8781,5 =	17262,3		
12 —	O.	Pure.	Boyle	4503,6	4731,1 =	9234,7	2498,0	Bo.
			Lloyd	4029,3	2707,4 =	6736,7		
12 —	»	»	Boyle	6415,3	3652,0 =	10067,3	1434,1	Bo.
			Scott-Dunn. .	4656,7	3976,5 =	8633,2		
13 —	S.-O.	»	Boyle	5860,2	5365,5 =	11225,7	2576,0	Bo.
			Vacuum. . . .	5196,8	3452,9 =	8649,7		
3 mars. .	N.-O. très fort	Nuage.	Buchan	5441,2	6251,8 =	11693,0	3757,9	Bu.
			Banner	3926,2	4008,9 =	7935,1		
3 —	N.-O.	»	Buchan	8102,9	6942,7 =	15045,6	3590,5	Bu.
			Boyle	6146,9	5308,2 =	11455,1		

TABLEAU N° 6 (suite).

DATE.	VENT.	ATMOSPH.	VENTILATEURS.	1 HEURE — T. F.	1 HEURE — T. G.	RÉSULTAT total des 2 heures.	DIFFÉRENCES.	EN FAVEUR DE
1880.				mètres	mètres	mètres		
5 mars. .	N.-O.	Nuage.	Buchan. . . . Hamilton. . .	5920.9 3716,4	5513.7 = 3796,0 =	11434.6 7512,4	3922,2	Bu.
8 —	E.-N.-E.	Nuageuse.	Buchan. . . . Hellyer. . . .	4717.4 3347,9	4301.4 = 4427,6 =	9018,8 7775,5	1243,3	Bu.
4 —	N.-O.	Pure	Buchan. . . . Howorth . . .	6246,7 5501.8	6742,0 = 4679,6 =	12988,7 10181,4	2807,3	Bu.
12 avril. .	N.-E.	Pluie.	Buchan. . . . Lloyd	3259,2 2906,3	3227,5 = 2430,8 =	6486,7 5337,1	1149,6	Bu.
6 mars. .	N.-E.	Nuageuse.	Buchan. . . . Scott-Dunn. .	4806.8 4074,8	6034,7 = 3711,2 =	10841,5 7786,0	3055,5	Bu.
4 —	»	Pure	Buchan. . . . Vacuum. . . .	5216,7 3152,7	5094,4 = 3510,5 =	10311,1 6663,2	3647,9	Bu.
3 —	»	Nuageuse.	Buchan. . . . Weaver. . . .	6503,5 5701,9	6341,5 = 5081,6 =	12845,0 10783,5	2061,5	Bu.
13 —	N.-E.	Pure.	Hellyer. . . . Banner. . . .	3453,5 3000,2	4042,4 = 3740,5 =	7495,9 6740,7	755,2	Hel.
16 —	E.	Brume.	Hellyer. . . . Boyle.	3438,2 4312,3	4134.8 = 3009,1 =	7573,0 7321,4	251,6	Hel.
31 juillet.	»	Pluie.	Hellyer. . . . Boyle.	2876.7 3293,6	2913.0 = 2119,7 =	5789,7 5413,3	376,4	Hel.
10 mars. .	N.-O.	Brouillard.	Hellyer. . . . Hamilton. . .	593,8 2060,2	2916,7 = 1131,8 =	3510,5 3192,0	318,5	Hel.
15 —	E.	Brume.	Hellyer. . . . Howorth . . .	3594,7 2813,0	3786,2 = 4291,9 =	7370,9 7104,9	276,0	Hel.
12 avril.	N.-E.	Pluie.	Hellyer. . . . Lloyd	2497.6 2356,7	3489,2 = 2987.7 =	5986,8 5344,4	642,4	Hel
16 mars. .	E.	Brume.	Hellyer. . . . Scott-Dunn. .	2397,9 2053,2	3939,9 = 3069,2 =	6337,8 5122,4	1215,4	Hel.
10 —	N.-O.	Brouillard.	Hellyer. . . . Vacuum. . . .	3408,0 3521,5	3982.9 = 2448,2 =	7390,9 5969,7	1421,2	Hel.
17 —	E.	Brume.	Hellyer. . . . Weaver. . . .	5164,5 5925,5	4851,3 = 4105,6 =	10015,8 10031,1	15,3	W.
29 juillet.	S.-O	Humide.	Hellyer. . . . Weaver. . . .	6061,5 5360,6	4926,0 = 5600,7 =	10987.5 10961,3	26,2	Hel.
2 juin . .	»	»	Lloyd . . . . . Hamilton . . .	4505.4 3004,5	3315.0 = 4951,3 =	7820,4 7955,8	135,4	Ham.
14 avril. .	»	»	Lloyd . . . . . Howorth. . .	935,4 745,7	1230.3 = 830,8 =	2165,7 1576,5	589,2	Ll.
13 juin . .	S.-E.	Brouillard.	Lloyd . . . . . Scott-Dunn. .	2352,1 3189,0	3106,7 = 2510,4 =	5458,8 5699,4	240,6	S.-D.
14 —	E.	Humide.	Lloyd . . . . . Vacuum. . . .	1523,1 1250,5	1308.4 = 1453,6 =	2831,5 2704,1	127,4	Ll.
13 avril. .	S.-E.	Brouillard.	Lloyd . . . . . Weaver. . . .	1530,1 2091,1	2558,6 = 2790,4 =	4088,7 4791,5	702,8	W.

TABLEAU N° 6 (fin).

DATE.	VENT.	ATMOSPH.	VENTILATEURS.	1 HEURE — T. F.	1 HEURE — T. G.	RÉSULTAT total des 2 heures.	DIFFÉRENCES.	EN FAVEUR DE
1880.				mètres	mètres	mètres		
9 juillet.	S.-O.	Pluie.	Weaver. . . . Boyle	6614,1 6011,2	8712,0 = 9593,4 =	15323,1 15604,6	281,5	Bo.
8 —	O.	Pure.	Weaver. . . . Hamilton. . .	4009,8 3078,6	5797,1 = 3447,1 =	9806,9 6525 7	3281,2	W.
8 —	»	Nuages orageux.	Weaver. . . . Howorth . . .	3843,0 2588,5	3926,8 = 4424,6 =	7769,8 7013,1	756,7	W.
8 —	»	Pure.	Weaver. . . . Vacuum. . . .	6101,2 4986,4	9602,9 = 6778,9 =	15704,1 11765,3	3938,8	W.

TABLEAU N° 7.

ESSAIS COMME AU N° 6, MAIS DE DIX MINUTES AU LIEU D'UNE HEURE
(Voir les notes du tableau n° 6).

DATE.	VENT.	ATMOSPH.	VENTILATEURS.	10 SECONDES. — T. F.	10 SECONDES. — T. G.	RÉSULTAT.	DIFFÉRENCES.	EN FAVEUR de
1880.				mètres	mètres	mètres		
20 juill.	N.-O.	Pure.	Banner . . . Hamilton . .	486,8 419,0	415,1 = 205,5 =	901,4 624,5	23,1	Ham.
20 id.	Id.	Id.	Banner . . . Hellyer. . .	418,5 507,2	237,5 = 313,5 =	651,0 820,7	169,7	Hel.
20 id.	Id.	Id.	Banner . . . Howorth. . .	761,8 739,0	440,1 = 639,2 =	1.201,9 1.378,2	176,3	How.
20 id.	Id.	Id.	Banner . . . Lloyd	823,1 574,9	639,2 = 843,9 =	1.462,3 1.418,8	43,5	Ban.
20 id.	Id.	Id.	Banner . . . Scott-Dunn.	477,0 622,5	613,3 = 406,8 =	1.030,3 1.029,3	61,0	Id.
20 id.	Id.	Id.	Banner . . . Vacuum. . .	627,9 368,7	601,4 = 753,6 =	1.229,3 1.122,3	107,0	Id.
19 id.	O.	Id.	Boyle . . . . Banner. . . .	695,7 661,5	572,7 = 482,5 =	1.268,4 1.144,0	124,4	Bo.
19 id.	Id.	Id.	Boyle. . . . . Buchan . . .	829,2 862,8	756,4 = 1.020,5 =	1.585,6 1.883,3	297,7	Bu.
19 id.	Id.	Id.	Boyle. . . . . Hamilton . .	507,5 497,7	1.030,5 = 685,6 =	1.538,0 1.183,3	354,7	Bo.
19 id.	Id.	Id.	Boyle . . . . Hellyer . . .	923,5 737,7	645,0 = 881,1 =	1.568,5 1,618,8	50,3	Hel.
19 id.	Id.	Id.	Boyle . . . . Howorth. . .	781,4 605,4	754,8 = 900,6 =	1.536,2 1.506,0	30,2	Bo.

DATE.	VENT.	ATMOSPH.	VENTILA-TEURS.	10 SECONDES. — T. F.	10 SECONDES. — T. G.	RÉSUL-TAT.	DIFFÉ-RENCES.	EN FAVEUR de
1880.				mètres	mètres	mètres		
19 juill.	O.	Pure.	Boyle . . . . Lloyd	801.8 701,8	798,4 = 379,7 =	1.006,2 1.081,5	518,7	Bo.
19 id.	Id.	Id.	Boyle . . . . Scott-Dunn.	670,6 412,6	331,5 = 490,7 =	1.002,1 903,3	98,8	Id.
19 id.	Id.	Id.	Boyle . . . . Vacuum. . .	427.3 492,5	1.077,5 = 707,9 =	1.501,8 1.200,1	304,4	Id.
19 id.	Id.	Id.	Boyle . . . . Weaver . . .	1.100,1 970,2	1.172,1 = 1,266,0 =	2.272,2 2.236,2	36,0	Id.
20 id.	N.-O.	Id.	Buchan . . . Banner . . .	724,2 582,2	601,1 = 313,8 =	1.325,3 796,0	429,3	Bu.
23 id.	S.-O.	Id.	Buchan . . . Boyle	558,1 604,2	496,2 = 291,2 =	1.054,3 895,4	158,9	Id.
23 id.	id.	Id.	Buchan . . . Hamilton . .	720,4 573,4	560,5 = 283,9 =	1.280.9 857,3	423,6	Id.
17 id.	E.	Brouillard.	Buchan . . . Hellyer . . .	306,1 328,1	162,8 = 84,4 =	530.9 412,5	118,4	Id.
23 id.	S.-O.	Pure.	Buchan . . . Howorth. . .	674,9 622,2	595.9 = 296,7 =	1.270,8 918,9	351,9	Id.
23 id.	Id.	Id.	Buchan . . . Lloyd	1.054,6 656,9	700,5 = 532,5 =	1.755,1 1.189,4	565,7	Id.
23 id.	Id.	Id.	Buchan . . . Papier. . . .	1.199,2 1.023,2	931,1 = 955,5 =	2,130,3 1.978,7	151,6	Id.
23 id.	Id.	Id.	Buchan . . . Scott-Dunn.	1,044,6 808,8	873,5 = 557,2 =	1.918.1 1.366,0	552,1	Id.
23 id.	Id.	Id.	Buchan . . . Vacuum. . .	866,8 760,3	859,1 = 425,4 =	1.725.9 1.185,7	540,2	Id.
21 id.	Id.	Id.	Buchan . . . Weaver . . .	806,7 698,4	593,2 = 491,6 =	1.399,9 1.190,0	209,9	Id.
20 id.	N.-O.	Id.	Hellyer. . . . Banner. . . .	507,2 413,5	313,5 = 237,5 =	820,7 651,0	169,7	Hel.
17 id.	E.	Brouillard.	Hellyer. . . . Boyle	338,8 253,7	28,9 = 68,6 =	367,7 322,3	45,4	Id.
17 id.	Id.	Id.	Hellyer . . . Hamilton . .	755,7 691,7	498,0 = 549,6 =	1.253.7 1.241,3	12,4	Id.
17 id.	Id.	Id.	Hellyer . . . Howorth. . .	674,6 608,1	450,1 = 410,5 =	1.124,7 1.018,6	106,1	Id.
17 id.	id.	Id.	Hellyer. . . . Lloyd	698,4 621,8	457,1 = 454,4 =	1.155,5 1.076,2	79,3	Id.
17 id.	Id.	Id.	Hellyer . . . Scott-Dunn.	617,0 636,2	472,4 = 295.8 =	1.089,4 932,0	157,4	Id.
17 id.	Id.	Id.	Hellyer . . . Vacuum. . . .	590,7 540,4	362,6 = 306,2 =	953,3 846,6	106,7	Id.
29 id.	S.-O.	Pluie.	Hellyer . . . Weaver . . .	966,5 1.293,5	1.157,7 = 818,6 =	2.124,2 2.112,1	12,1	Id.

DATE.	VENT.	ATMOSPH.	VENTILA-TEURS.	10 SECONDES. — T. F.	10 SECONDES. — T. G.	RÉSUL-TAT.	DIFFÉ-RENCES.	EN FAVEUR de
1880.				mètres	mètres	mètres		
23 juill.	S.-O,	Pure.	Papier. . . . . Banner . . .	1.277,9 993,6	1.058,0 = 810,9 =	2.335,9 1.804,5	531,4	Pa.
23 id.	Id.	Id.	Papier. . . . Boyle	971,1 922,6	819,5 = 777,1 =	1.790,6 1.699,7	90,9	Id.
23 id.	Id.	Id.	Papier. . . . Hamilton . .	1.082,1 746,0	713,7 = 616,7 =	1.795,8 1.362,7	433,1	Id.
24 id.	O.	Humide..	Papier. . . . Hellyer . . .	619,7 557,8	373,9 = 404,1 =	993,6 961,9	31,7	Id.
24 id.	Id..	Id.	Papier. . . . Howorth. . .	645,3 385,5	184,8 = 301,6 =	830,1 687,1	143,0	Id.
24 id.	Id.	Pluie.	Papier. . . . Lloyd	651,7 238,2	168,0 = 208,9 =	819,7 447,1	372,6	Id.
24 id.	Id.	Id.	Papier. . . . Scott-Dunn.	577,0 403,2	219,2 = 236,0 =	796,2 639,2	157,0	Id.
24 id.	Id.	Humide.	Papier. . . . Vacuum. . .	461,7 551,1	470,0 = 110,4 =	931,7 661,8	269,9	Id.
24 id.	Id.	Id.	Papier. . . . Weaver . . .	759,4 732,0	517,8 = 488,0 =	1.277,2 1.220,0	57,2	Id.
20 id.	N.-O.	Pure.	Weaver . . . Banner . . .	924,4 753,3	759,7 = 585,2 =	1.684,1 1.338,5	345,6	W.
21 id.	S.-O.	Id.	Weaver . . . Boyle.	656,3 620,6	368,7 = 435,2 =	1.025,0 1.055,8	30,8	Bo.
21 id.	Id.	Id.	Weaver . . . Hamilton .	807,3 674,3	554,4 = 514,5 =	1.361,7 1.188,8	172,9	W.
21 id.	Id.	Id.	Weaver . . . Howorth. . .	678,3 595,9	434,3 = 339,1 =	1.112,6 935,0	177,6	Id.
21 id.	S.-E.	Id.	Weaver . . . Lloyd	761,2 574,3	370,8 = 412,0 =	1.132,0 986,3	145,7	Id.
21 id.	Id,	Id.	Weaver . . . Scott-Dunn.	668,5 651,7	567,9 = 321,4 =	1.236,4 973,1	263,3	Id.
21 id.	S.-O.	Id.	Weaver . . . Vacuum. . .	920,4 669,7	653,3 = 480,0 =	1.573,7 1.149,7	424,0	Id.

TABLEAU N° 8.

VENTILATEURS COMPARÉS A DES TUYAUX OUVERTS, ESSAYÉS COMME CEUX DU TABLEAU N° 3, MAIS PENDANT DIX MINUTES AU LIEU D'UNE HEURE.

DATE.	VENT.	ATMOSPH	VENTILATEURS.	10 MINUTES.		RÉSULTAT.	DIFFÉRENCES.	EN FAVEUR DE
				T. F.	T. O.			
1880.				mètres	mètres	mètres		
20 juillet.	N.-O.	Pure.	Banner. . . .	739,6 852,1	754,2 = 486,1 =	1493,8 1338,2	155,6	T. O.
19 —	O.	"	Boyle.	874,4 772,8	951,6 = 1095,5 =	1826,0 1868,3	42,3	Bo.
23 —	S.-O.	"	Buchan. . . .	1018,3 1061,7	739,6 = 952,8 =	1757,9 2014,5	256,6	Bu.
27 —	O.	"	Hamilton. . .	432,7 355,3	646,9 = 596,8 =	1079,6 952,1	127,5	T. O.
20 —	N.-O.	"	Hellyer. . . .	389,4 539,2	291,5 = 226,6 =	680,9 765,8	84,9	Hel.
27 —	O.	"	Howorth . . .	861 3 810,9	810,3 = 1020,8 =	1671,6 1831,7	160,1	How.
27 —	"	Pure.	Lloyd	718,2 305,0	541,9 = 556,9 =	1260,1 861,9	398,2	T. O.
24 —	"	Humide.	Papier.	874,4 883,8	649,0 = 683,8 =	1523,4 1567,6	44,2	Pa.
27 —	"	Pure.	Scott-Dunn. .	689,9 480,3	682,2 = 819,8 =	1372,1 1300,1	72,0	T. O.
27 —	"	"	Vacuum. . . .	755,7 461,7	775,0 = 750,3 =	1530,7 1212,0	318,7	T. O.
21 —	S.-O.	"	Weaver. . . .	539,5 724,9	471,2 = 298,2 =	1010,7 1023,1	12,4	W.

TABLEAU INDIQUANT LA SECTION A DONNER AU TUYAU DE SERVICE ET A LA VALVE POUR OBTENIR UNE BONNE CHASSE D'EAU.

NIVEAU DE L'EAU c'est-à-dire hauteur du réservoir (fond) au-dessus de l'appareil de W.-C^{t}.	SECTION DU TUYAU ET DE LA VALVE pour closets à bords de chasse.	SECTION DU TUYAU ET DE LA VALVE pour cuvettes à éventails.
1^{m},20 et au-dessous de 1^{m},80	Tuyau de 37^{mm}, valve de 37^{mm}	Tuyau de 31^{mm}, valve de 31^{mm}
2^{m},13 — 3^{m},66	— 31 — 37	— 25 — 25
3^{m},96 — 5^{m},43	— 25 — 31	— 19 — 19
Au-dessus de 5^{m},43.	— 25 — 25	— 19 — 19

Il serait très difficile d'obtenir des indications identiques sur une douzaine de tuyaux, ouverts aux deux bouts, munis chacun d'un anémomètre à la base, car le moindre courant d'air agissant en ce point dans le voisinage peut produire une dépression, arrêter l'anémomètre, sinon changer le sens du courant.

Il y aurait intérêt, si ce n'était cela, à essayer tous les ventilateurs en même temps, puisque les conditions atmosphériques seraient égales pour tous.

Il fut fait, en outre, bien d'autres expériences, de plus longue et de plus courte durée, qui concordent avec les précédentes et n'ont, pour ce motif, aucun intérêt pour le lecteur.

Les résultats du tableau 4 seraient en faveur du *vacuum* mais les autres tableaux le montrent inférieur aux autres, même à un orifice libre, sous le rapport du tirage, mais supérieur contre les refoulements.

Les tableaux 2, 3, 5 et surtout 8, démontrent qu'un bon ventilateur est supérieur à un orifice libre.

Fig. 329 Double chapeau ventilateur.

Comme preuve de l'influence du vent et des conditions atmosphériques sur le tirage des tuyaux, je pourrais citer les différentes lectures relevées avec mon ventilateur (fig. 329) placé sur un des tuyaux de la planche XXI.

Dès la première heure, entre 10 et 11 heures, l'anémomètre enregistra 3.590 mètres ; la deuxième heure, pendant laquelle éclata un violent orage, 1.524 m. et la troisième heure après que l'orage fut dissipé, 4.821 m.

Trois autres expériences furent répétées deux jours après, et les lectures furent de 6.490 m., 6.294 m., et la troisième heure pendant laquelle tomba une forte averse, 1.793 m.

Comparativement, ce ventilateur a donné beaucoup d'assez bons résultats par le brouillard et par la pluie ; c'est là un de ses principaux mérites ; car par des temps secs, les tuyaux fonctionnent assez bien par eux-mêmes sans ventilateur.

Enfin la position d'un ventilateur est un élément important de succès.

Plus il est haut et mieux il tire ; mais dès qu'il est placé dans une position abritée, il n'est plus capable d'aucune action.

Ce serait encore, de tous les essais, le ventilateur Buchan, qui mériterait la palme, mais ce ventilateur revient cher et, somme toute, les deux chapeaux superposés et inégaux, remplissent suffisamment le but.

Il ne reste plus qu'à recommander, lorsqu'on aura choisi son modèle, de le placer le plus haut possible, et de telle sorte qu'il soit bien exposé aux quatre vents du ciel. A un autre point de vue, la position qu'on lui aura assignée ne devra pas laisser rentrer dans l'habitation, par une fenêtre, un châssis ou une cheminée, les odeurs susceptibles de s'en échapper.

Il y aurait beaucoup à dire encore à ce sujet, mais comme l'auteur est fatigué, et le lecteur aussi sans doute, il préfère en rester là.

CATALOGUE DE LIVRES

SUR

LA CONSTRUCTION

LES TRAVAUX PUBLICS ET L'ÉLECTRICITÉ

PUBLIÉS PAR

La Librairie Polytechnique Ch. BÉRANGER, éditeur

Successeur de BAUDRY et Cie

15, RUE DES SAINTS-PÈRES, A PARIS

Le catalogue complet est envoyé franco sur demande.

CONSTRUCTION ET TRAVAUX PUBLICS

Chauffage et ventilation.

Traité pratique du chauffage et de la ventilation. Principes, appareils, installations : cheminées, poêles, calorifères, chauffages à air chaud et à vapeur. Chauffage et ventilation des maisons particulières, églises, écoles, lycées, banques, magasins, établissements publics, théâtres, hôpitaux, casernes, serres, bains, amphithéâtres, par Ph. Picard, ingénieur des arts et manufactures. 1 volume grand in-8°, avec 506 figures dans le texte relié.. 20 fr.

Chauffage et ventilation.

Fumisterie, chauffage et ventilation, par J. Denfer, architecte, professeur du cours d'architecture et de construction civile à l'Ecole centrale. 1 volume grand- in-8°, avec 375 figures dans le texte........................ 25 fr.

Plomberie.

Plomberie, eau, assainissement et gaz. Tuyauteries, appareils d'arrêt et de puisage, prises d'eau, pompes, compteurs, canalisation, réservoirs d'eau, appareils utilisateurs d'eau et leurs décharges, canalisations des eaux résiduaires d'une propriété, gaz, canalisations et accessoires, compteurs et régulateurs, brûleurs et appareils, par J. Denfer, architecte, professeur à l'Ecole Centrale. 1 vol. grand in-8, avec 391 figures dans le texte......... 20 fr.

Distribution d'eau. — Assainissement.

Salubrité urbaine, distribution d'eau et assainissement, par G. Bechmann, ingénieur en chef des ponts et chaussées, chef du service technique de l'assainissement de Paris, professeur à l'Ecole nationale des ponts et chaussées. 2e édition revue et très augmentées. 2 volumes grand in-8°, avec de nombreuses figures dans le texte.................................. 40 fr.

Société des Ingénieurs et Architectes sanitaires de France.

Bulletin de la *Société des Ingénieurs et Architectes sanitaires de France* comprenant, outre les comptes rendus des séances et des travaux de la Société, des mémoires originaux et tous les documents relatifs à l'assainissement des villes et des habitations et à l'hygiène publique. Publication mensuelle formant chaque année un volume in-8°, avec de nombreuses figures dans le texte.

Abonnements : France, 10 fr. — Etranger, 12 fr.

Hygiène générale et industrielle.

Hygiène générale et hygiène industrielle, ouvrage rédigé conformément au programme du cours d'hygiène industrielle de l'École Centrale, par le Dr Léon Duchesne, ancien interne des hôpitaux de Paris, ancien président de la Société de médecine pratique de Paris. 1 volume grand in-8°, avec de nombreuses figures dans le texte.............................. 15 fr.

Congrès d'assainissement.

Premier congrès d'assainissement et de salubrité (Paris, 1895). Compte rendu des travaux publiés par le soin du secrétaire général E. d'Esménard, ingénieur civil, fondateur de la Société des ingénieurs et architectes sanitaires de France. 1 volume grand in-8°, avec 67 figures dans le texte et 4 planches... 12 fr. 50

Construction des égouts.

Traité pratique de la construction des égouts. Leurs dispositions, procédés employés pour leur construction, métrage des travaux, application des prix, par Jules Hervieu, conducteur des ponts et chaussées, chef de circonscription au service municipal des travaux de Paris. Précédé d'une préface par Raynald Legouez, ingénieur des ponts et chaussées, chargé du service des égouts de Paris. 1 volume grand in-8°, avec 278 figures dans le texte, relié.. 20 fr.

Législation du bâtiment.

Traité pratique de la législation des bâtiments et des usines. Voirie, mitoyenneté, clôtures, servitudes, assainissement, propriété, bornage, vente d'immeubles, contributions, location, réparations locatives, concours publics, honoraires, législation, jurisprudence, usages locaux, etc., etc. à l'usage des architectes, des ingénieurs, des entrepreneurs, des conducteurs des ponts et chaussées, des agents-voyers, des propriétaires et des locataires, par E. Barberot, architecte. 1 vol. in-8°, contenant plus de 1500 pages, avec de nombreuses figures dans le texte, relié.................. 20 fr.

Annales de la Construction.

Nouvelles Annales de la Construction, fondées par Oppermann. 12 livraisons par an, formant un beau volume de 50 à 60 planches et 300 colonnes de texte.

Abonnements : Paris, 15 fr. — Départements et Belgique, 18 fr. — Union posrale, 20 fr.

Prix de l'année parue, reliée, 20 fr.

Table des matières des années 1876 à 1887, 1 brochure in-12 .. 0 fr. 50

Agenda Oppermann.

Agenda Oppermann paraissant chaque année. Élégant carnet de poche contenant tous les chiffres et tous les renseignements techniques d'un usage journalier. Rapporteur d'angles, coupe géologique du globe terrestre, guide du métreur. — Résumé de géodésie. — Poids et mesures, monnaies françaises et étrangères. — Renseignements mathématiques et géométriques. — Renseignements physiques et chimiques. — Résistance des matériaux. — Electricité. — Règlements administratifs. — Dimensions du commerce. — Prix courants et séries de prix. — Tarifs des Postes et des Télégraphes.

Relié en toile, 3 fr. ; en cuir, 5 fr. — Pour l'envoi par la poste, 0 fr. 25 en plus.

Aide-Mémoire de l'ingénieur.

Aide-mémoire de l'ingénieur. Mathématiques, mécanique, physique et chimie, résistance des matériaux, statique des constructions, éléments des machines, machines motrices, constructions navales, chemins de fer, machines-outils, machines élévatoires, technologie, métallurgie du fer, constructions civiles, législation industrielle. Troisième édition française du Manuel de la Société « Hutte », par Philippe Huguenin, 1 volume in-12 contenant plus de 1200 pages, avec 500 figures dans le texte, solidement relié en maroquin.. 15 fr.

Aide-mémoire des conducteurs des ponts et chaussées.

Aide-mémoire des conducteurs et commis des ponts et chaussées, agents voyers, chefs de section, conducteurs et piqueurs des chemins de fer, contrôleurs des mines, adjoints au génie, entrepreneurs et, en général, de toute personne s'occupant de travaux, par J. Eug. Petit, conducteur des ponts et chaussées. 1 vol. in-12, avec de nombreuses figures dans le texte, solidement relié en maroquin.. 15 fr.

Traité de constructions civiles.

Traité de constructions civiles. Fondations, maçonnerie, pavages et revêtements, marbrerie, vitrerie, charpente en bois et en fer, couverture, menuiserie et ferrures, escaliers, monte-plats, monte-charges et ascenseurs, plomberie d'eau et sanitaire, chauffage et ventilation, décoration, éclairage au gaz et à l'électricité, acoustique, matériaux de construction, résistance des matériaux, renseignements généraux, par E. Barberot, architecte. 1 volume in-8, avec 1554 figures dans le texte dessinées par l'auteur. Relié... 20 fr.

Cours de construction.

Cours pratique de construction, rédigé conformément au programme officiel des connaissances pratiques exigées pour devenir ingénieur. Terrassements, — ouvrages d'art, — conduite des travaux, — matériel, — fondations, — dragage, — mortiers et bétons, — maçonnerie, — bois, — métaux, — peinture, — jaugeage des eaux, — règlements des usines, etc., par Prud'homme. 4e édition. 2 volumes in-8o, avec 363 figures dans le texte. 16 fr.

Maçonnerie.

Architecture et constructions civiles. Maçonnerie ; pierres et briques ; leur emploi dans les maçonneries ; proportion des murs ; fondations ; murs de cave et murs en élévation ; des moulures et des ordres ; décoration des murs extérieurs des édifices ; cloisons, planchers, voûtes ; escaliers en maçonnerie ; éléments de décoration intérieure ; revêtement des sols ; roches naturelles ; chaux et ciments ; du plâtre, produits céramiques, par J. Denfer, architecte, professeur à l'École Centrale. 2 volumes grand in-8o, avec 794 figures dans le texte.. 40 fr.

Charpente en bois et menuiserie.

Architecture et constructions civiles. Charpente en bois et menuiserie ; les bois, leurs assemblages ; résistance des bois ; tableaux, calculs faits ; linteaux et planchers ; pans de bois ; combles ; étaiements, échafaudages, appareils de levage ; travaux hydrauliques, cintres, ponts et passerelles en bois ; escaliers ; menuiserie en bois ; parquets, lambris, portes, croisées, persiennes, devantures, décoration, par J. Denfer, architecte, professeur à l'École Centrale. 1 volume grand in-8o, avec 680 figures dans le texte. 25 fr.

Terrassements, tunnels, etc.

Procédés généraux de construction. Travaux de terrassements, tunnels, dragages et dérochements, par Ernest Pontzen. 1 volume grand in-8° avec 234 figures dans le texte...... .... 25 fr.

Le bouclier dans la construction des souterrains.

Emploi du bouclier dans la construction des souterrains, par Reynald Legouez, ingénieur des ponts et chaussées, détaché au service des égouts de la Ville de Paris. 1 volume in-8, avec 337 figures dans le texte, relié. 20 fr.

Mesurage et métrage.

Traité pratique et complet de tous les mesurages, métrages, jeaugeages de tous les corps, appliqué aux arts, aux métiers, à l'industrie, aux constructions, aux travaux hydrauliques, aux nivellements pour construction de routes, de canaux et de chemins de fer, drainage, etc., enfin à la rédaction de projets de toute espèce de travaux du ressort de l'architecture et du gégénie civil et militaire, terminé par une analyse et série de prix avec détails sur la nature, la qualité, la façon et la mise en œuvre des matériaux, par E. Sergent, 8e édition, 2 volumes grand in-8° et 1 atlas de 47 planches in-folio. 50 fr.

Géométrie descriptive.

Cours de géométrie descriptive, Perspective, ombres, courbes, et surfaces, charpentes, Professé à l'École centrale des arts et manufactures, par Ch. Brisse, rédigé et anoté par H. Piquet, examinateur d'admission et répétiteur de géométrie descriptive à l'École Polytechnique. 1 volume grand in-8°, avec 300 figures dans le texte......................... 17 fr. 50

Coupe des pierres.

Traité pratique de la coupe des pierres, précédé de toute la partie de la géométrie descriptive qui trouve son application dans la coupe des pierres par Lejeune. 1 volume in-8° et 1 atlas in-4° de 59 planches, contenant 381 figures 40 fr.

Coupe des pierres.

Coupe des pierres, précédée des principes du trait de stéréotomie, par Eugène Rouché, examinateur de sortie à l'École Polytechnique, professeur au Conservatoire des Arts et Métiers, et Charles Brisse, professeur à l'École centrale et à l'École des Beaux-Arts, répétiteur à l'École Polytechnique. 1 volume grand in-8° et 1 atlas in-4° de 33 planches.............. 25 fr.

Coupe des pierres.

Cours pratique de coupe des pierres, précédé de notions de géologie et d'éléments de géométrie descriptive, par J. Launay, conducteur principal des Ponts et Chaussées, directeur de l'École industrielle de Soignies, Officier d'Académie, 2e édition, revue, corrigée et considérablement augmentée. 1 vol. grand in-4°.. 10 fr.

Matériaux de construction.

Connaissance, recherche et essais des matériaux de construction et de ballastage, par Em. Baudson, chef de section des travaux neufs au chemin de fer du Nord, 1 volume grand in-8°......................... 6 fr.

Chimie appliquée à l'art de l'ingénieur.

Chimie appliquée à l'art de l'ingénieur. *Première Partie* : Analyse chimique des matériaux de construction, par Ch.-Léon Durand-Claye, inspecteur général, ancien professeur et ancien directeur du Laboratoire à l'École des ponts et chaussées, et Derôme, chimiste de ce Laboratoire. *Deuxième Partie* : Étude spéciale des matériaux d'agrégation par René Feret, ancien élève de l'École Polytechnique, chef du Laboratoire des ponts et chaussées à Boulogne-sur-Mer. 1 volume grand in-8°, avec de nombreuses gravures dans le texte... 15 fr.

Ciments et chaux hydrauliques.

Ciments et chaux hydroliques. Fabrication, propriétés emploi, par E. Candlot, 2e édition revue et considérablement augmentée. 1 volume grand in-8o avec figures dans le texte, relié.......................... 15 fr.

Constructions en ciment armé.

Etude des divers systèmes de constructions en ciment armé. Historique, examen des divers systèmes, applications, calcul des pièces, exemples, par Gérard Lavergne, ingénieur civil, des mines, ancien élève de l'Ecole Polytechnique. 1 volume in-8o, avec figure dans le texte, relié. 3 fr. 50

Constructions en ciment armé.

Note sur les constructions en ciment armé système Boussiron, description, avantages, théorie du système, par S. Boussiron, ingénieur civil. 1 brochure grand in-8o avec figures dans le texte....................... 1 fr. 50.

Béton de ciment armé.

Calcul des poutres droites et planchers en béton de ciment armé, par L. Lefort, ingénieur en chef des ponts et chaussées. 1 volume in-8o avec 7 abaques représentatifs des formules et 48 figures dans le texte, relié. 8 fr.

Chaux et sels de chaux.

Chaux et sels de chaux appliqués à l'art de l'ingénieur, par Grange, agent-voyer en chef du département de la Vienne. 1 volume grand in-8o, avec figures dans le texte.. 18 fr.

Carrières de pierre de taille.

Recherches statistiques et expériences sur les matériaux de construction. Répertoire des carrières de pierre de taille exploitées en 1889, publié par le Ministère des Travaux Publics et contenant pour chaque carrière : sa désignation et le nom de la commune où elle est située, le mode d'exploitation le nombre et la hauteur des bancs, la désignation usuelle de la pierre, la nature de la pierre, la position géologique de la carrière, le poids moyen par mètre cube et la résistance à l'écrasement par centimètre carré des échantillons essayés. 1 volume in-4o.......................... 10 fr.

Murs de soutènement.

Etudes théoriques et pratiques sur les murs de soutènement et les ponts et viaducs en maçonnerie, par Dubosque, sous-ingénieur des ponts et chaussées. ancien chef de bureau des travaux neufs à la compagnie du Nord, 5e édition revue, corrigée et augmentée. 1 volume grand in-8o, avec 15 planches et 141 figures, relié.................................... 15 fr.

Murs de soutènement.

Tracé du profil des murs de soutènement et de pilastres de portes, par Eugène Joveux, architecte. 1 volume grand in-8o, avec 56 figures dans le texte, relié.. 5 fr.

Consolidation des talus.

Traité deconsolidation des talus, routes, canaux et chemins de fer, par R. Bugère, ingénieur civil. 1 volume in-12 et atlas in-8o de 25 planches doubles 10 fr.

Statique graphique.

Eléments de statique graphique, par Eugène Rouché, examinateur de sortie à l'Ecole Polytechnique, professeur de statique graphique au Conservatoire des arts et métiers.. 1 volume grand in-8o, avec de nombreuses gravures dans le texte.. 12 fr. 50

Statique graphique.

Application de la statique graphique. Règlements ministériels. Charges des ponts et des charpentes, poutres droites, poutres courbes, pleines, à treillis, continues, ponts-grues, arcs métalliques, fermes métalliques, piles métalliques, influence du vent sur les constructions, leurs déformations, calcul des poutres pour le lançage et le montage, piles en maçonnerie, calcul des joints des poutres, formules et tables usuelles, par Maurice KOECHLIN, administrateur de la Société de Construction de Levallois-Perret. 1 volume grand in-8° avec figures dans le texte et un atlas de 34 planches. 30 fr.

Statique graphique.

Eléments de statique graphique appliquée aux constructions. 1re *partie* Poutres droites, poussée des terres, voûtes, par MULLER-BRESLAU (traduction par SEYRIG). 2e *partie* : Poutres continues, applications numériques par SEYRIG, ingénieur-constructeur du pont du Douro. 1 volume grand in-8° et un atlas in-4° de 29 planches en 3 couleurs .... 20 fr.

Statique graphique.

Traité de statique graphique appliquée aux constructions, toitures, planchers, poutres, ponts, etc. — Eléments du calcul graphique ; des forces et de leur résultante, des moments fléchissants, des efforts tranchants, recherche des maxima, charge permanente, surcharge uniformément répartie, surcharge mobile, données pratiques sur le poids propre des toitures et sur leur surcharge accidentelle, poutres pleines, poutres à treillis simples et multiples, centre de gravité, moment d'inertie, exemples et applications, par Maurice MAURER. 2e édition, 1 volume grand in-8°, avec figures dans le texte, et 1 atlas in-4° de 20 planches........................ 12 fr. 50

Statique graphique.

Eléments de statique graphique appliquée à l'équilibre des systèmes articulés, par Arthur THIRÉ, ancien élève de l'Ecole Polytechnique, 1 vol. grand in-8° et 1 atlas in-4° de 18 planches............................ 10 fr.

Cours de mathématiques.

Cours de mathématiques pures et appliquées, à l'usage des conducteurs des ponts et chaussées, agents voyers, chefs de section, architectes, conducteurs de travaux, entrepreneurs, etc., comprenant : *Arithmétique*, nombres entiers, fractions et nombres fractionnaires, progressions, séries et logarithmes, applications. *Géométrie plane* ; propriétés et tracé des figures planes, mesure et proportion des figures planes, trigonométrie, courbes diverses. *Géométrie de l'espace* : propriétés et construction des figures de l'espace, géométrie descriptive, perpective. *Algèbre*, *analyse et géométrie analytique*. *Mécanique* : statique, dynamique, hydrostatique, hydrodynamique, par L. LANCELIN, inspecteur général des ponts et chaussées. 1 volume in-8°, avec de nombreuses figures dans le texte, relié .... 10 fr.

Résumé des connaissances mathématiques.

Résumé des connaissances mathématiques nécessaires dans la pratique des travaux publics et de la construction, par E. MUSSAT, ingénieur des ponts et chaussées. 1 volume grand in-8°, avec 133 figures dans le texte 10 fr.

Voirie. — De l'alignement.

De l'alignement ou du régime des propriétés privées bordant le domaine public, par C. MORIN, 1 volume grand in-8°...................... 15 fr.

Traité de topographie.

Traité de topographie. — Appareils d'optique, applications de la géodésie à la topographie, instruments de mesure, levé des plans de surface, levés souterrains, théorie des erreurs, par André Pelletan, ingénieur en chef des mines, professeur à l'École des mines. 1 volume grand in-8°, avec 235 figures dans le texte, relié .... 15 fr.

Cours de topographie.

Cours de topographie. Levé des plans de surface et des plans de mines, par Alfred Habets, ingénieur honoraire des mines, professeur à l'Université de Liège. 4e édition, revue et augmentée. 1 volume grand in-8°, avec 107 figures dans le texte.. 8 fr.

Levé des plans et nivellement.

Levé des plans et nivellement. Opérations sur le terrain, opérations souterraines, nivellement de haute précision, par Léon Durand-Claye, ingénieur en chef des ponts et chaussées. Pelletan et Lallemand, ingénieurs des mines 1 volume grand in-8°, avec figures dans le texte.................. 25 fr.

Nivellement général de la France.

Instructions pour les opérations sur le terrain préparées par le Comité de nivellement, et publiées par le ministère des Travaux publics, 1 volume in 8° 5 fr.

Levé des plans.

Traité du levé des plans et de l'arpentage, par Duplessis. 1 volume in-8°, avec 105 figures dans le texte.................................. 4 fr.

Nivellement.

Traité du nivellement, comprenant les principes généraux, la description et l'usage des instruments, les opérations et les applications, par Duplessis. 1 volume in-8°, contenant 112 figures.......................... 8 fr.

Nivellements de précision.

Études sur les méthodes et les instruments de nivellements de précision, par C.-M. Goulier, colonel du génie en retraite, revues, annotées et accompagnées d'une étude sur les variations de longueur des mires, d'après les expériences du colonel Goulier, par Charles Lallemand, ingénieur en chef des mines, directeur du service de nivellement général de la France, 1 volume in-4°, avec 2 planches.. 20 fr.

Tables tachéométriques.

Tables tachéométriques, donnant aussi rapidement que la règle logarithmique tous les calculs nécessaires à l'emploi du tachéomètre, par Louis Pons, ingénieur d'études de chemins de fer. 1 volume in-4°, relié. 10 fr.

Tachéométrie.

Manuel de l'opérateur au tachéomètre, suivi d'une note sur l'emploi de l'instrument dans l'application des tracés, par Henri Bonnami, conducteur des ponts et chaussées. 1 volume in-8°, avec figures dans le texte... 3 fr.

Tachéométrie.

Suppression du chainage, des règles à calcul, des tables tachéométriques et des tables logarithmiques dans le nivellement et le levé des plans, méthode donnant simultanément la configuration et le relief des terrains de toute étendue par la lecture directe des distances horizontales, des différences de niveau et des coordonnées rectangulaires des points visés par rapport à l'orientation de chaque station, par Loir Érasme, agent-voyer, 3e édition. 1 volume in-8°, avec 3 planches.................................. 5 fr.

Courbes de raccordement.

Tables pour le tracé des courbes circulaires de raccordement des voies de communication, par Charles Grimmeisen, ancien ingénieur, 1 volume in-12, avec figures dans le texte, relié.................................. 9 fr.

Courbes de raccordement.

Tracé des courbes sans aucun chaînage de cordes ni d'ordonnées et levé des profils en travers sans niveau, par Loir ERASME, 3e édition, 1 brochure in-8°, avec 1 planche.................. .... 1 fr.

Calcul des raccordements paraboliques.

Calculs des raccordements paraboliques dans les tracés de chemins de fer comprenant de nombreuses tables numériques et la théorie complète des courbes à considérer en plan et en profil, par Maximilien DE LEBER, inspecteur au corps I. R. du contrôle des chemins de fer, avec une introduction, par Charles BRICKA, ingénieur en chef des ponts et chaussées, 1 volume grand in-8°, avec figures dans le texte et planches, relié........... 23 fr.

Courbes de raccordement.

Nouvelles tables pour le tracé des courbes de raccordement en arc de cercles (chemins de fer, canaux, routes et chemins), par CHAUVAC DE LA PLACE, 5e édition, 1 volume in-12, relié.............................. 7 fr. 50

Mouvement des terres.

Théorie et pratique du mouvement des terres d'après le procédé Bruckner, par Ernest HENRY, inspecteur général des ponts et chaussées. 1 volume grand in-8°.. 2 fr. 50

Tables de déblais et de remblais.

Tables des surfaces, largeurs d'emprises et longueurs des talus, des profils en travers des voies de communication, mais plus spécialement destinées aux chemins de fer à voie étroite, par L. HENRIET, chef de section aux chemins de fer de l'Ouest. 1 volume grand in-8° relié............ 12 fr.

Construction des chemins de fer.

Instructions pour la préparation des projets et la surveillance des travaux de construction de la plate-forme des chemins de fer, suivies de tables pour le calcul des courbes et pour l'évaluation des volumes des déblais et des remblais, par L. PARTIOT, inspecteur général des ponts et chaussées. 1 volume petit in-4°, avec 8 planches et de nombreuses figures intercalées dans le texte, relié.. 15 fr.

Tracé des chemins de fer.

Tracé des chemins de fer, routes, canaux, tramways, etc. Études préliminaires, études définitives, — recherche et choix des matériaux de construction et de ballastage, par Em. BAUDSON, chef de section des travaux neufs au chemin de fer du Nord. 1 volume grand in-8°, avec 4 planches et 95 figures intercalées dans le texte.............................. 10 fr.

Cours de routes.

Cours de routes professé à l'école des Ponts et Chaussées. Disposition d'une route, étude et rédaction des projets, construction, entretien, par Ch.-Léon DURAND-CLAYE, inspecteur général des ponts et chaussées. 1 volume in-8° avec figures dans le texte.......................... 20 fr.

Routes nationales.

État itinéraire des routes nationales de la France et de l'Algérie, publié par le ministère des Travaux publics. 1 volume in-4°, 1 atlas de 90 cartes départementales et une grande carte générale mesurant 85 centimètres sur 95 centimètres.. 20 fr.

Chemins vicinaux.

Traité pratique des chemins vicinaux. Généralités, personnel, assiette des chemins vicinaux, ressources de la voirie vicinale, exécution des travaux, comptabilité des chemins vicinaux, police de la voirie vicinale, police de roulage, objets divers, par Ernest HENRY, inspecteur général des ponts et chaussées, ancien agent-voyer en chef du département de la Marne. 1 volume grand in-8°.. 20 fr.

Réparation et entretien des chaussées.

Réparation et entretien des chaussées en empierrement. Instructions pratiques à l'usage des ingénieurs, conducteurs, commis et agents-voyers et plus spécialement à celui des cantonniers, par J. DUBOSQUE, sous-ingénieur des ponts et chaussées. Ouvrage approuvé par le Ministre des Travaux publics, 2e édition revue et mise à jour. 1 volume in-12 cartonné. 1 fr. 50

Pavage en bois.

Le bois et ses applications au pavage à Paris, en France et à l'étranger. Divers systèmes de pavage en bois; bois employé au pavage; étude des propriétés physiques, mécaniques, anatomiques et chimiques des bois; conservation et préparation des bois; fabrication des pavés; entretien et durée des pavages en bois; pavage en bois dans les voies à tramways; régime des sociétés de pavage en bois; contrats et cahiers des charges; fonctionnement du système de la régie, à Paris; prix de revient, par Albert PETSCHE, ingénieur des ponts et chaussées, ancien ingénieur du service municipal de Paris. 1 volume in-8°, avec 233 figures dans le texte, relié. 20 fr.

Traité complet des chemins de fer.

Traité complet des chemins de fer. Historique et organisation financière, construction de la plate-forme, ouvrages d'art, voie, stations, signaux, matériel roulant, traction, exploitation, chemins de fer à voie étroite, tramways, par G. HUMBERT, ingénieur des ponts et chaussées. 3 volumes grand in-8°, avec 700 figures dans le texte...................... 50 fr.

Chemins de fer. Notions générales et économiques.

Chemins de fer. Notions générales et économiques. Historique, formalités et règlements relatifs à l'exécution des travaux, régimes, développements, dépenses, comparaison des voies ferrées avec les routes et les voies de navigation intérieure, prix de revient des transports sur rails, tarifs et leur application, recettes d'exploitation, voie et traction, chemins de fer à voie étroite, considérations économiques, par Léon LEYGUE, ancien ingénieur des ponts et chaussées, ingénieur civil. 1 volume grand in-8°. 15 fr.

Chemins de fer. Superstructure.

Chemins de fer. Superstructure : voie, gares et stations, signaux, par E. DEHARME, ingénieur du service central de la Compagnie du Midi, professeur du cours de Chemins de fer à l'École centrale des Arts et Manufactures. 1 volume grand in-8°, avec 310 figures dans le texte et 1 atlas in-4° de 73 planches doubles.. 50 fr.

Chemins de fer d'intérêt local.

Traité des chemins de fer d'intérêt local. Chemins de fer à voie étroite, tramways, chemins de fer à crémaillère et funiculaires, par G. HUMBERT, ingénieur des ponts et chaussées. 1 volume grand in-8°, avec 212 figures dans le texte. Relié.. 20 fr.

Chemins de fer à voie de 0,60 centimètres.

Construction et exploitation des chemins de fer à voie de 0,60 centimètres. Voie, terrassements, ouvrages d'art, machine et matériel roulant avec étude d'un tracé entre deux points donnés, par R. TARTARY, conducteur des ponts et chaussées. 1 volume grand in-8° avec 97 figures dans le texte. 10 fr.

Chemins de fer d'intérêt local et Tramways.

Chemins de fer d'intérêt local et tramways établis sous le régime de la loi du 11 juin 1880. Résumé des résultats obtenus et critique des différents systèmes employés, par M. Heude, ingénieur en chef des ponts et chaussées. 1 vol. in-8° .... 3 fr. 50

Chemins de fer funiculaires. Transports aériens.

Chemins de fer funiculaires. Transports aériens, par A. Lévy-Lambert, ingénieur civil. 1 volume grand in-8°, avec figures dans le texte. 15 fr.

Chemins de fer à crémaillère.

Chemins de fer à crémaillère, par A. Lévy-Lambert, ingénieur civil. 1 volume grand in-8°, avec figures dans le texte................. 15 fr.

Tramways.

Tramway à vapeur à voie de 0 m. 60, de Pithiviers à Toury. — I. Description du tracé, du matériel fixe et du matériel roulant, détail des dépenses, par F. Liévin, ingénieur des ponts et chaussées. — II. Examen critique des résultats obtenus, par H. Heude, ingénieur en chef des ponts et chaussées. 1 volume grand in-8°, avec une planche............. 2 fr. 50

Tramways.

De la traction économique pour tramways urbains et régionaux, par W. R. Rowan, ingénieur civil. 1 volume in-4° avec 29 figures dans le texte. 4 fr.

Traction mécanique des tramways.

La traction mécanique des tramways. Etude des différents systèmes : comparaison et prix de revient, par Raymond Godfernaux, ingénieur des arts et manufactures, attaché à l'exploitation du chemin de fer du Nord et à la direction de diverses compagnies de chemins de fer d'intérêt local. 1 volume grand in-8°, avec 182 figures dans le texte, relié......... 20 fr.

Tramways à air comprimé.

L'air comprimé appliqué à la traction des tramways. Description de la locomotive, compresseurs, chargement de voitures et canalisation, divers modes de transport par l'air comprimé, prix de revient et conclusions, par L. A. Barbet. 1 volume gr. in-8°, avec 96 figures dans le texte.... 7 fr. 50

Tramways électriques.

Les tramways électriques. Dispositions générales ; voie ; tramways à conducteurs aériens, souterrains, établis au niveau du sol ; tramways à accumulateurs ; matériel roulant ; stations centrales ; dépenses, par Henri Maréchal, ingénieur des ponts et chaussées, ingénieur de la 1re section des Travaux de Paris et du Secteur municipal d'électricité. 1 volume in-8°, avec 118 figures dans le texte. *Epuisé, une nouvelle édition est en préparation.*

Traction électrique.

La traction électique sur voies ferrées. Voie, matériel roulant, traction, par André Blondel, ingénieur des ponts et chaussées, professeur du cours d'électricité à l'École des ponts et chaussées, et F. Paul Dubois, ingénieur des ponts et chaussées, ingénieur du service municipal de la Ville de Paris. 2 volumes grand in-8°, contenant plus de 1.700 pages, et 1.014 figures dans le texte, reliés.. 50 fr.

Moyens de transport.

Les moyens de transports appliqués dans les mines, les usines et les travaux publics ; voitures, tramways, chemins de fer, plans inclinés, trainage par câble et par chaine, etc., organisation et matériel, par Evrard. 2 volumes in-8°, avec 1 atlas de 123 planches in-folio contenant 1.400 figures. 100 fr.

Tarifs de chemins de fer.

Traité général des tarifs de chemins de fer, contenant une étude spéciale des tarifs appliqués en Allemagne, Autriche-Hongrie, Suisse, Italie, France, Belgique, Hollande, Angleterre et Russie, par F. Ulrich, conseiller intime au ministère des Travaux publics de Berlin. Edition française revue et augmentée par l'auteur. 1 volume grand in-8°.................... 16 fr.

Carnet du poseur de voies.

Carnet du poseur de voies de chemins de fer, par P. Martial, chef de section au chemin de fer de l'Etat. 1 volume in-12, avec 35 planches. 3 fr. 50

Block-System à distance.

Etude sur le Block-System à distance pour l'exploitation des chemins de fer. Contrôleur automatique de la marche des trains. Contrôleur des cloches électriques. Contrôleur automatique des signaux du Block-System à distance, par Ch. Metzger, ingénieur en chef des ponts et chaussées. 1 volume in-4°, avec figures en couleur et 5 planches........................ 6 fr.

Chemin de fer métropolitain de Berlin.

Le chemin de fer métropolitain de Berlin, par Gaudin et Zuber. 1 volume grand in-8°, avec 10 planches, 36 figures dans le texte et 1 plan en couleur.. 6 fr.

Montagnes et Torrents.

Restauration des montagnes, correction des torrents, reboisement, par E. Thiery, professeur à l'École nationale forestière, avec une introduction par M. C. Lechalas. 1 volume grand in-8°, avec 164 figures dans le texte. 15 fr.

Hydraulique agricole.

Hydraulique agricole. Aménagement des eaux : irrigation des terres labourables, des cultures maraîchères, des jardins, des prairies, etc. ; création et entretien des prairies ; dessèchements, dessalage, limonage et colmatage, curage ; irrigation et drainage combinés ; renseignements complémentaires techniques et administratifs, par J. Charpentier de Cossigny, ancien élève de l'École Polytechnique, lauréat de la Société des Agriculteurs de France, ingénieur civil. 2e édition revue et augmentée. 1 volume grand in-8°, avec de nombreuses figures dans le texte............. 15 fr.

Navigation intérieure.

Guide officiel de la navigation intérieure avec itinéraires graphiques des principales lignes de navigation et carte générale des voies navigables de la France, dressé par les soins du Ministère des Travaux Publics. Documents réglementaires, nomenclature alphabétique et conditions de navigabilité, notices et tableaux des distances, itinéraires des principales lignes de navigation, itinéraires graphiques, carte au 1/500 000e. 5e édition revue et augmentée. 1 volume in-18 jésus, avec 3 planches en couleur et une carte en couleur de 0m,70 sur 0m,65.

Prix : le volume broché et la carte en feuille................. 2 fr. 25

Le volume solidement relié et la carte montée sur toile, pliée et reliée comme le volume.. 5 fr.

Navigation intérieure.

Cours de navigation intérieure de l'Ecole nationale des ponts et chaussées. Rivières à courant libre. Introduction, état naturel des cours d'eau, opérations et observations pour l'étude des cours d'eau et de leur régime, matériel et procédés de la navigation fluviale, premières améliorations, travaux contre les inondations, régularisation des fleuves et rivières, exploitation, annexes, par F.-B. de Mas, inspecteur général des ponts et chaussées, professeur à l'Ecole nationale des ponts et chaussées. 1 volume grand in-8°, avec figures dans le texte.......................... 17 fr. 50

Rivières et canaux.

Navigation intérieure. Rivières et canaux, par Guillemain, inspecteur général des ponts et chaussées, professeur à l'École des ponts et chaussées. 2 volumes grand in-8°, avec gravures dans le texte............... 40 fr.

Atlas des lacs français.

Atlas des lacs français, publié sous les auspices du ministère des Travaux publics, par A. Delebecque, professeur à l'École des ponts et chaussées, 1 album contenant 11 cartes hydrographiques, avec courbes de niveau et teintes. Prix en carton.. 15 fr.

Travaux maritimes.

Travaux maritimes : phénomènes marins ; accès des ports. Mouvements de la mer. — Régime des côtes. — Matériaux dans l'eau de mer. — Atterrage. Entrée des ports. Jetées, par Laroche, ingénieur en chef des ponts et chaussées. 1 volume grand in-8° et 1 atlas in-4° de 46 planches doubles. 40 fr.

Ports maritimes.

Ports maritimes. Ports d'échouage. — Bassins à flot. — Écluses des bassins à flot. — Portes d'écluses. — Ponts mobiles. — Moyens d'obtenir et d'entretenir la profondeur à l'entrée des ports. — Moyens d'obtenir et d'entretenir la profondeur dans les ports. Ouvrages et appareils pour la réparation des navires. Défense des côtes. Éclairage et balisage des côtes. Exploitation des ports. Canaux maritimes, par F. Laroche, inspecteur général des ponts et chaussées, professeur à l'École Nationale des ponts et chaussées 2 volumes grand in-8°, avec figures dans le texte, et 2 atlas in-4° contenant 37 planches doubles.. 50 fr.

Cours de ponts.

Cours de Ponts de l'École des ponts et chaussées. Emplacements, débouchés, fondations, pont en maçonnerie, par Jean Résal, ingénieur en chef des ponts et chaussées. 1 volume grand in-8°, avec de nombreuses figures dans le texte.. 14 fr.

Ponts en maçonnerie.

Ponts en maçonnerie, par E. Degrand, inspecteur général des ponts et chaussées, et J. Résal, ingénieur des ponts et chaussées. 2 volumes grand in-8°, avec de nombreuses gravures dans le texte................. 40 fr.

Barème des poutres métalliques.

Barème des poutres métalliques à âmes pleines et à treillis, par Pascal, ingénieur civil. 1 volume in-4°, avec figures dans le texte. Relié. 12 fr. 50

Constructions métalliques.

Constructions métalliques. — Élasticité et résistance des matériaux ; fonte, fer et acier, par Jean Résal, ingénieur des ponts et chaussées. 1 volume grand in-8°, avec figures dans le texte................. 20 fr.

Ponts métalliques.

Traité pratiques des ponts métalliques ; calcul des poutres et des ponts par la méthode ordinaire et par la statique graphique, par M. Pascal, ingénieur, ancien élève de l'École d'arts et métiers d'Aix. 1 volume grand in-8° et 1 atlas de 12 planches. *Épuisé, une nouvelle édition est en préparation.*

Ponts métalliques.

Ponts métalliques, par Jean Résal, ingénieur des ponts et chaussées.

Tome premier. — Calcul des pièces prismatiques ; renseignements pratiques ; formules usuelles ; poutres droites à travées indépendantes ; ponts suspendus; ponts en arc. 1 volume grand in-8°, avec de nombreuses gravures dans le texte.................................... ..... 20 fr.

Tome second. — Poutres à travées solidaires : Théorie générale des poutres à section constante ; calcul des poutres symétriques ; poutres continues à section variable ; théorie générale des poutres de hauteur variable ; montage des ponts par encorbellement ; ponts-grues ; calcul des systèmes articulés ; piles métalliques ; tables numériques. 1 volume grand in-8°, avec de nombreuses gravures dans le texte................ 20 fr.

Ponts métalliques.

Calcul des ponts métalliques à poutres droites, à une ou plusieurs travées par la méthode des lignes d'influence. Formules et tables servant au calcul rapide des moments fléchissants et des efforts tranchants maximums déterminés, en divers points des poutres, par des charges uniformément réparties et des charges concentrées mobiles, par Adrien CART et Léon PORTES, ingénieurs civils attachés au service des ponts métalliques de la Compagnie d'Orléans. 1 volume grand in-8°, avec figures dans le texte et 2 planches. Relié.................... .... 20 fr.

Ponts et viaducs métalliques.

Calculs de résistance des ponts et viaducs métalliques à poutres droites, d'après la circulaire ministérielle du 29 août 1891, par Maurice HULEWICZ, ingénieur, ancien élève de l'École des ponts et chaussées. 1 volume grand in-8°, avec 1 planche... 10 fr.

Ponts métalliques.

Études théoriques et pratiques sur les ponts métalliques à une travée et à poutres droites et pleines, par E. DUMETZ, conmis des ponts et chaussées, attaché au service vicinal du Pas-de-Calais, 1 volume grand in-8° avec 117 figures dans le texte.. 10 fr.

Ponts métalliques.

Ponts métalliques à travées continues. Méthode de calcul satisfaisant aux nouvelles prescriptions du règlement ministériel du 26 août 1891, avec tables numériques pour faciliter l'emploi, par Bertrand DE FONTVIOLANT, ingénieur de la Compagnie de Fives-Lille, répétiteur de mécanique appliquée à l'École centrale. 1 vol. grand in 8°, avec 3 planches .... 10 fr.

Arches surbaissées en maçonnerie.

Tables et graphiques pour le calcul des arches surbaissées en maçonnerie, d'après la méthode de M. Tourtay, ingénieur des ponts et chaussées, par N. DE TEDESCO, ingénieur civil, 1 volume in-4°, avec 25 planches. 7 fr. 50

Arche biaise.

Mémoire sur l'appareil de l'arche biaise, par DE LA GOURNERIE. Ce mémoire a paru dans le n° 35 des *Annales du Conservatoire des arts et métiers*. Prix du numéro... 5 fr.

Emploi des pieux métalliques.

Étude sur l'emploi des pieux métalliques dans les fondations d'ouvrages d'art, par C. GRANGE, agent voyer en chef du département de la Vienne. 1 volume grand in-8°, avec 51 figures dans le texte............. 7 fr. 50

Stabilité des constructions.

Traité de stabilité des constructions, précédé d'éléments de statique graphique et suivi de compléments de mathématiques. Leçons professées au Conservatoire national des Arts et Métiers et à l'École centrale d'Architecture, par Jules PILLET, professeur au Conservatoire des Arts et Métiers, à l'École nationale des Beaux-Arts, etc. 1 voume grand in-4° de 535 pages, imprimé sur très beau papier. Nombreux tableaux graphiques ; abaques et tables numériques ; 600 figures et épures dans le texte............ 25 fr.

Résistance des matériaux.

Résistance des matériaux. Cours de l'école des ponts et chaussées, par Jean Résal, ingénieur en chef des ponts et chaussées, 1 volume grand in-8°, avec de nombreuses figures dans le texte........................ 16 fr.

Résistance des matériaux.

Stabilité des constructions et résistance des matériaux, par A. Flamant, ingénieur en chef des ponts et chaussées, professeur à l'École des ponts et chaussées et à l'École centrale, 2e édition revue et augmentée. 2 volumes grand in-8°, avec 251 figures dans le texte...................... 25 fr.

Ligne élastique.

La ligne élastique et son application à la poutre continue traitée par la statique graphique, par W. Ritter, professeur à l'École polytechnique de Zurich. Traduit sur la 2e édition allemande, par M. Koechlin. 1 volume in-8°, avec 12 figures et 1 planche hors texte...................... 5 fr.

Moments d'inertie.

Carnet du constructeur. Recueils de moments d'inertie relatif à 3263 poutres composées à âme simple et double d'une hauteur variant de 20 centimètres à un mètre, par Chevalier et Brun, ingénieurs-constructeurs, 1 volume in-12. Relié.................................... 7 fr. 50

Serrurerie et Constructions en fer.

Traité pratique de serrurerie. Constructions en fer et serrurerie d'art. — Planchers en fer, linteaux, filets, poutres ordinaires et armées. — Colonnes en fonte, consoles en fonte, colonnes en fer creux, pans de fer, montants en fer composés. — Charpentes en fer, combles, hangars, marchés couverts. — Passerelles et petits ponts. — Escaliers en fer. — Châssis de couche, bâches, serres, jardins d'hiver, chauffage, vitrerie. — Volières, tonnelles, kiosques. — Auvents, marquises, verandahs, bow-windows. — Grilles, panneaux de portes, rampes. — Éléments divers de serrurerie et de ferronnerie d'art. — Principaux assemblages employés en serrurerie, etc., etc. par E. Barberot, 2e édition. 1 volume grand in-8, avec 972 figure dans le texte. 25 fr.

Charpentes métalliques.

Les principes de la construction des charpentes métalliques et leur application aux ponts à poutres droites, combles, supports et chevalements. Extraits du cours *d'architecture industrielle* professé à l'École spéciale des arts et manufactures et des mines annexée à l'Université de Liège par Henri Deschamps, professeur à la Faculté des sciences de Liège, ancien ingénieur de la Société Cockerill, à Seraing, 2e édition refondue et augmentée. 1 volume grand in-8°, avec 344 figures dans le texte. Relié............ 15 fr.

Escaliers.

Traité complet et pratique de la construction des escaliers en charpente et en pierre, par Aubineau, dit Poitevin la Fidelité. 1 atlas in-folio de 30 planches et 1 volume de texte in-18 .... 12 fr.

Eléments des prix de construction.

Recueil d'éléments des prix de construction. Chargements, transports, terrassements, maçonneries, carrelages, pavages, charpente en bois, couvertures, plomberie, zincage et canalisation, menuiserie, serrurerie et charpente métallique, plâtrerie, vitrerie, peinture, tenture et dorure, par A. Mégnot, conducteur des ponts et chaussées, chef de section des chemins de fer. 1 volume in-12, broché, 7 fr. ; relié............................ 8 fr.

Série de prix.

Série de prix des travaux de construction exécutés en 1889 dans Paris et le département de la Seine, publiée sous la direction de A. Mégrot. 1re partie : Maçonnerie et terrasse. 1 volume petit in-folio, broché 5 fr. ; relié. 7 fr.

ARCHITECTURE

Traité d'architecture.

Traité d'architecture par L. Cloquet, architecte, ingénieur honoraire des ponts et chaussées, professeur à l'Université de Gand.

Tome I et II : *Éléments de l'Architecture*. 2 volumes grand in-8°, avec 2260 figures dans le texte .... 30 fr.

Tome III : *Hygiène, chauffage et ventilation*, 1 volume grand in-8°, avec 103 figures dans le texte .... 5 fr.

Tome IV : *Types d'édifices*, 1 volume in-8°, avec 535 figures dans le texte .... 20 fr.

Le tome V : *Esthétique, Composition et Pratique de l'architecture*, est en préparation. Les volumes III à V traitant un sujet bien défini se vendent séparément.

Architecture.

Petit manuel d'architecture, notions générales, historique, renseignements pratiques, par A. Krafft, architecte. 1 volume in-18, avec 195 figures dans le texte .... 5 fr.

Histoire des styles d'architecture.

Histoire des styles d'architecture dans tous les pays, depuis les temps les plus anciens jusqu'à nos jours, par E. Barberot, architecte. 2 volumes grand in-8 jésus, avec 928 gravures dans le texte .... 40 fr.

Art architectural.

L'art architectural en France, depuis François Ier jusqu'à Louis XVI, par Rouyer, architecte, avec texte par Alfred Darcel, directeur du Musée de Cluny. Motifs de décoration intérieure et extérieure, dessinés d'après les modèles exécutés et inédits des principales époques de la Renaissance comprenant : salons, chambres à coucher, vestibules, cabinets de travail, bibliothèque, lambris, plafonds, voûtes, cheminées, portes, fenêtres, fontaines, grilles, stales, chaires à prêcher, tombeaux, vases, glaces, etc. 2 volumes grand in-4°, contenant 200 planches et texte .... 200 fr.

Décorations intérieures.

Décorations intérieures de l'époque de la Renaissance (de François Ier à Louis XIII). boiseries, panneaux, meubles, relevés, mesurés, dessinés, avec cotes, échelles, profils et détails d'exécution, par Eugène Rouyer, architecte, auteur de l'Art architectural en France, etc. 1 volume in-folio contenant 100 planches et texte .... 125 fr.

Architecture moderne.

L'architecture moderne en France. Plans, coupes, élévations, profils et détails de construction et d'ornementation comprenant, outre les plans et les façades des maisons une quantité énorme de détails de portes, fenêtres corniches, balcons, vestibules, chapiteaux, entablements, etc., par F. Barqui, architecte. 1 volume in-folio, contenant 120 planches et texte. 100 fr.

ÉLECTRICITÉ

Traité d'électricité et de magnétisme.

Traité d'électricité et de magnétisme. Théorie et applications, instruments et méthodes de mesures électriques. Cours professé à l'école supérieure de télégraphie, par A. Vaschy, ingénieur des télégraphes, examinateur d'entrée à l'école Polytechnique. 2 volumes grand in-8°, avec de nombreuses figures dans le texte.. 25 fr.

Théorie de l'électricité.

Théorie de l'électricités. Exposé des phénomènes électriques et magnétiques fondé uniquement sur l'expérience et le raisonnement, par A. Vaschy, ingénieur des télégraphes, examinateur d'admission à l'Ecole Polytechnique, 1 volume grand in-8°, avec 74 figures dans le texte, relié......... 20 fr.

Traité pratique d'électricité.

Traité pratique d'électricité à l'usage des ingénieurs et constructeurs. Théorie mécanique du magnétisme et de l'électricité, mesures électriques, piles, accumulateurs et machines électrostatiques, machines dynamo-électriques, génératrices, transport, distribution et transformation de l'énergie électrique, utilisation de l'énergie électrique, par Félix Lucas, ingénieur en chef des ponts et chaussées, administrateur des chemins de fer de l'Etat. 1 volume grand in-8°, avec 278 figures dans le texte.................. 15 fr.

Electricité industrielle.

Traité d'électricité industrielle, théorique et pratique, par Marcel Deprez, membres de l'Institut, professeur d'electricité industrielle au Conservatoire national des arts et métiers, professeur suppléant au Collège de France. 2 volumes grand in-8°, avec de nombreuses figures dans le texte, paraissant en 4 fascicules. Prix de souscription à l'ouvrage complet.......... 40 fr.

Chaque fascicule se vend séparément........................ 12 fr.

Electricité industrielle.

Traité pratique d'éelctricité industrielle. Unités et mesures ; piles et machines électriques ; éclairage électrique ; transmission électrique de l'énergie; galvanoplastie et électro-métallurgie ; téléphonie, par E. Cadiat et L. Dubost, 5e édition. 1 volume grand in-8°, avec 277 gravures dans le texte, relié. 16 fr. 50

Manuel pratique de l'électricien.

Manuel pratique de l'électricien. Guide pour le montage et l'entretien des installations électriques, par E. Cadiat. 3e édition, 1 volume in-12, avec 243 figures dans le texte, relié .... 7 fr. 50

Aide-mémoire de poche de l'électricien.

Aide-mémoire de poche de l'électricien ; guide pratique à l'usage des ingénieurs, monteurs, amateurs électriciens, etc., par Ph. Picard et A. David, ingénieurs des arts et manufactures. 1 petit volume, format oblong de 0 m. 125 × 0. m. 08, relié en maroquin, tranches dorées............... 5 fr.

Contrôle des installations électriques.

Contrôle des installations électriques au point de vue de la sécurité. Le courant électrique, production et distribution de l'énergie, mesures, effets dangereux des courants, contrôle à l'usine, contrôle du réseau, des installations intérieures et des installations spéciales, résultats d'exploitation, règlements français et étrangers, par A. Monmerqué, ingénieur en chef des ponts et chaussées, ancien ingénieur des services de la première section des tra vaux de Paris et du Secteur municipal d'électricité, précédé d'une préface de M. Hippolyte FONTAINE, président honoraire de la chambre syndicale des électriciens. 1 volume in-8°, avec de nombreuses figures dans le texte, relié 10 fr.

Pile électrique.

Traité élémentaire de la pile électrique, par Alfred NIAUDET, 3e édition revue par Hippolyte FONTAINE et suivie d'une notice sur les accumulateurs, par E. HOSPITALIER, 1 volume grand in-8°, avec gravures dans le texte. 7 fr. 50

Electrolyse.

Electrolyse ; renseignements pratiques sur le nickelage, le cuivrage, la dorure, l'argenture, l'affinage des métaux et le traitement des minerais au moyen de l'électricité, par Hippolyte FONTAINE. 2e édition. 1 volume grand in-8°, avec gravures dans le texte, relié........................ 15 fr.

Machines dynamo-électriques.

Traité théorique et pratique des machines dynamo-électriques, par R.-V. PICOU, ingénieur des arts et manufactures. 1 volume grand in-8°, avec 198 figures dans le texte...................................... 12 fr. 50

Machines dynamo-électriques.

Traité théorique et pratique des machines dynamo-électriques, par Silvanus THOMPSON, traduit par E. BOISTEL. *Epuisé, une nouvelle édition est en préparation.*

Machines dynamo-électriques.

La machine dynamo-électrique, par FROELICH, traduit de l'allemand par E. BOISTEL. 1 volume in-8°, avec 62 figures dans le texte............. 10 fr.

Constructions électro-mécaniques.

Constructions électro-mécaniques ; recueil d'exemples de construction et de calculs de machines dynamos et appareils électriques industriels par GISBERT KAPP, traduit de l'allemand par A.-O. DUBSKY et P. GIRAULT, ingénieurs électriciens. 1 volume in-4°, avec 54 figures dans le texte et 25 planches, relié.. 30 fr.

Electricité médicale.

Traité théorique et pratique d'électricité médicale ; précis d'électricité, appareils et instruments électro-médicaux, applications thérapeutiques, par M. Félix LUCAS, ingénieur en chef des ponts et chaussées, chevalier de la Légion d'honneur, Membre fondateur de la Société internationale des Electriciens et le docteur André LUCAS, ancien interne à Saint-Lazare, ancien moniteur de la clinique de gynécologie et d'accouchements de la Faculté. 1 vol. in-18 jésus, avec 124 figures dans le texte........... ..... 10 fr.

Eclairage électrique.

Eclairage électrique de l'Exposition universelle de 1889. Monographie des travaux exécutés par le syndicat international des électriciens, par Hippolyte FONTAINE, 1 volume in-4°, avec 29 planches tirées à part et 32 gravures dans le texte, relié.............................. 25 fr.

Eclairage électrique.

Manuel pratique d'éclairage électrique pour installations particulières, maisons d'habitation, usines, salles de réunion, etc., par Emile CAHEN, ingénieur des ateliers de construction des manufactures de l'Etat. 2e édition. 1 volume in-12 avec de nombreuses figures dans le texte. Prix relié 7 fr. 50

Eclairage électrique.

Etude pratique sur l'éclairage électrique des gares de chemins de fer, ports, usines, chantiers et établissements industriels, par Georges Dumont, avec la collaboration de Gustave Baignières. 1 volume grand in-8°, avec 2 planches .... 5 fr.

Eclairage à Paris.

L'éclairage à Paris. Etude technique des divers modes d'éclairage employés à Paris sur la voie publique, dans les promenades et jardins, dans les monuments, les gares, les théâtres, les grands magasins, etc., et dans les maisons particulières. — Gaz, électricité, pétrole, huile, etc. ; usines et stations centrales, canalisations et appareils d'éclairage ; organisation administrative et commerciale, rapports des compagnies avec la ville ; traités et conventions ; calcul de l'éclairement des voies publiques ; prix de revient, par Henri Maréchal, ingénieur des ponts et chaussées et du service municipal de la ville de Paris. 1 volume grand in-8°, avec 221 figures dans le texte, relié .... 20 fr.

Electricité.

Manuel élémentaire d'électricité, par Fleeming Jenkin, professeur à l'Université d'Edimbourg, traduit de l'anglais, par N. de Tedesco. 1 volume in-12, avec 32 gravures .... 2 fr.

Courants polyphasés.

Courants polyphasés et alterno-moteurs. Théorie, construction, mode de fonctionnement et qualités des générateurs et des moteurs à courants alternatifs et polyphasés, transformateurs polyphasés et mesure de la puissance dans les systèmes polyphasés, par Silvanus P. Thompson, directeur du collège technique de Finsbury, à Londres, traduction par E. Boistel, ingénieur-expert près le tribunal de la Seine. *Epuisé, une nouvelle édition est en préparation.*

Courants alternatifs d'électricité.

Les courants alternatifs d'électricité, par T.-H. Blakesley, professeur au Royal Naval Collège de Greenwich, traduit de la 3e édition anglaise et augmenté d'un appendice, par W.-C. Rechniewski. 1 volume in-12, avec figures dans le texte, relié .... 7 fr. 50

Transformateurs.

Les transformateurs à courants alternatifs simples et polyphasés. Théorie, construction, applications, par Gisbert Kapp, traduit de l'allemand, par A.-O. Dubsky et G. Chenet, ingénieurs électriciens. 1 volume in-8°, avec 132 figures dans le texte, relié .... 12 fr.

Problèmes sur l'électricité.

Problèmes sur l'électricité. Recueil gradué comprenant toutes les parties de la science électrique, par le Dr Robert Weber, professeur à l'Académie de Neuchâtel. 2e édition. 1 volume in-12, avec figures dans le texte 6 fr.

Accumulateur voltaïque.

Traité élémentaire de l'accumulateur voltaïque, par Emile Reynier. 1 volume grand in-8°, avec 62 gravures dans le texte et un portrait de M. Gaston Planté .... 6 fr.

Téléphone.

Le Téléphone, par William-Henri Preece, électricien en chef du *British Post-Office*, et Jules Maier, docteur ès-sciences physiques. 1 volume grand in-8°, avec 290 gravures dans le texte .... 15 fr.

Télégraphie électrique.

Traité de télégraphie électrique. — Production du courant électrique. — Organes de réception. — Premiers appareils. — Appareil Morse. — Appareils accessoires. — Installation des postes. — Propriétés électriques des lignes. — Lois de la propagation du courant. — Essais électriques, recherches des dérangements. — Appareils de translation, de décharge et de compensation. — Description des principaux appareils et des différents systèmes de transmission. — Établissement des lignes aériennes, souterraines et sous-marines, par H. Thomas, ingénieur des télégraphes. 1 volume grand in-8° avec 702 figures dans le texte, relié.............. 25 fr.

Télégraphie sous-marine.

Traité de télégraphie sous-marine. — Historique. — Composition et fabrication des câbles télégraphiques. — Immersion et réparation des câbles sous-marins. — Essais électriques. — Recherche des défauts. — Transmission des signaux. — Exploitation des lignes sous-marines, par Wunschendorff, ingénieur des télégraphes. 1 volume grand in-8°, avec 469 gravures dans le texte.. 40 fr.

Tirage des mines par l'électricité.

Le tirage des mines par l'électricité, par Paul-F. Chalon, ingénieur des arts et manufactures. 1 volume in-18 jésus, avec 90 figures dans le texte, relié.. 7 fr. 50

Laval. — Imprimerie parisienne L. BARNÉOUD & Cie.

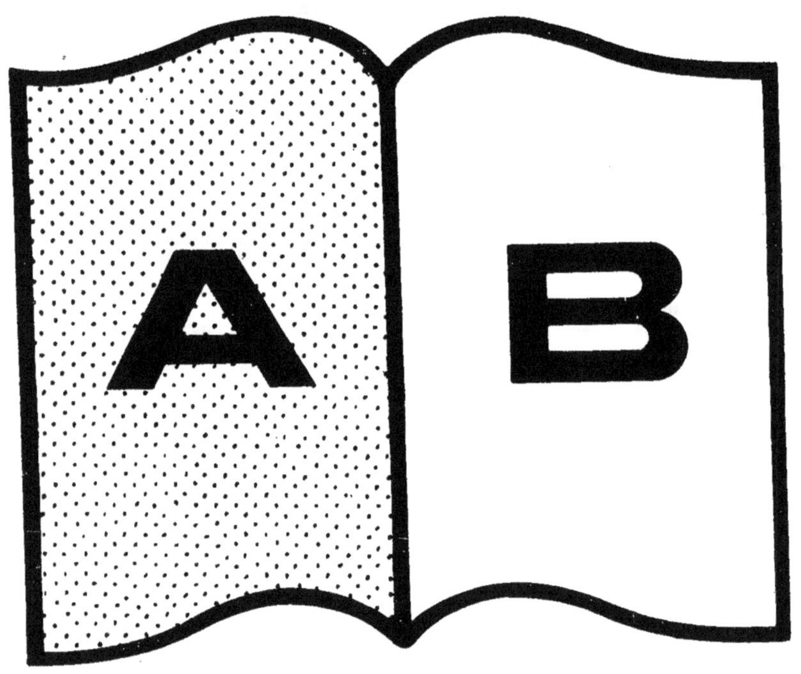

Contraste insuffisant

NF Z 43-120-14

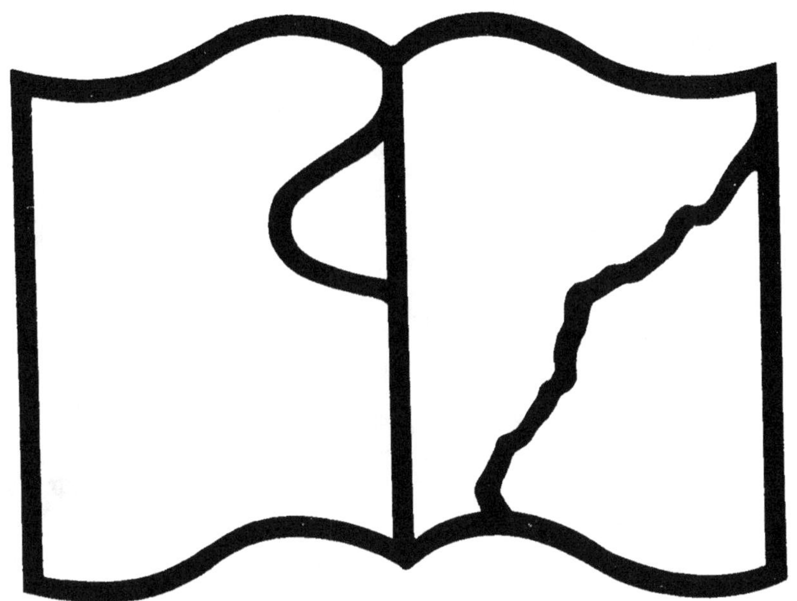

Texte détérioré — reliure défectueuse

NF Z 43-120-11

www.ingramcontent.com/pod-product-compliance
Lightning Source LLC
Chambersburg PA
CBHW061122220326
41599CB00024B/4135
9782019609498